应用型本科土木工程系划教材

土木工程制图

主　编　王晓东
副主编　李长安　郑先超
参　编　丁月红　张玉兰　刘　芬
主　审　李振国

机械工业出版社

本书是在总结了同类院校土木工程制图课程教学改革成果的基础上，根据国家现行有关设计规范、制图标准等编写而成的。书中内容编排由浅入深、由简到繁，同时注重与实践的结合，具有较强的系统性。

本书除绪论外，共分10章：第一部分为画法几何，包括制图的基本知识与技能，投影的基本知识，点、线、面的投影，立体的投影，主要介绍图示理论和方法，以培养学生的空间想象能力和空间思维能力，它是专业制图的理论基础；第二部分为专业制图，包括土木工程形体的图样画法，建筑施工图，结构施工图，建筑给水排水施工图，暖通施工图，道路、桥梁、涵洞、隧道施工图，主要介绍建筑形体的画法和读法，以培养学生的绘图能力和阅读建筑施工图的能力。

本书适合土木建筑类以及相关的给水排水、建筑设备、工程造价、工程管理、房地产开发与管理专业师生使用。

图书在版编目（CIP）数据

土木工程制图/王晓东主编．—北京：机械工业出版社，2017.6（2025.1重印）

应用型本科土木工程系列教材

ISBN 978-7-111-56910-7

Ⅰ.①土…　Ⅱ.①王…　Ⅲ.①土木工程－建筑制图－高等学校－教材　Ⅳ.①TU204.2

中国版本图书馆CIP数据核字（2017）第114347号

机械工业出版社（北京市百万庄大街22号　邮政编码100037）

策划编辑：李宣敏　责任编辑：李宣敏　郭克学

责任校对：张　征　封面设计：张　静

责任印制：邓　博

北京盛通数码印刷有限公司印刷

2025年1月第1版第3次印刷

184mm×260mm·16.5印张·432千字

标准书号：ISBN 978-7-111-56910-7

定价：45.00元

电话服务

客服电话：010-88361066

010-88379833

010-68326294

网络服务

机　工　官　网：www.cmpbook.com

机　工　官　博：weibo.com/cmp1952

金　书　网：www.golden-book.com

机工教育服务网：www.cmpedu.com

前　言

本书根据教育部关于全国普通高校应用型本科人才培养目标要求，结合土木工程专业的特点与我国普通高校教学的实际情况，在认真听取各方面的建议和参阅国内同类优秀教材的基础上编写而成。在内容上做到了基础知识和现代科技新知识的结合，兼顾了理论学习和实践技能两方面培养的要求，使学生在学习制图基本知识、进行制图基本训练的同时，得到科学思维方法的培养以及空间思维能力和创新能力的开发与提高。

本书的主要特点如下：

1. 本书以应用型本科定位为出发点，以“实用为主，够用为度”为编写特色，在本门课程所必须掌握的基本理论、基本知识、基本技能的基础上，适当增加实践的内容。

2. 书中内容紧密结合土木工程专业的实际，以房屋建筑制图为主，对建筑、结构、给水排水、暖通及道路桥涵等都做了全面的介绍，内容涵盖面广，有利于拓宽学生的视野，便于教师结合专业需要进行取舍。

3. 书中叙述力求简洁明了，重要的制图大多选择了分步图的形式，对基本概念、投影规律以及较为复杂的投影图，绘制了三维实体图。

4. 本书编写力求严谨、规范，采用了《房屋建筑制图统一标准》（GB/T 50001—2010）、《总图制图标准》（GB/T 50103—2010）、《建筑制图标准》（GB/T 50104—2010）、《建筑结构制图标准》（GB/T 50105—2010）、《建筑给水排水制图标准》（GB/T 50106—2010）和《暖通空调制图标准》（GB/T 50114—2010）等现行标准。

本书作为普通高等学校本科土木建筑类以及与土木建筑相关各专业的教材，也可作为工程技术人员的培训教材和参考技术资料。

本书由哈尔滨理工大学王晓东担任主编，由哈尔滨理工大学荣成学院李长安、安阳工学院郑先超担任副主编。参加编写的人员及分工如下：哈尔滨理工大学王晓东编写绪论及第5章，哈尔滨理工大学荣成学院李长安编写第1、2章，山西工程技术学院丁月红编写第3、4章，安阳工学院郑先超编写第6、7章，哈尔滨理工大学荣成学院刘芬编写第8、9章，信阳师范学院张玉兰编写第10章。全书由哈尔滨理工大学王晓东统稿，由哈尔滨理工大学李振国主审。

本书在编写过程中，吸收和借鉴了国内外同行专家的一些先进经验和成果，也得到了机械工业出版社的热情帮助，在此表示衷心的感谢！

由于编者水平有限，书中难免存在疏漏之处，敬请读者和同行批评指正。

编　者

2016年5月

目　录

绪　　论

0.1　本课程的性质、地位

在建筑工程中，无论是建造厂房、住宅、学校、桥梁、道路、商场还是其他建筑，都要依据图样进行施工，这是因为建筑的形状、尺寸、设备、装修等都是不能用人类普通的语言或文字描述清楚的。

在建筑工程技术中，把能够表达房屋建筑的外部形状、内部布置、地理环境、结构构造、装修装饰等的图样称为建筑工程图。建筑技术人员通过在图纸上绘制一系列的图样，由图样来表达设计构思，进行技术交流，所以图样是各项建筑工程不可缺少的重要技术资料。

建筑工程图作为工程制图的一个分支，同样被喻为是“工程技术界的共同语言”。此外，它还是一种国际语言，因为各国的图样是根据统一的投影理论绘制出来的，各国的建筑工程技术界之间经常以建筑工程图为媒介，进行研讨、交流、竞赛、招标等活动。

为了培养能胜任建筑工程相关工作的高级工程技术应用型人才，在高等院校土建类各专业的教学计划中都设置了“土木工程制图”专业技术基础课，主要是为了培养学生绘图、读图、图解和设计表达的能力，为后续课程、各种实习、设计以及将来的工作打下坚实的基础。

0.2　本课程的任务

本课程分为画法几何和专业制图两部分内容。画法几何是专业制图的理论基础，主要研究在平面上用图形来表示空间的几何形体和运用几何作图来解决空间几何问题的基本理论和方法，它比较抽象，系统性和理论性较强；专业制图是应用画法几何原理绘制和阅读建筑图样的一门学科，它实践性较强，一般需要通过绘制一系列的建筑图样进行掌握和提高。

通过专业制图的学习，应掌握土木工程制图的内容与特点，初步掌握绘制和阅读专业建筑图样的方法；能正确、熟练地绘制和阅读中等复杂程度的建筑施工图、结构（如钢筋混凝土结构、砖混结构、钢结构等）施工图、给水排水施工图、采暖通风施工图以及路桥施工图。

本课程的主要任务是：

1）学习各种投影法（正投影法、轴测投影法）的基本理论及其应用。

2）研究常用的图解方法，培养空间几何问题的图解能力。

3）学习各种绘图工具和仪器的使用，掌握徒手作图的技巧。

4）学习土建类各有关专业的国家制图标准，培养绘制和阅读土建工程图的能力。

5）培养和发展空间想象能力和空间构思能力。

6）培养学生认真细致、一丝不苟的工作作风，将良好的、全面的素质培养和思想品德修养贯穿于教学的全过程。

此外，在学习本课程的过程中，还应注意丰富和发展三维形状与相关位置的空间逻辑思维和形象思维能力。

0.3 本课程的学习方法

本课程由于具有相当强的实践性，只有通过认真完成一定数量的绘图作业和习题，正确运用各种投影法的规律，才能不断地提高空间想象能力和空间思维能力。另外还需注意以下几点：

1）端正态度，刻苦钻研。本课程一般安排在二年级，对于刚刚进入大学不久的学生来说，还没有完全适应大学课堂教学的特点。所以，必须端正学习态度，克服困难，不断进取。

2）大力培养空间想象能力和空间思维能力。任何一个物体都有三个向度（长度、宽度、高度），习惯上称为三维形体，而在图纸上表达三维形体，必须通过二维图形来实现，这就需要建立由“三维”到“二维”、由“二维”到“三维”的转换能力。对于初学者来说，培养空间想象能力和空间思维能力是本门课程的最大困难，有的学生直到课程结束，还是没有建立起“二维”“三维”之间的相互转换能力，或者不能由物画图、由图画物。所以在学习过程中，必须通过各种途径培养这些能力。

3）要培养解题能力。本课程的另一个困难是“听易做难”：听课简单，一听就会；做题犯难，绞尽脑汁也不得要领。解决这类问题，一定要将空间问题拿到空间去分析研究，以确定解题的方法和步骤。

4）充分认识点、直线、平面投影的重要性。这些内容包括点、直线、平面的投影及直线、平面之间的相对位置等，一般在课程的前面学习，后面大部分内容如立体、截交线、相贯线等都是以此为基础的。画法几何的内容一环扣一环，如果前面的学习不透彻、不牢固，后面的学习必然会越来越困难。

5）专业绘图与制图基础相结合的原则。在进入学习土木建筑专业制图阶段后，应结合所学的一些初步的专业知识，运用制图基础阶段所学的制图标准的基本规定和当前所学的专业制图标准的有关规定，读懂教材和习题集上所列出的主要图样。在完成专业图绘制作业时，必须在读懂已有图样的基础上进行绘图，继续进行制图技能的操作训练，严格遵守制图标准的各项规定，坚持培养认真负责的工作态度和严谨细致的工作作风，从而达到培养绘制和阅读土木工程图样的初步能力的预期要求。

6）养成良好的课前预习、课后复习的习惯。上课前应预习教材，善于发现问题，带着问题听教师讲课。课后要及时复习，图文结合，吃透教材。

7）认真完成作业，不懂就问。作业是检验听课效果的有效方式，同时通过作业，还可以再进一步复习、巩固所学内容。遇到不懂或不清楚的问题要勇于向教师提问，或同其他同学商讨、解决。

8）严格要求，作图要符合国家标准。施工图是施工的重要依据，图样上一字一线的差错都会给建设工程造成巨大的损失。所以应该从初学开始，就要养成认真负责、力求符合国家标准的工作态度。

0.4 工程制图的发展

0.4.1 画法几何及工程制图的发展史

画法几何及土木工程制图与其他学科一样，都是从人们的生产实践中产生和发展起来的，由我国和世界各国的历史可知，几何学是由配合农业生产和地籍管理的土地丈量、天文、航海等方面的需要而产生的，并随着工农业生产各方面的需要逐步得到充实和发展。工程图样起源于图画。在古代，当人们学会了制作简单工具和营造各种建筑物时，就已经使用图画来表达意图了。在很长的一段时期中，都是按照写真方法画图的，而随着生产的发展，对生产工具和建筑物的复杂程度与技术要求愈来愈高，直观的写生图已不能表达工程形体了，因此迫切需要总结出一套正确绘制工程图样的规律和方法，这些规律和方法在许多工匠、技师、建筑师和学者们的生产实践活动中逐步积累和发展起来。18 世纪末，法国的工程师和数学家加斯帕·蒙日（Gaspard Monge，1746—1818）全面总结前人的经验，用几何学的原理系统地总结了将空间几何形体正确绘制在平面图纸上的规律和方法，以在互相垂直的两个投影面上的正投影为基础，写出了《画法几何学》这本经典书籍。从这时起，画法几何学便成为几何学的一个分支和一门独立的学科，奠定了包括土木工程制图在内的工程制图的理论基础，使工程制图进一步推动了理论图学、应用图学和制图技术的进一步发展；与此同时，工程图样也愈来愈需要有统一的标准，于是各国纷纷制定了工业生产领域里符合各自特点的有关专业的制图标准，并随着生产建设的发展逐步修订，为了协调各国各自制定的制图标准和逐步导向统一，还制定了国际标准 ISO，供各国制定和修订制图标准时参考。

0.4.2　我国历史上在土木工程制图方面的成就

中国是世界上的文明古国之一。在数千年的历史中，人们于长期的生产实践中，在图示理论和制图方法的领域里，都有许多丰富的经验和辉煌的成就。例如从传说中知道，为了从事农业生产，自大禹疏通九河进行大规模的治水工程开始，在历代的历史记载中看到，治水工程一直没有停息过，在治水工程中必须勘测地形、水路，因而地形图的绘制就逐步发展起来。从历史记载中还可知道，我国很早就采用正确的作图方法，采用绘图与施工画线工具，并能画出宫殿和房屋的图样，按图建造。例如，在《周髀算经》中就有商高用直角三角形边长为 3∶4∶5 的比例直角三角形的记载；在春秋战国时的著作中，也曾述及绘图与施工画线工具的应用，如在墨子的著述中就有“为方以矩，为圆以规，直以绳，衡以水，正以锤”，矩是直角尺，规是圆规，绳是木工用于弹画墨线的墨绳，水是用水面来衡量水平方向的工具，锤是用绳悬挂重锤来校正铅垂方向的工具；在《史记》的《秦始皇本纪》中，还述及“秦每破诸侯，写放其宫室，作之咸阳北阪上”，就是说，秦国每征服一国后，就令人画出该国宫室的图样，并照样建造在咸阳北阪上。

尤其值得提出的是：宋代李诫所著的《营造法式》（公元 1097 年奉旨编修，1100 年成书，1103 年刊行），它是我国历史上建筑技术、艺术和制图的一部著名的建筑典籍，也是世界上很早刊印的建筑图书，共三十六卷，其中工程图样有六卷之多，书中所运用的图示方法，与现代土木建筑制图中所用的颇为相近。图 0-1 中的四个图样，就是《营造法式》中的四页图样：其中图 0-1a、b 与当前画法中正投影的 *H* 面和 *V* 面投影很相似，图 0-1c 与轴测图画法很相似，而图 0-1d 中水平尺的图样与当前正投影与轴测图相结合的画法非常相似。

0.4.3　我国在土木工程制图方面的成就和未来发展方向

新中国成立前，由于我国较长时期处于半封建、半殖民地社会，生产力的发展受到阻碍，工业落后，在建筑工程制图方面没有统一的标准。在新中国成立后，为了适应社会主义建设的需要，1956 年国家建设委员会批准了《单色建筑图例标准》，建筑工程部设计总局发布了《建筑工程制图暂行标准》。在此基础上，建筑工程部于 1965 年批准颁布了国家标准《建筑制图

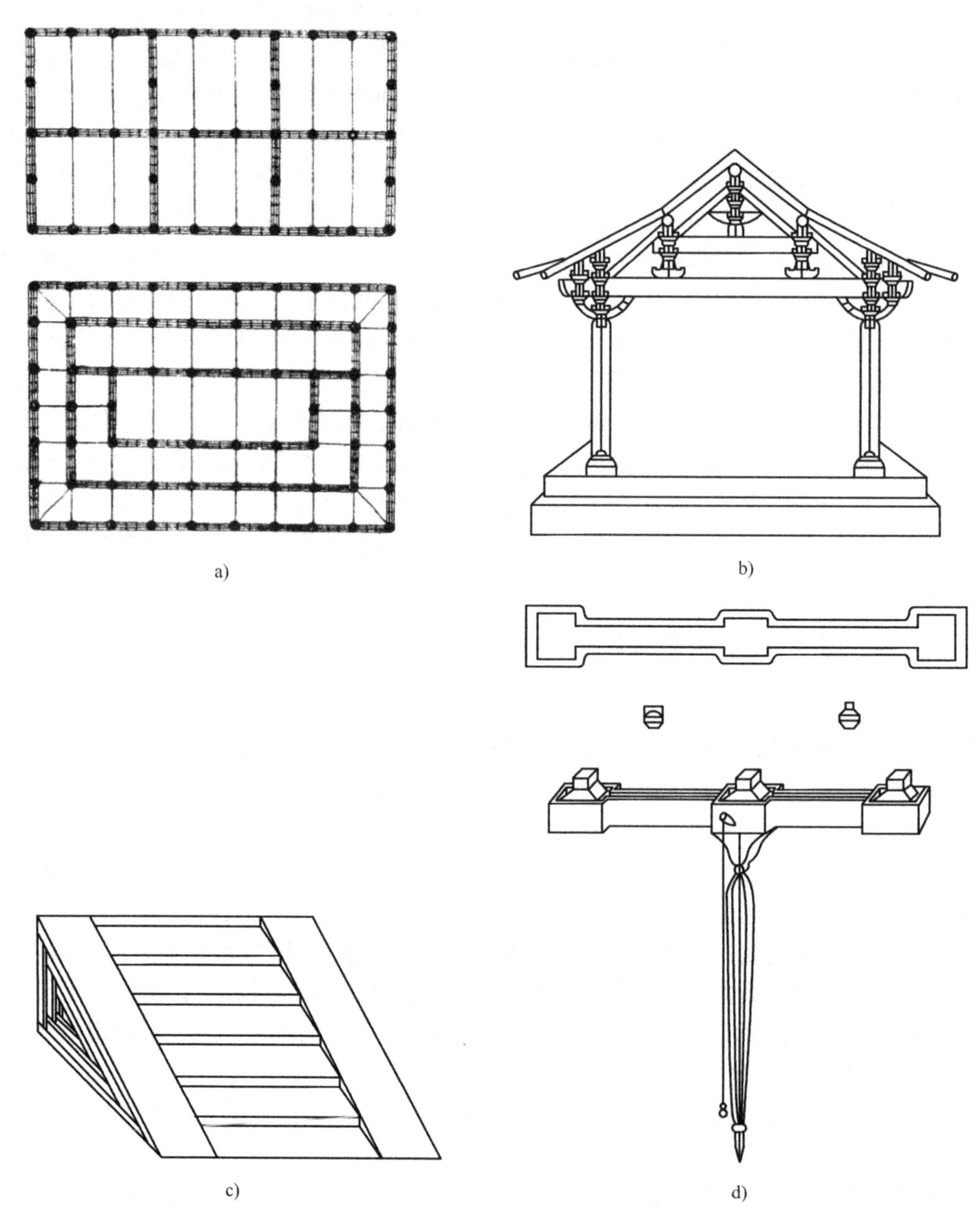

图 0-1 形体的投影

a）营造法式平面图样 b）营造法式立面图样 c）坡道图样 d）水平尺图样

标准》（GBJ 9—1965），后来由国家基本建设委员会将它修订成《建筑制图标准》（GBJ 1—1973）。随着改革开放和工程建设发展的需要，又在《建筑制图标准》（GBJ 1—1973）的基础上，将房屋建筑方面各专业的通用部分进行必要的修改和补充，由国家计划委员会批准颁布了《房屋建筑制图统一标准》（GBJ 1—1986），还将原标准中的各专业部分分别另行编制配套的专业制图标准，也由国家计划委员会批准发布，包括《总图制图标准》（GBJ 103—1987）、《建筑制图标准》（GBJ 104—1987）、《建筑结构制图标准》（GBJ 105—1987）、《给水排水制图标准》（GBJ 106—1987）、《采暖通风与空气调节制图标准》（GBJ 114—1987）等。这六本标准又随着生产和建设的不断发展，由建设部于 2001 年修订，标准号顺次分别为 GB/T

50001—2001、GB/T 50103—2001、GB/T 50104—2001、GB/T 50105—2001、GB/T 50106—2001、GB/T 50114—2001。十年后，这些标准再一次进行了修订，相应的编号依次为GB/T 50001—2011、GB/T 50103—2010、GB/T 50104—2010、GB/T 50105—2010、GB/T 50106—2010、GB/T 50114—2010，于2010年8月18日发布，2011年3月1日实施。在水利水电工程方面，水利电力部颁布试行了新中国成立以来的第一本部颁标准《水利水电工程制图标准》（SDJ 209—1982），后来又在对上述标准进行修订的基础上，由水利部于1995年颁布了中华人民共和国行业标准《水利水电工程制图标准》（SL 73.1—1995 ~ SL 73.5—1995）。随着生产和建设的不断发展，该标准由水利部于2013年修订，标准号顺次分别为SL 73.1—2013 ~ SL 73.5—2013，于2013年4月14日开始实施。在道路工程方面，按国家计划委员会的要求，交通部会同各有关部门共同编制了《道路工程制图标准》，经有关部门会审，1992年建设部批准了国家标准《道路工程制图标准》（GB 50162—1992）。这是我国当前正在实施的道路工程方面的制图标准，目前正在计划修订中。在土建、水利工程方面，有时还会遇到上述专业以外的有关图样，或者土建、水利工程以外的其他有关专业的图样，此时就需要查阅和使用我国现行的其他有关专业的制图标准，例如遇到机械图时，应查阅和使用有关机械制图的国家标准。今后，这些制图标准仍将随着科学技术和我国社会主义建设的继续发展而不断地进行补充和修订，而且还将按需要和可能，制定对绘制各个部门的技术图样都共同适用的统一的国家标准。近几年已由国家技术监督局陆续发布了一些属于技术制图的国家标准。

除了在制图标准方面得到了迅速发展外，随着我国社会主义建设和工农业生产的发展，使工程制图科学技术领域里的理论图学、应用图学、计算机图学、制图技术、图学教育等各个方面都得到了相应的发展。当前，我们应该尤其重视的是：由于电子技术的迅猛发展，数控技术扩展到各个领域，在国际上从20世纪50年代开始进行自动绘图的研究和自动绘图机诞生以来，工程制图就进入了从手工操作向半自动化和自动化猛进的变革时期。随着计算机绘图（CG）和计算机辅助设计（CAD），包括计算机辅助建筑设计（CAAD）的发展，在20世纪60年代末和20世纪70年代初，土建设计中的图形已开始由计算机绘出，随着20世纪60年代可以进行人机对话的交互式图形显示技术的发展，欧美各国进入了计算机辅助建筑设计的兴旺时期，到了20世纪80年代，该技术在世界上已得到了比较普遍的应用。随着微型计算机的应用在我国迅速普及，计算机绘图和计算机辅助建筑设计也得到了很快的发展和普及，我们必将在工程界实现制图技术的自动化，以适应现代化建设的需要。由于上述原因，很多学校已将计算机绘图单独设课，各出版部门也已出版了许多有关计算机绘图的教材、手册和参考书，需要时可进行查阅和参考。

第 1 章　制图的基本知识与技能

1.1　绘图工具和仪器的使用方法

绘制工程图应掌握绘图工具和仪器的正确使用方法，因为它是提高绘图质量、加快绘图速度的前提。绘图工具和仪器种类繁多，下面主要介绍学习阶段不可缺少的几种，并简要说明其使用方法。

1. 图板

如图 1-1 所示，图板用来铺放和固定图纸，一般用胶合板制成，板面平整。图板的短边作为丁字尺上下移动的导边，因此要求平直。图板不可受潮或暴晒，以防板面变形，影响绘图质量。

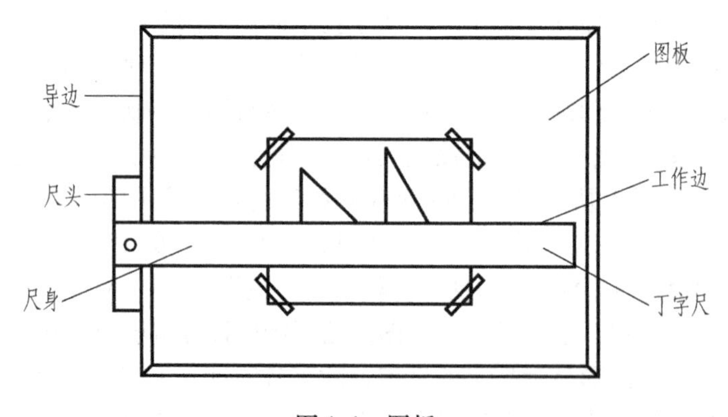

图 1-1　图板

2. 丁字尺

丁字尺由有机玻璃制成，尺头与尺身垂直，尺身的工作边必须保持光滑平直，切勿用工作边裁纸。丁字尺用完之后要挂起来，防止尺身变形。如图 1-2 所示，丁字尺主要用来画水平线，画线时，左手握住尺头，使它紧靠图板的左边，右手扶住尺身，然后左手上下推动丁字尺，在推动的过程中，尺头一直紧靠图板左边，推到需画线的位置停下来，自左向右画水平线，画线时可缓缓旋转铅笔。

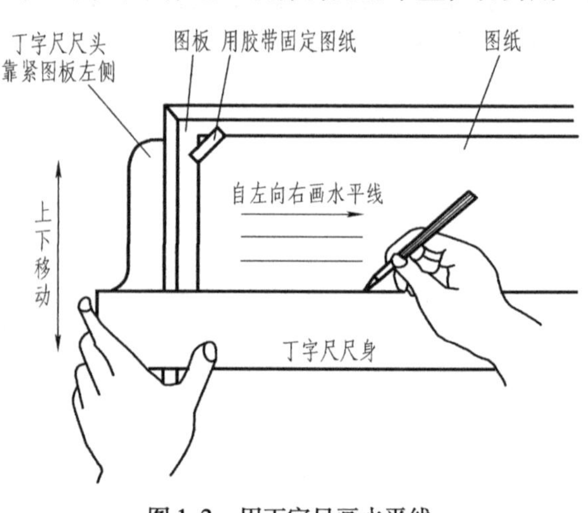

图 1-2　用丁字尺画水平线

3. 三角板

如图 1-3 所示，三角板由有机玻璃制成，一副三角板有两个：一个三角板角度为 30°、60°、90°，另一个三角板角度为

45°、45°、90°。三角板主要用来画竖直线，也可与丁字尺配合使用画出一些常用的斜线，如 15°、30°、45°、60°、75°等方向的斜线。

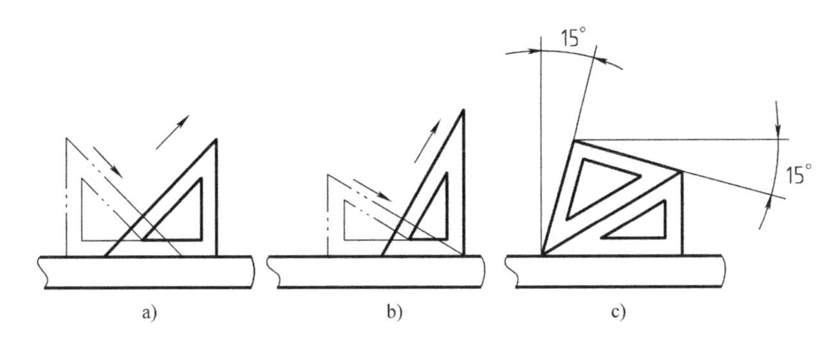

图 1-3　用三角板与丁字尺配合画斜线

a）画 45°斜线　b）画 30°、60°斜线　c）画 15°、75°斜线

4. 比例尺

绘图时会用到不同的比例，这时可借助比例尺来截取线段的长度。如图 1-4a 所示，比例尺上的数字以 m 为单位。常见的比例尺为三棱比例尺，三个尺面共有六个常用的比例刻度，即 1∶100、1∶200、1∶300、1∶400、1∶500、1∶600。使用时，先要在尺上找到所需的比例，不用计算，即可按需在其上量取相应的长度作图。若绘图比例与尺上的六种比例不同，则选尺上最方便的一种相近的比例折算量取。

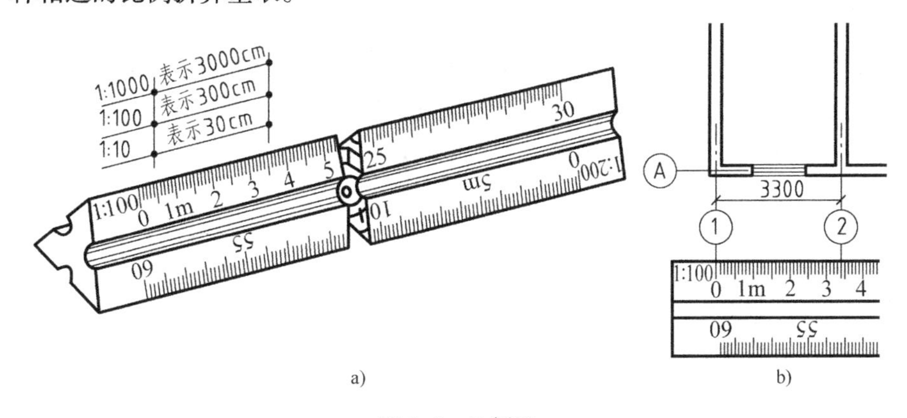

图 1-4　比例尺

注意不要把比例尺当直尺来画线，以免损坏尺面上的刻度。绘图时先选定比例尺，如图1-4b所示，要用 1∶100 的比例尺在图纸上画出 3300mm 长的线段，只需在比例尺的 1∶100 面上，找到 3.3m，那么尺面上 0～3.3m 的一段长度，就是在图纸上需要画的线段长度。

5. 曲线板

如图 1-5 所示，有些曲线需要用曲线板分段连接起来。使用时，首先要定出足够数量的点，然后徒手将各点连成曲线，再选用适当的曲线板，并找出曲线板上与所画曲线吻合的一段，沿着曲线板边缘，将该段曲线画出。一般每描一段

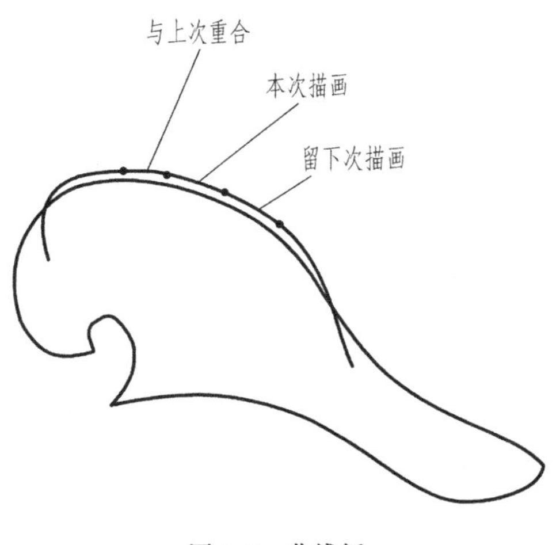

图 1-5　曲线板

最少应有四个点与曲线板的曲线重合。为使描画出的曲线光滑，每描一段曲线时，应有一小段与前一段所描的曲线重叠。

6. 绘图铅笔

如图 1-6 所示，绘图铅笔种类很多，专门用于绘图的铅笔是“中华绘图铅笔”，其型号以铅芯的软硬程度来分，H 表示硬，B 表示软；H 或 B 前面的数字越大表示越硬或越软；HB 表示软硬适中。绘图时常用 H 或 2H 的铅笔打底稿，用 HB 铅笔写字，用 B 或 2B 铅笔加深。

削铅笔时要注意保留有标号的一端，以便于识别。铅笔尖应削成锥状，用于打底稿；也可削成四棱状，用于加深粗线。使用铅笔绘图时，用力要均匀，画长线时要边画边转动铅笔，使线条均匀。

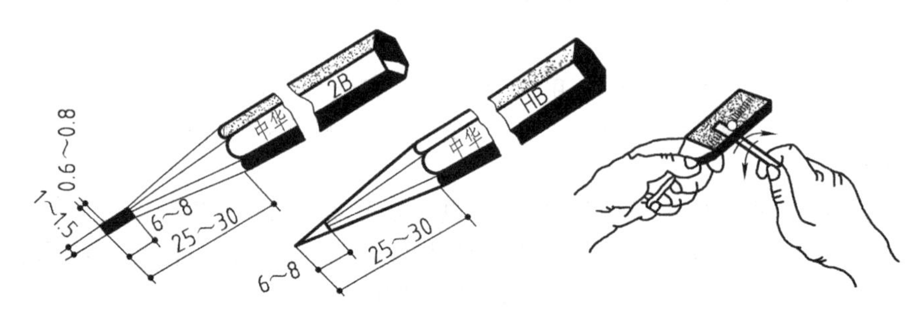

图 1-6　铅笔削法

7. 分规

如图 1-7 所示，分规的形状像圆规，但两腿都为钢针。分规是用来等分线段或量取长度的，量取长度是从直尺或比例尺上量取需要的长度，然后移到图纸上相应的位置。用分规来等分线段时，通常用来等分直线段或圆弧。为了准确地度量尺寸，分规的两针尖应平齐。

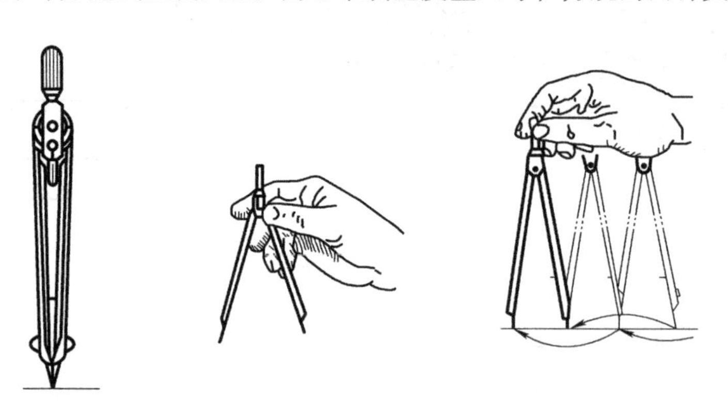

图 1-7　分规及使用示例

8. 圆规

如图 1-8 所示，圆规是用来画圆和圆弧的仪器。在使用前应调整带针插脚，使针尖略长于铅芯。铅芯应磨削成 65°的斜面，如图 1-8a 所示。使用时，先将两脚分开至所需的半径尺寸，用左手食指把针尖放在圆心位置，如图 1-8b 所示，将带针插脚轻轻插入圆心处，使带铅芯的插脚接触图纸，然后转动圆规手柄，沿顺时针方向画圆，转动时用力和速度要均匀，并使圆规向转动方向稍微倾斜，如图 1-8c 所示。圆或圆弧应一次画完，画大圆时，要在圆规插脚上接大延长杆，要使针尖与铅芯都垂直于纸面，左手按住针尖，右手转动带铅芯的插脚画图，如图 1-8d 所示。

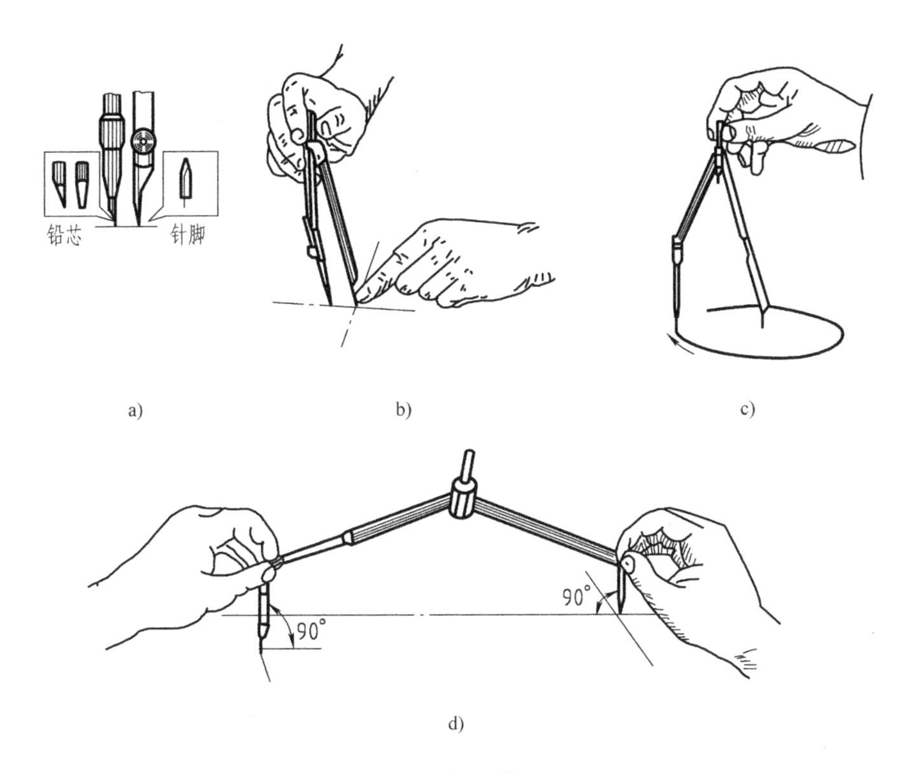

图1-8　圆规及其用法

a）针尖稍长于铅芯　b）使用方法　c）在一般情况下画圆的方法　d）画较大的圆或圆弧的方法

9. 其他绘图用品

单（双）面刀片、绘图橡皮、绘图模板、透明胶等也是绘图时常用的用品。

1.2　绘图的基本标准

工程图是工程施工、生产、管理等环节最重要的技术文件。它不仅包括按投影原理绘制的表明工程形状的图形，还包括工程的材料、做法、尺寸、有关文字说明等，所有这一切都必须有统一规定，才能使不同岗位的技术人员对工程图有完全一致的理解，从而使工程图真正起到技术语言的作用。这就是制图标准产生的背景。

1. 图纸幅面

图纸幅面简称图幅，是指图纸本身的大小规格。规定幅面的目的是便于装订和管理。幅面线用细实线绘制，在幅面线的内侧有图框线，图框线用粗实线绘制，图框线内部的区域才是绘图的有效区域。幅面的大小及幅面与图框线之间的关系应分别符合表1-1的规定及图1-9的格式。

表1-1　幅面及图框尺寸　（单位：mm）

尺寸代号 / 幅面代号	A0	A1	A2	A3	A4
$b \times l$	841×1189	594×841	420×594	297×420	210×297
c	10			5	
a	25				

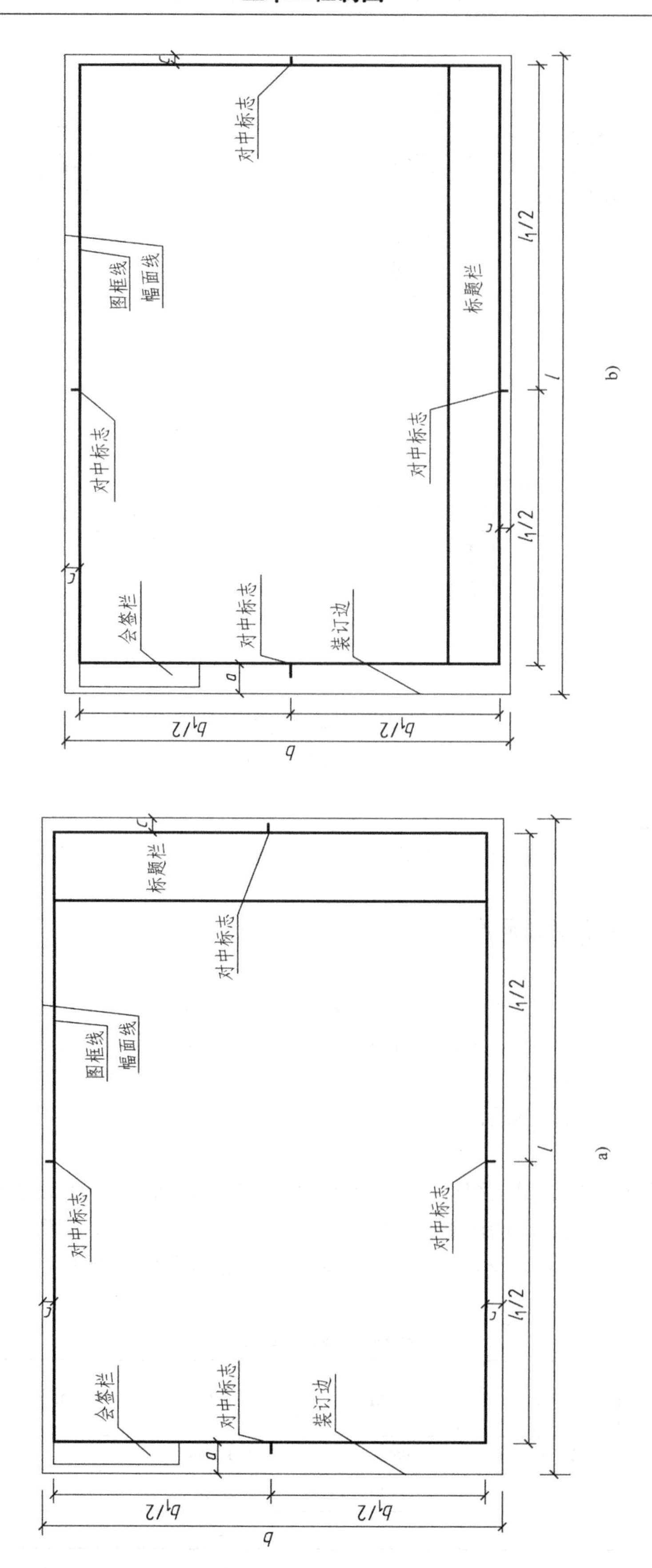
对中标志
图框线
幅面线
标题栏
会签栏
装订边
$l_1/2$
$b_1/2$
l
b
a
c
b)
a)

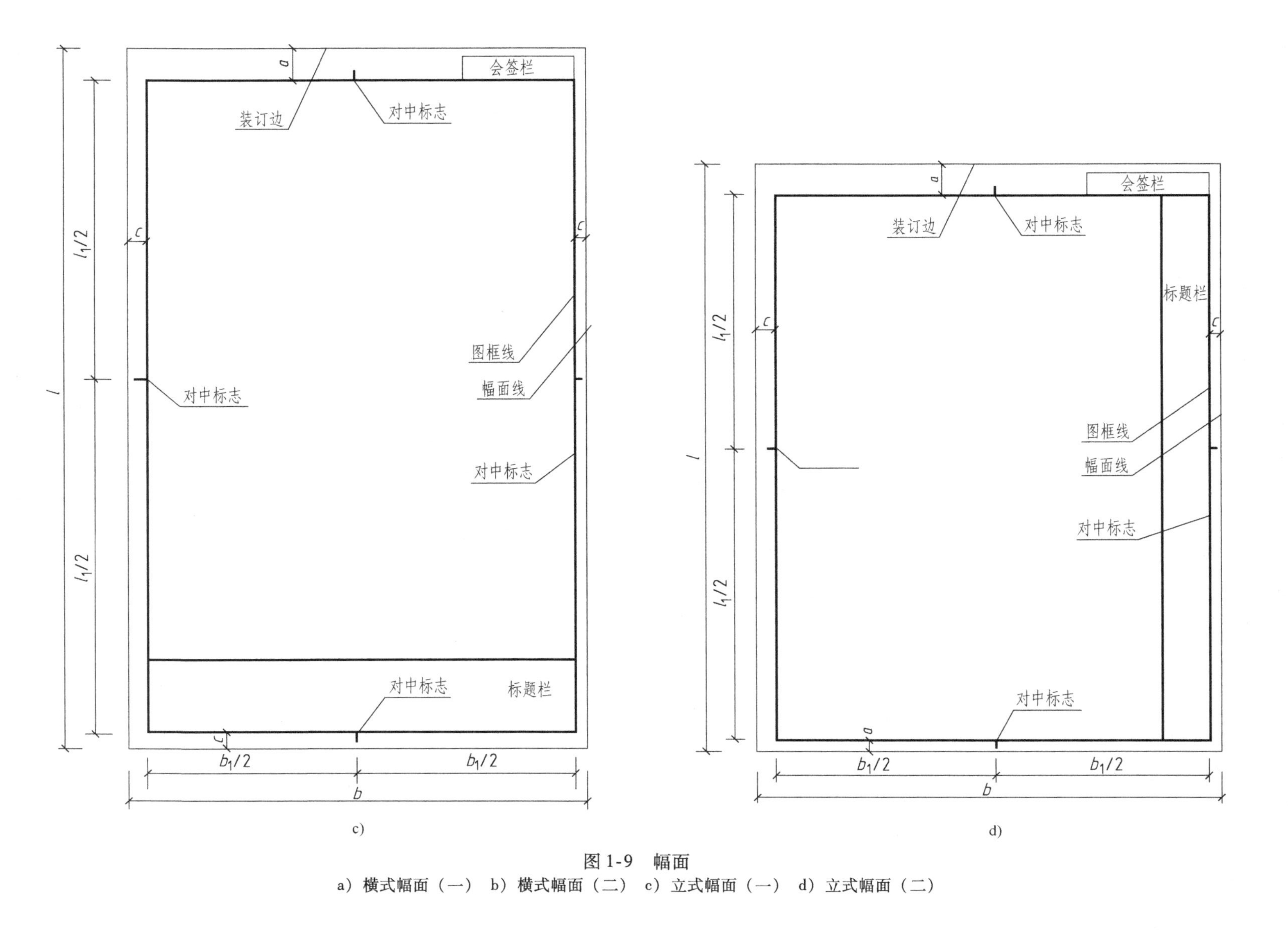

图 1-9　幅面

a）横式幅面（一）　b）横式幅面（二）　c）立式幅面（一）　d）立式幅面（二）

幅面的长边与短边的比例为 $L:b=\sqrt{2}$，A0 号幅面的长边为 1189mm，短边为 841mm。A1 号幅面是 A0 号幅面的对开，A2 号幅面是 A1 号幅面的对开，其他幅面以此类推（图 1-10）。初学者只需记住其中一两种幅面尺寸即可。需要缩微复制的图纸，其一个边上应附有一段准确米制尺度，四个边上均应附有对中标志，米制尺度的总长应为 100mm，分格应为 10mm。对中标志应画在各边长的中点处，线宽应为 0.35mm，伸入框内应为 5mm。对中标志的作用是使图纸复制和缩微摄影时定位方便。

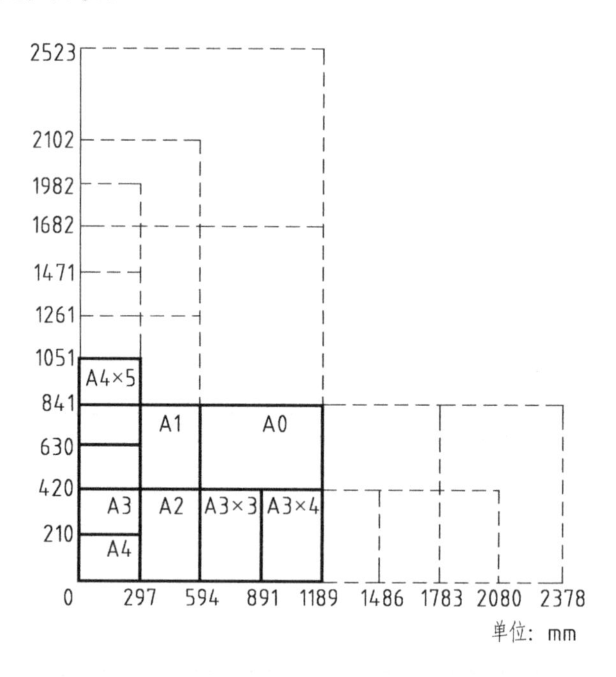

图 1-10　幅面尺寸

同一项工程的图纸，一般不宜多于两种幅面。图纸以短边作为垂直边称为横式，以短边作为水平边称为立式。一般 A0 ~ A3 图纸宜横式使用；必要时，也可立式使用。

绘图时，图纸的短边一般不应加长，长边可以加长，但应符合表 1-2 的规定。

表 1-2　图纸长边加长尺寸　　（单位：mm）

幅面代号	长边尺寸	长边加长后的尺寸
A0	1189	1486（A0 +1/4*l*）　1635（A0 +3/8*l*）　1783（A0 +1/2*l*）　1932（A0 +5/8*l*）　2080（A0 +3/4*l*）　2230（A0 +7/8*l*）　2378（A0 +1*l*）
A1	841	1051（A1 +1/4*l*）　1261（A1 +1/2*l*）　1471（A1 +3/4*l*）　1682（A1 +1*l*）　1892（A1 +5/4*l*）　2102（A1 +3/2）
A2	594	743（A2 +1/4*l*）　891（A2 +1/2*l*）　1041（A2 +3/4*l*）　1189（A2 +1*l*）　1338（A2 +5/4*l*）　1486（A2 +3/2*l*）　1635（A2 +7/4*l*）　1783（A2 +2*l*）　1932（A2 +9/4*l*）　2080（A2 +5/2*l*）
A3	420	630（A3/1/2*l*）　841（A3 +1*l*）　1051（A3 +3/2*l*）　1261（A3 +2*l*）　1471（A3 +5/2*l*）　1682（A3 +3*l*）　1892（A3 +7/2*l*）

注：有特殊需要的图纸，可采用 $b\times l$ 为 841mm × 891mm 与 1189mm × 1261mm 的幅面。

2. 图纸标题栏及会签栏

图纸标题栏（简称图标）用来填写工程名称、图名、图号以及设计人、制图人、审批人的签名和日期，如图 1-11 所示。它位于图纸的右下角，根据工程需要选择确定其尺寸、格式及分区。签字区应包含实名列和签名列。涉外工程的标题栏内，各项主要内容的中文下方应附有译文，设计单位的上方或左方，应附加“中华人民共和国”字样。学生制图作业建议采用图 1-12 所示的标题栏。

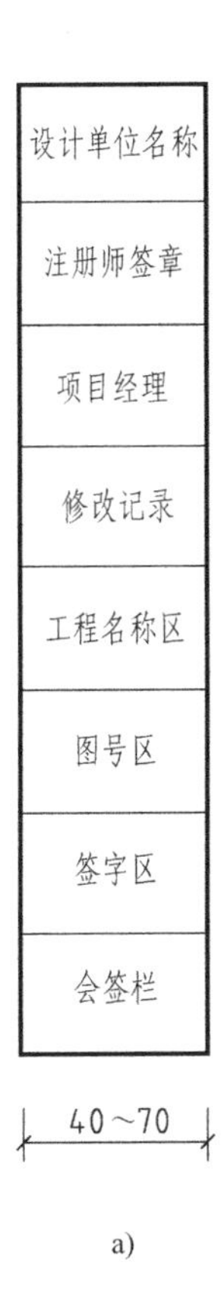

a)

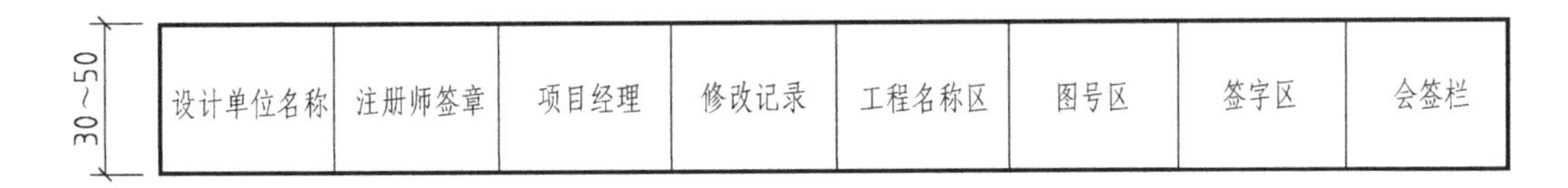

b)

图 1-11　图纸标题栏

a）标题栏（一）　b）标题栏（二）

需要会签的图纸，在图纸的左侧上方图框线外有会签栏。会签栏是为各工种负责人签字用的表格，其尺寸为 100mm×20mm，其格式如图 1-13 所示。栏内应填写会签人员所代表的专业、姓名、日期（年、月、日）；一个会签栏不够时，可另加一个，两个会签栏应并列；不需会签栏的图纸可不设会签栏。

(校名)
比例
专业
班级
学号
图号
制图
(日期)
(图名)
审核
8
8
8
8
32
15
25
20
35
15
20
130

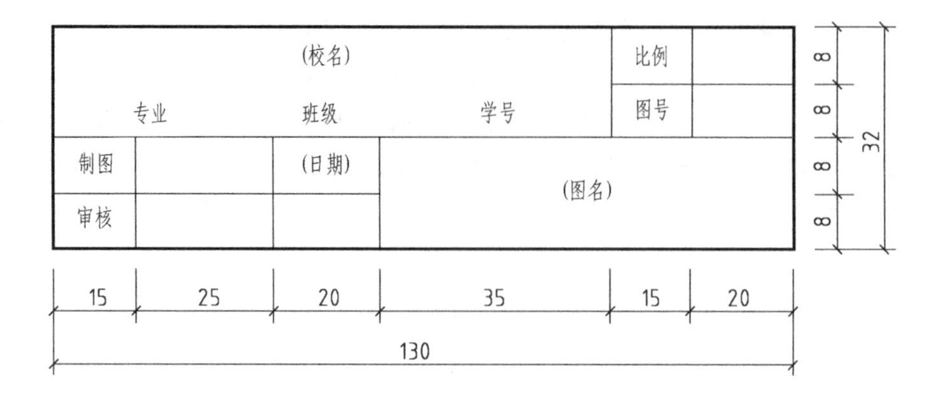

图 1-12　学生制图作业中的标题栏

(专业)
(实名)
(签名)
(日期)
5
5
5
5
20
25
25
25
25
100

图 1-13　会签栏

3. 图线

图纸上的线条统称为图线。图线有粗、中、细之分，为了表示出图中不同的内容，并且能够分清主次。表 1-3 列出了工程图样中常用的线型。

表 1-3　工程图样中常用的线型

名称		线型	线宽	一般用途
实线	粗		b	主要可见轮廓线
	中粗		$0.7b$	可见轮廓线
	中		$0.5b$	可见轮廓线、尺寸线、变更云线
	细		$0.25b$	图例填充线、家具线
虚线	粗		b	见各有关专业制图标准
	中粗		$0.7b$	不可见轮廓线
	中		$0.5b$	不可见轮廓线、图例线
	细		$0.25b$	图例填充线、家具线

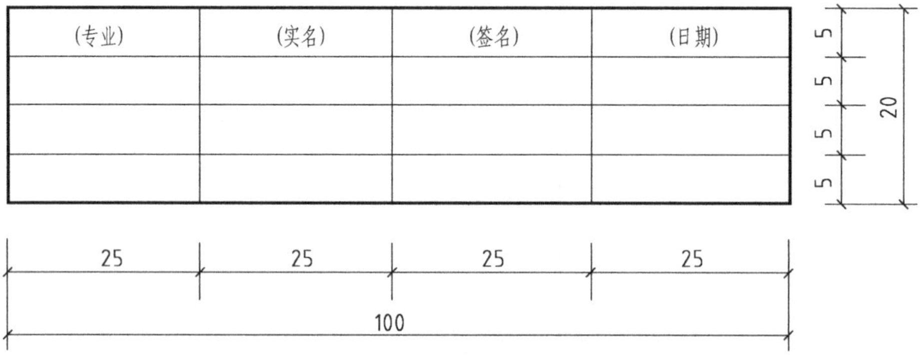

（续）

名称		线型	线宽	一般用途
单点长画线	粗		b	见各有关专业制图标准
	中		$0.5b$	见各有关专业制图标准
	细		$0.25b$	中心线、对称线、轴线等
双点长画线	粗		b	见各有关专业制图标准
	中		$0.5b$	见各有关专业制图标准
	细		$0.25b$	假想轮廓线、成型前原始轮廓线
折断线	细		$0.25b$	断开界线
波浪线	细		$0.25b$	断开界线

在确定线宽 b 时，应根据形体的复杂程度和比例的大小进行选择。b 值宜从下列线宽系列中选取：1.4mm、1.0mm、0.7mm、0.5mm、0.35mm、0.25mm、0.18mm、0.13mm。每个图样应根据复杂程度与比例大小先选定基本线宽 b，再选用表 1-4 中的线宽组。

表 1-4　线宽组　（单位：mm）

线宽比	线宽组			
b	1.4	1.0	0.7	0.5
$0.7b$	1.0	0.7	0.5	0.35
$0.5b$	0.7	0.5	0.35	0.25
$0.25b$	0.35	0.25	0.18	0.13

注：1. 需要微缩的图纸，不宜采用 0.18mm 及更细的线宽。

2. 同一张图纸内，各不同线宽中的细线，可统一采用较细线宽组的细线。

在画图线时，应注意下列几点：

1）同一张图纸内，相同比例的各图样，应选用相同的线宽组。

2）相互平行的图例线，其净间隙或线中间隙不宜小于 0.2mm。

3）虚线、单点长画线或双点长画线的线段长度和间隔，宜各自相等。虚线线段长为 3 ~ 6mm，间隔为 0.5 ~ 1mm。单点长画线或双点长画线的线段长度为 15 ~ 20mm。

4）单点长画线或双点长画线的两端不应是点。点画线与点画线交接点或点画线与其他图线交接时，应是线段交接。

5）虚线与虚线交接或虚线与其他图线交接时，应是线段交接。虚线为实线的延长线时，不得与实线连接，见表 1-5。

表 1-5　图线相交的画法

名称	举　例	
	正　确	错　误
两点画线相交		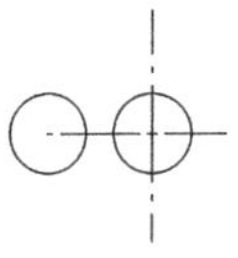

（续）

名称	举例	
	正确	错误
实线与虚线相交，两虚线相交	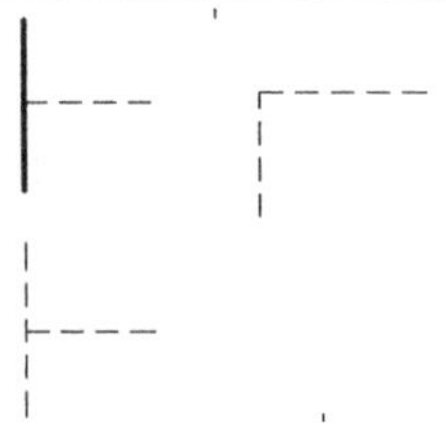	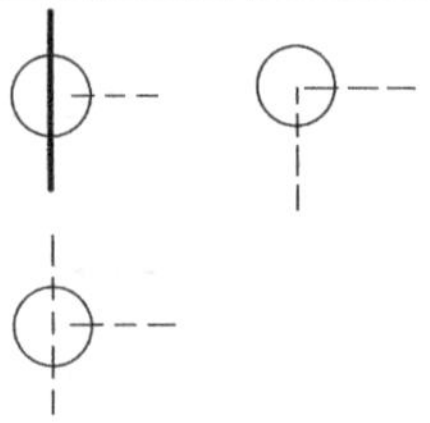
虚线为粗实线的延长线	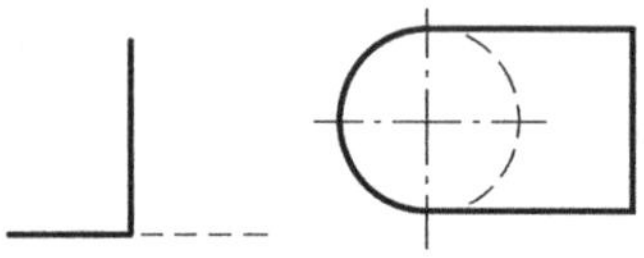	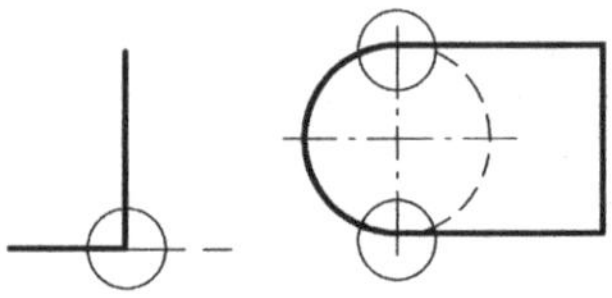

6）图线不得与文字、数字或符号重叠、混淆；不可避免时，应首先保证文字等的清晰。

7）绘制圆或圆弧的中心线时，圆心应为线段的交点，且中心线两端应超出圆弧 2～3mm。当圆较小、画点画线有困难时，可用细实线来代替。

8）图纸的图框和标题栏线，可采用表 1-6 的线宽。

表 1-6 图框线、标题栏线的宽度 （单位：mm）

幅面代号	图框线	标题栏外框线	标题栏分格线
A0、A1	b	$0.5b$	$0.25b$
A2、A3、A4	b	$0.7b$	$0.35b$

4. 字体

工程图样上会遇到各种字或符号，如汉字、数字、字母等。为了保证图样的规范性和通用性，且使图面清晰美观，均应做到笔画清晰、字体端正、排列整齐、标点符号清楚正确。

（1）汉字

1）汉字的简化书写应符合国家有关汉字简化方案的规定。长仿宋体的字高与字宽之比为 1∶0.7（图 1-14）。文字的字高，应从如下系列中选取：3.5mm、5mm、7mm、10mm、14mm、20mm（表 1-7）。如需书写更大的字，其高度应按$\sqrt{2}$的比值递增。

10 号字

字体工整 笔画清楚 间隔均匀 排列整齐

7 号字

横平竖直注意起落结构均匀填满方格

5 号字

技术制图机械电子汽车航空船舶土木建筑矿山井坑港口纺织服装

图 1-14 长仿宋体例字

表 1-7　长仿宋体字高宽关系　（单位：mm）

字高	20	14	10	7	5	3.5
字宽	14	10	7	5	3.5	2.5

2）仿宋字的特点。

① 横平竖直：横画平直刚劲，稍向上倾；竖画一定要写成竖直状，写竖画时用力一定要均匀。

② 起落分明："起"指笔画的开始，"落"指笔画的结束，横、竖的起笔和收笔，撇的起笔，钩的转角，都要顿笔，形成小三角。但当竖画首端与横画首端相连时，横画首端不再筑锋，竖画改成曲头竖。

③ 排列均匀：笔画布局要均匀紧凑，但应注意字的结构，每一个字的偏旁部首在字格中所占的比例是写好仿宋字的关键。

④ 填满方格：上、下、左、右笔锋要尽量触及方格。但也有个别字例外，如日、月、口等都要比字格略小，考虑缩格书写。

要想写好仿宋字，最有效的办法就是先练习基本笔画的写法，尤其是顿笔，然后再打字格练习字体，且要持之以恒，方可熟能生巧，写出的字才能自然、流畅、挺拔、有力。

（2）数字和字母　如图 1-15 所示，数字和字母在图样中所占的比例非常大，在工程图中，数字和字母有正体和斜体两种，如需写成斜体，其斜度应是从字的底线逆时针向上倾斜 75°。斜体字的高度与宽度应与相应的直体字相等。拉丁字母、阿拉伯数字与罗马数字的字高，应不小于 2.5mm。分数、百分数和比例数的注写，应采用阿拉伯数字和数学符号。例如，二分之一、百分之五十和一比二十应分别写成 1/2、50% 和 1∶20。

图 1-15　阿拉伯数字、拉丁字母、希腊字母、罗马数字示例

a）阿拉伯数字　b）大写拉丁字母　c）小写拉丁字母

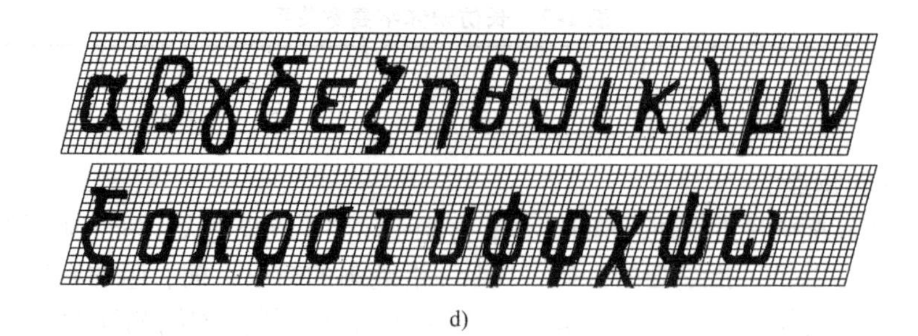

d)

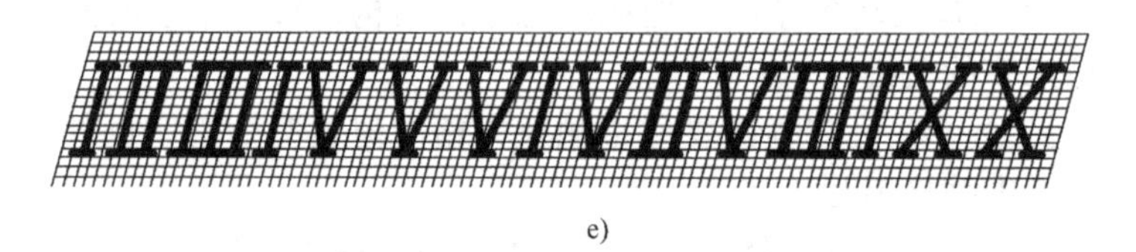

e)

图 1-15 阿拉伯数字、拉丁字母、希腊字母、罗马数字示例（续）
d）小写希腊字母 e）罗马数字

5. 比例

图样的比例是指图样中图形与其实物相应要素的线性尺寸之比。图样比例分为原值比例、放大比例、缩小比例三种，如图 1-16 所示。根据实物的大小与结构的不同，绘图时可根据情况放大或缩小。比例的大小是指比值的大小，如 1∶50 大于1∶100。比例宜注标在图名的右侧，字号比图名号小一号或二号，如图 1-17所示。

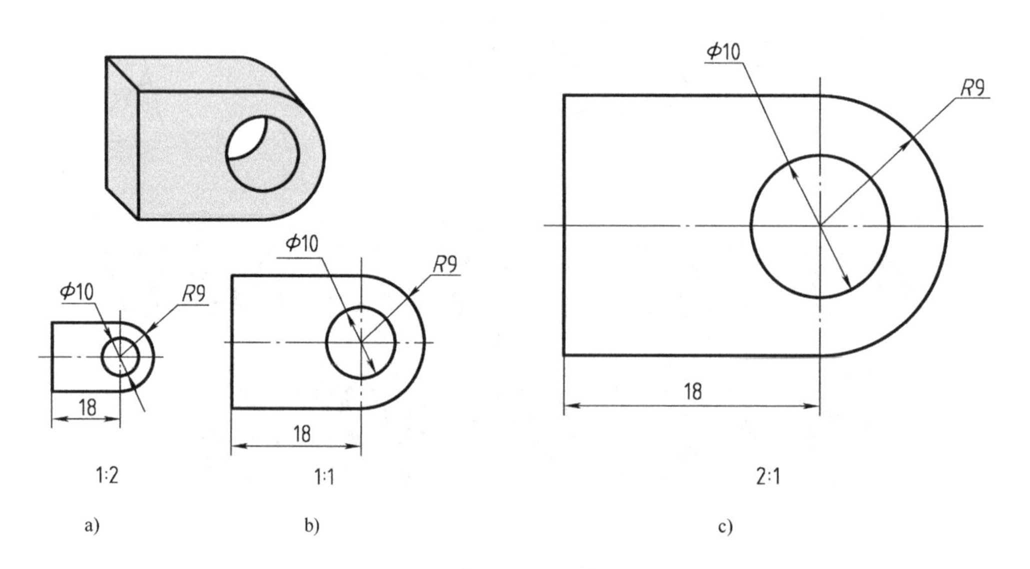

图 1-16 比例
a）缩小比例 b）原值比例 c）放大比例

平面图1:100

图 1-17 比例的注写

绘图所用的比例应根据图样的用途与被绘对象的复杂程度，从表 1-8 中选用，并优先选用表中的常用比例。

表 1-8　绘图所用的比例

常用比例	1:1、1：2、1:5、1:10、1:20、1:50、1:100、1:150、1:200、1:500、1：1000、1:2000
可用比例	1:3、1:4、1:6、1:15、1:25、1:30、1:40、1:60、1:80、1:250、1:300、1:400、1:600、1:5000、1:10000、1:20000、1:50000、1:100000、1:200000

6. 尺寸标注

工程图上除画出构造物的形状外，还必须准确、完整和清晰地标注出构造物的实际尺寸，作为施工的依据。

（1）尺寸的组成　图样上的尺寸由尺寸界线、尺寸线、尺寸起止符号和尺寸数字四部分组成，如图 1-18 所示。

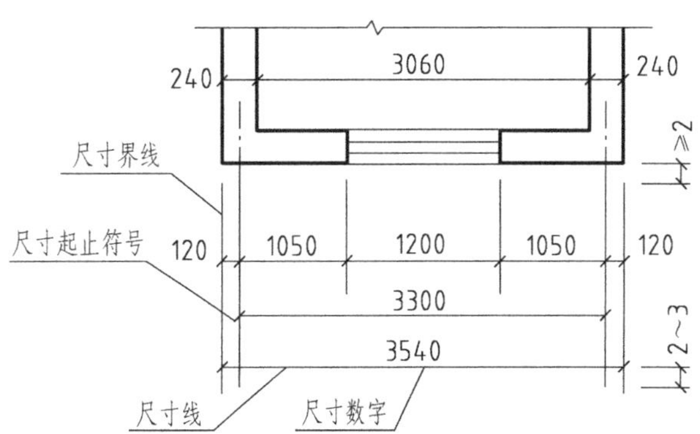

图 1-18　尺寸的组成

（2）尺寸标注的一般原则

1）尺寸界线。

① 尺寸界线应用细实线绘制，应与被注长度垂直，其一端应离开图样轮廓线不小于2mm，另一端宜超出尺寸线 2 ~ 3mm。图样轮廓线可用作尺寸界线。

② 尺寸的尺寸界线应靠近所指部位，中间分尺寸的尺寸界线可稍短，但其长度应相等。

2）尺寸线。

① 尺寸线应用细实线绘制，应与被注长度平行。图样本身的任何图线均不得用作尺寸线。

② 互相平行的尺寸线，应从被注写的图样轮廓线由近及远整齐排列，较小尺寸应离轮廓线较近，较大尺寸应离轮廓线较远。

③ 平行排列的尺寸线的间距，宜为 7 ~ 10mm。

④ 根据个人习惯，尺寸线允许略微超出尺寸界线。

3）尺寸起止符号。

① 尺寸线与尺寸界线相接处为尺寸的起止点。

② 尺寸起止符号一般用中粗斜短线绘制，其倾斜方向应与尺寸界线呈顺时针 45°角，长度宜为 2 ~ 3mm。半径、直径、角度与弧长的尺寸起止符号，宜用箭头表示，如图 1-19 所示。

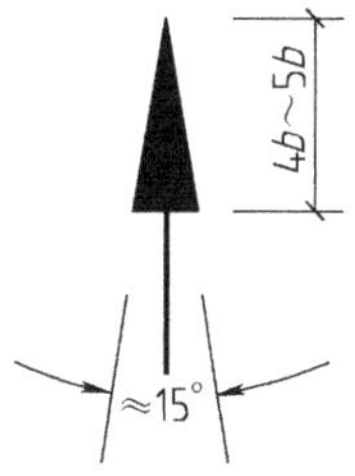

③ 在轴测图中标注尺寸时，其起止符号宜用箭头。

图 1-19　箭头尺寸起止符号

4）尺寸数字。

① 工程图上标注的尺寸数字，是物体的实际尺寸，它与绘图所用的比例无关。因此，抄绘工程图时，不得从图上直接量取。应以所注尺寸数字为准。

② 图样上的尺寸单位除标高及总平面图以 m（米）为单位外，其他以 mm（毫米）为单位。

③ 尺寸数字的方向，应按图 1-20a 所示的规定注写。若尺寸数字在 30°斜线区内也可以按图 1-20b 所示的形式来注写。

④ 尺寸数字应依据其方向注写在靠近尺寸线的上方中部。如没有足够的注写位置，最外边的尺寸数字可注写在尺寸界线的外侧，中间相邻的尺寸数字可上下错开注写，引出线端部用

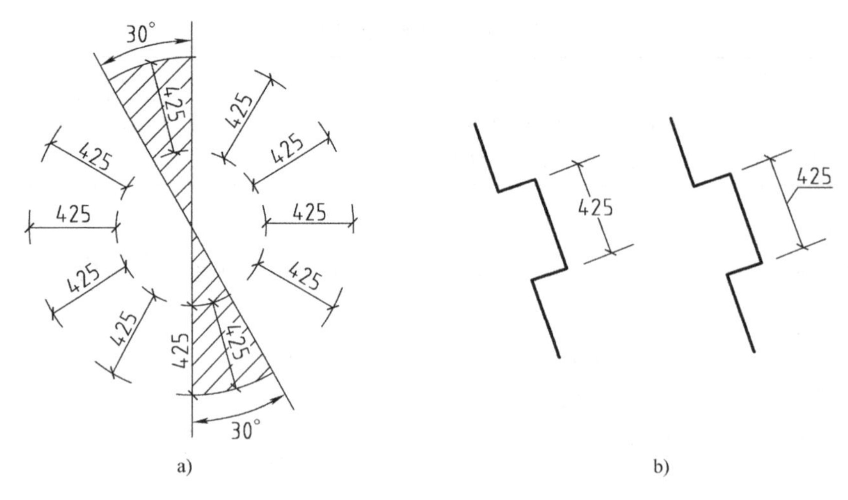

图 1-20 尺寸数字的注写方向

圆点表示标注尺寸的位置，如图 1-21a 所示。

⑤ 尺寸宜标注在图样轮廓线以外，如图 1-21b 所示，不宜与图线、文字及符号等相交；无法避免时，应将图线断开，如图 1-21c 所示。

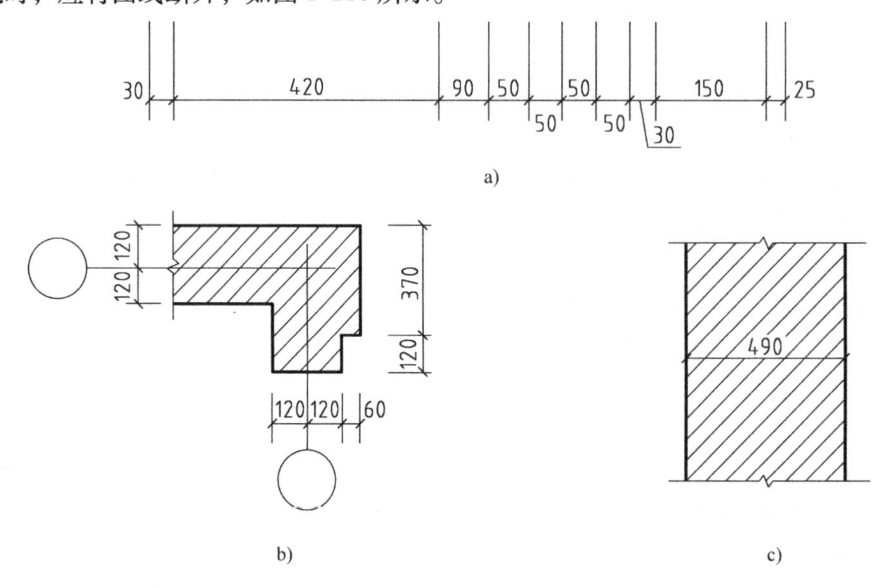

图 1-21 尺寸数字的注写

（3）半径、直径、角度的尺寸注法

1）半径。半径的尺寸线应一端从圆心开始，另一端画箭头指向圆弧，半径数字前应加注半径符号“R”，如图 1-22a 所示。较小圆弧的半径，可按图 1-22b 所示标注。

2）直径。标注圆的直径尺寸时，直径数字前应加直径符号“ϕ”。在圆内标注的尺寸线应通过圆心，两端画箭头指至圆弧。较小圆的直径尺寸，可标注在圆外，如图 1-22c 所示。

3）角度的尺寸线应以圆弧表示。该圆弧的圆心应是该角的顶点，角的两条边为尺寸界线。起止符号应以箭头表示，如没有足够位置画箭头，可用圆点代替，角度数字应沿尺寸线方向注写，如图 1-22d 所示。

4）标注圆弧的弧长时，尺寸线应以与该圆弧同心的圆弧线表示，尺寸界线应指向圆心，起止符号用箭头表示，弧长数字上方应加注圆弧符号“⌒”，如图 1-23a 所示。

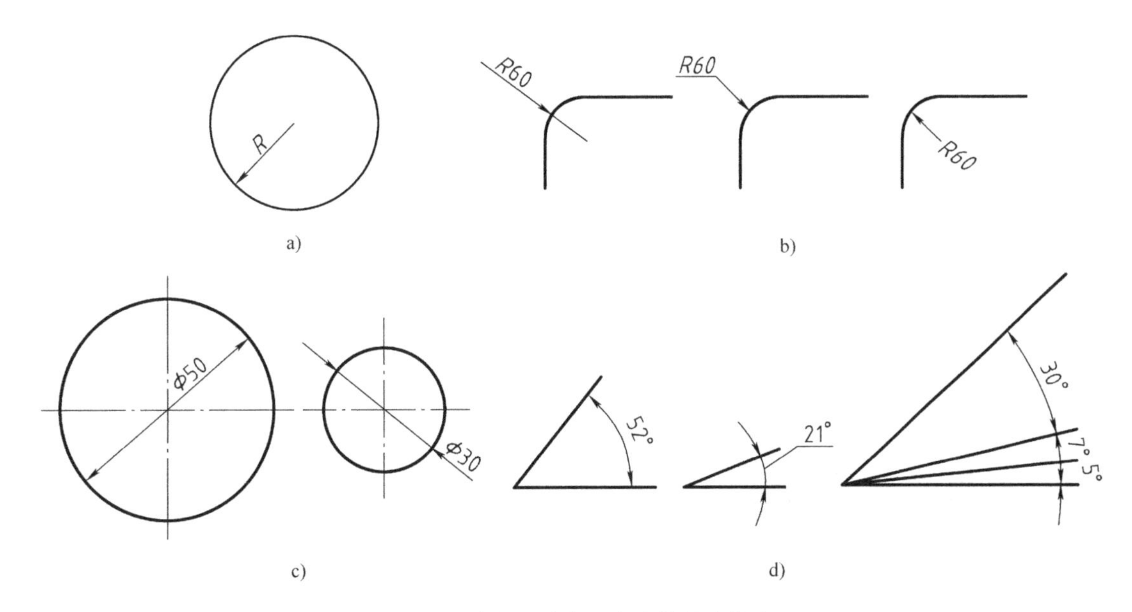

图 1-22　半径、直径、角度的尺寸注法

5）标注圆弧的弦长时，尺寸线应以平行于该弦的直线表示，尺寸界线应垂直于该弦，起止符号用中粗斜短线表示，如图 1-23b 所示。

6）杆件或管线的长度，在单线图（桁架简图、钢筋简图、管线简图）上，可直接将尺寸沿杆件或管线的一侧注写，如图 1-23c 所示。

7）标注坡度时，应加注坡度符号“↙”，该符号为单面箭头，箭头应指向下坡方向。坡度也可用直角三角形形式标注，如图 1-24 所示。

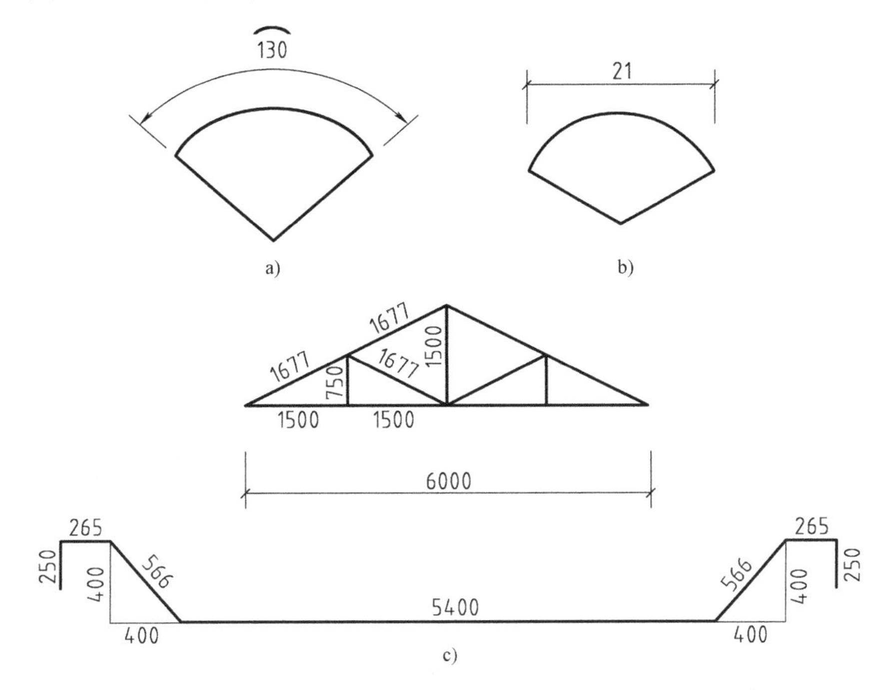

图 1-23　弧长、弦长、单线图标注方法

a）弧长　b）弦长　c）单线图标注方法

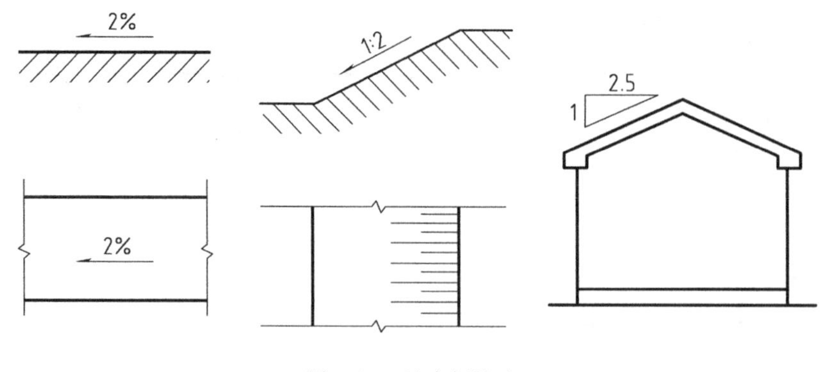

图 1-24 坡度标注法

1.3 平面图形的画法

绘制平面图形时，常常用到平面几何中的几何作图方法，下面仅对一些常用的几何作图方法进行简要的介绍。

1. 等分线段

（1）任意等分已知线段　除了用试分法等分已知线段外，还可以采用辅助线法。三等分已知线段 *AB* 的作图方法如图 1-25 所示。

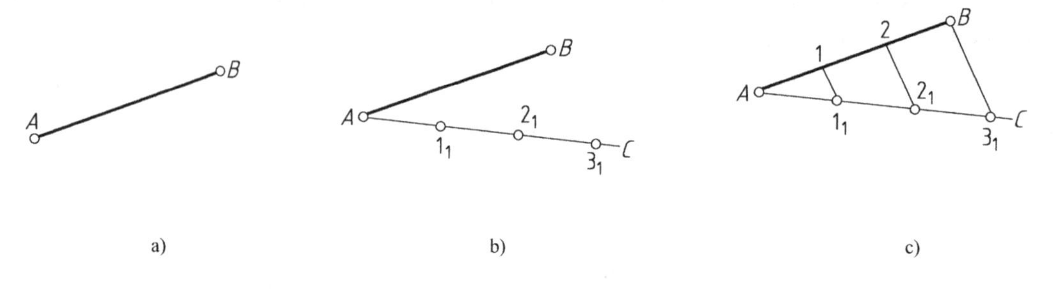

图 1-25 三等分线段

a）已知条件　b）过 *A* 作任一直线 *AC* 使 $A1_1=1_12_1=2_13_1$

c）连接 3_1 与 *B*，分别由点 2_1、1_1 作 3_1B 的平行线，与 *AB* 交得等分点 1、2

（2）等分两平行线间的线段　三等分两平行线 *AB*、*CD* 之间线段的作图方法如图 1-26 所示。

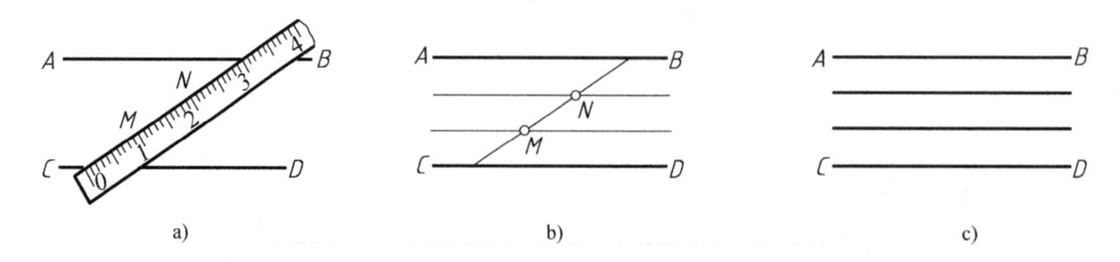

图 1-26 等分两平行线间的线段

a）使直尺刻度线上的 0 点落在 *CD* 线上，转动直尺，使直尺上的 3 点落在 *AB* 线上，取等分点 *M*、*N*

b）过 *M*、*N* 点分别作已知直线段 *AB*、*CD* 的平行线

c）清理图面，加深图线，即得所求的三等分 *AB* 与 *CD* 之间线段的平行线

2. 作正多边形

正多边形可用分规试分法等分外接圆的圆周后作出，也可用三角板配合丁字尺按几何作图等分外接圆的圆周后作出。

1）作已知圆的内接正五边形，如图1-27所示。

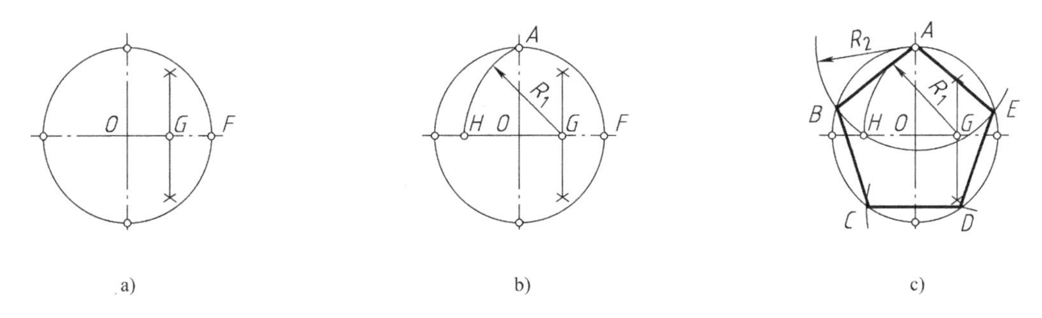

图1-27　作已知圆的内接正五边形

a）二等分 OF 得点 G　b）以点 G 为圆心，以 GA 为半径画圆弧交直径于点 H

c）以 H 为半径，五等分圆周

2）作已知圆的内接正六边形，如图1-28所示。用圆规作图，如图1-28a所示；用丁字尺、三角板作图，如图1-28b所示。

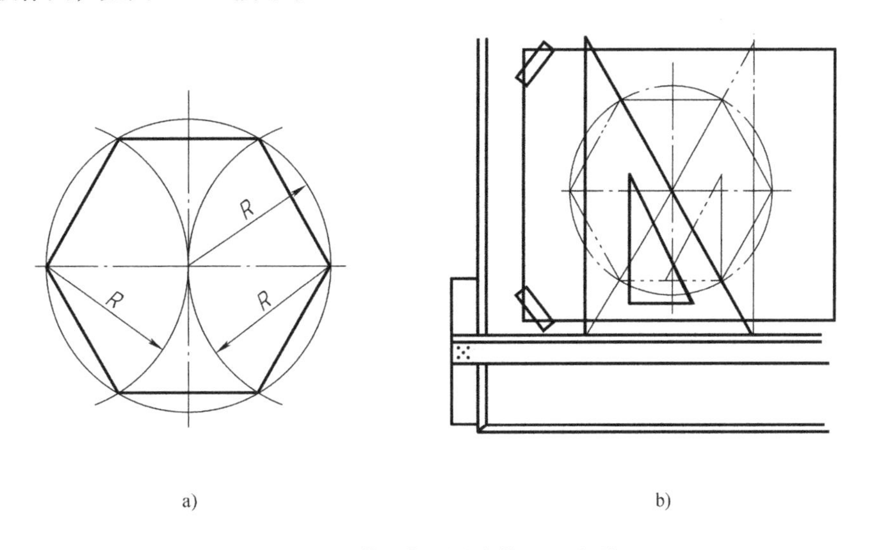

图1-28　作已知圆的内接正六边形

a）用圆规六等分圆周　b）用丁字尺、三角板六等分圆周

3. 圆弧连接

圆弧与直线以及不同圆弧之间连接的问题，称为圆弧连接。作图时，根据已知条件，先求出连接圆弧的圆心和切点的位置。下面列举几种常见的圆弧连接。

1）作圆弧与相交两直线连接，如图1-29所示。

2）作直线和圆弧间的圆弧连接，如图1-30所示。

3）作圆弧与两已知圆弧内切连接，如图1-31所示。

4）作圆弧与两已知圆弧外切连接，如图1-32所示。

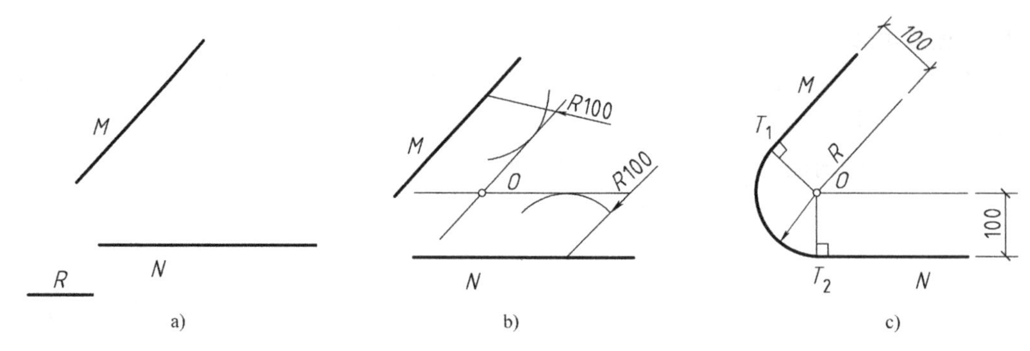

图 1-29 作圆弧与相交两直线连接

a）已知半径 R 和相交两直线 M、N b）分别作出与 M、N 平行且相距为 R 的两直线，交点 O 即为所求圆弧的圆心 c）过点 O 分别作 M 和 N 的垂线，垂足 T_1 和 T_2 即所求的切点；以 O 为圆心，以 R 为半径，在切点 T_1、T_2 之间连接圆弧即为所求

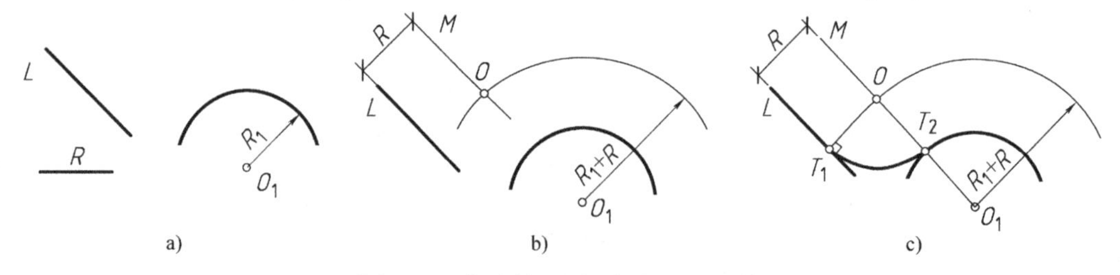

图 1-30 作直线和圆弧间的圆弧连接

a）已知直线 L，半径为 R_1 的圆弧和连接圆弧的半径 R b）作直线 M 平行于 L 且相距为 R；又以 O_1 为圆心，以（$R+R_1$）为半径作圆弧，交直线 M 于点 O c）连接 OO_1，交已知圆弧于切点 T_2，又作 OT_1 垂直于 L，得另一切点 T_1；以 O 为圆心，以 R 为半径，在切点 T_1、T_2 之间连接圆弧即为所求

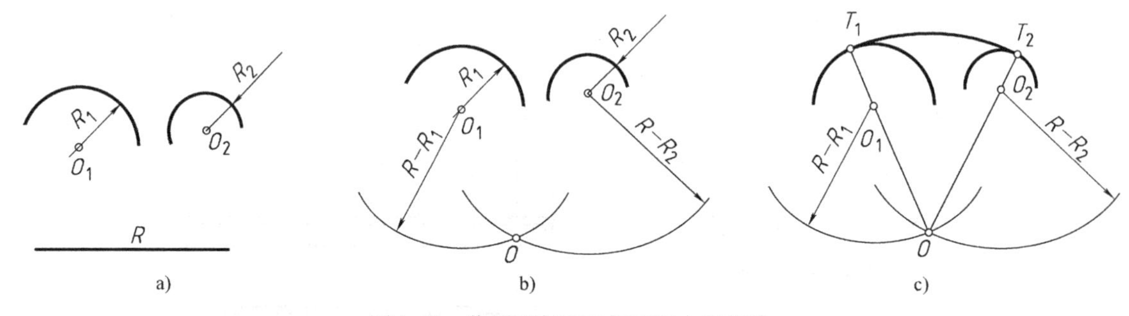

图 1-31 作圆弧与两已知圆弧内切连接

a）已知内切圆弧的半径 R 和半径为 R_1、R_2 的两已知圆弧 b）以 O_1 为圆心，以 $|R-R_1|$ 为半径画弧，又以 O_2 为圆心，以 $|R-R_2|$ 为半径画弧，两弧相交于点 O c）延长 OO_1 交圆弧 O_1 于切点 T_1，延长 OO_2 交圆弧 O_2 于切点 T_2，以 O 为圆心，以 R 为半径，在切点 T_1、T_2 之间连接圆弧即为所求

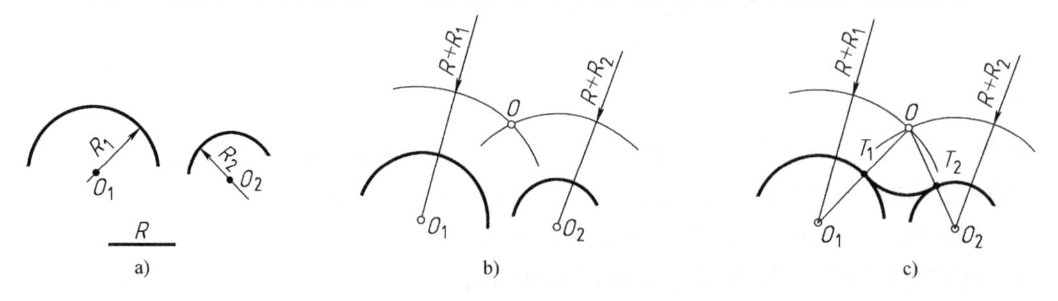

图 1-32 作圆弧与两已知圆弧外切连接

a）已知外切圆弧的半径 R 和半径为 R_1、R_2 的两已知圆弧 b）以 O_1 为圆心，以（$R+R_1$）为半径作圆弧；又以 O_2 为圆心，以（$R+R_2$）为半径作圆弧，两弧相交于点 O c）连接 OO_1，交圆弧 O_1 于切点 T_1，连接 OO_2 交圆弧 O_2 于切点 T_2，以 O 为圆心，R 为半径，连接 T_1、T_2 间的圆弧即为所求

1.4　绘图的基本方法和步骤

1. 用绘图工具和仪器绘制图样

工程图样通常都是用绘图工具和仪器绘制的，绘图的方法与步骤是：先画底稿；然后进行校对，根据需要进行铅笔加深或上墨；最后再经过复核，由制图者签字。

（1）用制图工具和仪器绘制铅笔加深的图样

1）画底稿。在使用丁字尺和三角板绘图时，采光最好来自左前方。通常用削尖的2H铅笔轻绘底稿，底稿一定要正确无误，才能加深或上墨。画底稿的顺序是：先按图形的大小和复杂程度，确定绘图比例，选定图幅，画出图框和标题栏；根据选定的比例估计图形及注写尺寸所占的面积，布置图面，然后开始画图。画图时，先画图形的基线（如对称线、轴线、中心线或主要轮廓线），再逐步画出细部。图形完成后，画尺寸界线和尺寸线。最后，对所绘的图稿进行仔细校对，改正画错或漏画的图线，并擦去多余的图线。

2）铅笔加深。铅笔加深要做到粗细分明，符合国家标准的规定，宽度为 b 和 $0.5b$ 的图线常用B或HB铅笔加深；宽度为 $0.25b$ 的图线常用削尖的H或2H铅笔适当用力加深；在加深圆弧时，圆规的铅芯应该比加深直线的铅笔芯软一号。

用铅笔加深时，一般应先加深细点画线（中心线、对称线）。为了使同类线型宽度粗细一致，可按线宽分批加深，先画粗实线，再画中虚线，然后画细实线，最后画双点画线、折断线和波浪线。加深同类型图线的顺序是：先画曲线，后画直线。画同类型的直线时，通常是先从上向下加深所有的水平线，再从左向右加深所有的竖直线，然后加深所有的倾斜线。

当图形加深完毕后，再加深尺寸线与尺寸界线等，然后画尺寸起止符号，填写尺寸数字，书写图名、比例等文字说明和标题栏。

3）复核和签字。加深完毕后，必须认真复核，如发现错误，则应立即改正；最后，由制图者签字。

（2）用制图工具与仪器绘制上墨的图样　随着计算机绘图的普及，计算机绘图将逐步替代手工上墨描图。需手工上墨描图时，其顺序与绘制铅笔加深的图样相同，但可在描图纸下用衬格书写文字。当描错或纸上染有墨污时，应在描图纸下垫一块三角板，用锋利的薄型刀片轻轻刮掉需要修改的图线或墨污；如在刮净处仍需描图画线或写字，则在垫三角板的情况下，待墨迹干涸后，再用硬橡皮擦拭，然后再在压实修刮过的描图纸上重新上墨或写字。

2. 用铅笔绘制徒手草图

徒手草图是按目估比例徒手描绘的工程图样。绘制徒手草图主要是画直线，有时也要画圆或椭圆等曲线，可画在白纸上，也可画在印有浅色方格的草图纸上。

画较长的直线时，应该是笔从起点画线，而眼则看其终点，分几段画出；画较短的直线时，常用手腕运笔。

画水平线和竖直线的姿势如图1-33所示，自左向右画水平线，自上向下画竖直线。

画斜线时可按近似比例作直角三角形画出，如图1-34所示，分别以 $30°\approx\tan^{-1}\frac{3}{5}$、$45°\approx\tan^{-1}1$、$60°\approx\tan^{-1}\frac{5}{3}$，目测画出与水平线呈30°、45°、60°的斜线。

画圆时，可过圆心作均匀分布的径向射线，并在各射线上，以目测半径长度画出圆周上的各点，然后连成圆。画较小的圆时，可作出四个点后连成圆，如图1-35a所示；画较大的圆时，则可作出八个点或十二个点后连成圆，如图 1-35b 所示。

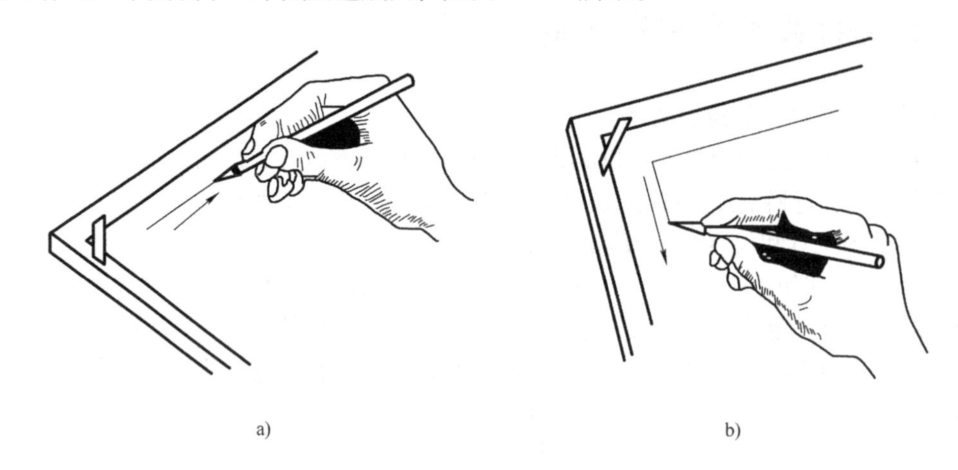

图 1-33 徒手画直线

a）画水平线 b）画竖直线

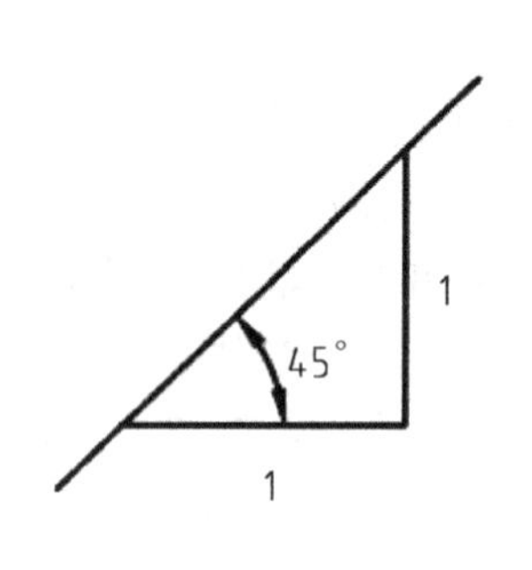

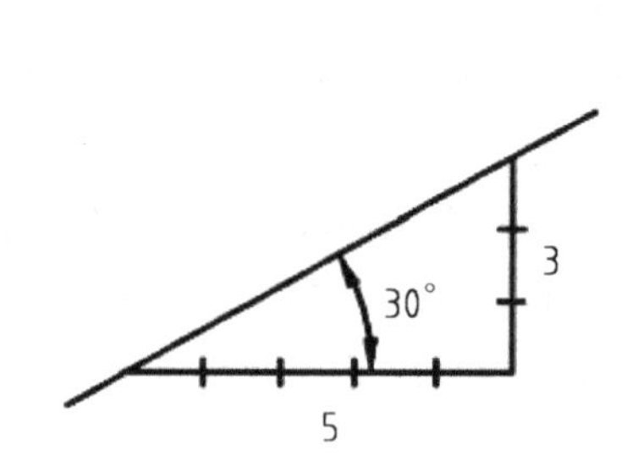

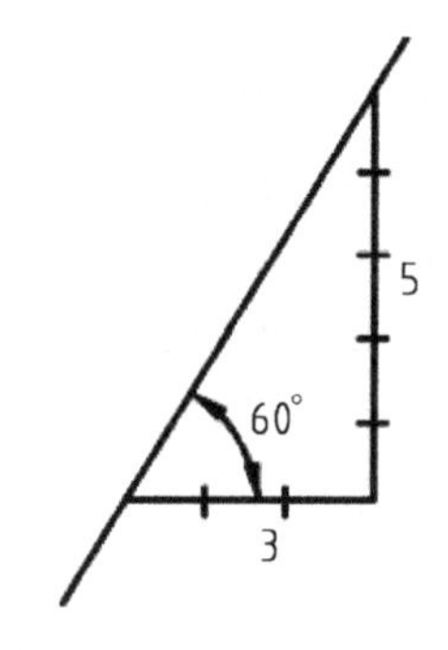

图 1-34 徒手画 30°、45°、60°的斜线

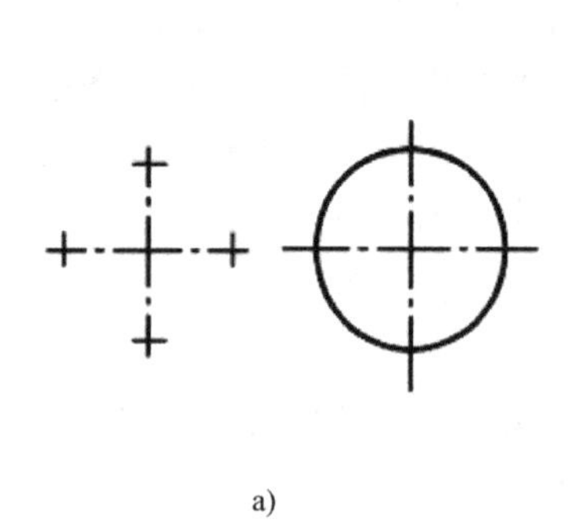

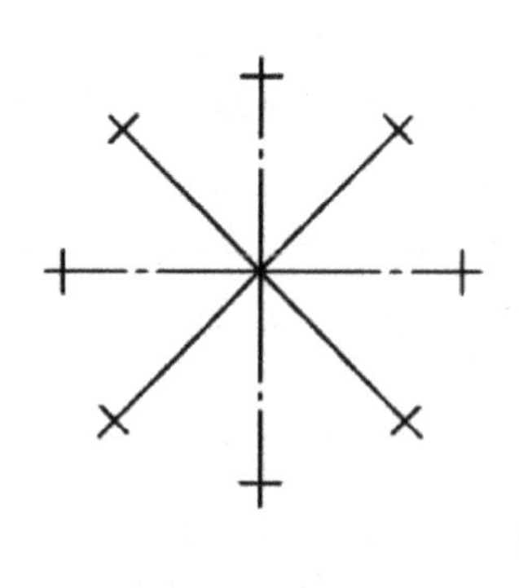

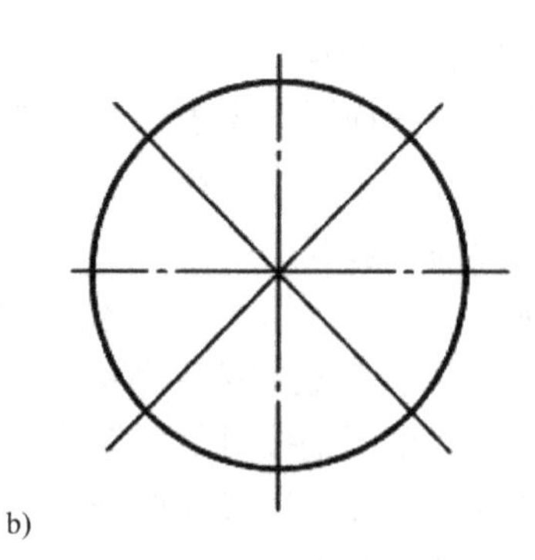

图 1-35 徒手画圆

由长短轴画椭圆如图 1-36 所示，先画椭圆的长短轴，再作出外切于椭圆长短轴顶点的矩形；然后连接对角线，从椭圆的中心出发，在四段半对角线上，按目测 7∶3 的比例作出各分点；最后把这四个点和长短轴的端点按顺序连成椭圆。

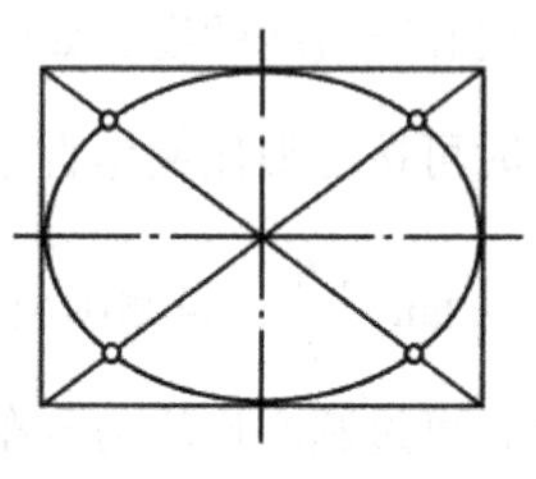

图 1-36 徒手画椭圆

第2章　投影的基本知识

2.1　投影法的概念

1. 投影的概念

在日常生活中，我们所见到的形体都是具有长、宽、高的立体，如何在平面上表达空间物体的形状和大小呢？而投影又是如何形成的呢？

（1）影子　日常生活中，我们对影子并不陌生。在光线照射下，物体在地面或墙面上投下影子，而且随着光线照射角度或距离的改变，影子的位置和大小也会随之改变，并且这种影子内部灰黑一片，只能反映物体外形的轮廓，如图2-1a所示。

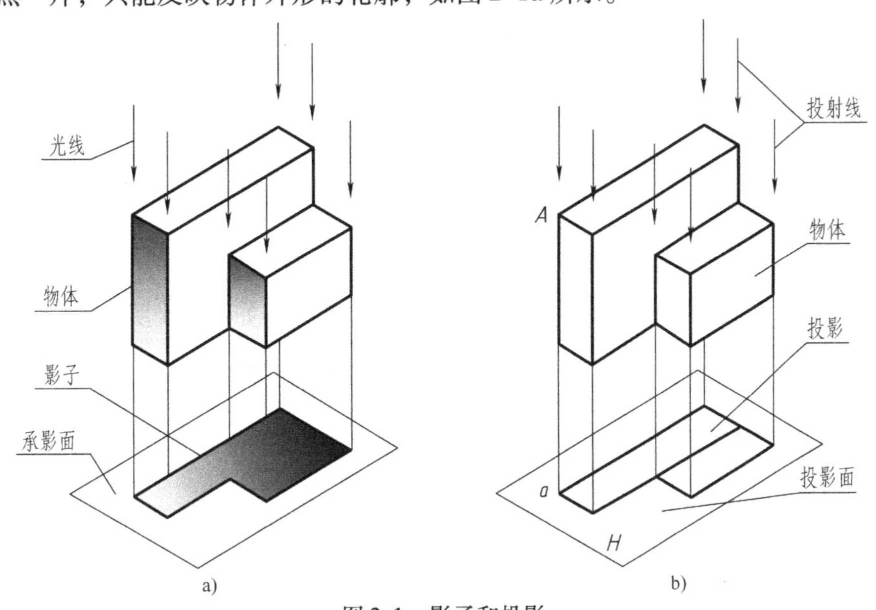

图2-1　影子和投影

a）影子　b）投影

（2）投影　将物体的影子经过如下科学的抽象：假设光线能够穿透形体，而将形体上的各顶点和所有轮廓线都在平面上投落下影子，这些点和线的影将组成一个能够反映出形体各部分形状的图形，这个图形通常称为形体的投影，如图2-1b所示。

通过分析，物体进行投影的条件有：投射线、物体、投影面，如图2-2所示。对物体进行投影，在投影面上产生图像的方法称为投影法。

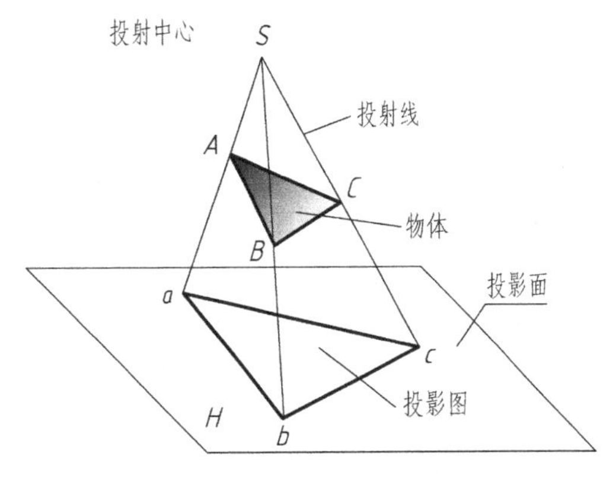

图2-2　投影的形成

2. 投影的分类

根据投射中心与投影面距离远近的不同，投影可分为中心投影和平行投影，如图 2-3 所示。

（1）中心投影　投射中心 S 在有限的距离内，发出放射状的投射线，用这些投射线作出的投影称为中心投影。这种方法称为中心投影法，如图 2-3a 所示。

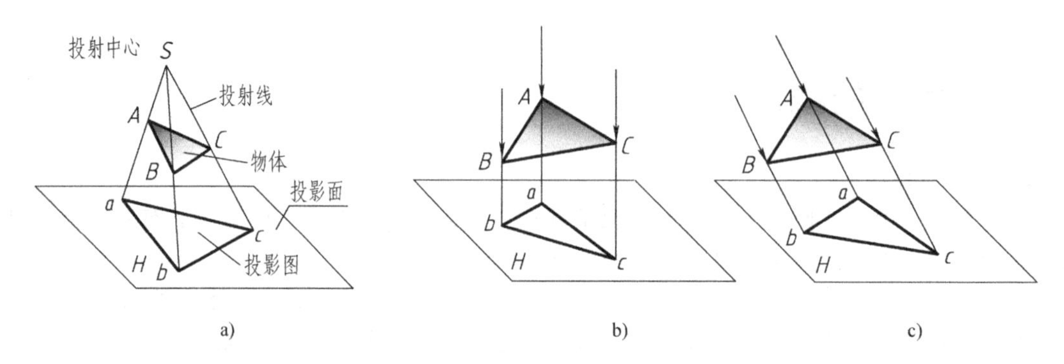

a)　b)　c)

图 2-3　投影的分类

a）中心投影　b）正投影　c）斜投影

（2）平行投影　当投射中心距离投影面为无限远时，投射线将依照一定的投射方向平行地投射。用平行投射线作出的投影称为平行投影。这种方法称为平行投影法。平行投影又可分为正投影和斜投影。当投射线垂直于投影面时，称为正投影，如图 2-3b 所示；当投射线倾斜于投影面时，称为斜投影，如图 2-3c 所示。

（3）工程上常用的四种投影图　在实际工作中，由于表达目的和对象的不同，常用不同的投影法来表达不同的投影图。工程上常用以下四种投影图，如图 2-4 所示。

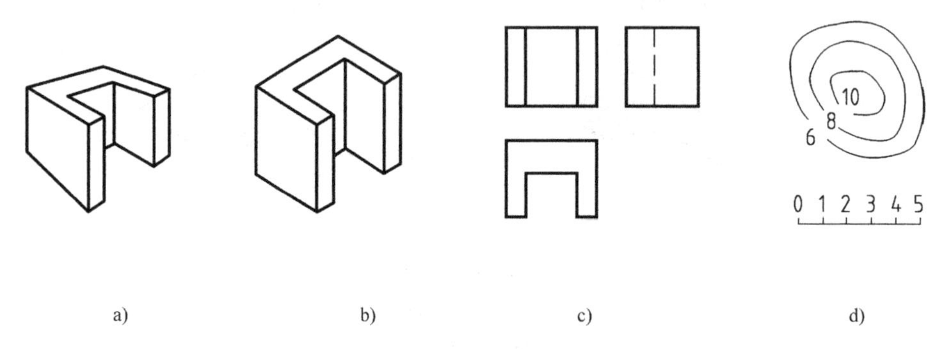

a)　b)　c)　d)

图 2-4　工程上常用的四种投影图

a）透视投影图　b）轴测投影图　c）正投影图　d）标高投影图

1）透视投影图。用中心投影法绘制形体的单面投影图，称为透视投影图，又称效果图。这种图有较强的立体感和真实感，常在建筑初步设计阶段绘制，用于方案比较，选取最佳方案。但这种图作图较烦琐，不能反映物体的真实形状和大小。

2）轴测投影图。用平行投影法绘制形体的单面投影图，称为轴测投影图。这种图也有立体感，有的图还能反映物体上某些方向的真实形状和大小，且作图简便。但这种图不能反映整个物体的真实形状。

3）正投影图。用正投影法在两个或两个以上相互垂直的投影面上绘制形体的多面投影图，称为正投影图。正投影图度量性好，在工程上应用最广，且作图简便，但缺乏立体感。

4）标高投影图。用正投影法绘制形体的标有高度的单面投影图，称为标高投影图。这种图主要用于表示地形、道路和土工建筑物。作图时，用间隔相等的水平面截割地形面，其交线即为等高线，将不同高程的等高线投影在水平的投影面上，并标注出各等高线的高程，即为标高投影图。地形图及地面上建造的土工形体的标高投影，可表示出该土工形体的位置、形状和大小，坡面间的交线以及坡面与地面的交线，从而为施工中计算土方量及确定施工界限提供依据。

2.2　平行投影的基本性质

平行投影具有度量性、积聚性、类似性、定比性、平行性五大性质，这五大性质是正投影作图的理论基石。

1. 度量性

直线平行于投影面时，其平行投影反映直线的实长；平面平行于投影面时，其平行投影反映平面的实际形状，如图 2-5 所示。

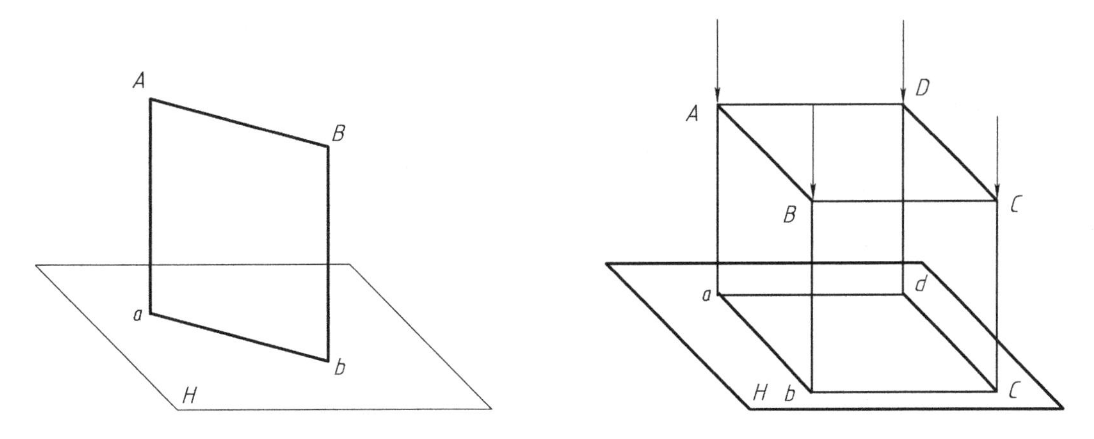

图 2-5　平行投影的度量性

2. 积聚性

直线与投射线平行时，其平行投影积聚为一点；平面与投射线平行时，其平行投影积聚为一条直线，如图 2-6 所示。

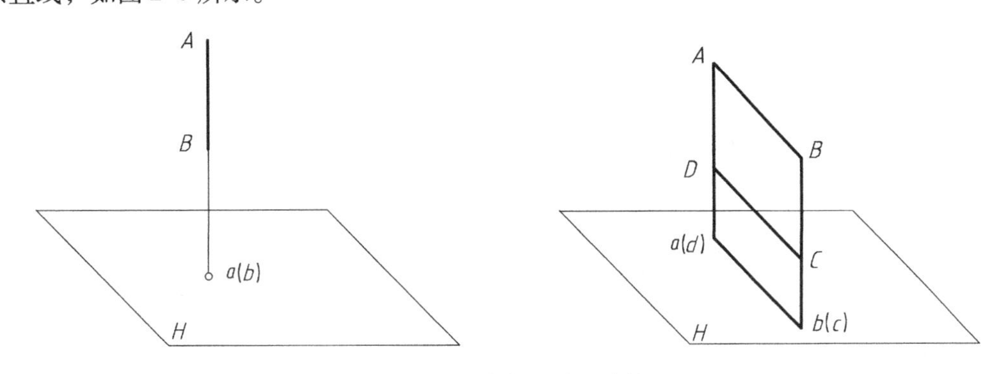

图 2-6　平行投影的积聚性

3. 类似性

当直线与投影面倾斜时，其平行投影是变短的直线；当平面与投影面倾斜时，其平行投影是面积缩小的类似形，如图 2-7 所示。

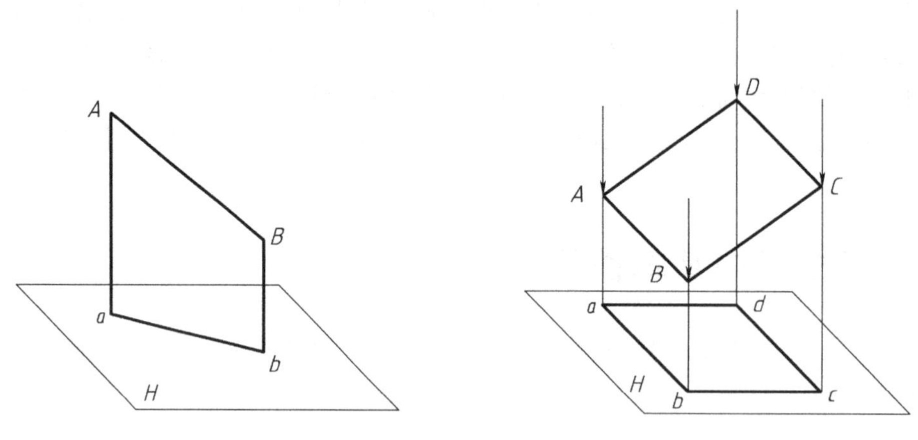

图 2-7　平行投影的类似性

4. 定比性

直线上两线段的长度比等于它们平行投影的长度比，即$AC:CB = ac:cb$，如图 2-8 所示；两平行直线段的长度比等于它们平行投影的长度比，即 $AB:CD = ab:cd$。

5. 平行性

若两直线平行，则两直线的平行投影也平行，即若 $AB//CD$，则 $ab//cd$，如图 2-9 所示。

由于正投影具有反映实长和实形且作图简便的优点，因此，正投影图是工程制图中的主要图样，在以后的叙述中如不特别说明，所述投影均指正投影。

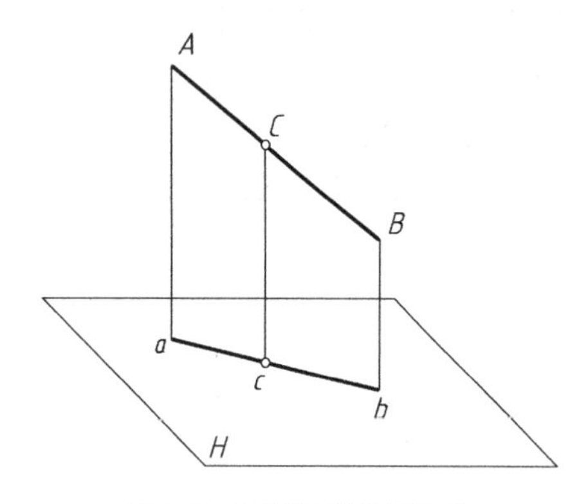

图 2-8　平行投影的定比性

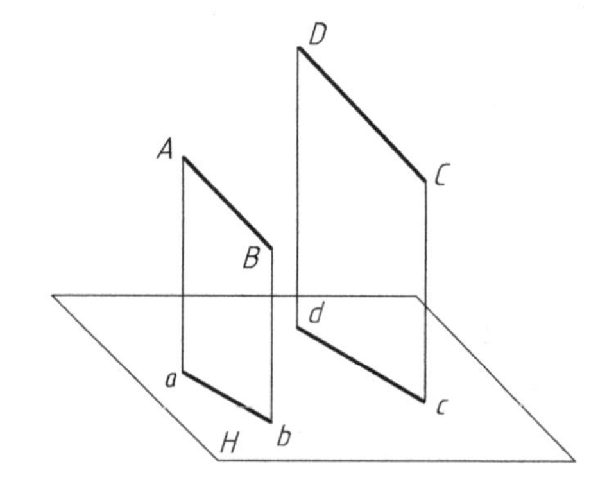

图 2-9　平行投影的平行性

2.3　正投影法的基本原理

如图 2-10 所示，两个不同的形体，它们在同一投影面上的投影完全相同，这说明仅有形体的一个投影图，一般是不能确定形体的空间形状和大小的。因此，在工程上常用多个投影图来表达形体的形状和大小，基本的表达方法是采用三面正投影图。

1. 正投影图的形成

(1) 三投影面体系的建立　按照国家标准规定设置的三个相互垂直的投影面，称为三投影面体系，如图 2-11 所示。

在三个投影面中，直立在观察者正对面位置的投影面称为正立投影面，简称正面，用字母

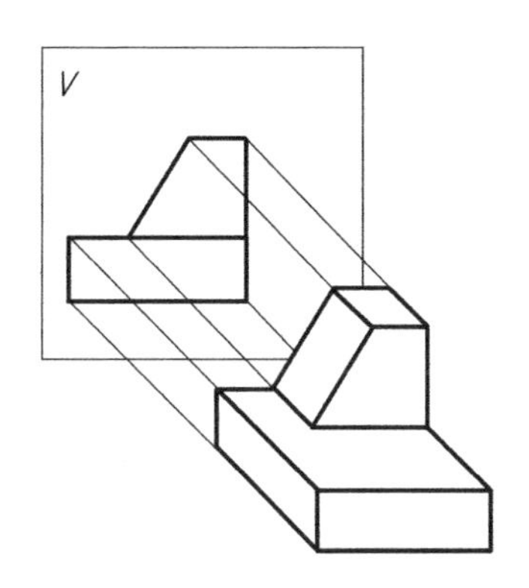

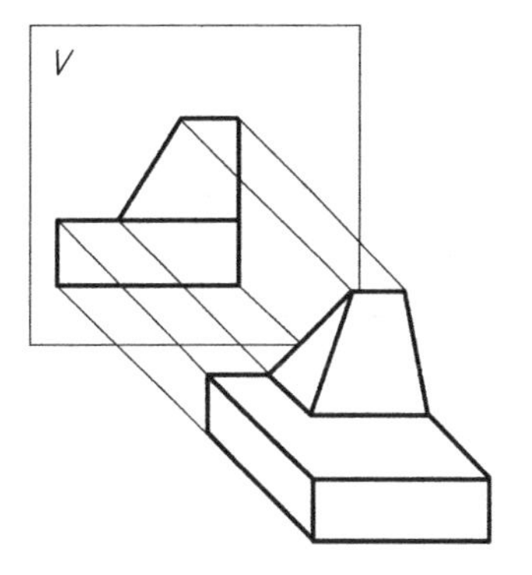

图 2-10　物体的一个投影不能完全表达空间物体的形状和大小

V 标记；水平位置的投影面称为水平投影面，简称水平面，用字母 *H* 标记；右侧的投影面称为侧立投影面，简称侧面，用字母 *W* 标记。

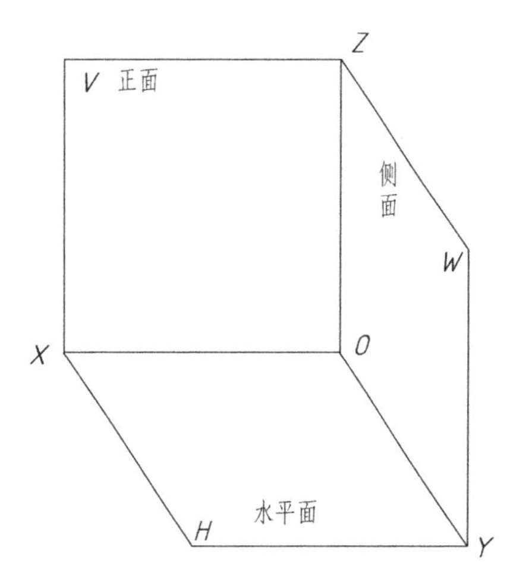

图 2-11　三投影面体系

三个投影面的交线 *OX*、*OY*、*OZ* 称为投影轴，分别简称为 *X*、*Y*、*Z* 轴。三轴互相垂直相交于一点 *O*，称为原点。以原点 *O* 为基准，可以沿 *X* 轴方向度量形体的长度尺寸和确定左右位置；沿 *Y* 轴方向度量形体的宽度尺寸和确定前后位置；沿 *Z* 轴方向度量形体的高度尺寸和确定上下或高低位置。

（2）分面进行投影　如图 2-12 所示，把形体正放在三面投影体系中。正放就是把形体上的主要表面或对称面置于平行投影面的位置。形体的位置一经放定，其长、宽、高及上下、左右、前后方位即确定，然后将形体的各几何要素分别向三投影面进行投影，即得到形体的三面投影图。

投射方向从上到下在 *H* 面上得到的形体的正投影图称为水平投影图（简称 *H* 投影）；投射方向从前到后在 *V* 面上得到的形体的正投影图称为正面投影图（简称 *V* 投影）；投射方向从左到右在 *W* 面上得到的形体的正投影图称为侧面投影图（简称 *W* 投影）。

（3）三面正投影图的展开　三个投影图分别位于三个投影面上，如图 2-12a 所示，画图非常不便。在实际绘图时，这三个投影图要画在一张图纸上（即同一个平面上）。为此要将投影面展开，如图 2-12b 所示；展开保持 *V* 面不动，将 *H* 面绕 *OX* 轴向下旋转 90°，将 *W* 面绕 *OZ* 轴向右旋转 90°，这样，三个投影面便位于同一绘图平面上，如图 2-12c 所示。这时，*Y* 轴分为两条，位于 *H* 面上的记为 Y_H，位于 *W* 面的记为 Y_W。通常绘制形体的三面正投影图时，因形体与投影面的距离并不影响形体在这个投影面上的形状，故不需要画出投影面的边框，也可不画出投影轴。

由正面（*V*）投影、水平（*H*）投影和侧面（*W*）投影组成的投影图，称为三面正投影图，如图 2-12d 所示。

2. 正投影图的投影规律

（1）正投影图与空间形体的关系　由三面正投影图的形成可知，每个投影图都表示形体一个方向的形状、两个方向的尺寸和四个方位，如图 2-13 所示。

H 面投影反映从形体上方向下看的形状和长度、宽度方向的尺寸以及左右、前后方向的位置；

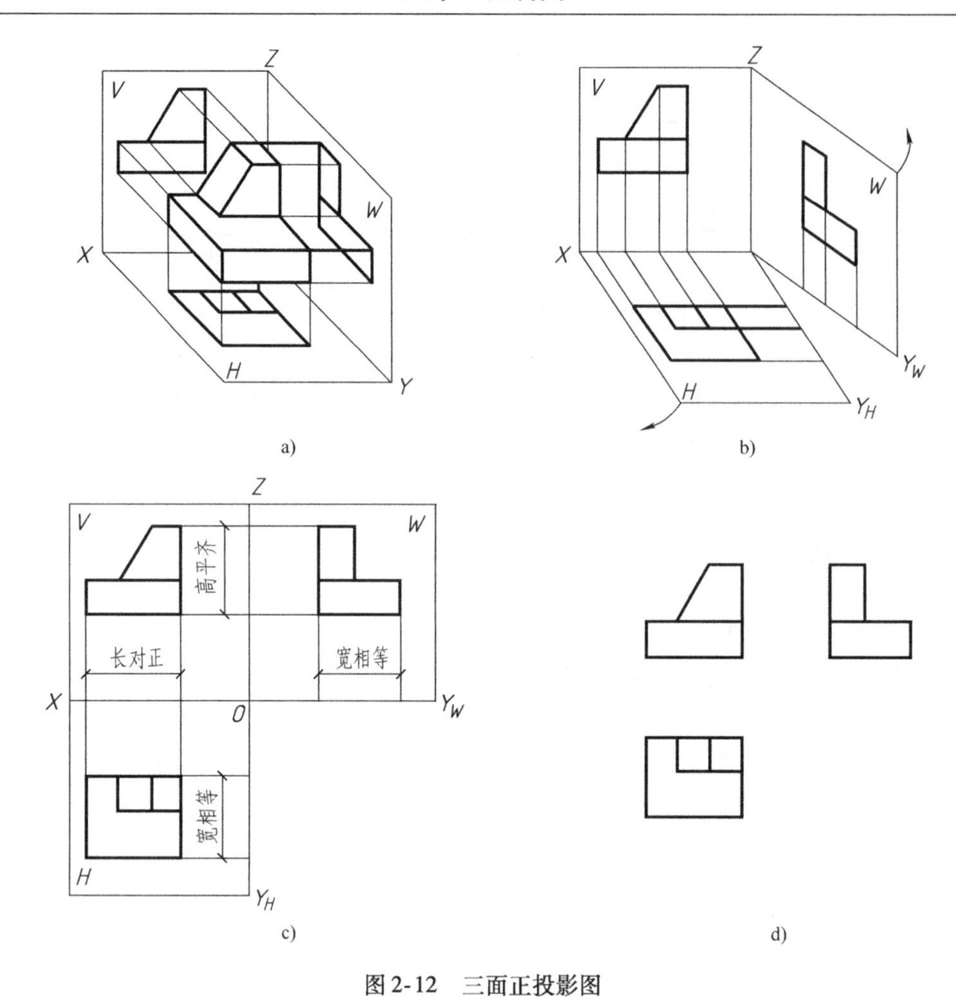

图 2-12　三面正投影图

a）分面进行投影　b）投影图的展开　c）展开后的投影位置　d）三面正投影图

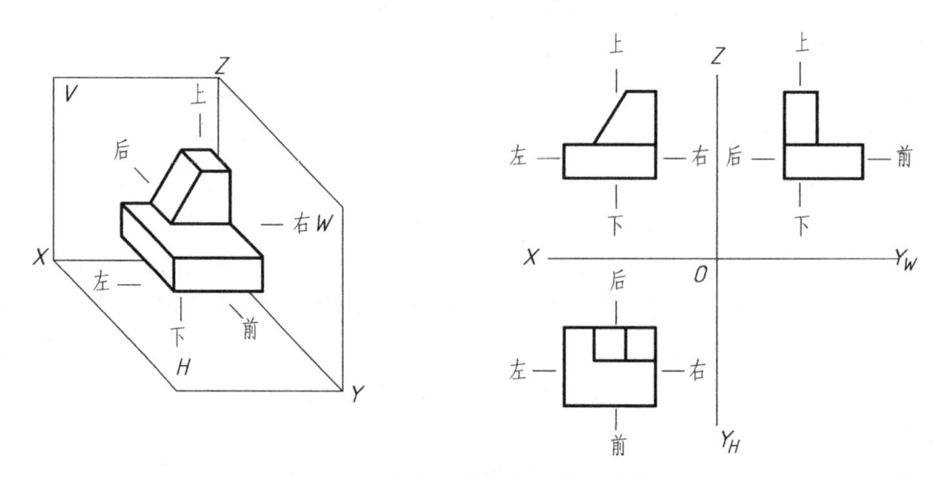

图 2-13　投影图与空间形体的关系

V 面投影反映从形体前方向后看的形状和长度、高度方向的尺寸以及左右、上下方向的位置；*W* 面投影反映从形体左方向右看的形状和宽度、高度方向的尺寸以及前后、上下方向的位置。

（2）三面正投影图的投影规律　三面正投影图表达的是同一个形体，而且是形体在同一位置分别向三个投影面所作的投影，所以三面正投影图间每对相邻投影图同一方向的尺寸相等。

H 面投影和 *V* 面投影中的相应投影长度相等，并且对正。

V 面投影和 *W* 面投影中的相应投影高度相等，并且平齐。

H 面投影和 *W* 面投影中的相应投影宽度相等。

“长对正、高平齐、宽相等”是形体的三面投影图之间最基本的投影关系，也是画图和读图的基础。无论是形体的总体轮廓还是某个局部都必须符合这样的投影关系。

应当指出的是：形体的宽度在 *H* 面投影中为竖直方向，在 *W* 面投影中为水平方向，因此根据“宽相等”作图时，要注意宽度尺寸量取的起点和方向。

3. 正投影图的作图

（1）作图步骤

1）根据三面投影图的复杂程度，先选定比例和幅面，确定各投影图在图纸上的位置，画出定位线或基准线。

2）根据形体的特征，用2H或3H铅笔画底稿线，画图时可先画一个投影面上的投影，而后根据“长对正、高平齐、宽相等”的规律画另外两个投影，也可同时画出三个投影面上的投影。

3）检查图形，加深图线，擦去多余的线条。

（2）按模型或轴测图画三面投影图　画出图2-14a所示形体的三面正投影图。

1）分析物体的形状，该形体是由长方体被挖去一个长方体形成的，以最能表达物体形状特征的方向作为 *V* 投影方向，如图中箭头所示。

2）用细线画出长方体的投影轮廓线，如图2-14b所示。

3）用细线画出被挖去的长方体的投影轮廓线，如图2-14c所示。

4）检查图形，加深图线，完成全图，如图2-14d所示。

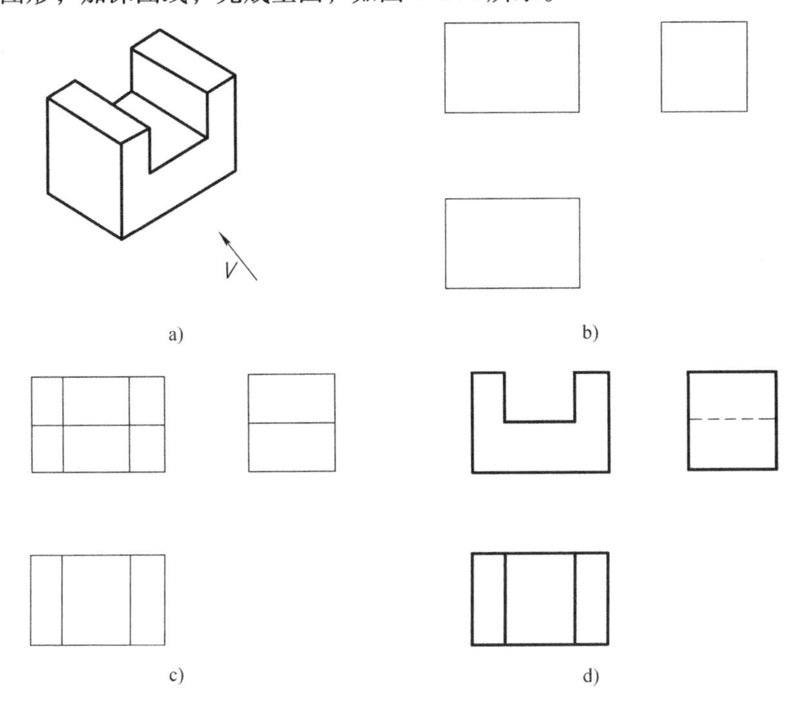

图2-14　形体的三面正投影图作图步骤

a）立体图　b）画出长方体的投影轮廓线　c）画出被挖去的长方体的投影轮廓线　d）检查图形、加深图线

第3章　点、线、面的投影

空间中任何几何形体（无论是平面形体还是曲面形体）都可以看成是由点、线（直线或曲线）、面（平面或曲面）组成的。因此，点、线、面是构成空间几何形体的基本元素。本章将它们从形体中抽象出来加以研究，通过学习初步建立起一定的空间概念，更深刻地认识形体的投影本质，掌握投影规律，为后续学习打下良好的基础。

3.1　点的投影

3.1.1　点的三面投影

1. 点的三面投影的形成

如图3-1a所示，建立包含H面、V面和W面的三面投影体系。过空间点A分别作投射线垂直于投影面H、V、W，在投影面H、V、W可分别得到投影a、a'和a''，分别称为空间点A的水平投影、正面投影和侧面投影。

约定：空间点用大写字母（如A）表示，其在H面上的水平投影、V面上的正面投影和W面上的侧面投影分别用相应的小写字母、小写字母加一撇和小写字母加两撇（如a、a'和a''）表示。

三条投射线每两条可确定一个平面，即平面Aaa'、Aaa''、$Aa'a''$。它们分别与三个投影轴OX、OY、OZ交于点a_X、a_Y、a_Z。移去空间点A，将三面投影体系按照投影面展开规律展开，并去掉表示投影面范围的边框，便得到点A的三面投影图，如图3-1b所示。

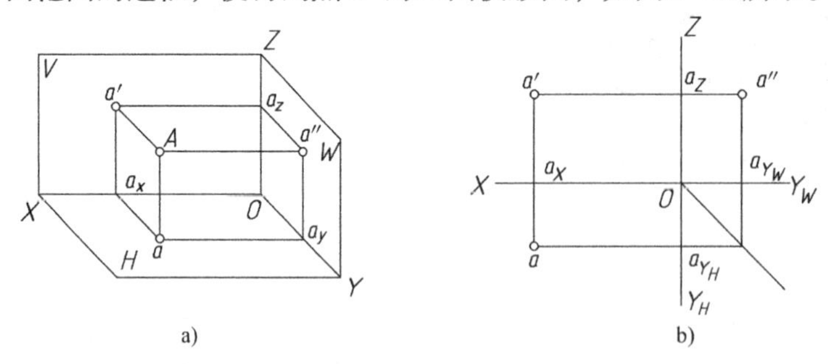

图3-1　点的三面投影

2. 点的三面投影规律

1）由图3-1b可以看出，相邻两投影面上点的投影连线垂直于相应的投影轴，即$aa' \perp OX$；$a'a'' \perp OZ$；$aa_{Y_H} \perp OY_H$；$a''a_{Y_W} \perp OY_W$。

2）由图3-1a可以看出，点的投影到投影轴的距离等于空间点到相应投影面的距离，即$a'a_X = a''a_{Y_W} = Oa_Z = Aa =$点$A$到$H$面的距离；$a''a_Z = aa_X = Oa_{Y_W} = Oa_{Y_H} = Aa' =$点$A$到$V$面的距离；$a'a_Z = aa_{Y_H} = Oa_X = Aa'' =$点$A$到$W$面的距离。

以上点的三面投影规律，正是正面投影图中的“长对正、高平齐、宽相等”。

由上述规律可知，在三面投影图中点的三面投影均有一定的联系，故根据点的两面投影，便可作出其第三面的投影。

【例3-1】 如图3-2a所示，已知点A的两面投影，求作其第三面投影。

解：作图步骤如图3-2所示。

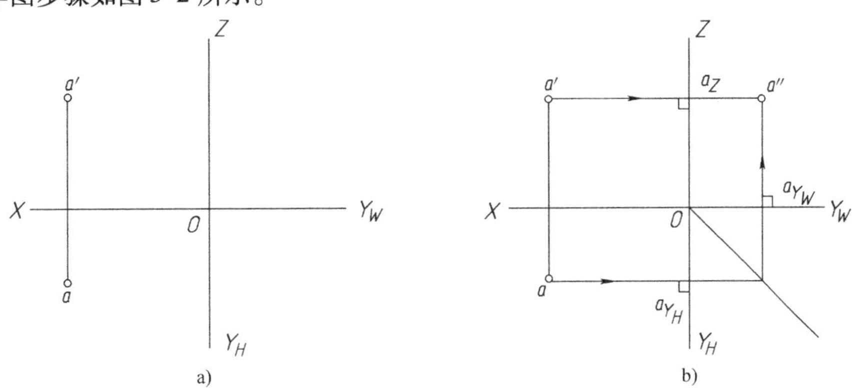

图3-2 【例3-1】图

1）过原点O作45°辅助线。

2）过a'作直线$a'a_Z \perp OZ$轴，过a作直线$aa_{Y_H} \perp OY_H$轴并交45°辅助线于一点，过此点作垂直于OY_W轴的垂线，并与$a'a_Z$的延长线交于点a''。

需要说明的是，在图3-2中的空间点是针对一般点而言的，也就是说该点到三个投影面都有一定的距离。如果空间点处于特殊位置，如点在投影面或投影轴上（图3-3），那么情况又是如何呢?

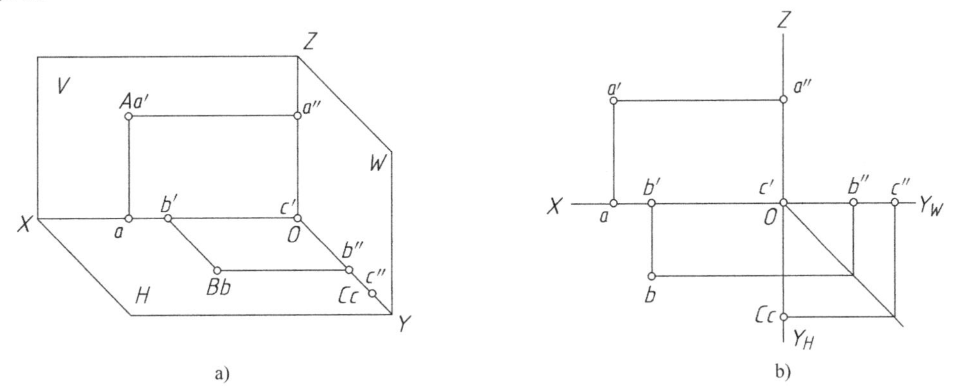

图3-3 特殊点的投影

1）若点在投影面上，则点在该投影面上的投影与空间点重合，另两个投影均在投影轴上，如图3-3中的点A和点B。

2）若点在投影轴上，则点的两个投影与空间点重合，另一个投影在投影轴原点，如图3-3中的点C。

综上所述，特殊点的投影规律仍符合点的三面投影规律。

3.1.2 点的投影与直角坐标

空间点的位置除了用投影表示外，要想表达一个点的确切位置，可以用坐标（x，y，z）来表示。

1. 点的投影与直角坐标的关系

如图3-4所示，若把三个投影面看作三个坐标面，则三个投影轴就相当于三个坐标轴，O点为坐标原点。在这个直角坐标体系中，点A到三个投影面的距离便可以用点的三个坐标来表示，即点 A 到 H 面的距离 $Aa = a'a_X = a''a_{Y_W} = Oa_Z = z$ 坐标；点 A 到 V 面的距离 $Aa' = a''a_Z = aa_X = Oa_{Y_W} = Oa_{Y_H} = Oa_Y = y$ 坐标；点 A 到 W 面的距离 $Aa'' = a'a_Z = aa_{Y_H} = Oa_X = x$ 坐标。

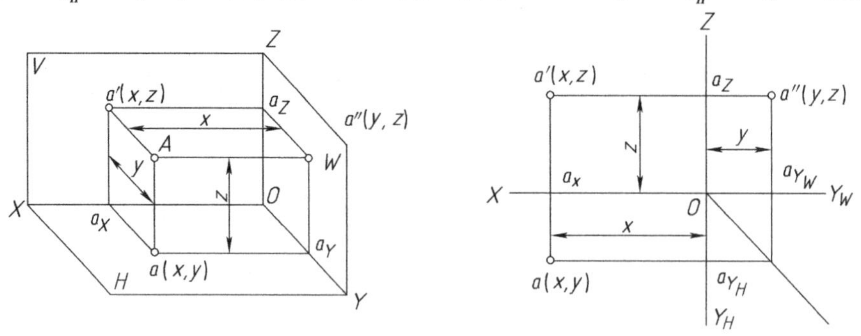

图 3-4　点的投影与直角坐标

由此可见，点 A 的一个投影可以反映两个坐标值。因此，由点的三面投影可以确定其三个坐标值；反之，由点的三个坐标值可以确定该点的三面投影或空间位置。

2. 特殊位置点

某一投影面上的点或某一投影轴上的点，通常称为特殊位置点。如图 3-5 所示，其投影特性如下：

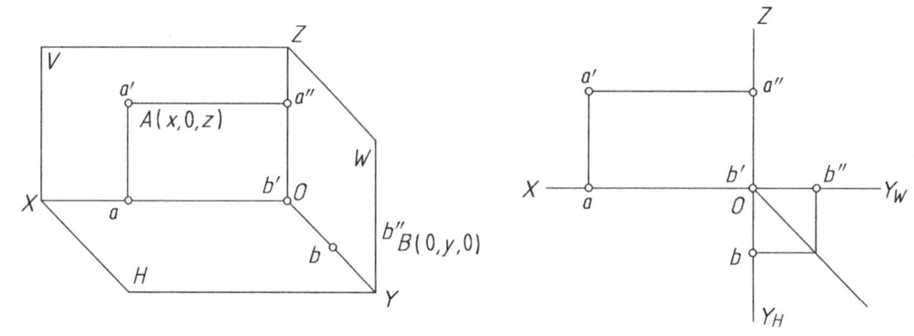

图 3-5　投影面和投影轴上的点

1）若点在某一投影面上，则与该投影面垂直的轴的坐标必为零。如点 A 在 V 面上，则 $y=0$。

2）若点在某一投影轴上，则其他两轴的坐标必为零。如点 B 在 Y 轴上，则 $x=0$，$z=0$。

【例 3-2】　已知点 A 的坐标为（15，10，20），求作点 A 的三面投影。

解：作图步骤如图 3-6 所示。

1）画出投影轴，沿 OX 轴取 $Oa_X=15\text{mm}$，得 a_X 点。同理，沿 OY_H 轴和 OY_W 轴分别取 $Oa_{Y_H} = Oa_{Y_W} = 10\text{mm}$，得 a_{Y_H}、a_{Y_W}；沿 OZ 轴取 $Oa_Z = 20\text{mm}$，得 a_Z。

2）分别过 a_X、a_{Y_H}、a_{Y_W}、a_Z 四点作 OX 轴、OY_H 轴、OY_W 轴、OZ 轴的垂线，两两相交于 a、a'、a''三点，即所求点 A 的三面投影。

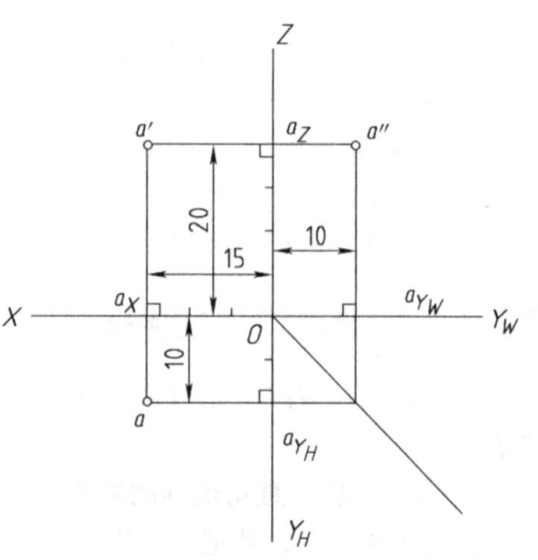

图 3-6 【例 3-2】图

3.1.3　两点的相对位置

两点的相对位置是指两点在空间的上下、左右、前后的位置关系。根据两点的投影，可判断两点的相对位置。由图3-7a所示位置的对应关系可以看出：根据两点的三面投影判断其相对位置时，可由水平投影或正面投影判断其左右位置，由水平投影或侧面投影判断其前后位置，由正面投影或侧面投影判断其上下位置。在展开的投影图3-7b中，可以判断出点A在点B的左方、后方、上方。

由空间点中点的三面投影可知，点在空间中的位置可由其坐标值（x，y，z）来表示。所以可以利用两点坐标值（x，y，z）的相对大小来判断它们的相对位置。即x值大的在左方，x值小的在右方；y值大的在前方，y值小的在后方；z值大的在上方，z值小的在下方。

注意：回答两点的相对位置时，按照通常人们说话的习惯顺序是：左右——前后——上下，即要先回答左右，再回答前后，最后回答上下。

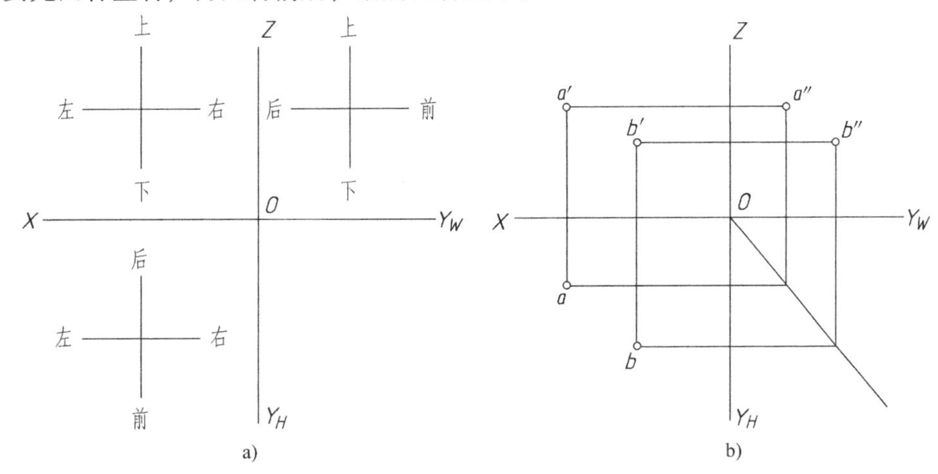

图3-7　两点的相对位置

【例3-3】　已知点A的三面投影如图3-8a所示，点B在点A之右10mm，之前5mm，之上15mm，求点B的三面投影。

解：作图步骤如图3-8b所示。

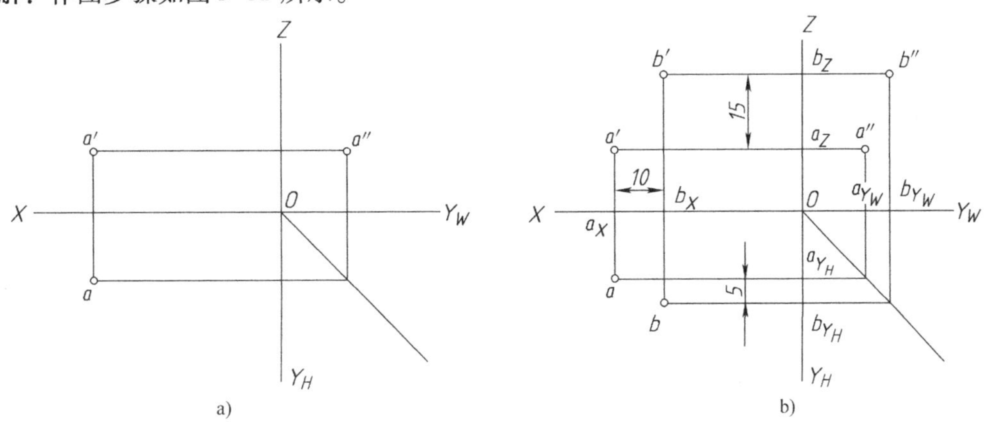

图3-8　【例3-3】图

1）自a_X沿OX轴向右量取10mm得b_X，自a_{Y_H}沿OY_H轴向前量取5mm得b_{Y_H}，自a_Z沿OZ轴向上量取15mm得b_Z。

2）过b_X、b_{Y_H}、b_Z分别作OX、OY_H、OZ轴的垂线，两两相交于b、b'、b''三点，即所求

点 B 的三面投影。

3.1.4 重影点及其可见性

当空间两点位于某一投影面的同一条投影线上时，则它们在该投影面上的投影必重合。如图 3-9a 所示，A、B 两点在同一条垂直于 H 面的投射线上，故它们的水平投影 a、b 重合。这样的空间两点称为对该投影面的重影点，重合在一起的投影称为重影。即点 A 在点 B 的正上方，点 A、点 B 是对 H 面的重影点，a、b 则是它们的重影。

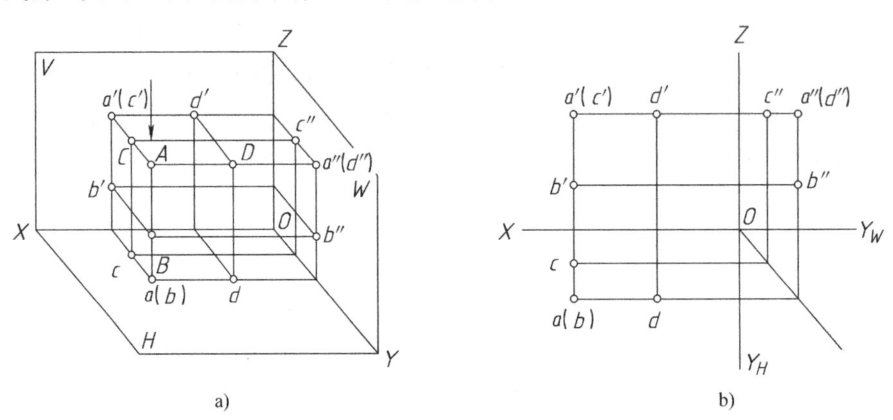

图 3-9 重影点

当空间两点在某一投影面上的投影重合时，其中必有一点遮挡另一点，即需判断这两点在该投影面的投影的可见性。如图 3-9a 所示，沿投影方向从上往下看，显然是先看见点 A，后看见点 B，故点 A 在上方为可见点，点 B 在下方为不可见点。它们的投影如图 3-9b 所示，a 写在前面，b 写在后面并用一对圆括号括起来，即 a（b）。同理，点 A 在点 C 的正前方，点 A、点 C 是对 V 面的重影点，a'（c'）则是它们的重影；点 A 在点 D 的正左方，点 A、点 D 是对 W 面的重影点，a''（d''）则是它们的重影。

综上所述，H 面上的重影点为上遮下（上可见，下不可见），即 z 坐标值大者可见；同理，V 面上的重影点为前遮后（前可见，后不可见），即 y 坐标值大者可见；W 面上的重影点为左遮右（左可见，右不可见），即 x 坐标值大者可见。

3.2 直线的投影

空间里的两个点可以确定一条直线，同样地，两点的同面投影（同一个投影面上的投影）的连线即为该直线的投影。如图 3-10 所示，通过直线 AB 上各点向 H 面作投影，这些投射线与 AB 形成了一个平面，这个平面与 H 面的交线 ab 就是直线 AB 的 H 面投影。所以，只要作出线段两端点的三面投影，连接该两点的同面投影，即可得到该空间直线的三面投影。

因此，直线的投影在一般情况下仍为直线，如直线 AB；只有在特殊情况下，直线的投影才会积聚为一点，如直线 CD。

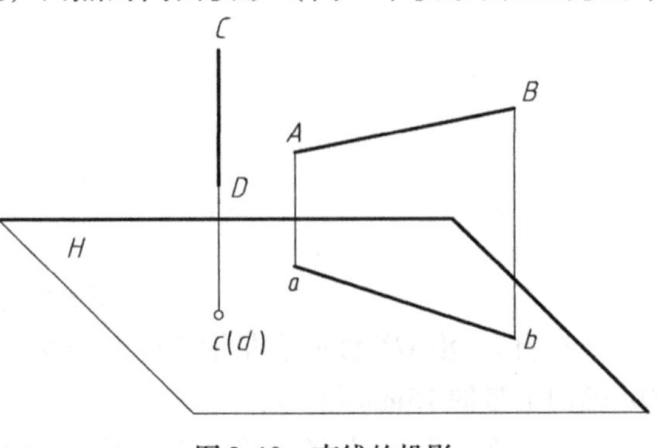

图 3-10 直线的投影

3.2.1　各种位置直线的投影及特性

空间直线与某投影面的夹角称为直线对该投影面的**倾角**。对 H 面的倾角记为 α，对 V 面的倾角记为 β，对 W 面的倾角记为 γ。

在三面投影体系中，直线与投影面的相对位置关系可分为倾斜、平行和垂直三种。因此，根据直线与投影面的相对位置的不同，直线可分为：

1）**投影面的垂直线**——与某一投影面垂直（则必与另两个投影面平行）的直线。

2）**投影面的平行线**——与某一投影面平行，与另两个投影面倾斜的直线。

3）**一般位置直线**——与三个投影面都倾斜的直线。

投影面的平行线和投影面的垂直线又统称为**特殊位置直线**。

1. 投影面的垂直线

投影面的垂直线可分为：

1）**铅垂线**——垂直于 H 面而平行于 V 面、W 面的直线。

2）**正垂线**——垂直于 V 面而平行于 H 面、W 面的直线。

3）**侧垂线**——垂直于 W 面而平行于 H 面、V 面的直线。

它们的投影图及其投影特性见表3-1。

表3-1　投影面垂直线的投影图及其投影特性

名称	铅垂线 （$AB\perp H$）	正垂线 （$AB\perp V$）	侧垂线 （$AB\perp W$）
立体图	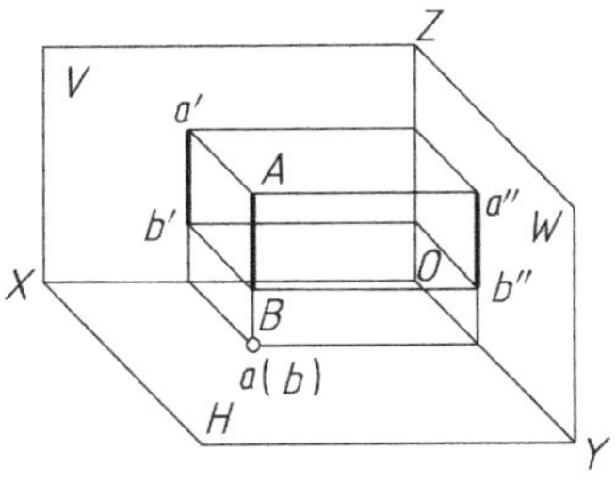	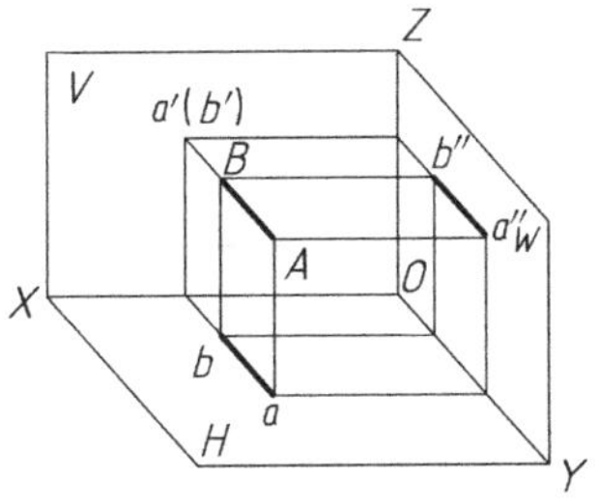	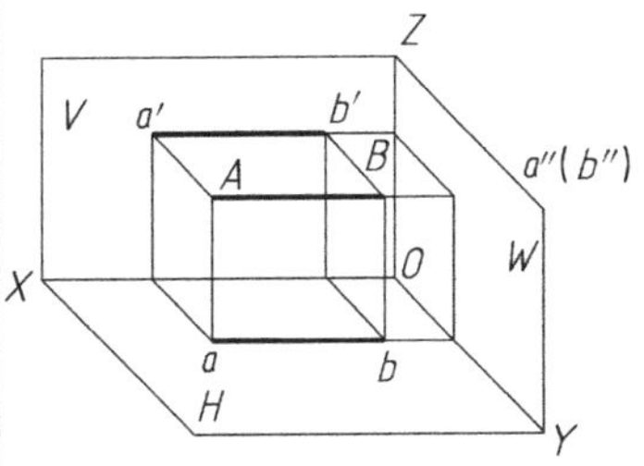
投影图	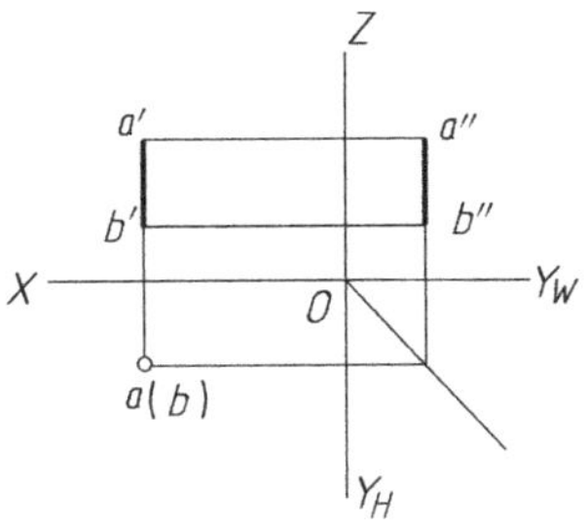	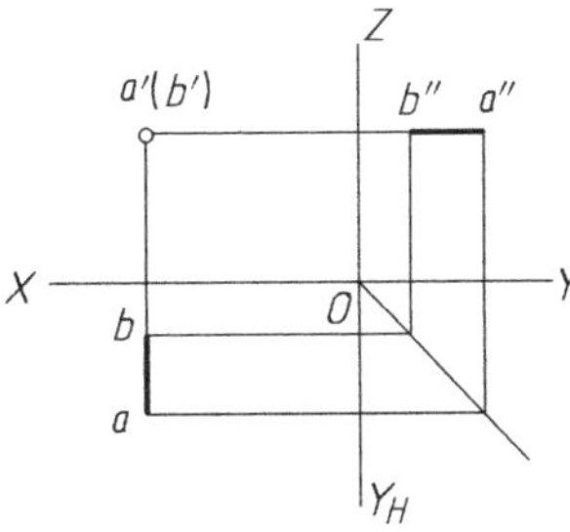	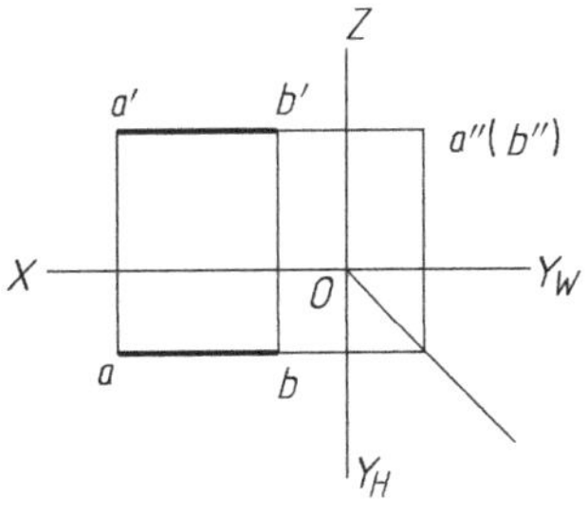
投影特性	1. 水平投影 $a(b)$ 积聚为一个点 2. 正面投影 $a'b'\perp OX$、侧面投影 $a''b''\perp OY_W$（即两者均同时平行于 OZ 轴），并且 $a'b'=a''b''=AB$，反映实长	1. 正面投影 $a'(b')$ 积聚为一个点 2. 水平投影 $ab\perp OX$、侧面投影 $a''b''\perp OZ$（即两者均同时平行于 OY 轴），并且 $ab=a''b''=AB$，反映实长	1. 侧面投影 $a''(b'')$ 积聚为一个点 2. 水平投影 $ab\perp OY_H$、正面投影 $a'b'\perp OZ$（即两者均同时平行于 OX 轴），并且 $ab=a'b'=AB$，反映实长

从表3-1中我们可以看出投影面垂直线有如下共性：

1）直线在它所垂直的投影面上的投影积聚为一个点。

2）另外两面投影分别垂直于直线所垂直的投影面的两条投影轴（或均同时平行于另一投影轴），并且反映实长。

2. 投影面的平行线

投影面的平行线可分为：

1）**水平线**——平行于 H 面而与 V 面、W 面倾斜的直线。

2）**正平线**——平行于 V 面而与 H 面、W 面倾斜的直线。

3）**侧平线**——平行于 W 面而与 H 面、V 面倾斜的直线。

它们的投影图及其投影特性见表 3-2。

表 3-2 投影面平行线的投影图及其投影特性

名称	水平线 （$AB//H$）	正平线 （$AB//V$）	侧平线 （$AB//W$）
立体图	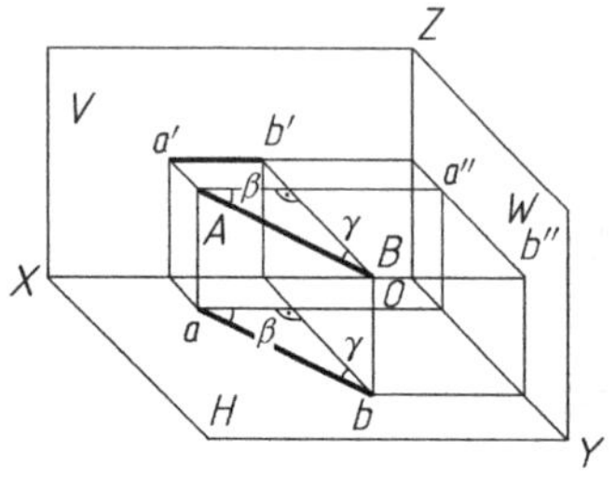	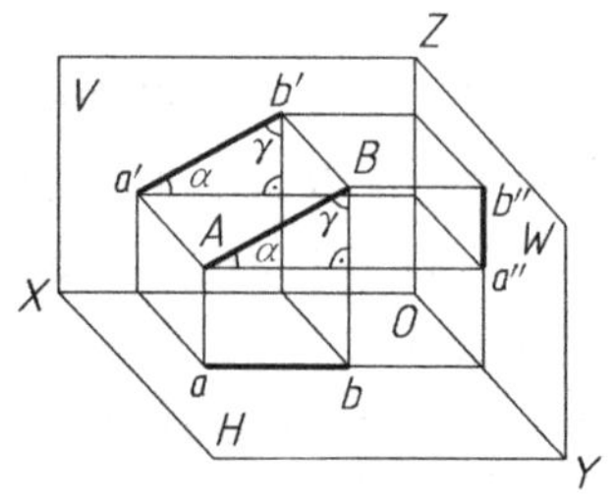	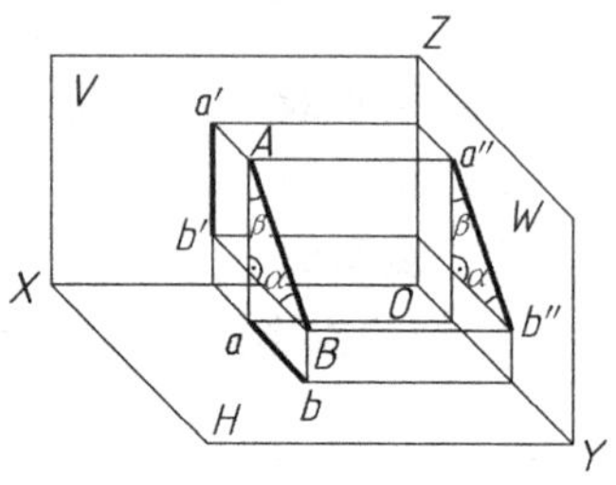
投影图	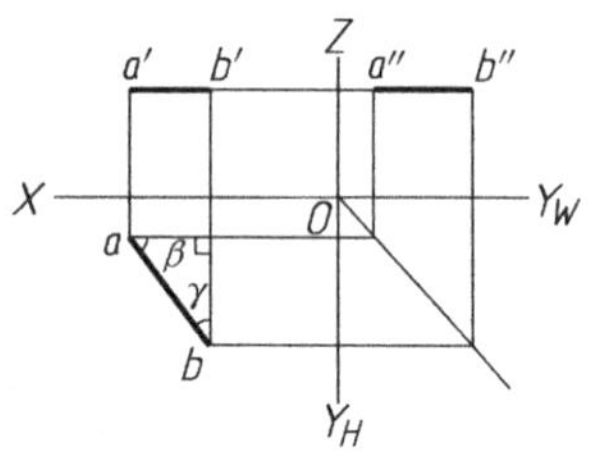	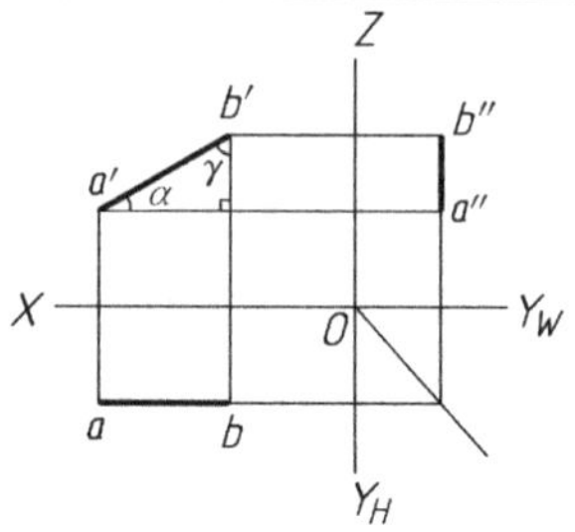	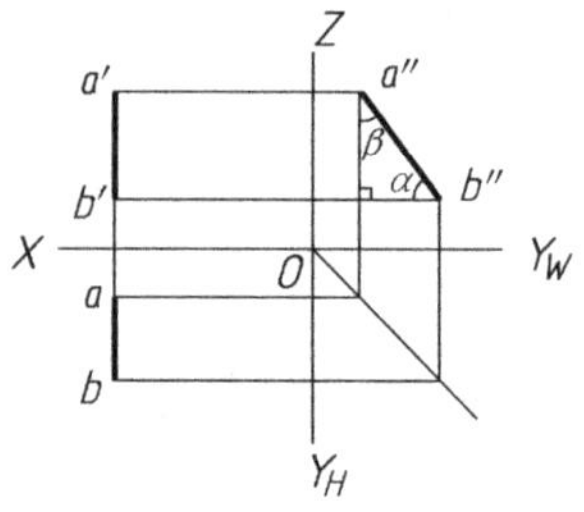
投影特性	1. 水平投影 $ab=AB$，反映实长，并且它与 OX 轴、OY_H 轴的夹角分别为 β、γ 2. 正面投影 $a'b'//OX$、侧面投影 $a''b''//OY_W$（即两者均同时垂直于 OZ 轴）	1. 正面投影 $a'b'=AB$，反映实长，并且它与 OX 轴、OZ 轴的夹角分别为 α、γ 2. 水平投影 $ab//OX$、侧面投影 $a''b''//OZ$（即两者均同时垂直于 OY 轴）	1. 侧面投影 $a''b''=AB$，反映实长，并且它与 OY_W 轴、OZ 轴的夹角分别为 α、β 2. 水平投影 $ab//OY_H$、正面投影 $a'b'//OZ$（即两者均同时垂直于 OX 轴）

从表 3-2 中我们可以看出投影面平行线有如下共性：

1）直线在它所平行的投影面上的投影反映实长，并且它与轴线的夹角反映该直线与另两个投影面的夹角。

2）另外两面投影平行于直线所平行的投影面的两条投影轴（或均同时垂直于另一投影轴），并且长度都小于实长。

3. 一般位置直线

如图 3-11a 所示，直线 AB 与三个投影面都倾斜，它对 H 面、V 面、W 面的倾角 α、β、γ 均不等于 0°或 90°。由图 3-11a 可以看出，直线 AB 的三个投影 ab、$a'b'$、$a''b''$均与投影轴倾斜，且直线 AB 的各个投影的长度分别为 $ab=AB\cos\alpha$，$a'b'=AB\cos\beta$，$a''b''=AB\cos\gamma$，均小于实长 AB，且没有积聚性。同时，其投影与投影轴之间的夹角不反映直线对投影面倾角的真实大小。图 3-11b 所示为直线 AB 的三面投影图。

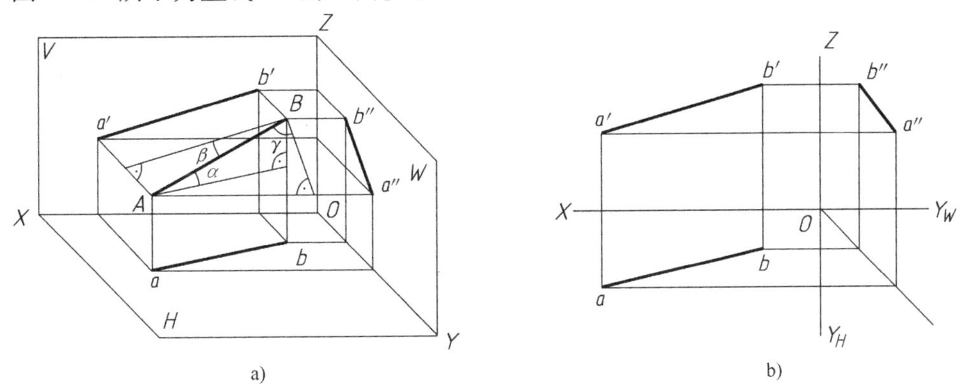

a)　　　　b)

图 3-11　一般位置直线

综合以上分析，可得到一般位置直线的投影特性：三面投影均与投影轴倾斜且均不反映实长；三个投影与轴的夹角均不反映直线与投影面的夹角。

【例 3-4】 已知如图 3-12a 所示各直线的两面投影，求它们的第三面投影，并判断各直线与投影面的相对位置。

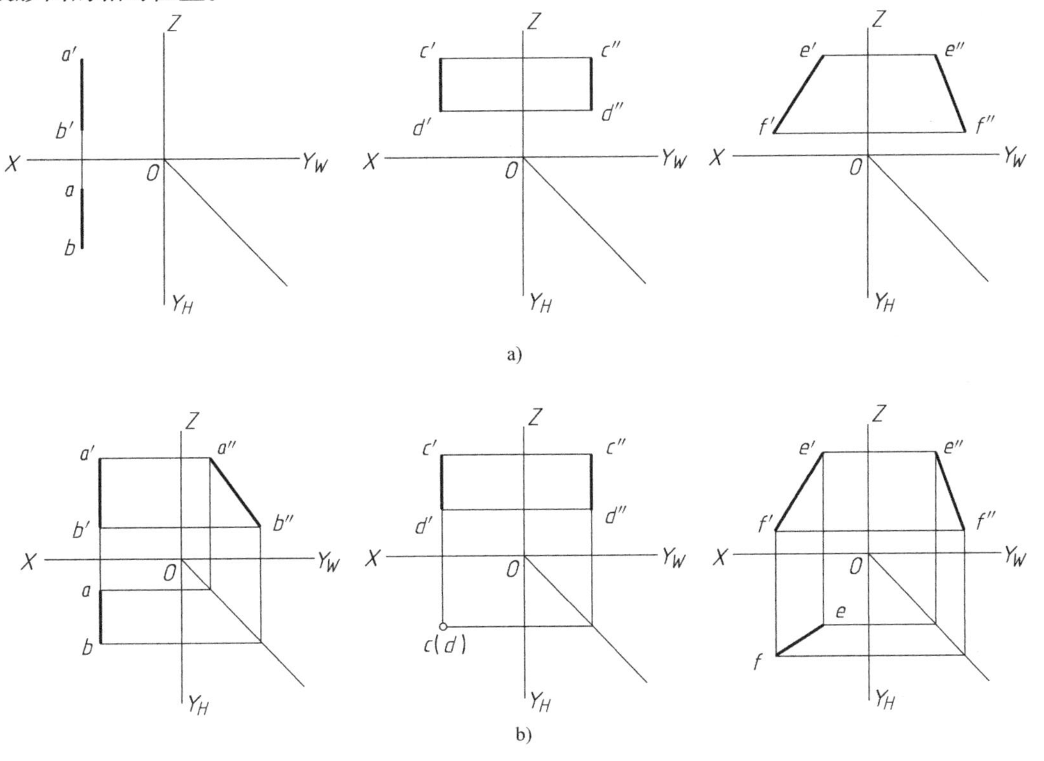

a)

b)

图 3-12　【例 3-4】图

解：1）根据两点确定一条直线，分别作 A、B、C、D、E、F 六点的第三面投影，两两连线便可得到图 3-12b 中的投影 $a''b''$、c（d）、ef。

2）根据图 3-12b 中三条直线的投影，对照各种位置直线的投影特性，判断直线 AB 为侧平线，直线 CD 为铅垂线，直线 EF 为一般位置直线。

【例 3-5】 如图 3-13a 所示，已知直线 AB 为水平线，长度为 20mm，点 B 在点 A 的右方、前方，且与 V 面的倾角 $\beta = 30°$。求作 AB 的三面投影。

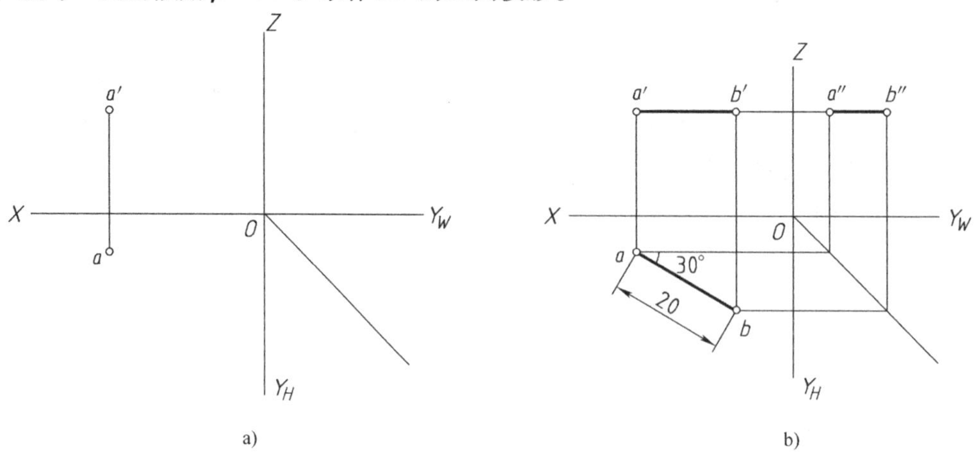

图 3-13 【例 3-5】图

解：如图 3-13b 所示，作图步骤如下：

1）过点 a 向右、向前作一与 OX 轴夹角为 30°的斜线，并在该斜线上截一点 b，使得 $ab = 20\text{mm}$。

2）根据三投影规律，分别作出点 A、点 B 的其他投影面的投影，并同面投影连线便可得到直线 AB 的三面投影。

3.2.2 直角三角形法求一般位置直线的实长和倾角

从前面直线的投影特性可知，特殊位置直线在其三面投影图中均能反映其实长和对投影面的倾角，而一般位置直线的三面投影均不反映其实长和倾角。那么，为在投影图中求一般位置直线的实长和倾角，我们需要通过作图来找出解决这个问题的方法。

1. 求线段 AB 的实长和倾角 α

如图 3-14a 所示，在图中过点 A 作一条辅助线 $AB_1 // ab$，则 $\triangle AB_1B$ 为一直角三角形。斜边为线段 AB 的实长，一条直角边为 $AB_1 = ab$，另一条直角边为 $BB_1 = Bb - Aa = z_B - z_A = \Delta z_{AB}$，而斜边 AB 与直角边 AB_1 的夹角即为线段 AB 对 H 面的倾角 α。对于该直角三角形而言，两条直角边的长度可以从线段 AB 的投影图中找出。因此，在图 3-14b 中，利用 AB 的水平投影 ab 作为一条直角边，$(z_B - z_A)$ 作为另一直角边，组成一直角 $\triangle abb_1$，则斜边 ab_1 即为 AB 实长，斜边 AB 与水平投影 ab 的夹角即为该直线对 H 面的真实倾角 α。这种利用直角三角形求线段实长与倾角的方法称为直角三角形法。

2. 求线段 AB 的实长和倾角 β

如图 3-15a 所示，在图中过点 A 作一条辅助线 $BA_1 // a'b'$，则 $\triangle AA_1B$ 为一直角三角形。斜边为线段 AB 的实长，一条直角边为 $BA_1 = a'b'$，另一条直角边为 $AA_1 = Aa' - Bb' = y_A - y_B = \Delta y_{AB}$，而斜边 AB 与直角边 BA_1 的夹角即为线段 AB 对 V 面的倾角 β。对于该直角三角形而言，两条直角边的长度可以从线段 AB 的投影图中找出。因此，在图 3-15b 中，利用 AB 的正面投影 $a'b'$ 作为一直角边，$(y_A - y_B)$ 作为另一直角边，组成一直角 $\triangle a'b'a_1'$，则斜边 $b'a_1'$ 即为 AB 实长，斜边 AB 与正面投影 $a'b'$ 的夹角即为该直线对 V 面的真实倾角 β。

3. 求线段 AB 的实长和倾角 γ

如图 3-16a 所示，在图中过点 B 作一条辅助线 $BA_1 // a''b''$，则 $\triangle AA_1B$ 为一直角三角形。斜

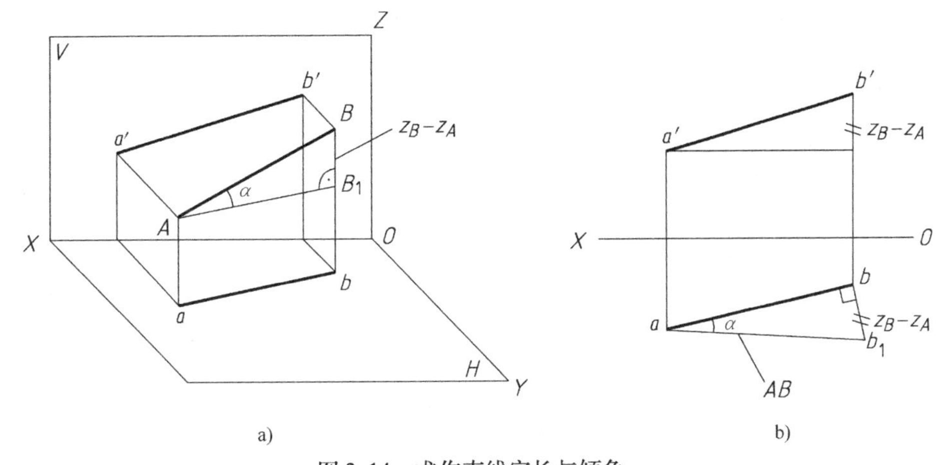

图 3-14　求作直线实长与倾角 α

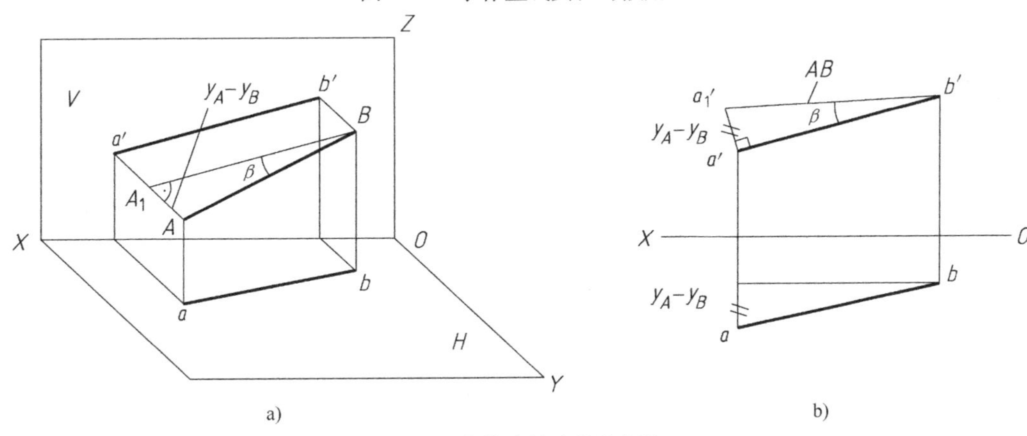

图 3-15　求作直线实长与倾角 β

边为线段 AB 的实长，一条直角边为 $BA_1=a''b''$，另一条直角边为 $AA_1=Aa''-Bb''=x_A-x_B=\Delta x_{AB}$，而斜边 AB 与直角边 BA_1 的夹角即为线段 AB 对 W 面的倾角 γ。对于该直角三角形而言，两条直角边的长度可以从线段 AB 的投影图中找出。因此，在图 3-16b 中，利用 AB 的侧面投影 $a''b''$作为一直角边，(x_A-x_B) 作为另一直角边，组成一直角$\triangle a''b''a_1''$，则斜边 $a''a_1''$ 即为 AB 实长，斜边 AB 与侧面投影 $a''b''$的夹角即为该直线对 W 面的真实倾角 γ。

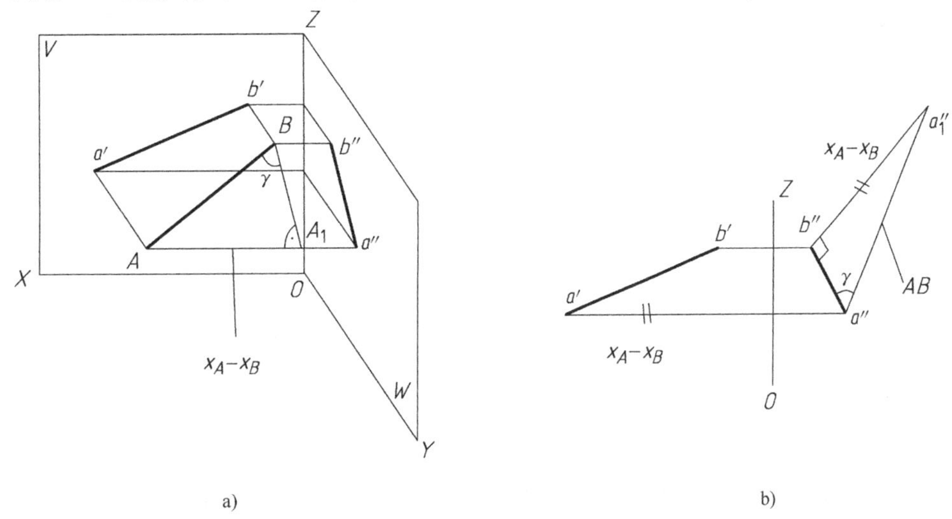

图 3-16　求作直线实长与倾角 γ

由此可总结出一般位置直线的直角三角形法边角关系，见表3-3。

表3-3　一般位置直线直角三角形法边角关系

倾角	α	β	γ
直角三角形法边角关系	Δz；AB实长；α；水平投影ab	Δy；AB实长；β；正面投影$a'b'$	Δx；AB实长；γ；侧面投影$a''b''$
	Δz为两点的Z坐标差	Δy为两点的Y坐标差	Δx为两点的X坐标差

【例3-6】　如图3-17a所示，已知直线AB的正面投影$a'b'$和点A的水平投影a，且直线AB的实长为30mm，点B在点A的前方，求作直线AB的水平投影。

解：已知了实长和正面投影，我们可以利用包含β的直角三角形来解题。

如图3-17b所示，作图步骤如下：

1）过点b'作正面投影$a'b'$的垂线。

2）以点a'为圆心，30mm为半径作弧，交垂线于点b_1'，那么另一直角边bb_1'即为A、B两点的Y坐标差Δy_{AB}。

3）过点a作OX轴的平行线，过点b'作OX轴的垂线，交与点a_1。因为点B在点A的前方，所以在$b'a_1$的延长线上量取$ba_1=\Delta y_{AB}$。

4）连接a、b便得到直线AB的水平投影ab。

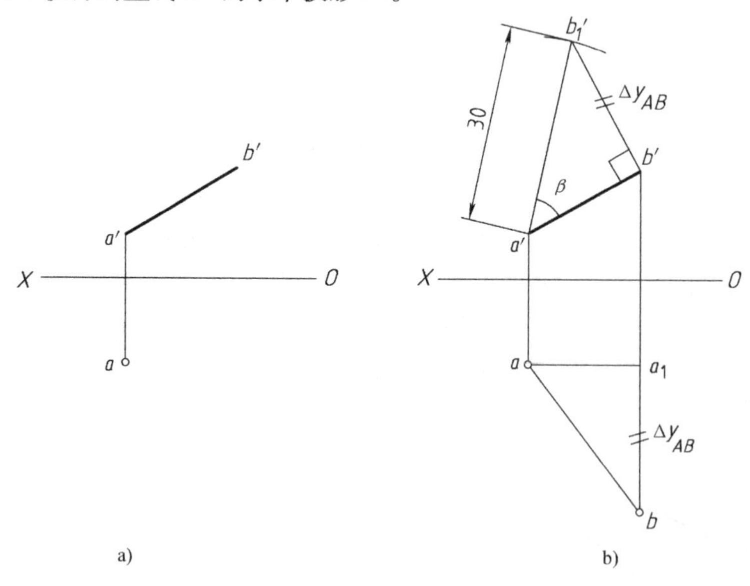

图3-17　【例3-6】图

3.2.3　直线上的点

点与直线的相对位置，可分为从属于直线和不从属于直线两种。当点从属于直线时，直线上的点和直线本身符合从属性和定比性。

1. 从属性

从属于空间直线的点，其投影必落在该直线的同面投影上，且符合点的投影规律。反之，如果点的各个投影均在某直线的同面投影上，则点在该直线上。

如图3-18所示，点K在直线AB上，则K的H面投影k必在AB的H面投影ab上。同理可知k'在$a'b'$上；k''在$a''b''$上。且点K的三面投影符合“长对正、高平齐、宽相等”。

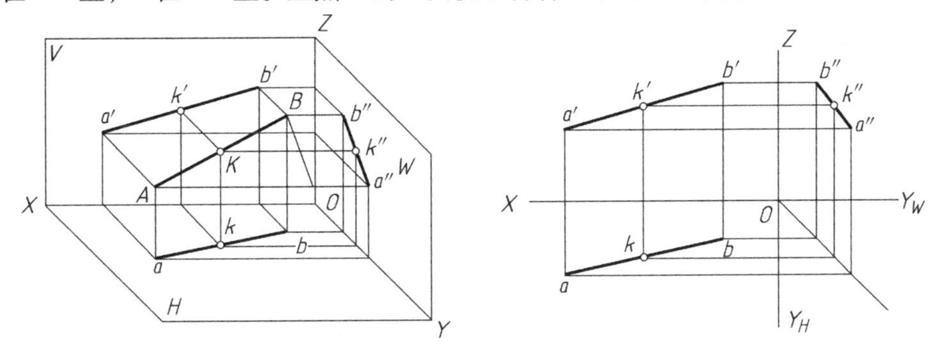

图3-18　从属于直线的点及其投影特性

2. 定比性

点分空间线段所成的比例，等于该点的投影分该线段的同面投影所成的比例。如图3-18所示，由于$Aa//Kk//Bb$，根据“平行线分割线段成定比”，故有$AK:KB = ak:kb$。同理，$AK:KB = ak:kb = a'k':k'b' = a''k'':k''b''$。

【例3-7】　如图3-19a所示，已知直线AB的两面投影，点K在直线AB上，且$AK:KB = 2:3$，求K的两面投影。

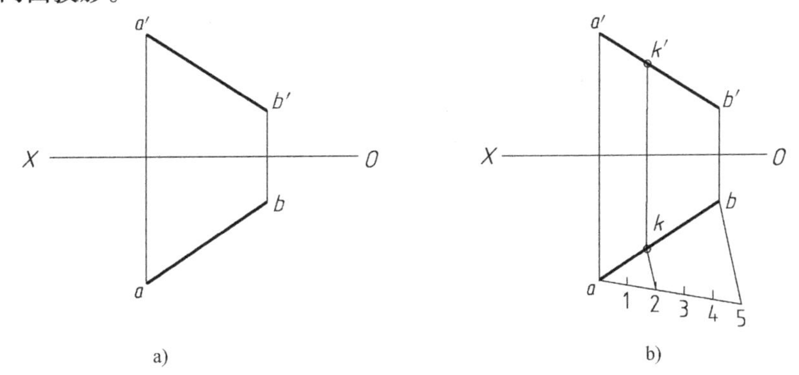

图3-19　【例3-7】图

解：作图步骤如图3-19b所示。

1）选择AB的任一投影的任一端点如a，以适当的方向作一条直线，并在其上从a点起量取五个相等的长度，得点1、2、3、4、5。

2）连接b和5点，再过点2作$b5$的平行线，交ab于点k，于是$ak:kb = 2:3$。

3）过k向上作“长对正”的投影连线交$a'b'$于点k'，k和k'即为点K的两面投影。

【例3-8】　如图3-20a所示，已知侧平线AB和M、N两点的两面投影，判断M、N两点是否在直线AB上。

解：可用两种方法求解，作图步骤如下：

解法一：根据从属性判断，如图3-20b所示。作出直线两点的W面投影，即可知m''在$a''b''$上，n''不在$a''b''$上，故点M在直线AB上，点N不在直线AB上。

解法二：根据定比性判断，如图3-20c所示。过$a'b'$的任一端点如a'，以适当的角度作直线$a'3$，使得$a'1 = am$，$a'2 = an$，$a'3 = ab$。连接$m'1$，$n'2$，$b'3$，因为$m'1//b'3$，故点M在直线AB上；因为$n'2$不平行于$b'3$，故点N不在直线AB上。

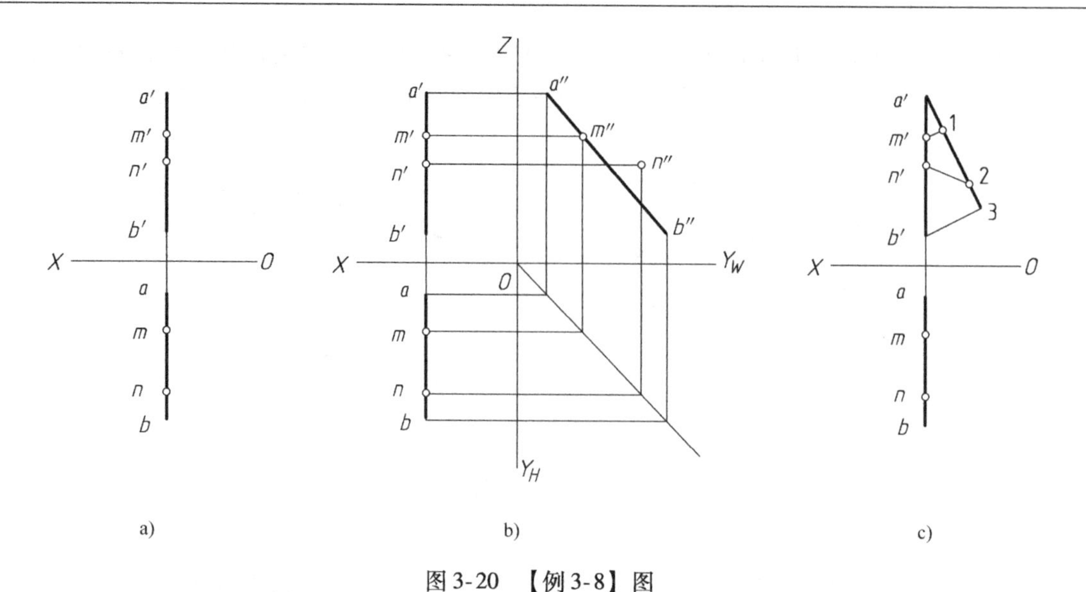

a) b) c)

图 3-20 【例 3-8】图

3.2.4 两直线的相对位置

空间两直线的相对位置有相交、平行、交叉三种。垂直是相交和交叉位置中的特殊情况。

1. 两直线相交

如图 3-21 所示，若空间两直线相交，则它们的同面投影必相交，且交点应符合点的投影规律。反之，如果两直线的三面投影都相交，且交点符合点的投影规律，那么这两条空间直线相交。

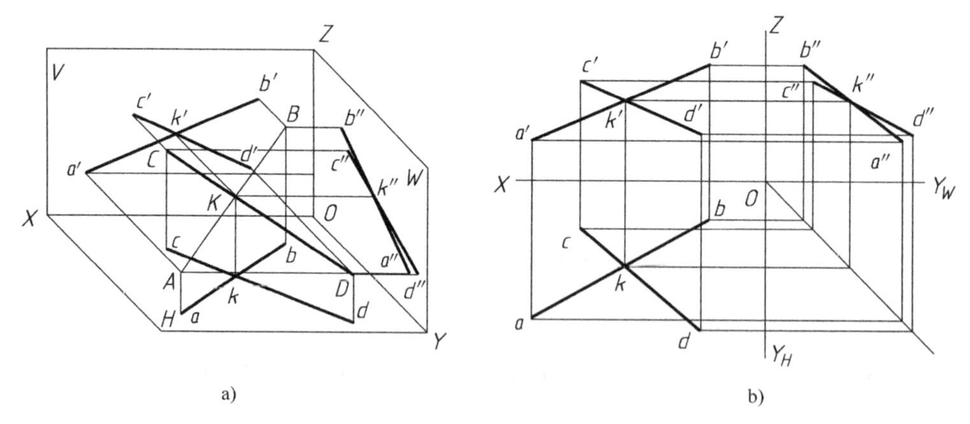

a) b)

图 3-21 相交两直线的投影

需要注意的是：当两直线均为一般位置直线时，只需任意两组同面投影分别相交且交点符合点的投影规律，即可判断两直线相交，如图 3-21b 所示。但是，当两直线中有一条（甚至两条）为某投影面的平行线时，要断定它们在空间是否相交，则不能仅凭两面投影相交且交点符合点的投影规律来判断，需要检查所平行的投影面上的投影是否相交且交点是否符合点的投影规律；当然，也可通过定比性来判断。

【例 3-9】 如图 3-22a 所示，已知 *AB*、*CD* 的正面投影和水平投影都相交，其中，*CD* 为侧平线，判断两直线是否相交。

解：因为 *AB* 为侧平线，所以不能仅凭已知的两面投影都相交，且交点符合“长对正”来

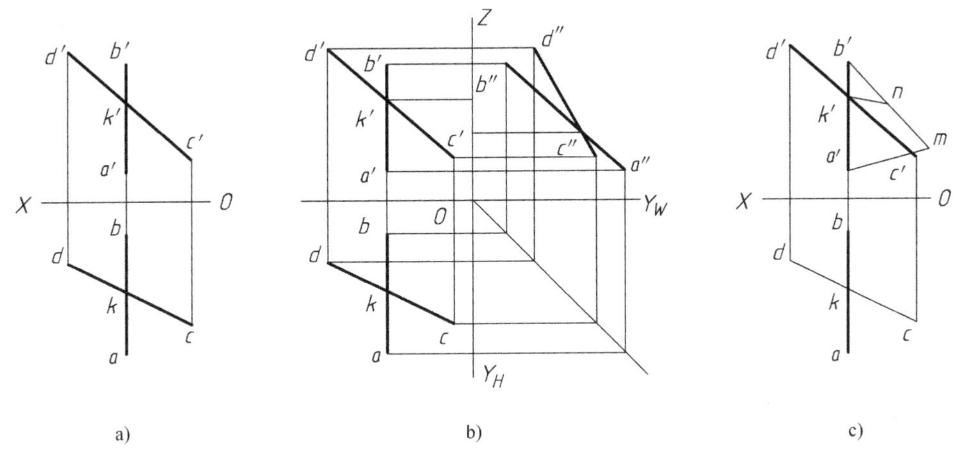

a)　b)　c)

图3-22　【例3-9】图

判断。可以检查侧面投影是否相交且交点是否符合点的投影规律；或者可以利用定比性来判断。

解法一：如图3-22b所示，分别作出AB、CD的侧面投影。可以看出，虽然$c''d''$与$a''b''$相交，但是交点不符合点的投影规律，所以两直线不相交，两直线交叉。

解法二：利用定比性来判断，如图3-22c所示。因为CD为一般位置直线，所以点K一定在CD上。但AB为侧平线，须用定比性来判断点K是否在AB上。过AB某个投影的任意一个端点，如b'作任意角度的直线，使得$b'm=ba$、$b'n=bk$，连接$k'n$、$a'm$，可以看出$k'n$与$a'm$不平行，所以$b'k':k'a'\neq bk:ka$，即点K不在侧平线AB上。因此，可断定两直线不相交，两直线交叉。

2. 两直线平行

如图3-23所示，若空间两直线相互平行，则它们的同面投影必然分别相互平行（平行性），且两线段的长度之比与各同面投影长度之比成定比（定比性），即$AB//CD$，则$ab//cd$、$a'b'//c'd'$、$a''b''//c''d''$，且$AB:CD=ab:cd=a'b':c'd'=a''b'':c''d''$；反之，若空间两直线各同面投影分别相互平行，或者各同面投影的长度比值为定比，则此空间两直线相互平行。

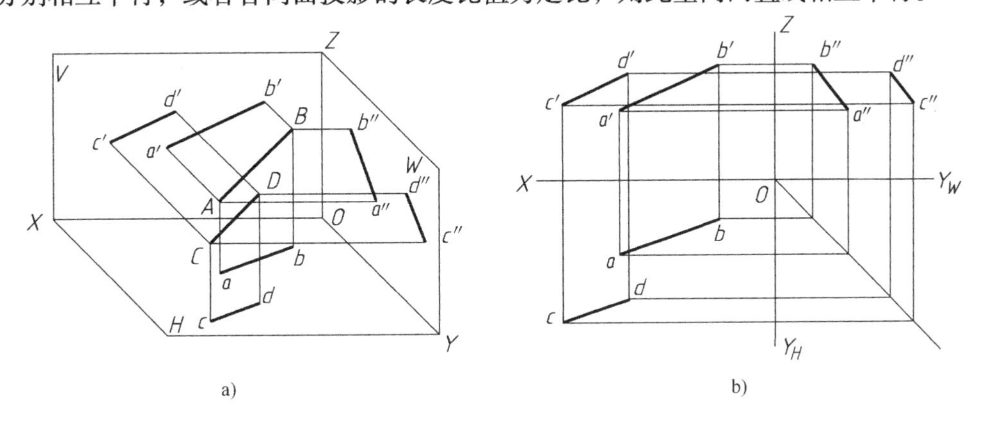

a)　b)

图3-23　平行两直线的投影

需要注意的是：当两直线均为一般位置直线时，只要它们的任意两个同面投影分别相互平行，即可断定它们在空间相互平行，如图3-23b所示。但是，当两直线均为某投影面的平行线时，要断定它们在空间是否相互平行，则不能仅凭两面投影相互平行来判断，需要检查它们在所平行的投影面上是否相互平行；当然，也可通过检查各组同面投影是否共面或是否分别成定比等方法来判断。

【例 3-10】 已知两侧平线 AB、CD 的 V 面、H 面投影，判断该两侧平线是否平行。

解：一般位置直线可由两面投影直接判断，而本例为两侧平线，不能仅由 V 面、H 面投影均相互平行而判断。可以检查该两侧平线在侧面投影面是否平行来判断，或者检查该两侧平线是否共面来判断。

解法一：作出侧平线 AB、CD 的侧面投影 $a''b''$，$c''d''$。若 $a''b''//c''d''$，则 $AB//CD$，如图3-24a所示；若 $a''b''$ 不平行于 $c''d''$，则 AB 与 CD 不平行，即 AB 与 CD 交叉，如图3-24b、c所示。

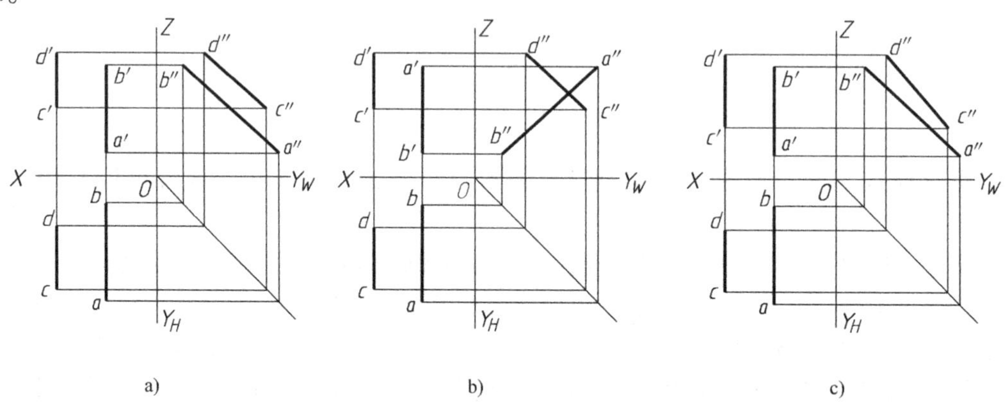

图 3-24 侧平面投影判断两直线是否平行

解法二：如果两直线平行，则两直线共面，那么由两直线组成的四边形的对角线必然相交。反之，若对角线不相交，则两直线不共面，即两直线不平行。如图 3-25 所示，分别连接对角点 A 和 D、B 和 C 的同面投影，检查 $a'd'$ 与 $b'c'$、ad 与 bc 是否相交，且交点连线是否符合“长对正”。如图 3-25a 所示，$a'd'$ 与 $b'c'$、ad 与 bc 都相交，且交点连线符合“长对正”，即 AD 与 BC 相交，所以 AB 与 CD 共面，即两直线平行；如图 3-25b 所示，ad 与 bc 相交，但 $a'd'$ 与 $b'c'$ 不相交，即 AD 与 BC 不相交，所以 AB 与 CD 不共面，即两直线不平行，两直线交叉；如图 3-25c 所示，虽然 $a'd'$ 与 $b'c'$、ad 与 bc 都相交，但交点连线不符合“长对正”，即 AD 与 BC 不相交，所以 AB 与 CD 不共面，即不平行。

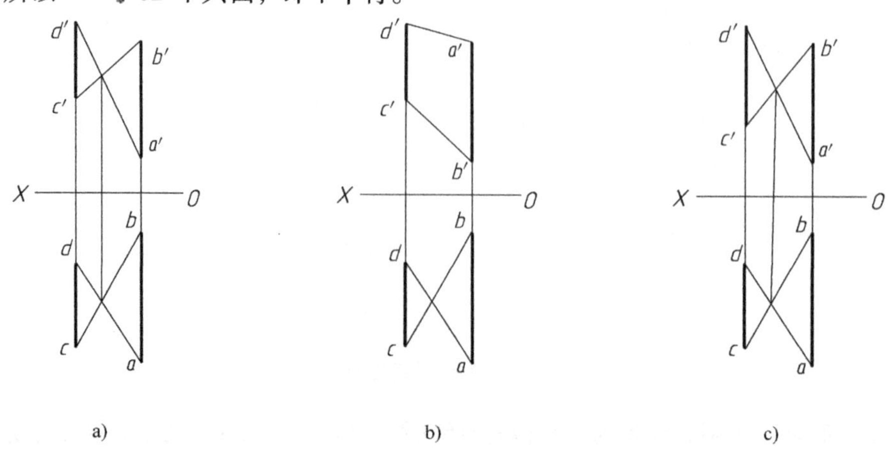

图 3-25 是否共面判断两直线是否平行

3. 两直线交叉

空间两直线既不平行也不相交时，则两直线交叉。交叉两直线必不在同一平面上，是异面直线。

交叉两直线，它们可能有一组、两组甚至三组同面投影“相交”，但在空间里并没有真正的交点，所以同面投影的交点不可能符合点的投影规律，如图3-26a所示；它们可能有一组、两组同面投影“平行”，但不可能三组同面投影都同时平行，如图3-26b、c所示。

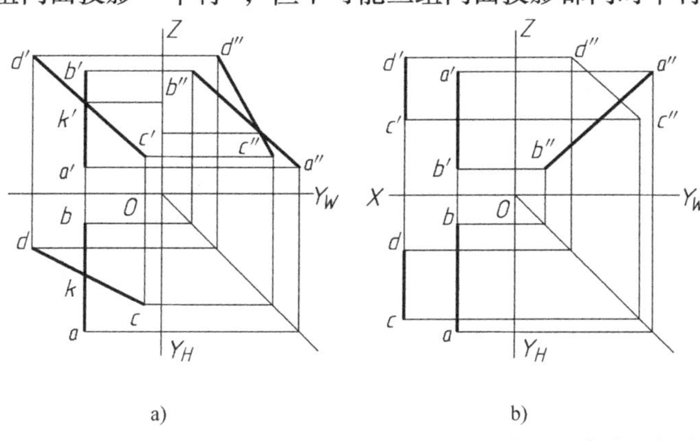

a) b) c)

图3-26 交叉两直线的投影

需要注意的是：交叉两直线同面投影的“交点”是空间两直线的重影点，是分别在两直线上的空间两点。如图3-27所示，根据重影点可见性的判断法则，点Ⅰ在点Ⅱ的上面，故用1（2）来表示；点Ⅲ在点Ⅳ的前面，故用3′（4′）来表示。

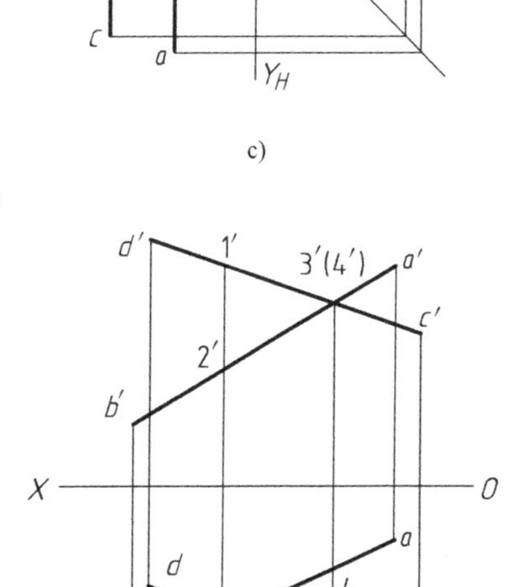

图3-27 交叉两直线的投影

4. 两直线垂直——直角的投影

两直线互相垂直有两种情况：垂直相交和垂直交叉，是相交和交叉两直线的特殊情况。

交叉两直线的夹角按如下方法确定：过其中一条直线上任一点作另一直线的平行线，于是相交两直线的夹角就是原交叉两直线的夹角。

两直线垂直相交时，它们的夹角为直角，那么直角投影有以下四种情况：

1）当直角的两边均平行于投影面时，则在该投影面上的投影反映直角实形，如图3-28a所示，$AB \perp BC$，且 $AB//H$，$BC//H$，于是 $ab \perp bc$。

2）当直角的一边垂直于投影面时，则在该投影面上的投影为一直线，如图3-28b所示，$AB \perp BC$，且 $BC \perp H$，于是 abc 为直线。

3）当直角的两边均倾斜于投影面时，则在该投影面上的投影不反映直角，如图3-28c所示，$AB \perp BC$，且 AB 不平行于 H，BC 不平行于 H，于是 ab 与 bc 不垂直。

4）当直角的其中一边平行于投影面，另一边倾斜于投影面时，则在该投影面上的投影反映直角，这一投影特性称为**直角投影定理**。如图3-28d所示，$AB \perp BC$，且 $AB//H$，BC 不平行于 H，于是 $ab \perp bc$。简要证明如下：因为水平线 AB 同时垂直于平面 $BbCc$ 内的两相交直线 BC 和 Bb，所以水平线 AB 垂直于平面 $BbCc$；因为 $AB//ab$，所以 ab 垂直于平面 $BbCc$，故 $ab \perp bc$。

反过来，直角投影定理的逆定理也是成立的。当空间两直线的某一投影成直角，且其中有一条直线是该投影面的平行线时，则两直线在空间成直角。如图3-28e所示，$ab \perp bc$，且 $AB//H$，BC 不平行于 H，于是 $AB \perp BC$。

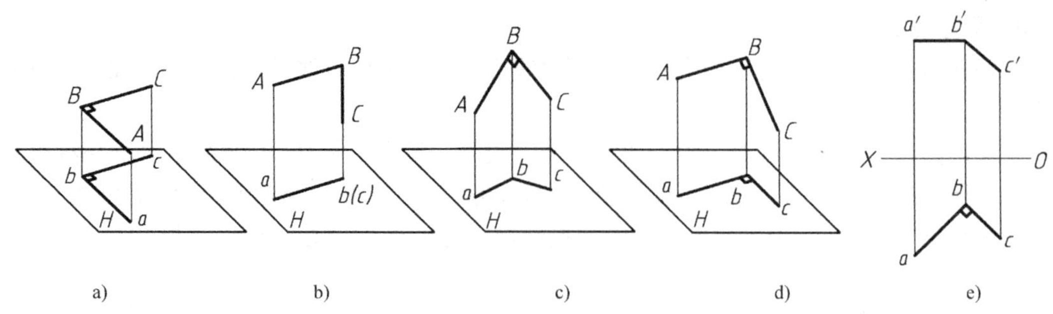

图 3-28 直角的投影

【例 3-11】 如图 3-29a 所示，求点 C 到正平线 AB 的距离。

解：点到直线的距离，即由该点到该直线所作的垂线的长度，因此应先作垂线，再求垂线实长。如图 3-29b 所示，作图步骤如下：

1）过点 C 作 AB 的垂线 CD。过 c' 作 $c'd' \perp a'b'$ 交 $a'b'$ 于 d'，过 d' 作“长对正”线交 ab 于 d，连接 cd。

2）用直角三角形法求垂线 CD 的实长，即为点 C 到正平线 AB 的距离。

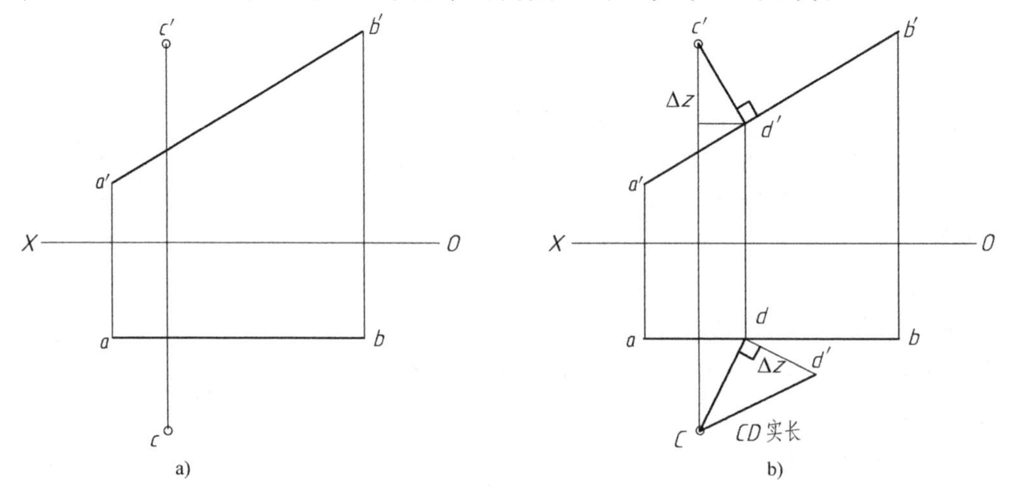

图 3-29 点到正平线的距离

【例 3-12】 如图 3-30a 所示，求交叉两直线 AB、CD 的最短距离。

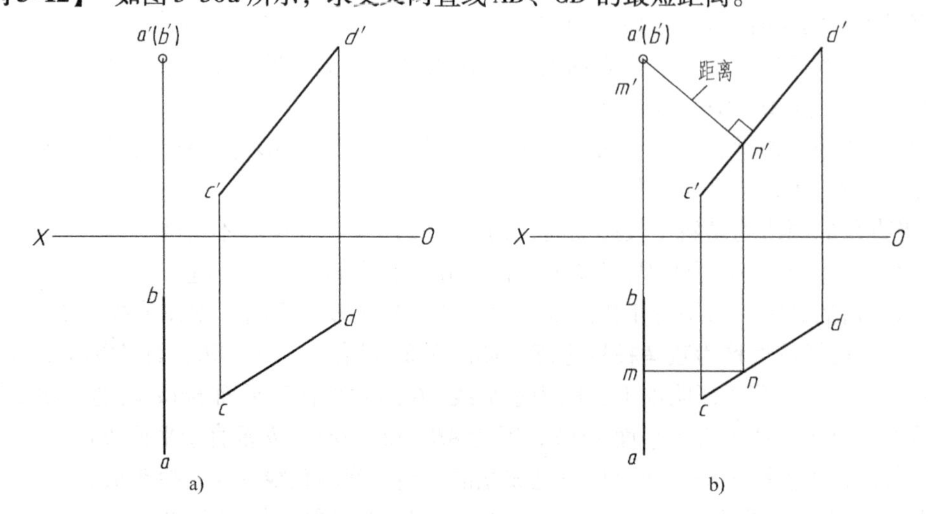

图 3-30 【例 3-12】图

解：交叉两直线的最短距离即为公垂线。本例中 AB 为正垂线，所以公垂线 MN 必然为正平线。根据直角投影定理，它们的正面投影相互垂直。如图3-30b所示，作图步骤如下：

1）利用正垂线 AB 的积聚性，定出公垂线一点 M 的正面投影 m' 必然重影于 $a'b'$，作 $m'n' \perp c'd'$，交 $c'd'$ 于 n'。

2）过 n' 作“长对正”线交 cd 于 n，再作正平线 MN 的水平投影 $mn//OX$。于是公垂线 MN 的实长 $m'n'$ 即为交叉两直线的最短距离。

3.3　平面的投影

3.3.1　平面的几何元素表示法

空间平面可用图3-31中任意一组几何元素表示：不在同一直线上的三点；直线与直线外一点；相交两直线；平行两直线；任意平面图形。

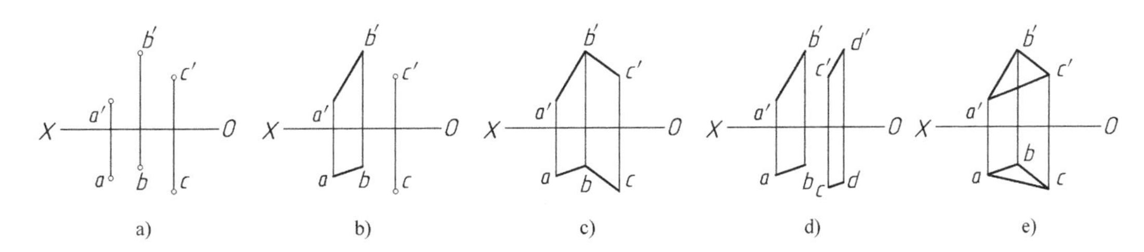

图3-31　平面的几何元素表示法

3.3.2　各种位置平面的投影及特性

平面对 H 面的倾角记为 α，对 V 面的倾角记为 β，对 W 面的倾角记为 γ。

在三面投影体系中，平面与投影面的相对位置关系可以分为平行、倾斜和垂直三种。因此，根据平面与投影面相对位置的不同，平面可分为：

1）**投影面的平行面**——与某一投影面平行（则必与另两个投影面垂直）的平面。

2）**投影面的垂直面**——与某一投影面垂直，与另两个投影面倾斜的平面。

3）**一般位置平面**——与三个投影面都倾斜的平面。

投影面的平行面和投影面的垂直面又统称为**特殊位置平面**。

1. 投影面的平行面

投影面的平行面可分为：

1）**水平面**——平行于 H 面而垂直于 V 面、W 面的平面。

2）**正平面**——平行于 V 面而垂直于 H 面、W 面的平面。

3）**侧平面**——平行于 W 面而垂直于 H 面、V 面的平面。

投影面平行面的投影图及其投影特性见表3-4。

表 3-4 投影面平行面的投影图及其投影特性

名称	水平面 ($P//H$)	正平面 ($P//V$)	侧平面 ($P//W$)
立体图	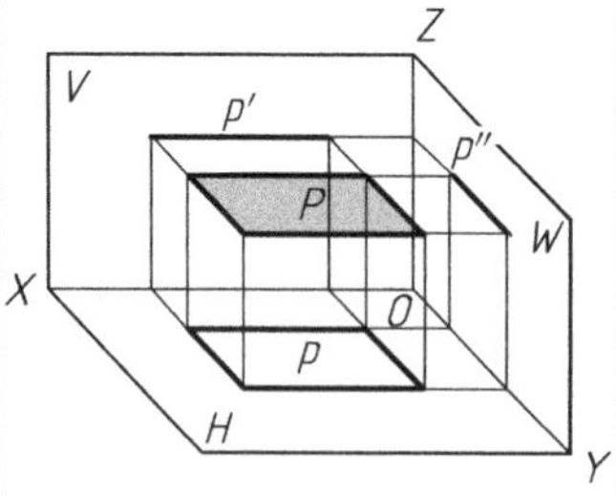	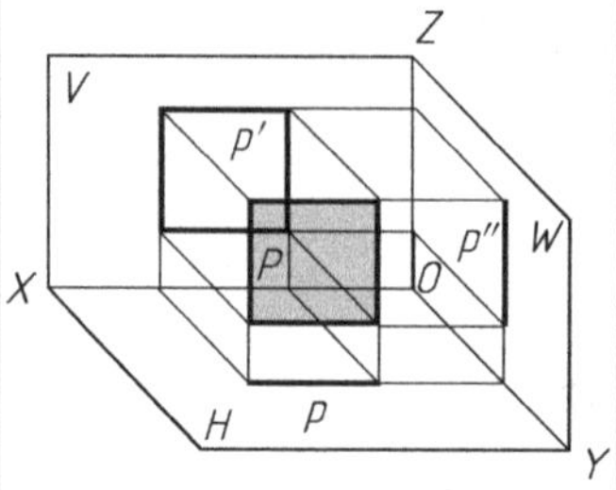	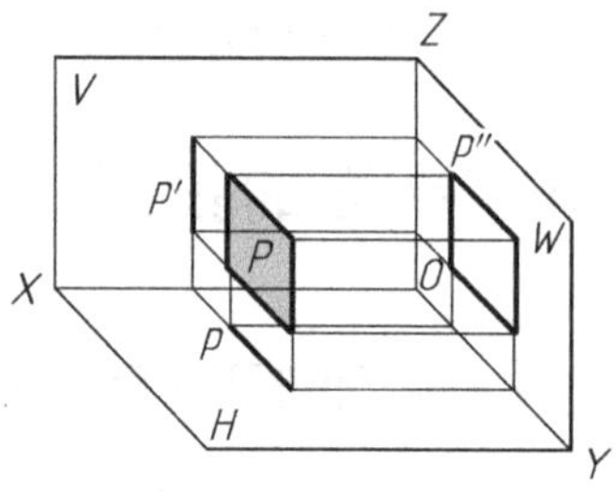
投影图	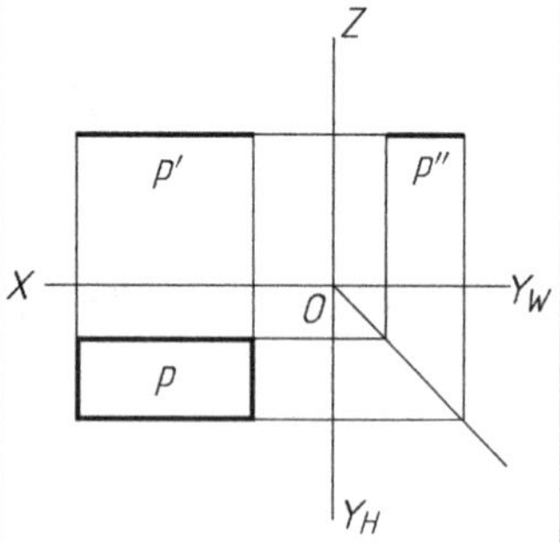	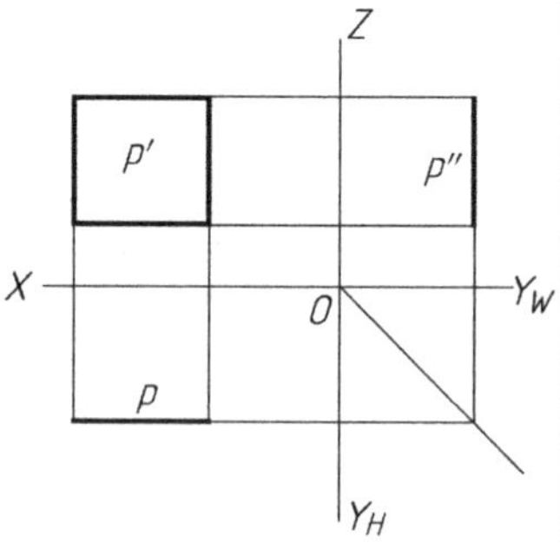	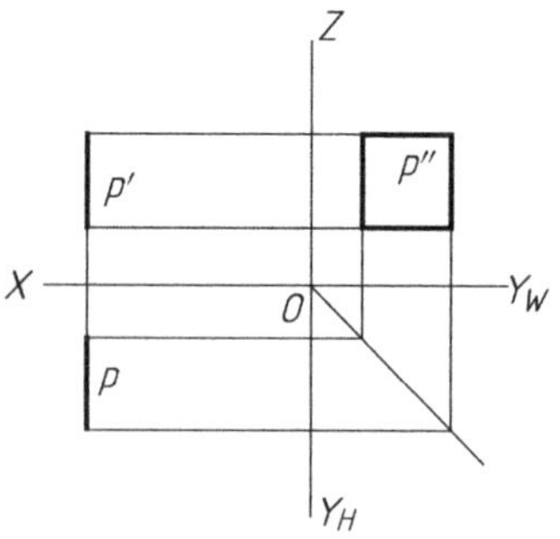
投影特性	1. 水平投影 p 反映实形 2. 正面投影 p' 和侧面投影 p'' 均积聚为直线，且正面投影 $p'//OX$、侧面投影 $p''//OY_W$（即两者均同时垂直于 OZ 轴）	1. 正面投影 p' 反映实形 2. 水平投影 p 和侧面投影 p'' 均积聚为直线，且水平投影 $p//OX$、侧面投影 $p''//OZ$（即两者均同时垂直于 OY 轴）	1. 侧面投影 p'' 反映实形 2. 水平投影 p 和正面投影 p' 均积聚为直线，且水平投影 $p//OY_H$、正面投影 $p'//OZ$（即两者均同时垂直于 OX 轴）

从表 3-4 中我们可以看出投影面平行面有如下共性：

1）平面在它所平行的投影面上的投影反映实形。

2）另外两面投影均积聚为直线并且分别平行于平面所平行的那个投影面的两条轴线（或同时垂直于另一投影轴）。

2. 投影面的垂直面

投影面的垂直面可分为：

1）**铅垂面**——垂直于 H 面而与 V 面、W 面倾斜的平面。

2）**正垂面**——垂直于 V 面而与 H 面、W 面倾斜的平面。

3）**侧垂面**——垂直于 W 面而与 H 面、V 面倾斜的平面。

投影面垂直面的投影图及其投影特性见表 3-5。

表3-5　投影面垂直面的投影图及其投影特性

名称	铅垂面（$P\perp H$）	正垂面（$P\perp V$）	侧垂面（$P\perp W$）
立体图	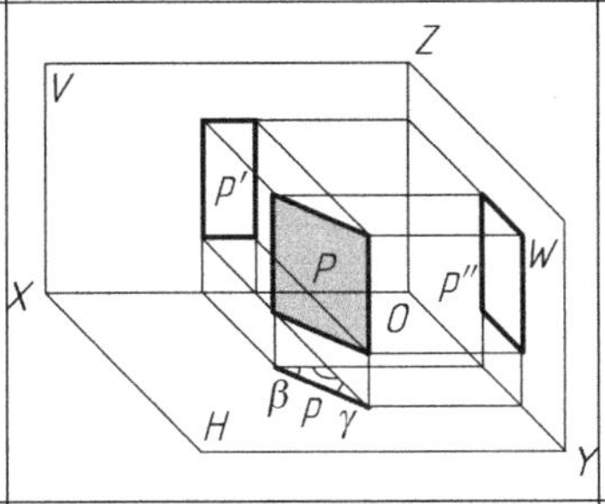	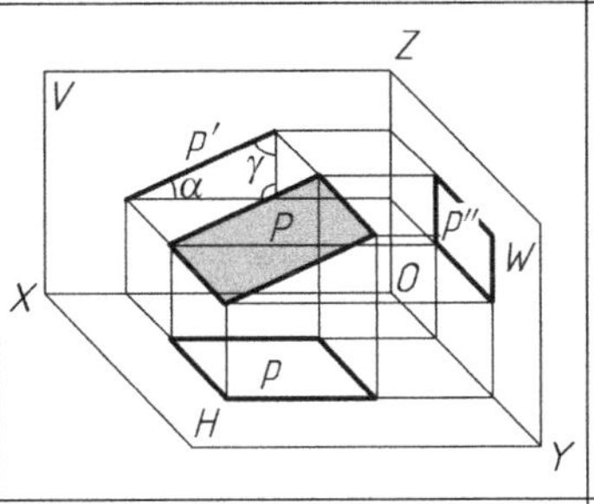	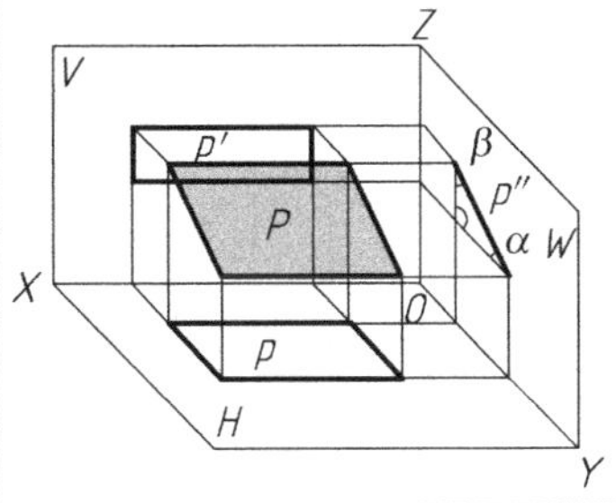
投影图	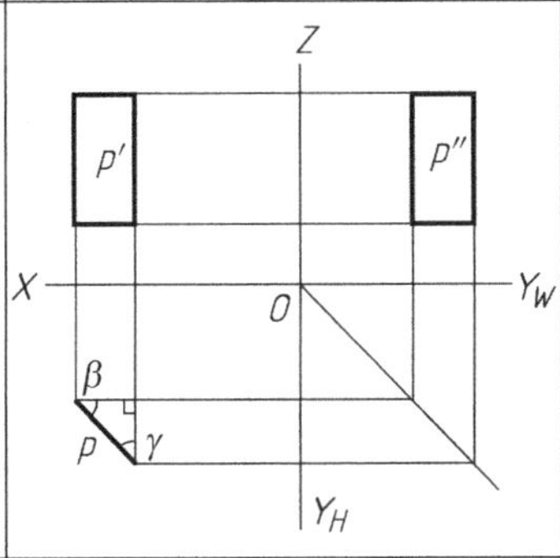	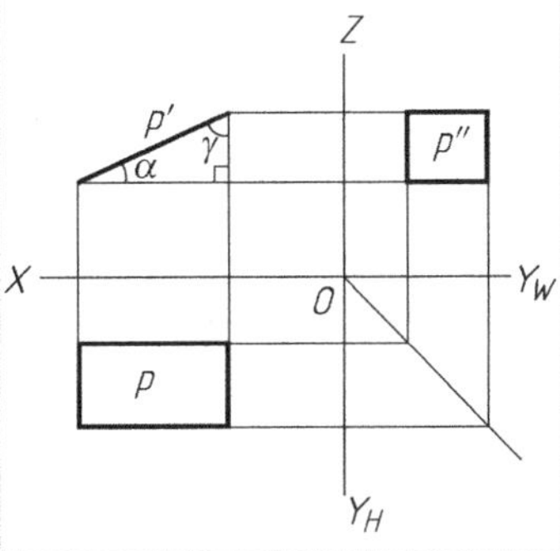	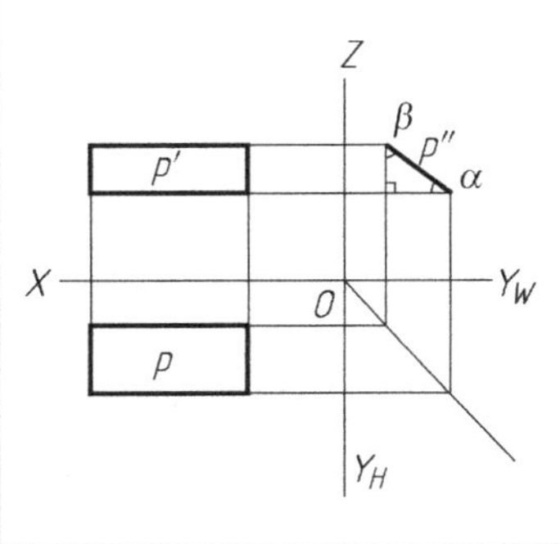
投影特性	1. 水平投影 p 积聚为一条直线，并且它与 OX、OY_H 轴的夹角反映该平面的真实倾角 β、γ 2. 正面投影 p'、侧面投影 p'' 均小于空间平面的实形，类似于空间平面实形	1. 正面投影 p' 积聚为一条直线，并且它与 OX、OZ 轴的夹角反映该平面的真实倾角 α、γ 2. 水平投影 p、侧面投影 p'' 均小于空间平面的实形，类似于空间平面实形	1. 侧面投影 p'' 积聚为一条直线，并且它与 OY_W、OZ 轴的夹角反映该平面的真实倾角 α、β 2. 水平投影 p、正面投影 p' 均小于空间平面的实形，类似于空间平面实形

从表3-5中我们可以看出投影面垂直面有如下共性：

1）平面在它所垂直的投影面上的投影积聚为一条直线，并且它与投影轴的夹角反映该平面与另外两个投影面的夹角。

2）另外两面投影均为面积缩小的类似形。

3. 一般位置平面

同时倾斜于各投影面的平面称为**一般位置平面**。如图3-32所示，一般位置平面的三面投影均小于空间平面实形，且与空间平面实形类似；三面投影均不反映空间平面对投影面的倾角。

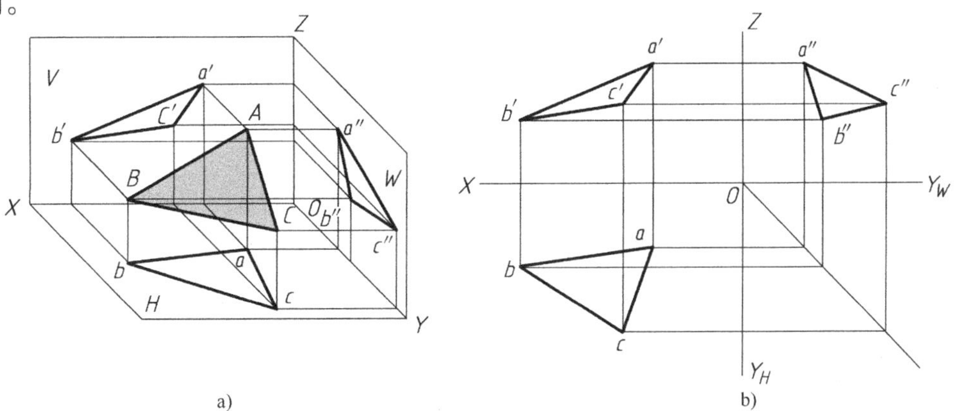

图3-32　一般位置平面

【例 3-13】 如图 3-33a 所示，已知平面的两面投影，求第三面投影，并判断其与投影面的相对位置。

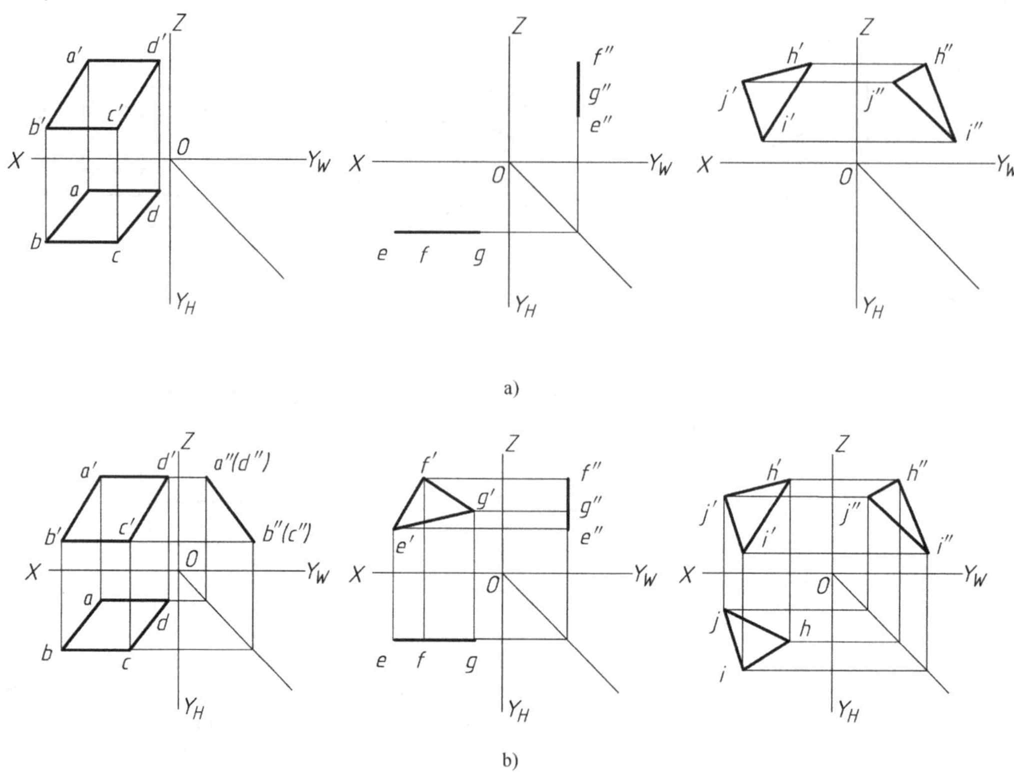

图 3-33 【例 3-13】图

解：根据两面投影补画第三面投影，并通过各种位置直线的投影特性判断其相对位置。

如图 3-33b 所示，作图步骤如下：

1）知二补三，根据三面投影规律“长对正、高平齐、宽相等”补画第三面投影。

2）平面 *ABCD* 的 *W* 面投影 *a″b″*（*c″*）（*d″*）积聚成一条倾斜直线，另外两个投影均是类似形，可判断平面 *ABCD* 为侧垂面。

3）平面 *EFG* 的 *H* 面、*W* 面投影均积聚为直线，分别平行于 *OX* 轴、*OZ* 轴，可确定平面 *EFG* 是正平面，正面投影反映实形。

4）平面 *HIJ* 的三面投影均没有积聚性，均为类似形，可判断平面 *HIJ* 是一般位置平面。

【例 3-14】 如图 3-34a 所示，已知正垂面 *ABC* 的水平投影及点 *A* 的正面投影，$\alpha=30°$，且点 *C* 在点 *B* 的右上方。求作平面 *ABC* 的正面投影和侧面投影。

解：由 *ABC* 是正垂面可知，其正面投影积聚为一条倾斜直线；并且 $\alpha=30°$，所以该倾斜直线与 *OX* 轴的夹角为 30°；再由点 *C* 在点 *B* 的右上方可知该直线右高左低。

如图 3-34b 所示，作图步骤如下：

1）过 *a′*作一条与 *OX* 轴的倾角为 30°的右高左低的直线，过 *b*、*c* 分别向上作“长对正”直线，交该倾斜直线于两点，分别为 *b′*、*c′*。

2）根据高平齐、宽相等，由 *V* 面、*H* 面投影补画出 *W* 面投影。

3.3.3 平面上的点和线

1. 点和直线在平面上的几何条件

条件一：如果一点在平面的任意一条直线上，那么该点在该平面上。

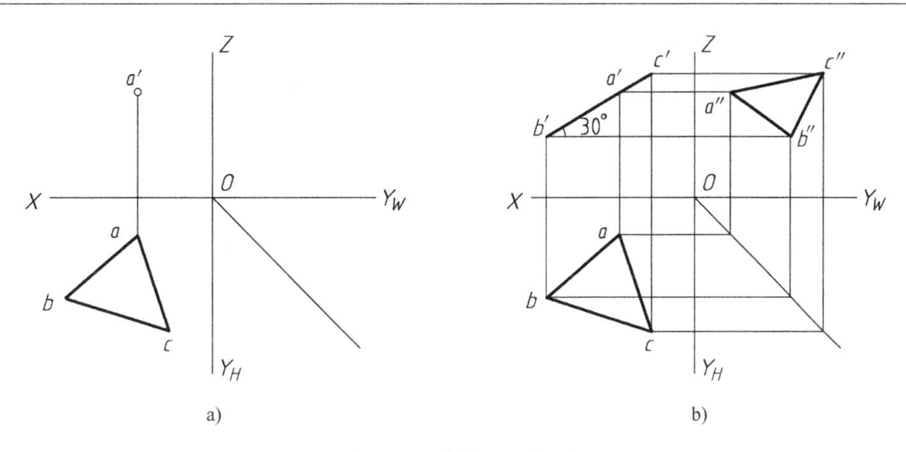

图3-34　【例3-14】图

条件二：如果一条直线通过平面上的任意两点，或者通过平面上的一点并且平行于该平面上的另一条直线，那么该直线在该平面上。

【例3-15】　如图3-35a所示，已知平面△*ABC*的两面投影及平面上一点*D*的正面投影*d′*，求点*D*的水平投影*d*。

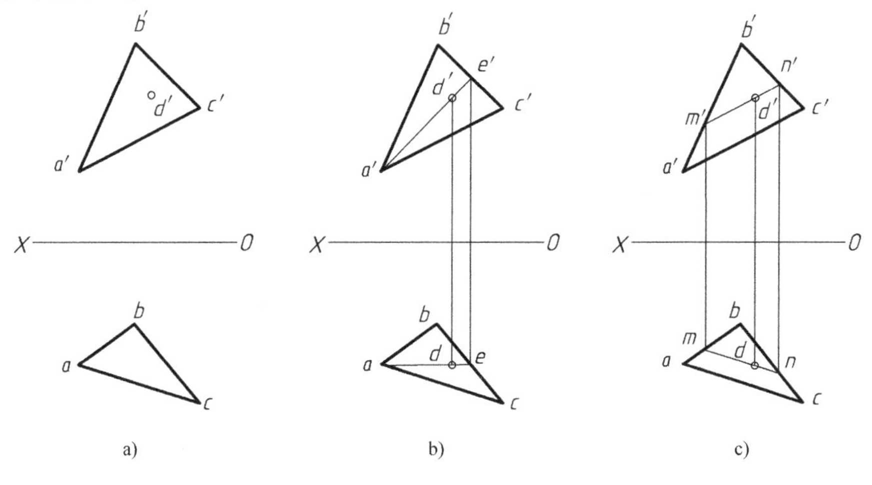

图3-35　【例3-15】图

解：要保证点*D*在平面△*ABC*上，就要让该点在平面的一条直线上。那么我们就来构造这条平面上的直线，要保证一条直线在平面上，根据条件可以有两种构造方式。第一种方式是过平面上的两点构造一条平面上的直线；第二种方式是通过平面上的一点作平面内某一直线的平行线。作图步骤如下：

解法一：如图3-35b所示，连接△*ABC*的一顶点*A*与已知点*D*的正面投影*a′d′*，延长交*BC*的正面投影*b′c′*于*e′*；过*e′*作“长对正”线，交*bc*于点*e*，连接*ae*；过*d′*作“长对正”线，交*ae*于点*d*。

解法二：如图3-35c所示，过平面上的已知点*D*的正面投影*d′*作*m′n′*//*a′c′*，与*a′b′*、*b′c′*的交点分别为*m′*、*n′*；过点*m′*、*n′*作“长对正”线，交*ab*、*bc*分别为*m*、*n*，连接*mn*；过*d′*作“长对正”线交*mn*于点*d*。

2. 平面上的投影面平行线

既是平面上的线，又是投影面的平行线的直线就是平面上的投影面平行线。它既具有从属于平面的投影特性，又具有投影面平行线的投影特性。

平面上的投影面平行线有三种：平面上的水平线、平面上的正平线、平面上的侧平线，如图 3-36 所示。

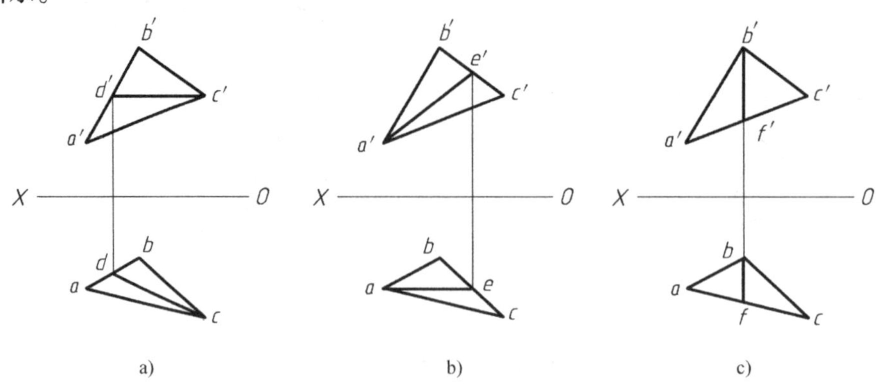

图 3-36 平面上的投影面平行线
a）平面上的水平线 b）平面上的正平线 c）平面上的侧平线

【例 3-16】 如图 3-37a 所示，在一般位置平面△*ABC* 上取一点 *K*，使点 *K* 距 *H* 面 20mm，距 *V* 面 15mm。

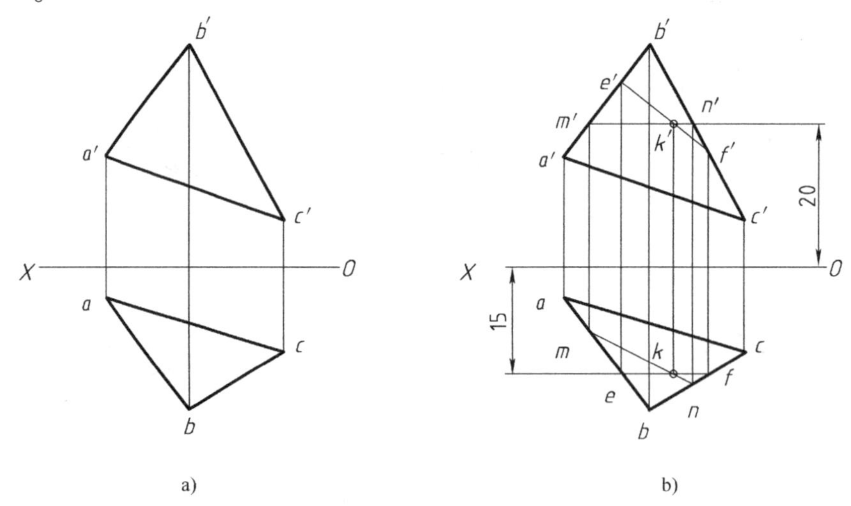

图 3-37 【例 3-16】图

解：在一般位置平面△*ABC* 上作出距 *H* 面为 20mm 的水平线 *MN*，再作出距 *V* 面为 15mm 的正平线 *EF*，两条线的交点即为所求 *K* 点。如图 3-37b 所示，作图步骤如下：

1）作 $m'n'//OX$，且距 *OX* 轴为 20mm，再作“长对正”线求出 *m*、*n*，连接 *mn*。

2）作 $ef//OX$，且距 *OX* 轴为 15mm，再作“长对正”线求出 e'、f'，连接 $e'f'$。

3）由 *mn* 与 *ef* 的交点 *k*，$m'n'$ 与 $e'f'$ 的交点 k' 确定的点 *K* 即为所求点。

3. 平面上对投影面的最大斜度线

平面上对投影面倾角最大的直线，称为平面上对投影面的最大斜度线。同一平面上对某一投影面的最大斜度线有无数条，它们相互平行且垂直于这个平面上该投影面的平行线，并且它们与该投影面的夹角就是这个平面与该投影面的夹角。如图 3-38 所示，设平面 *P* 上的直线 *AB* 垂直于该平面上的水平线 *L*，即 $AB \perp L$，则直线 *AB* 是平面 *P* 上对 *H* 面的最大斜度线；直线 *AB* 对 *H* 面的倾角 α 就是平面 *P* 对 *H* 面的倾角。

因此，在三面投影体系中，平面上的最大斜度线有以下三种：

1）平面上对 H 面的最大斜度线，垂直于平面上的水平线的直线。

2）平面上对 V 面的最大斜度线，垂直于平面上的正平线的直线。

3）平面上对 W 面的最大斜度线，垂直于平面上的侧平线的直线。

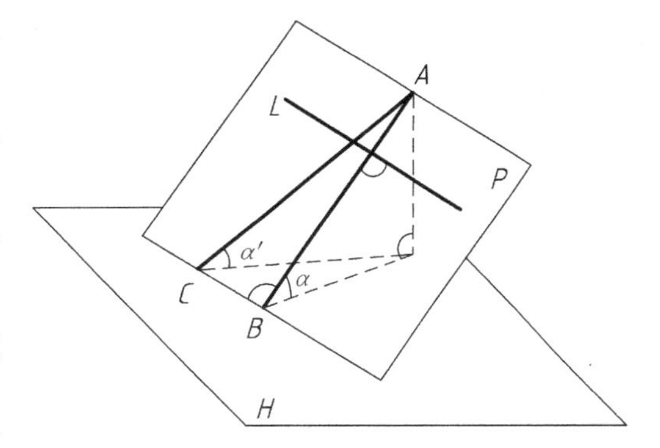

图3-38　平面上对 H 面的最大斜度线

【例3-17】　如图3-39a所示，求一般位置平面△ABC 对 H 面的倾角 α 和对 V 面的倾角 β。

解：求△ABC 对 H 面的倾角 α，也就是求△ABC 平面上对 H 面最大斜度线的倾角 α。同理，求△ABC 对 V 面的倾角 β，也就是求△ABC 平面上对 V 面最大斜度线的倾角 β。

求△ABC 平面上对 H 面最大斜度线的倾角 α 的步骤如图3-39b所示：

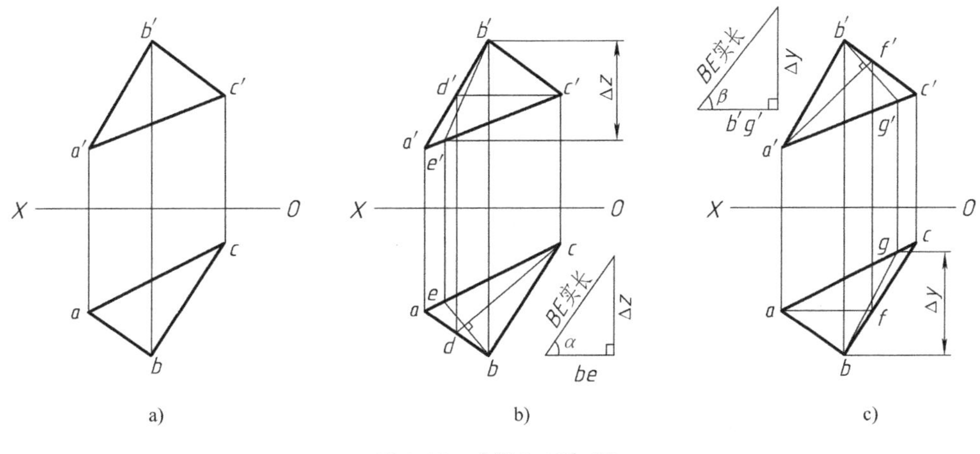

图3-39　【例3-17】图

1）在△ABC 上作水平线 CD，即 $c'd'//OX$，并根据从属性及"长对正"求出 cd。

2）因为△ABC 平面上对 H 面的最大斜度线垂直于平面上的水平线，故根据直角投影定理，作 $BE \perp CD$，即作 $be \perp cd$，并根据从属性及"长对正"求出 $b'e'$。于是，直线 BE 即为△ABC 上对 H 面的一条最大斜度线。

3）利用直角三角形法求出 BE 对 H 面的倾角 α，即为△ABC 对 H 面的倾角 α。

同理，求△ABC 平面上对 V 面最大斜度线的倾角 β 的步骤如图3-39c所示：

1）在△ABC 上作正平线 AF，即 $a'f'//OX$，并根据从属性及"长对正"求出 $a'f'$。

2）因为△ABC 平面上对 V 面的最大斜度线垂直于平面上的正平线，故根据直角投影定理，作 $BG \perp AF$，即作 $b'g' \perp a'f'$，并根据从属性及"长对正"求出 bg。于是，直线 BG 即为△ABC 上对 V 面的一条最大斜度线。

3）利用直角三角形法求出 BG 对 V 面的倾角 β，即为△ABC 对 V 面的倾角 β。

3.3.4　直线与平面、平面与平面的相对位置

直线与平面、平面与平面的相对位置有平行、相交和垂直三种。其中垂直是相交的特例。

1. 直线与平面、平面与平面平行

（1）直线与平面平行　几何条件：若一直线平行于平面上的某一直线，则此直线与该平

面平行；反之亦然。

【例 3-18】 过点 K 作水平线与平面△ABC 平行，如图 3-40 所示。

解：过点 K 可作无数条直线平行于已知平面，但水平线只有一条，所以只要过点 K 作水平线平行于已知平面内的水平线即可。作图步骤如下：

1）△ABC 为一般位置平面，在△ABC 内作任一水平线 CF。

2）过点 K 作 $DE//CF$，即作 $d'e'//c'f'$、$de//cf$，长度随意，但需符合投影规律。

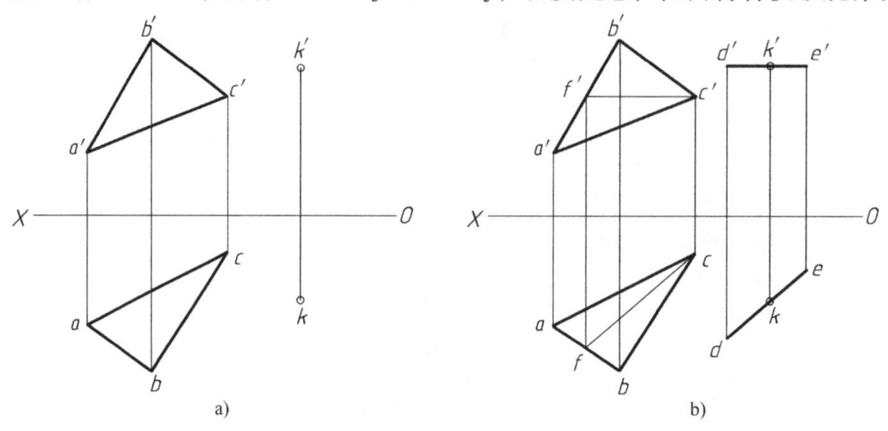

图 3-40 【例 3-18】图

【例 3-19】 如图 3-41 所示，判断直线 DE 是否平行于平面△ABC。

解：若 $DE//$△ABC，则在△ABC 内可作出一条直线与已知直线 DE 平行，因此，只需检验平面内是否存在与已知直线平行的直线即可。作图步骤如下：

1）在△ABC 内作一辅助线 CF，使 $c'f'//d'e'$，再求出 CF 的水平投影 cf。

2）比较判断 CF 是否平行于 DE。已有 $c'f'//d'e'$，只需判断 cf 是否平行于 de。若 $cf//de$，则 $CF//DE$，所以 $DE//$△ABC；若 cf 与 de 不平行，则 CF 不平行于 DE，所以 DE 不平行于平面△ABC。如图 3-41b 所示，cf 与 de 不平行，则 CF 不平行于 DE，由此可判断 DE 不平行于平面△ABC。

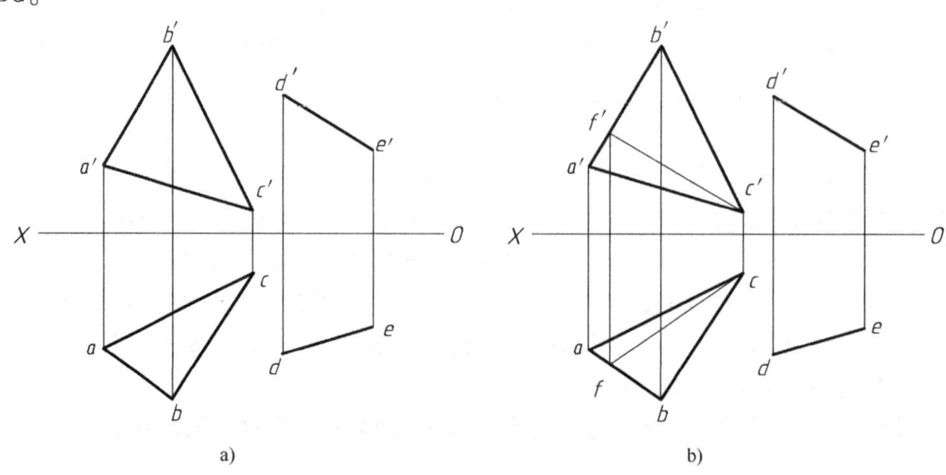

图 3-41 【例 3-19】图

（2）两平面平行 几何条件：若一平面上一对相交直线与另一平面上的一对相交直线**对应平行**，则两平面平行。

【例3-20】　过点D作平面与平面$\triangle ABC$平行，如图3-42所示。

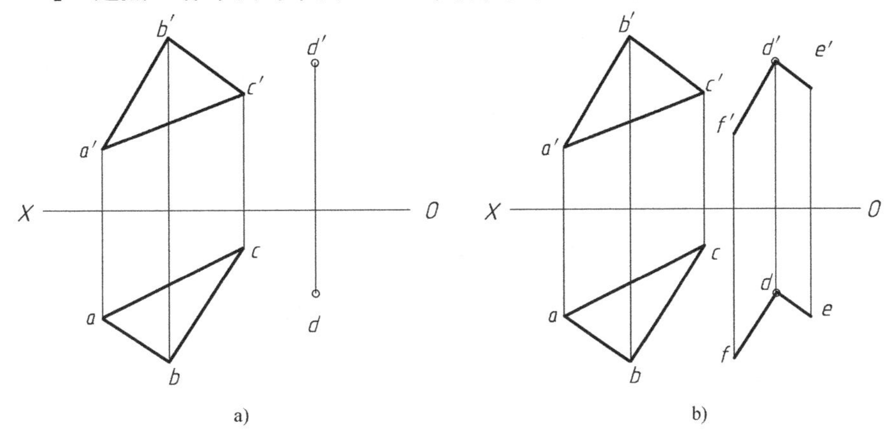

图3-42　【例3-20】图

解：过点D只要作相交两直线分别平行于$\triangle ABC$内任意两相交直线即可，为简便作图，我们选择过点D作相交两直线分别平行于$\triangle ABC$的两条边。作图步骤如下：

1）过点D作直线$DE//BC$，即$de//bc$、$d'e'//b'c'$。

2）过点D作直线$DF//AB$，即$df//ab$、$d'f'//a'b'$。

平面DEF即为所求平面。

当两平行平面均为某一投影面垂直面时，两平面的积聚投影相互平行；反之，若两平面均为某一投影面垂直面，且它们的积聚投影平行，则两平面平行，如图3-43a所示。

【例3-21】　如图3-43所示，判断两平面是否平行。

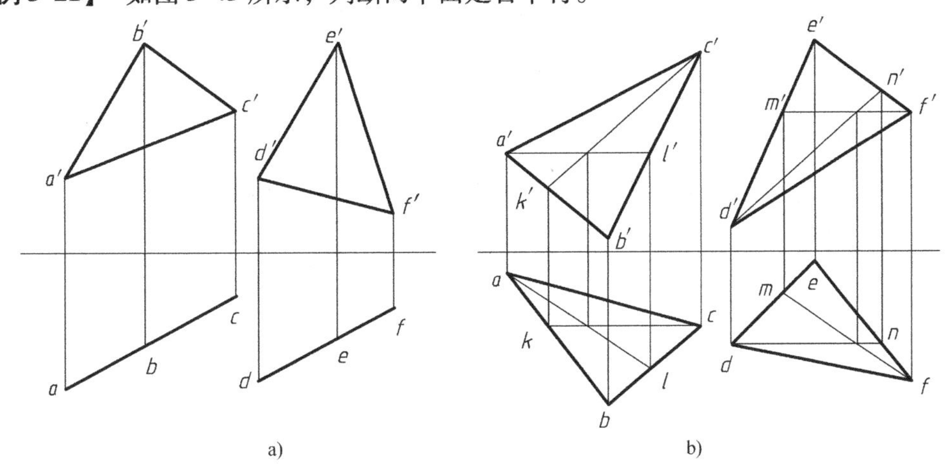

图3-43　【例3-21】图

解：1）图3-43a中，两平面$\triangle ABC$和$\triangle DEF$均为铅垂面，要判断两平面是否平行，只需判断积聚线是否平行。因为两平面水平投影积聚线$abc//def$，所以两平面平行。

2）图3-43a中，两平面$\triangle ABC$和$\triangle DEF$均为一般位置平面，要判断两平面是否平行，则需要构造相交两直线，为作图方便，分别构造平面内的水平线和正平线相交。若水平线与正平线分别互相平行，则两平面平行；若水平线与正平线相互不平行，则两平面不平行。如图3-43b所示，分别在$\triangle ABC$和$\triangle DEF$中作水平线AL、FM和正平线CK、DN，因为$AL//FM$且$CK//DN$，所以两平面平行。

2. 直线与平面、平面与平面相交

直线与平面、平面与平面若不平行则必然相交。

（1）直线与平面相交　直线与平面相交于一点，该点称为交点。直线与平面的交点既在直线上，也在平面上，是两者的共有点。直线与平面相交的问题就是求交点，并判断可见性的问题。

1）一般位置直线与投影面垂直面相交。

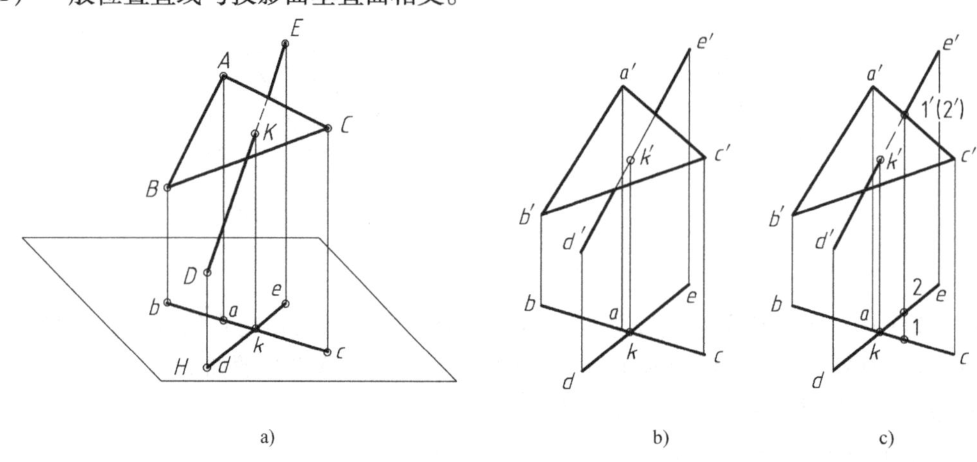

a)　　b)　　c)

图 3-44　一般位置直线与投影面垂直面相交

① 求交点 K：如图 3-44a 所示，直线 DE 与铅垂面$\triangle ABC$ 相交，交点 K 的水平投影 k 必在$\triangle ABC$ 的水平面积聚投影线 abc 上，且必在直线 DE 的水平投影 de 上，因此 de 和 abc 的交点 k 就是空间交点 K 的水平投影。如图 3-44b 所示，定出点 k 后，根据从属性，k'必在 $d'e'$上，即过 k 作“长对正”线，与 $d'e'$交于 k'，k、k'即为所求点。

② 判断可见性：水平投影无须判断。而在正面投影上，$d'e'$有一部分在$\triangle a'b'c'$内，应区分 $d'e'$这部分的可见性（k'为分界，两边可见性不同，如图 3-44c 所示）。要判断正面投影上的可见性，即判断谁前谁后的问题，需结合水平投影进行分析。用重影点判断，在正面投影上选一对分属直线 KE 和$\triangle ABC$ 的边 AC 的重影点Ⅰ、Ⅱ，根据从属性，过 1′（2′）作“长对正”线，得Ⅰ在$\triangle ABC$ 的边 AC 上，Ⅱ在直线 KE 上，即 AC 在 KE 前。所以，$k'2'$不可见，画细虚线；相应地，k'左部分可见，画粗实线。

2）投影面垂直线与一般位置平面相交。

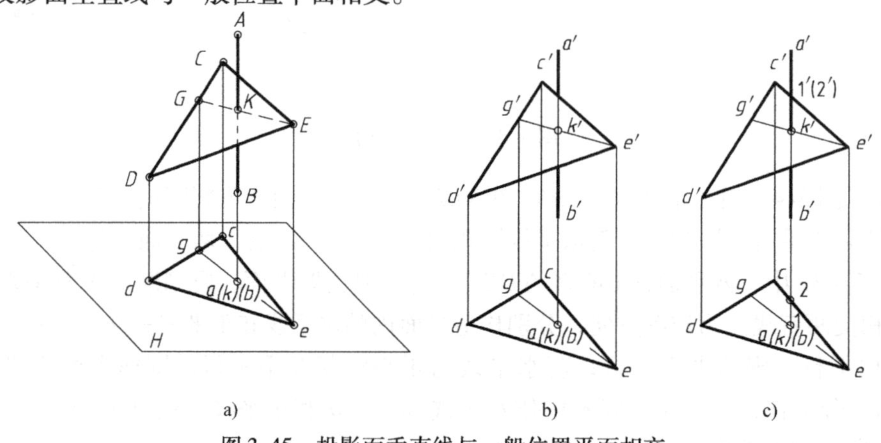

a)　　b)　　c)

图 3-45　投影面垂直线与一般位置平面相交

① 求交点 K：如图3-45a所示，铅垂线 AB 与一般位置平面△CDE 相交，交点 K 的水平投影 k 必在铅垂线 AB 的水平面积聚投影点 a（b）上，即 a（k）（b）。同时点 K 必在△CDE 上，问题则变为求平面△CDE 上的一点 K。如图3-45b所示，定出点 k 后，求 k'。过（k）作辅助线 eg，求出 $e'g'$，k'必在 $e'g'$上。即过 k 作“长对正”线，与 $e'g'$交于 k'，k、k'即为所求点。

② 判断可见性：水平投影无须判断。而在正面投影上，$a'b'$有一部分在△$c'd'e'$内，应区分 $a'b'$这部分的可见性（k'为分界，两边可见性不同，如图3-45c所示）。要判断正面投影上的可见性，即判断谁前谁后的问题，需结合水平投影进行分析。用重影点判断，在正面投影上选一对分属直线 AK 和△CDE 的边 CE 的重影点Ⅰ、Ⅱ，根据从属性，过1′（2′）作“长对正”线，得Ⅰ在铅垂线 AK 上，Ⅱ在△CDE 的边 CE 上，即 AK 在 KE 前。所以，$k'1'$可见，画粗实线；相应地，k'下部分不可见，画细虚线。

（2）平面与平面相交 平面与平面相交于一条直线，该直线称为交线。交线同时位于两个平面上，是两平面的共有线。两平面相交的问题就是求交线，并判断可见性的问题。

1）一般位置平面与投影面垂直面相交。

① 求交线：如图3-46a所示，铅垂面△ABC 和一般位置平面△DEF 相交，交线为 MN。显然，M、N 分别是一般位置平面△DEF 的两边 DE、DF 与铅垂面△ABC 的交点。因此，如图3-46b所示，两次利用求一般位置直线与投影面垂直面交点的作图方法，确定两交点的水平投影 m、n，利用“长对正”求出正面投影 m'、n'。同面投影连线 mn、$m'n'$，即为交线的两面投影。

② 判断可见性：水平投影无须判断。正面投影的重叠部分需判断可见性，如图3-46c所示，利用其中一个重影点1′（2′）来判断。1′（2′）是直线 DM 和 AB 的重影点，过1′（2′）作“长对正”线，得Ⅰ在 AB 上，Ⅱ在 DM 上，即 AB 在 DM 前。因此，$a'b'$与△$d'e'f'$重叠部分可见画实线，$d'm'$与△$a'b'c'$重叠部分不可见画细虚线。可见与不可见以交线 MN 为分界，因此，与 $a'b'$相对的 $b'c'$、$a'c'$和△$d'e'f'$重叠部分不可见画细虚线；与 $d'm'$同在一边的 $d'n'$和△$a'b'c'$重叠部分不可见画细虚线；与 $d'm'$、$d'n'$相对的 $m'e'$、$n'f'$和△$a'b'c'$重叠部分可见画粗实线。

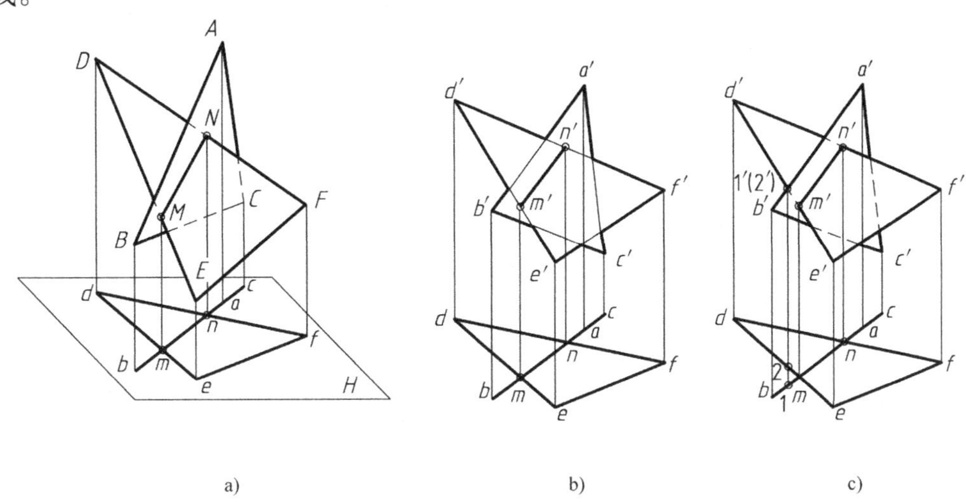

图3-46 一般位置平面与投影面垂直面相交

2）一般位置直线与一般位置平面相交。由于一般位置直线和一般位置平面均没有积聚性，故不能在投影图上直接定出交点，可利用线面交点法来求出交点。

① 求交点 K：如图3-47a 所示，一般位置直线 AB 与一般位置平面△CDE 相交。如果过直线 AB 作一个铅垂辅助面 P，则该铅垂辅助面 P 与△CDE 交于直线 MN。因为直线 MN 和直线 AB 都在铅垂辅助面 P 上，所以必相交于一点 K，点 K 在 MN 上，则必在△CDE 平面上。因此点 K 就是直线 AB 与平面△CDE 的共有点，即两者的交点。这种方法称为线面交点法。

综上所述，用线面交点法求交点的作图步骤如下，如图3-47b 所示：

a. 过直线 AB 作辅助面 P。为了作图简便，所作辅助面应选投影面垂直面（铅垂面或正垂面）。如图3-47b 所示，作铅垂辅助面 P_H，当然也可作正垂面。

b. 求辅助面 P 与已知平面△CDE 的交线 MN。利用求铅垂面与一般位置平面交线的方法，求出 mn、$m'n'$。

c. 求交线 MN 与已知直线 AB 的交点 K，点 K 即为直线 AB 与平面△CDE 的交点。

② 判断可见性：如图3-47c 所示，分别利用重影点法判断直线 AB 水平投影及正面投影的可见性。如重影点Ⅰ、Ⅱ和重影点Ⅲ、N，判断方法与前面所述相同。

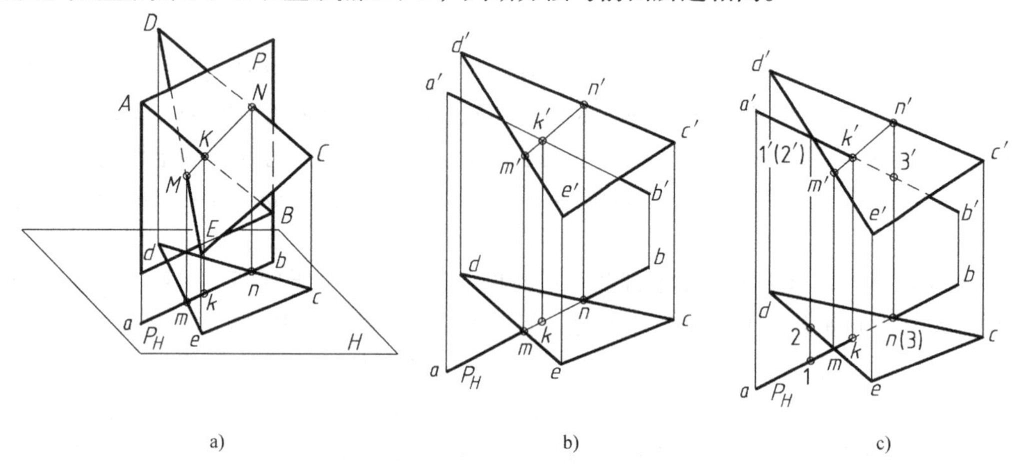

a)　　b)　　c)

图3-47　一般位置直线与一般位置平面相交

3）两一般位置平面相交。求两一般位置平面的交线，只要求出两个一般位置平面的两个共有点，其连线即为交线。求交线的方法有两种，分别为线面交点法和辅助平面法。

① 线面交点法。线面交点法就是分别求一平面上两条直线与另一平面的交点（共有点），两个交点的连线就是两平面的交线。求出交线后，还需判断其可见性。

a. 求交线：如图3-48a 所示，已知两个一般位置平面△ABC 和△DEF，要求它们的交线，可分别求出属于△DEF 的两条直线 DE 和 DF 与△ABC 平面的两个交点 M、N，交点连线 MN 就是所求两平面的交线。由于 DE、DF 及△ABC 均为一般位置，因此求线面交点时，均应采用前面所述求一般位置直线和一般位置平面交点的线面交点法。如图3-48b 所示，分别过直线 DE、DF 作正垂面 P_V、Q_V，求出交点 M、N，并连线求出交线 MN。

b. 判断可见性：交线是平面投影可见与否的分界线，如图3-48c 所示，利用重影点Ⅰ、Ⅱ和重影点Ⅲ、Ⅳ，分别判断正面投影和水平投影的可见性。

② 辅助平面法——三面共点。如果参与相交的两一般位置平面的同名投影不重叠，则不宜用线面交点法，而要用到三面共点原理即辅助平面法求两平面交线。

如图3-49a 所示，欲求平面 P、Q 的交线，先作一个特殊位置的辅助平面 S_1，分别求出平面 S_1 与平面 P、Q 的交线，两条交线的交点 K 即为三面的共同点，也就是平面 P、Q 交线上的一点；同理，再作一个特殊位置的辅助平面 S_2，可求出 S_2、P、Q 三面的共同点 L，也就是平

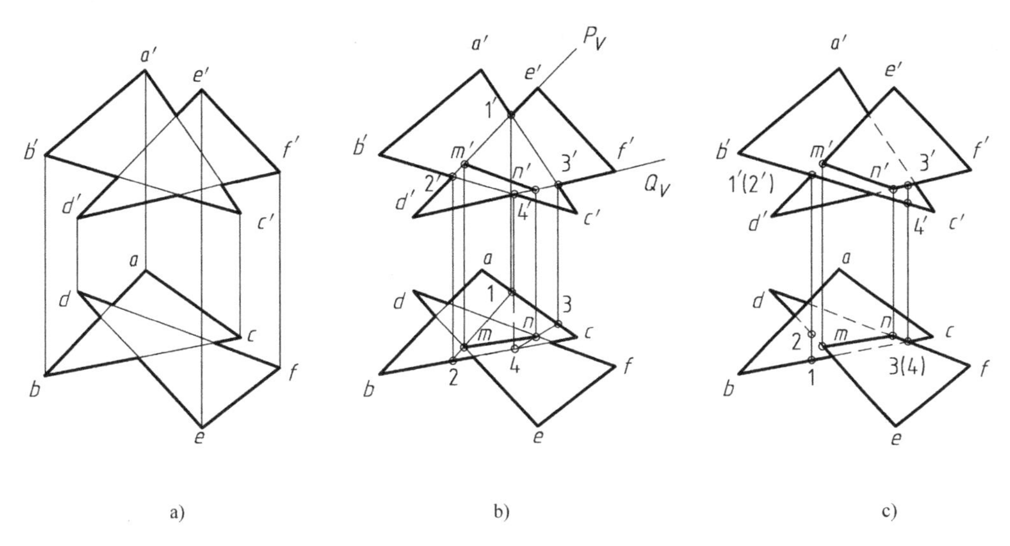

图3-48　两一般位置平面相交（线面交点法）

面P、Q交线上的另一点。将两个交线上的点K、L连线，KL即为P、Q两平面的交线。相应的投影图作图过程如图3-49b所示。

为使作图简便，一般选辅助平面$S_1//S_2$，且均平行于某投影面。如图3-49b所示，这里作两个水平辅助面。若作正平面，作图过程也是一样的。

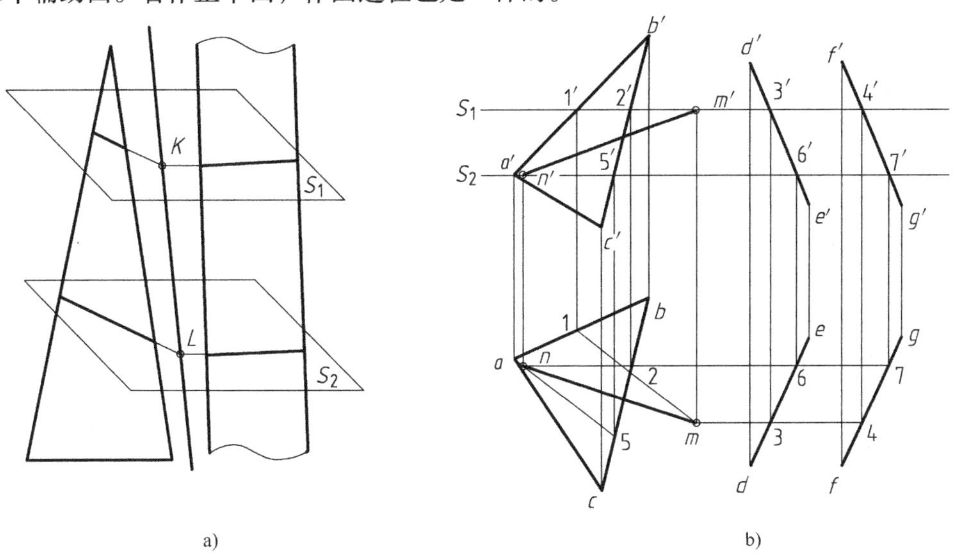

图3-49　两一般位置平面相交（辅助平面法）

3. 直线与平面、平面与平面垂直

（1）直线与平面垂直　几何条件：若一直线垂直于一平面上的两条相交直线，则此直线与该平面垂直；若一直线垂直于一个平面，则该直线垂直于该平面上的所有直线（包括垂直相交和垂直交叉），如图3-50所示。

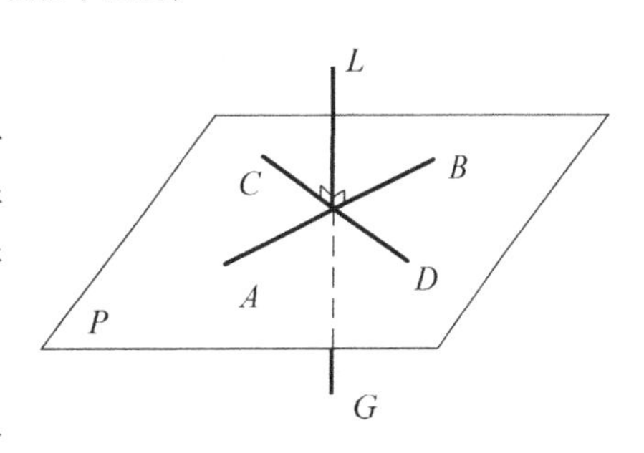

图3-50　直线与平面垂直

1）特殊位置直线与平面垂直。当直线（或平面）处于特殊位置时，即垂直或平行于某投影面时，其垂面（或垂线）也必定处于特殊位置。如图3-51所示，H面平行面（水平面）的垂线必定是 H 面垂直线（铅垂线）；反之，垂直线的垂直面必定是水平面。

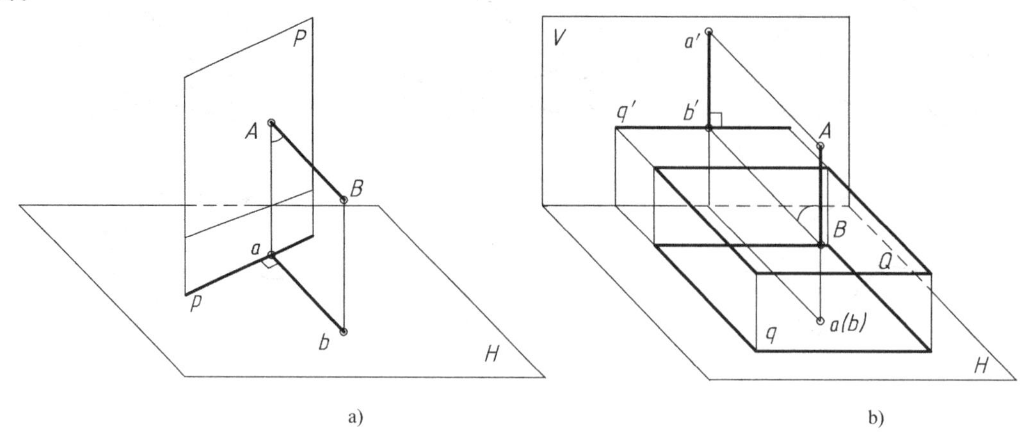

a) b)

图 3-51 特殊位置的直线与平面垂直

a）H 面的平行线与垂直面相垂直 b）H 面的垂直线与平行面相垂直

由图 3-51a 分析可得如下结论：与投影平行线相垂直的平面，一定是该投影面的垂直面；与投影面垂直面相垂直的直线，一定是该投影面的平行线；投影面平行线在所平行的投影面上的投影符合直角投影定理，必垂直于该投影面垂直面的积聚性投影。

由图 3-51b 分析可得如下结论：与投影面垂直线相垂直的平面，一定是该投影面的平行面；与投影面平行面相垂直的直线，一定是该投影面的垂直线；投影面垂直线的投影必定与平面有积聚性的同面投影相垂直。即在某一投影面上，直线的投影反映实长，而平面的投影为积聚投影，则直角反映实形。

【例 3-22】 求点 M 到正垂面 $\triangle ABC$ 的距离。

解：求点到面的距离就是过点作直线的垂线并求垂足，点到垂足的距离实长即为点到面的距离。

如图 3-52b 所示，已知 $\triangle ABC$ 为正垂面，其垂线 MN 必定是正平线，且两者的垂直关系在正面投影直接反映，即 $m'n' \perp a'b'c'$，垂足为 n'。由于 $MN//V$，所以 $mn//OX$，过点 n' 作"长对正"线即可求得 n。$m'n'$ 就是点 M 到正垂面 $\triangle ABC$ 的距离。

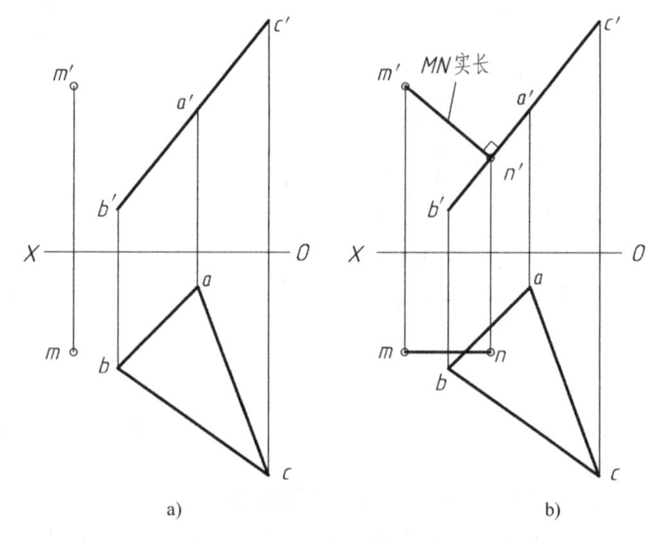

a) b)

图 3-52 【例 3-22】图

2）一般位置直线与平面垂直。当直线（或平面）处于一般位置时，其垂面（或垂线）也必定处于一般位置。此时，线面的垂直关系不能在投影图上明显地反映出来。

如果一直线垂直于一平面，则此直线垂直于该平面内的一切直线（含交叉垂直）。如图 3-53a所示，直线 MN 垂直于平面 P，必垂直于平面 P 内的一切直线，其中包括相交的水平线 AB 和正平线 CD。

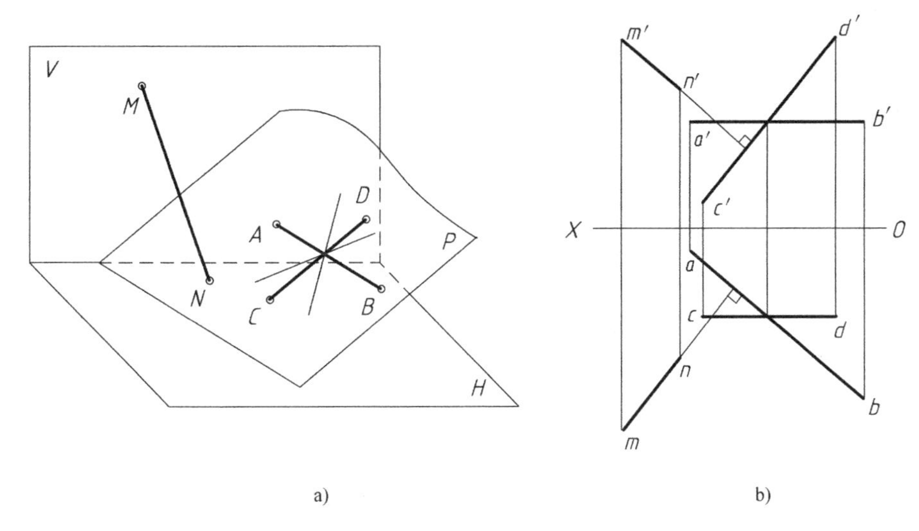

a)　　b)

图3-53　一般位置的直线与平面垂直

如图3-53b所示，由直角投影定理可知，直线 *MN* 与水平线 *AB* 的垂直关系在水平投影上反映，即 $mn \perp ab$；而直线 *MN* 与正平线 *CD* 的垂直关系在正面投影上反映，即 $m'n' \perp c'd'$。

由此可得一般位置线面垂直的投影定理：如果一直线垂直于一平面，则直线的水平投影必垂直于平面内水平线的水平投影，该直线的正面投影必垂直于平面内正平线的正面投影。

反之，其逆定理为：如果一直线的水平投影垂直于一平面内水平线的水平投影，同时该直线的正面投影垂直于该平面内正平线的正面投影，则此直线垂直于该平面。

【例3-23】　如图3-54a所示，求点 *M* 到一般位置平面△*ABC* 的距离。

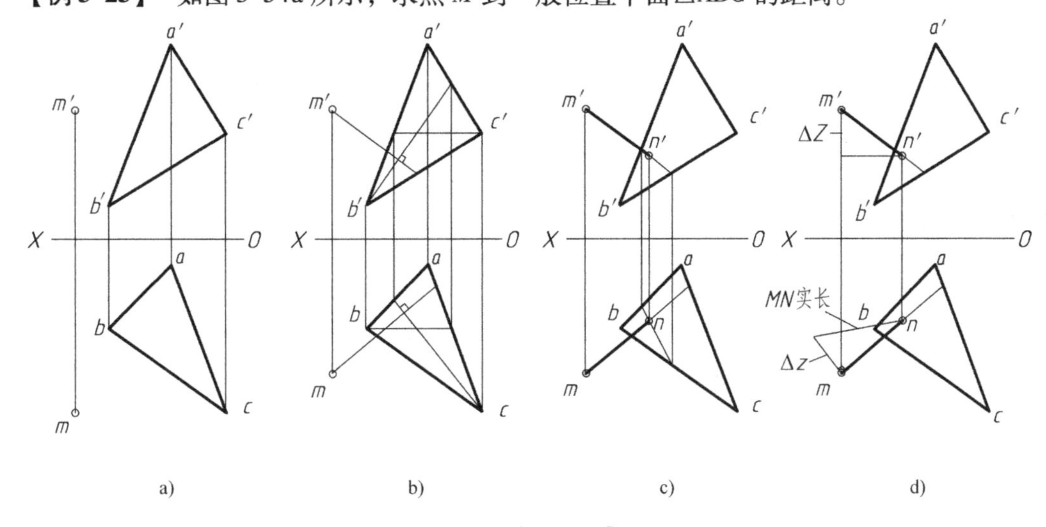

a)　　b)　　c)　　d)

图3-54　【例3-23】图

解：求点到面的距离就是过点作直线的垂线并求垂足，点到垂足的距离实长即为点到面的距离。作图步骤如下：

1）过点 *M* 作垂线：△*ABC* 为一般位置平面，如图3-54b所示，利用一般位置线面垂直的投影定理，求出过点 *M* 的△*ABC* 的垂线。

2）求垂足 *N*：垂线为一般位置直线，如图3-54c所示，利用一般位置直线与一般位置平面相交求交点的方法，求出垂足 *N*。

3）求点 *M* 到垂足 *N* 的距离实长（*MN* 实长）：*MN* 为一般位置直线，如图3-54d所示，利用直角三角形法求出 MN 实长，即为点 M 到△ABC 的距离。

（2）平面与平面垂直　几何条件：若一平面通过另一平面的一条垂线，则两平面相互垂直，如图 3-55 所示。

【例 3-24】 如图 3-56a 所示，已知△ABC、直线 L 和点 D 的投影，过点 D 作平面垂直于△ABC 且平行于直线 L。

解： 所求平面内必包含一条△ABC 的垂线及一条直线 L 的平行线，因此过点 D 作△ABC 的垂直线 DE，再过点 D 作直线 L 的平行线 DF，相交两直线 DE 与 DF 所决定的平面即为所求平面。作图步骤如图 3-56b 所示。

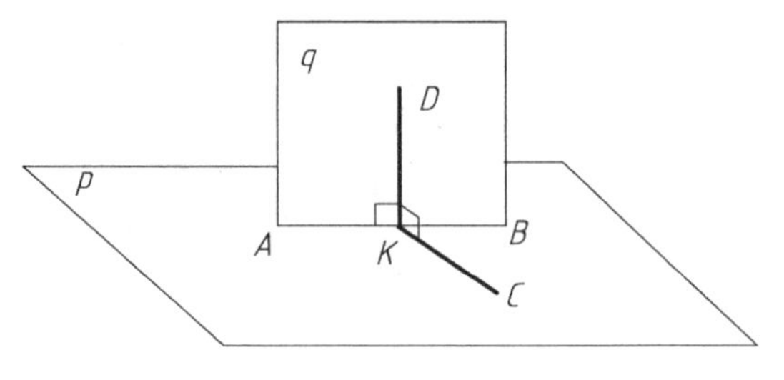

图 3-55　两平面垂直

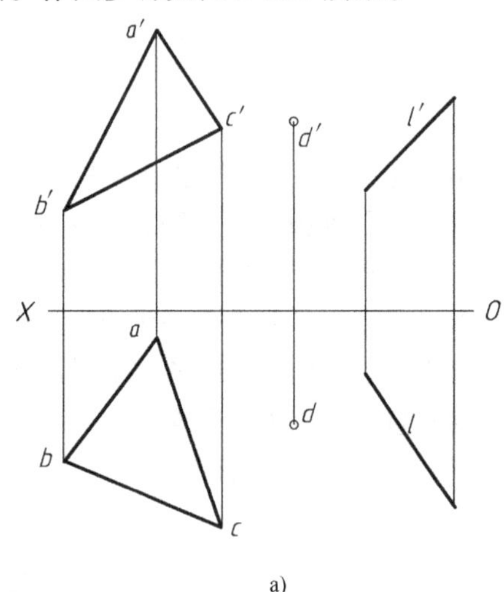

a)

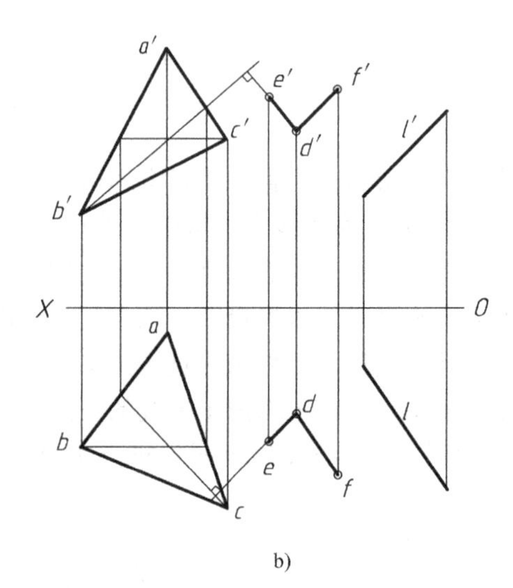

b)

图 3-56　【例 3-24】图

3.3.5　换面法

根据前面学过的投影原理和投影特性可知，当直线或平面与投影面处于特殊位置时，它们的投影具有所需要的度量性，如反映实长及实形，反映倾角，或具有积聚性等。为此，我们将与投影面处于一般位置的几何元素通过一定方法将其变换成与投影面处于特殊位置，以利于解题，如图 3-57 所示。

1. 基本概念

保持空间几何元素不变，设立新的投影面代替原有投影面中的一个，使空间几何元素在新投影面上处于有利于解题的位置，这种方法称为变换投影面法，简称换面法。

用换面法解题时，必须遵循以下规定：

1）每一次只能更换一个投影面。

2）变换后的新投影面与保留的投影面垂直。由于新投影面与保留的投影面垂直，所以新投影面和保留的投影面构成的新投影体系仍可以用正投影法求解。

2. 换面原理

进行投影面变换是将原投影体系中的两个基本投影面 H 面和 V 面的其中一个，用一个新的投影面来代替（用 H_1或 V_1表示新投影面），并且这个新的投影面必须垂直于被保留的投影

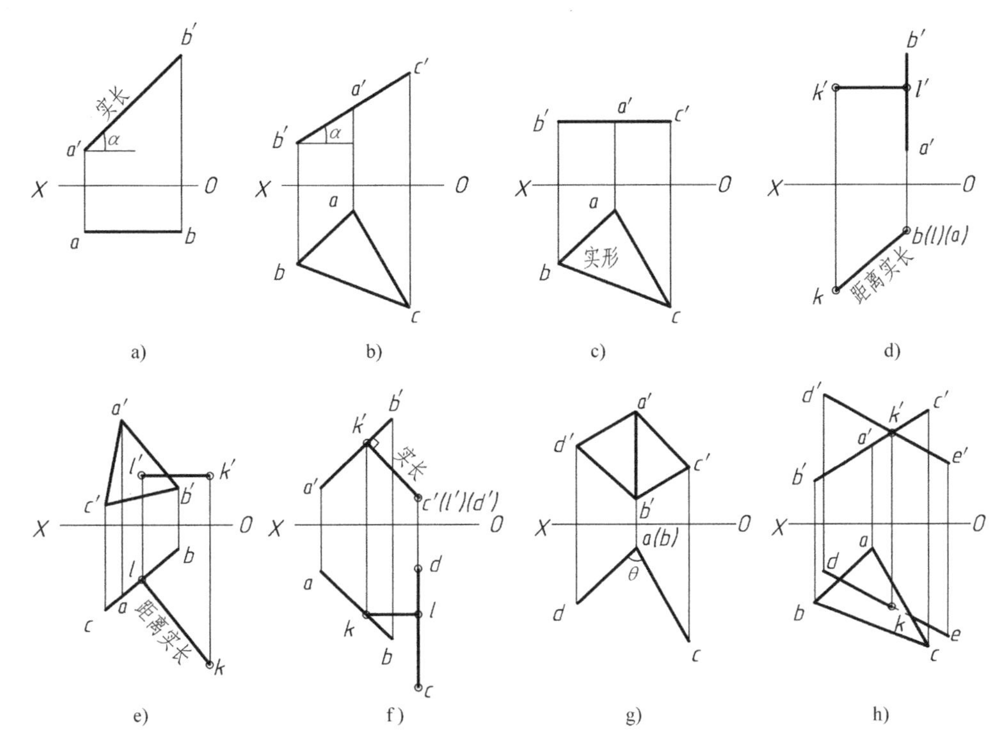

图3-57　几何元素与投影面处于特殊位置

a）正平线实长　b）正垂面倾角　c）水平面实形　d）点线距离

e）点面距离　f）交叉线公垂线　g）两面夹角　h）线面交点

面，从而建立新的投影体系。

点是最基本的几何元素，故先研究点在换面时的投影规律。

（1）变换 H 投影面　如图3-58a所示，变换水平投影面 H，即 $X\frac{V}{H}\rightarrow X_1\frac{V}{H_1}$ 的换面过程中，新投影面 H_1 必须垂直于被保留的 V 面。$X\frac{V}{H}$ 称为原投影体系，OX 称为原投影轴，简称原轴；$X_1\frac{V}{H_1}$ 称为新投影体系，O_1X_1 称为新投影轴，简称新轴。

设原投影体系中有一个点 A，它的原投影分别为 a、a'，其中 a 称为被代替的投影，a' 称为保留的投影；过点 A 向新投影面 H_1 作投影，得新投影 a_1。因为点 A 与 V 面不动，所以点 A 到 V 面的距离不变，即 $Aa' = aa_x = a_1a_{x1}$。新投影面 H_1 绕新轴 O_1X_1 旋转90°，展开与 V 面重合，得到图3-58b所示的投影图。图中 $a'a_1 \perp O_1X_1$，$a_1a_{x1} = aa_x$。

由此，可得点 A 的新投影作法如下：

1）在被保留的 V 面投影附近作新轴 O_1X_1（这样就确定了新面 H_1，它相当于一个正垂面）。

2）自保留的投影 a' 向新轴 O_1X_1 引垂线（“长对正”线）。

3）在此垂线上，从新轴 O_1X_1 起截取 $a_1a_{x1} = aa_x$，即得新投影 a_1。

（2）变换 V 投影面　如图3-59a所示，变换正面投影面 V，即 $X\frac{V}{H}\rightarrow X_1\frac{V_1}{H}$ 的换面过程中，新投影面 V_1 必须垂直于被保留的 H 面。同理，$X\frac{V}{H}$ 为原投影体系，OX 为原轴；$X_1\frac{V_1}{H}$ 为新投

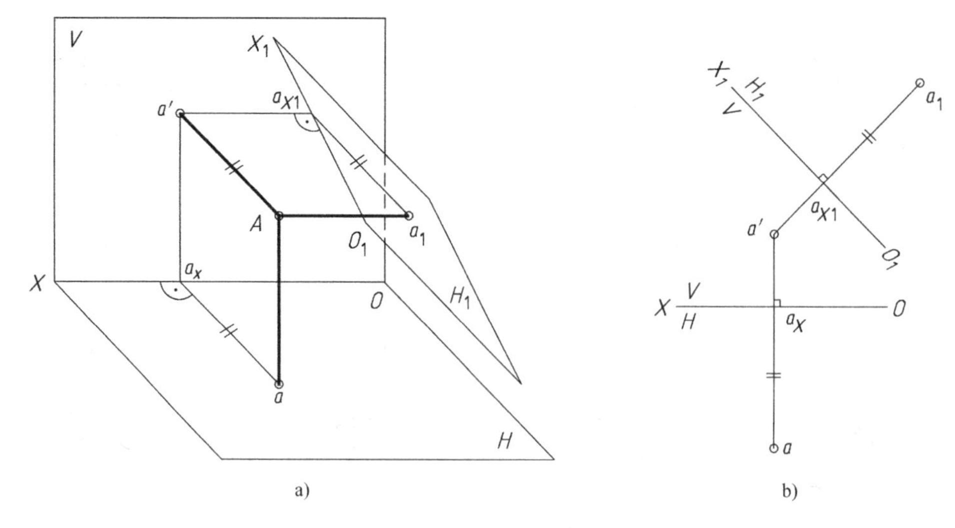

图 3-58 变换 H 投影面

影体系，O_1X_1 为新轴。

设原投影体系中有一个点 A，它的原投影分别为 a、a'，其中 a'称为被代替的投影，a 称为保留的投影；过点 A 向新投影面 V_1 作投影，得新投影 a_1'。因为点 A 与 H 面不动，所以点 A 到 H 面的距离不变，即 $Aa=a'a_x=a_1'a_{x1}$。新投影面 V_1 绕新轴 O_1X_1 旋转 90°，展开与 H 面重合，得到图 3-59b 所示的投影图。图中 $aa_1'\perp O_1X_1$，$a_1'a_{x1}=a'a_x$。

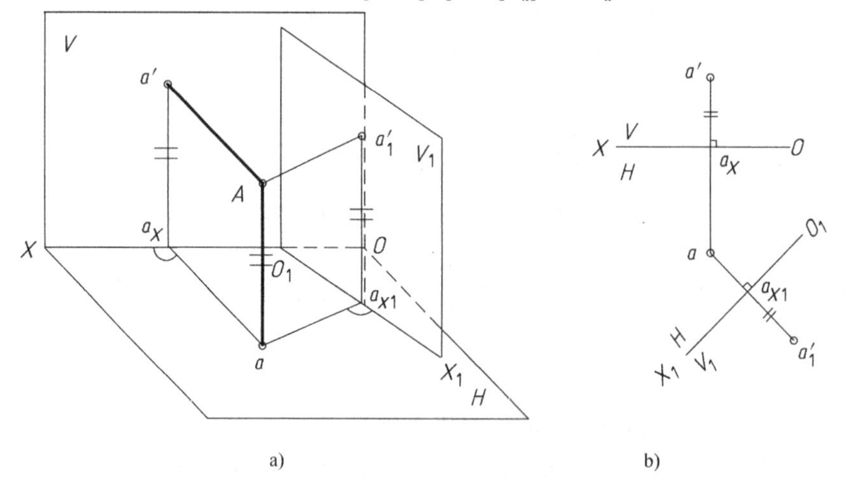

图 3-59 变换 V 投影面

由此，可得点 A 的新投影作法如下：

1）在被保留的 H 面投影附近作新轴 O_1X_1（这样就确定了新面 V_1，它相当于一个铅垂面）。

2）自保留的投影 a 向新轴 O_1X_1 引垂线（“长对正”线）。

3）在此垂线上，从新轴 O_1X_1 起截取 $a_1'a_{x1}=a'a_x$，即得新投影 a_1'。

综上所述，无论变换 H 面或 V 面，均可以得到以下结论（即点的换面规律）：

1）点的新投影和被保留的投影的连线，必垂直于新轴。

2）点的新投影到新轴的距离，必等于被代替的投影到旧轴的距离。

（3）变换两次投影面　如图 3-60 所示，第一次换 V 面，即 $X\frac{V}{H}\rightarrow X_1\frac{V_1}{H}$；第二次换 H 面，

即 $X_1\dfrac{V_1}{H}\rightarrow X_2\dfrac{V_1}{H_2}$。$X_1\dfrac{V_1}{H}$称为中间体系，$X_2\dfrac{V_1}{H_2}$称为全新体系。先求出点 A 在中间体系 $X_1\dfrac{V_1}{H}$中的新投影a_1'，再求出点 A 在全新体系 $X_2\dfrac{V_1}{H_2}$中的新投影 a_2。每次点的新投影的作法都以点的换面规律为依据。

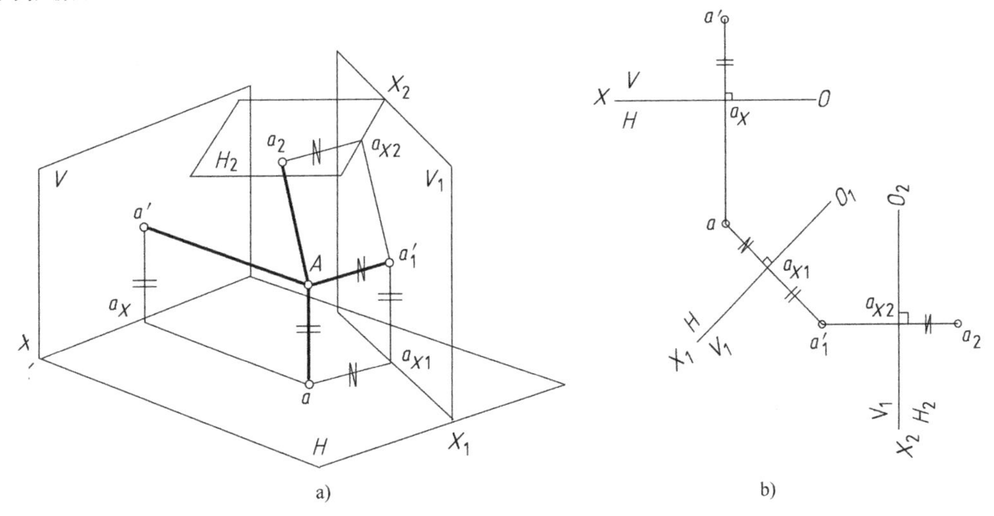

图3-60　两次变换投影面

3. 换面法基本作图

（1）一次换面

1）将一般位置直线变换成新投影面的平行线，求直线的实长及倾角。如图3-61a所示，对于一般位置直线AB，变换V面为V_1面，并使$AB//V_1$，那么直线AB就成为新体系$X_1\dfrac{V_1}{H}$中的正平线。根据正平线的投影特性可知：AB在V_1面的新投影$a'_1b'_1$必反映实长，并且与新轴O_1X_1的夹角反映直线与H面的倾角α。

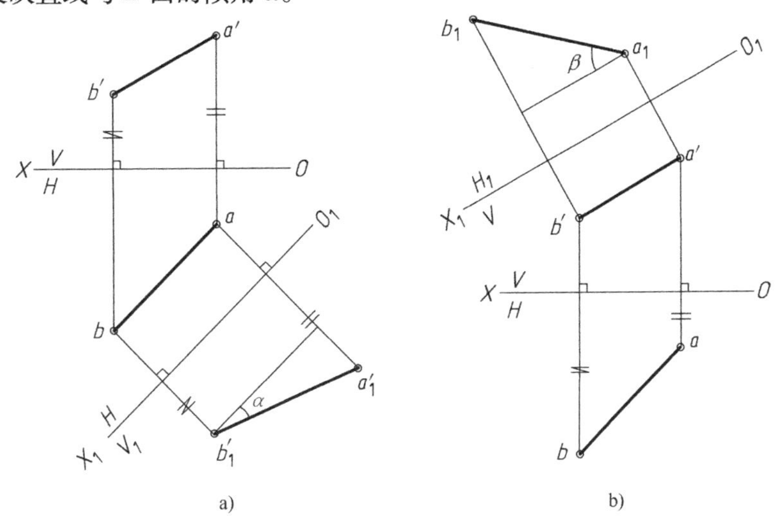

图3-61　一般位置直线变为投影面平行线

a）一般位置直线变为正平线　b）一般位置直线变为水平线

那么，如何保证 $AB//V_1$ 呢？根据正平线的投影特性可知，正平线的 H 面投影与轴线平行。所以，必须保证新轴 O_1X_1 与直线的 H 面投影平行，即 $ab//OX_1$。作图步骤为：在适宜位置作新轴 O_1X_1，使 $OX_1//ab$；再利用点的换面规律分别求出 A、B 在 V_1 平面的新投影 a_1'、b_1' 并连线，即为直线 AB 的新投影。因此，$a_1'b_1'$ 反映实长，且与 O_1X_1 轴的夹角为直线 AB 与 H 面的倾角 α。

同理，如图 3-61b 所示，变换 H 面为 H_1 面，并使 $AB//H_1$，那么直线 AB 就成为新体系 $X_1\dfrac{V}{H_1}$ 中的水平线。根据水平线的投影特性可知：AB 在 H_1 面的新投影 a_1b_1 必反映实长，并且与新轴 O_1X_1 的夹角反映直线与 V 面的倾角 β。

2）将投影面平行线变换成新投影面的垂直线。要将投影面的平行线变换成投影面的垂直线，选择哪个投影面进行变换要根据所给出的投影面平行线而定。若给出水平线，要使水平线变为投影面垂直线，则只能变换 V 面为 V_1 面，即变水平线为正垂线（图 3-62a）；若给出正平线，要使正平线变为投影面的垂直线，则只能变换 H 面为 H_1 面，即变正平线为铅垂线（图 3-62b）。具体作法为：在适宜位置作新轴与保留的投影垂直，利用点的换面规律求出两端点的新投影，则直线的新投影积聚为一点。

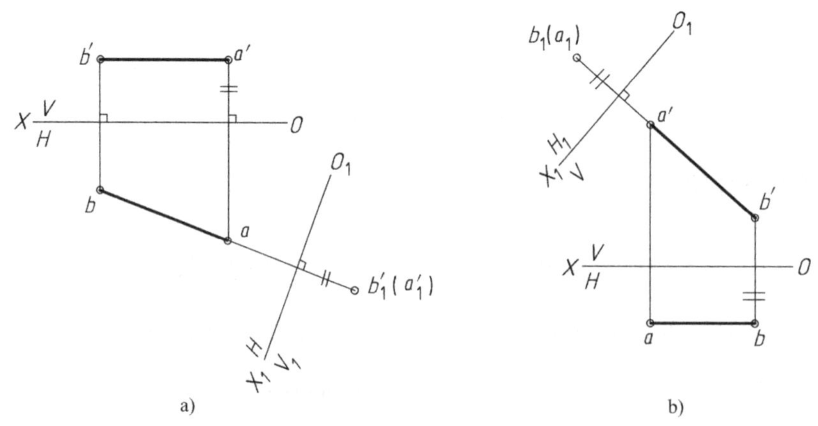

图 3-62　投影面平行线变为投影面垂直线

a）水平线变为正垂线　b）正平线变为铅垂线

3）将一般位置平面变换成新投影面的垂直面。要使一般位置平面变换成新投影面的垂直面，即平面与新投影面垂直，则要保证平面过新投影面的垂线。因为新投影面垂直于被保留的投影面，则其垂线平行于被保留的投影面，是被保留投影面的平行线。因此，一般位置平面变换成投影面垂直面的问题，就变成了把垂线变换成投影面垂直线的问题，即把被保留投影面的平行线变换成新投影面的垂直线的问题。

① 把一般位置平面变换成铅垂面。如图 3-63a 所示，作图步骤如下：作△ABC 平面内被保留投影面 V 的平行线（正平线 BD），在 V 面适宜位置作新轴与被保留的平行线投影垂直（$O_1X_1\perp b'd'$），利用点的换面规律求出各点的新投影，则正平线的新投影积聚为一点，而△ABC 平面的新投影积聚为一条直线 $a_1b_1c_1$。根据铅垂面投影特性可知，积聚线 $a_1b_1c_1$ 与新轴 O_1X_1 的夹角为△ABC 平面与 V 面的倾角 β。

② 把一般位置平面变换成正垂面。如图 3-63b 所示，作图步骤如下：作△ABC 平面内被保留投影面 H 的平行线（水平线 AD），在 H 面适宜位置作新轴与被保留的平行线投影垂直（$O_1X_1\perp ad$），利用点的换面规律求出各点的新投影，则水平线的新投影积聚为一点，而

$\triangle ABC$ 平面的新投影积聚为一条直线 $a_1'b_1'c_1'$。根据正垂面投影特性可知，积聚线 $a_1'b_1'c_1'$ 与新轴 O_1X_1 的夹角为 $\triangle ABC$ 平面与 H 面的倾角 α。

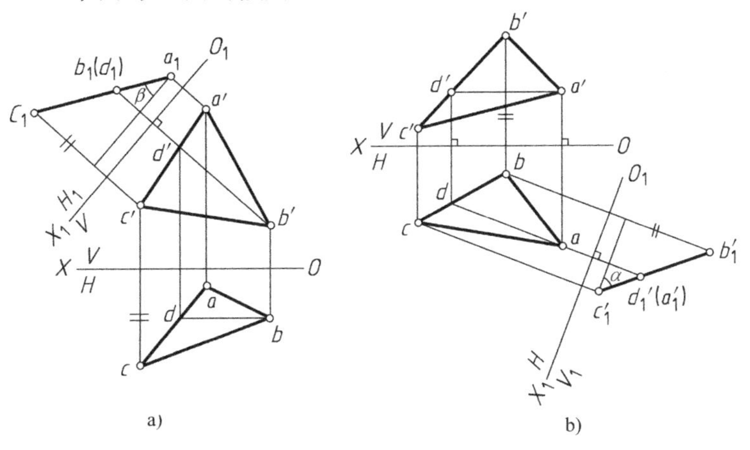

图 3-63　一般位置平面变为投影面垂直面

a）一般位置平面变为铅垂面　b）一般位置平面变为正垂面

4）将投影面垂直面变换成新投影面的平行面。要将投影面的垂直面变换成投影面的平行面，选择哪个投影面进行变换要根据所给出的投影面垂直面而定。若给出铅垂面，要使铅垂面变为投影面平行面，则只能变换 V 面为 V_1 面，即变铅垂面为正平面（图 3-64a）；若给出正垂面，要使正垂面变为投影面的平行面，则只能变换 H 面为 H_1 面，即变正垂面为水平面（图 3-64b）。具体作法为：在适宜位置作新轴与积聚线的投影平行，利用点的换面规律求出各顶点的新投影并连线，则得到平面新的投影反映实形。

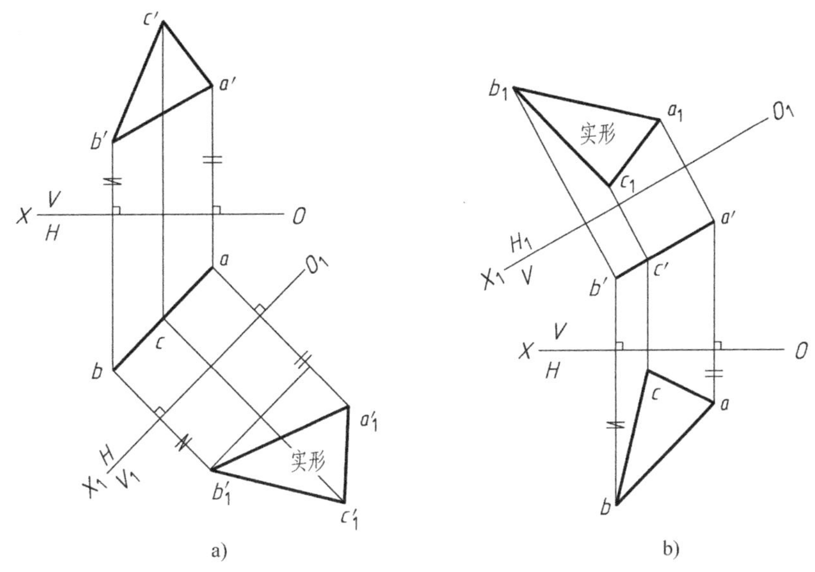

图 3-64　投影面垂直面变为投影面平行面

a）铅垂面变为正平面　b）正垂面变为水平面

（2）两次换面

1）将一般位置直线变换成新投影面垂直线。要将一般位置直线变换成投影面的垂直线，须先将其变换成投影面平行线，再将投影面平行线变换成投影面的垂直线，即两次换面。图 3-65 给出了将一般位置直线变换成铅垂线和正垂线的作图过程。需要指出的是：要将一般位置直线变换成铅垂线，须先将其变换成正平线，而后将正平线变换成铅垂线（图3-65a）；要将一般位置直线变换成正垂线，须先将其变换成水平线，而后将水平线变换成正垂线（图3-65b）。

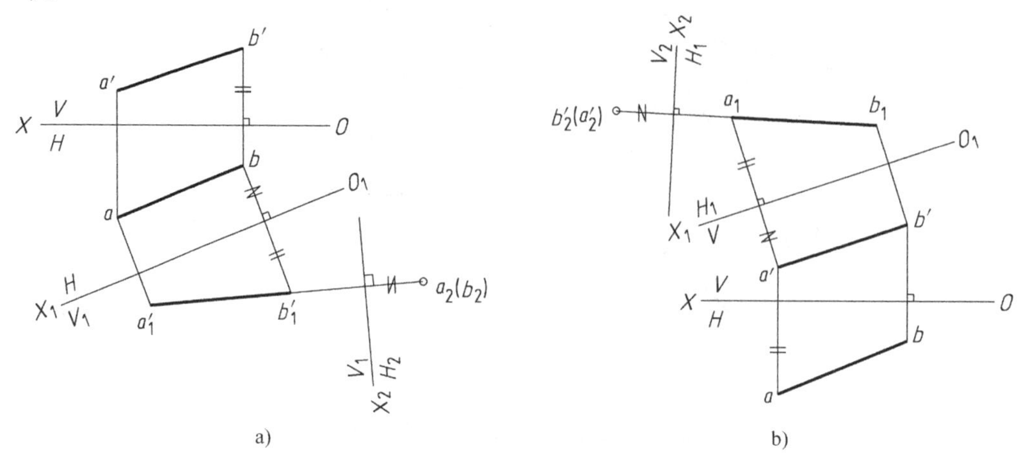

图3-65　一般位置直线变为投影面垂直线

a）一般位置直线变为铅垂线　b）一般位置直线变为正垂线

2）将一般位置平面变换成新投影面平行面。要将一般位置平面变换成投影面平行面，须先将其变换成投影面垂直面，再将投影面垂直面变换成投影面的平行面，即两次换面。图3-66给出了将一般位置平面变换成正平面和水平面的作图过程。需要指出的是：要将一般位置平面变换成正平面，须先将其变换成铅垂面，而后将铅垂面变换成正平面（图3-66a）；要将一般位置平面变换成水平面，须先将其变换成正垂面，而后将正垂面变换成水平面（图3-66b）。

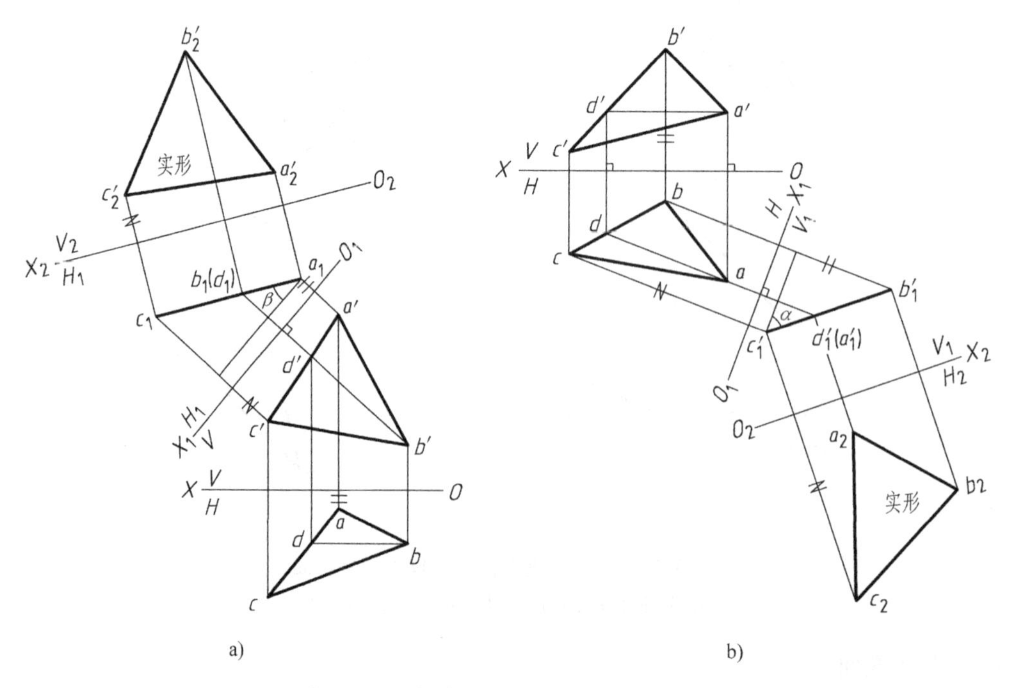

图3-66　一般位置平面变为投影面平行面

a）一般位置平面变为正平面　b）一般位置平面变为水平面

4. 换面法的应用

（1）距离问题

1）点到直线的距离。求点到直线的距离，只需将直线变换成投影面垂直线，即积聚为点，则点到直线的距离就转化成了两点的距离。图3-67所示为换面法求作点D到直线AB的距离的过程，需两次换面。

2）点到平面的距离。求点到平面的距离，只需将平面变换成投影面的垂直面，则点到平面的距离就可以直接在积聚的投影面上得到体现（因为投影面垂直面的垂线必然是该投影面的水平线）。图3-68为换面法求作点D到平面$\triangle ABC$的距离的过程：先将平面$\triangle ABC$变换成铅垂面，过d_1作$\triangle ABC$积聚线$a_1b_1c_1$的垂线，则d_1到垂足e_1的距离d_1e_1就是点D到平面$\triangle ABC$的距离。根据$d'e'//O_1X_1$且e到OX轴的距离等于e_1到O_1X_1轴的距离，把E点返回到原投影体系中求出其原投影，并判别可见性。

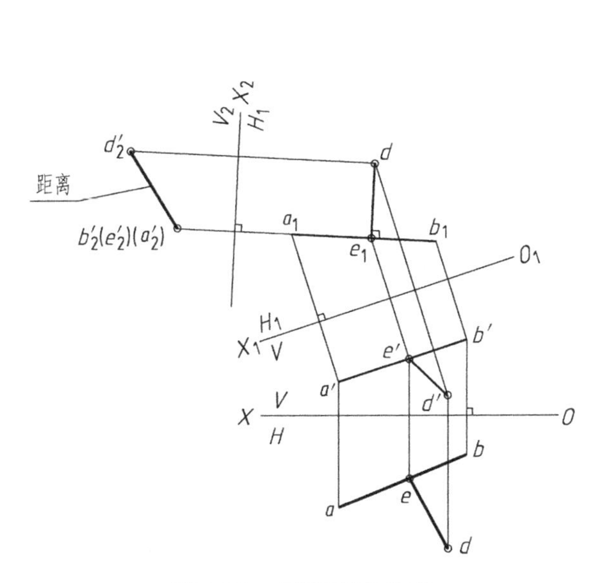

图3-67 点到直线的距离

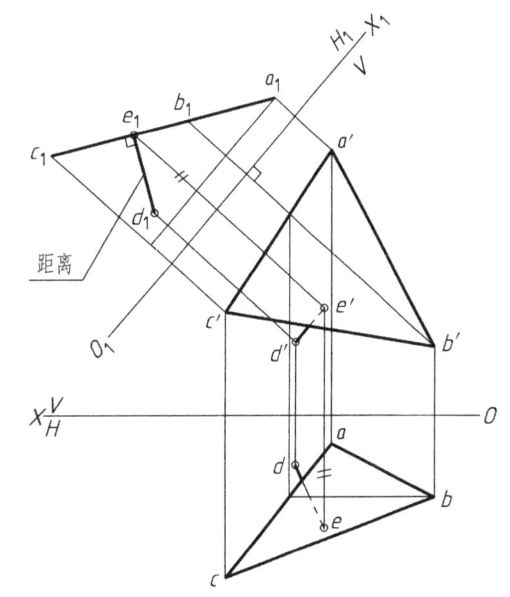

图3-68 点到平面的距离

3）交叉两直线的距离。求交叉两直线的距离，就是求交叉两直线的公垂线的实长。因此，将其中一条直线变换成投影面垂直线，那么公垂线则是该投影面的平行线，且在该投影面上反映实长，即交叉两直线的距离。图3-69所示为换面法求作交叉两直线的距离的过程，需两次换面。

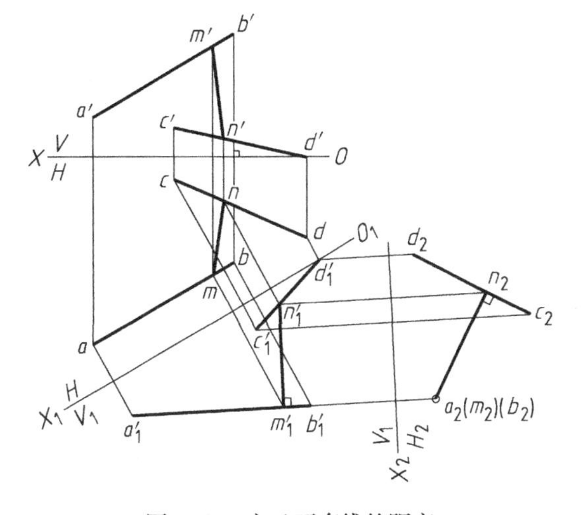

图3-69 交叉两直线的距离

4）平面平行线与该平面的距离。直线与平面平行，要求它们之间的距离，只需将平面变换成投影面垂直面，则线面距离就转化为两平行线的距离。图3-70所示为换面法求作平面平行线到该平面的距离的过程，一次换面即可。

（2）角度问题

1）相交两直线的夹角。求相交两直线的夹角，只需将相交两直线确定的平面变换成投影面平行面，则平面反映实形，直线反映真实夹角。图 3-71 所示为换面法求作相交两直线夹角的过程，需两次换面。

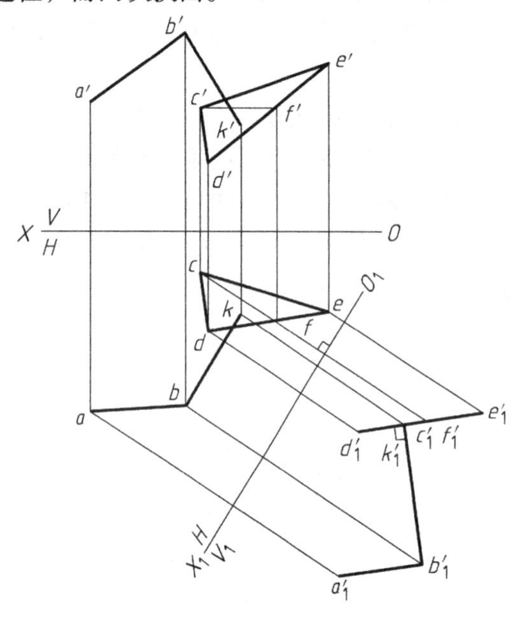

图 3-70 平面平行线到该平面的距离

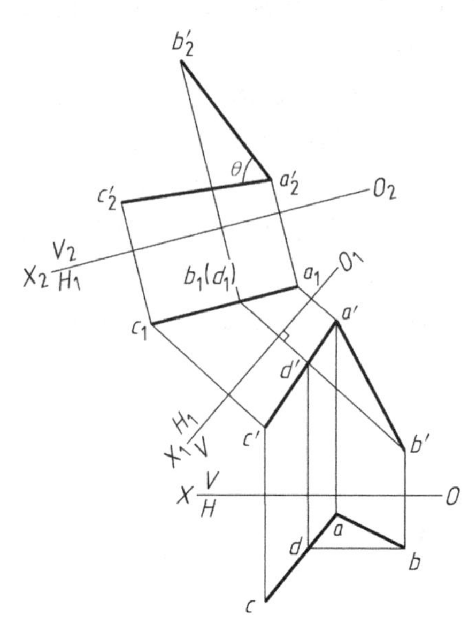

图 3-71 相交两直线的夹角

2）相交两平面的夹角。求相交两平面的夹角，只需将交线变换成投影面垂直线，则两平面均为该投影面的垂直面，在该投影面积聚为相交两直线，两直线夹角即为两平面夹角。图 3-72 所示为求作相交两平面夹角的过程，需两次换面。

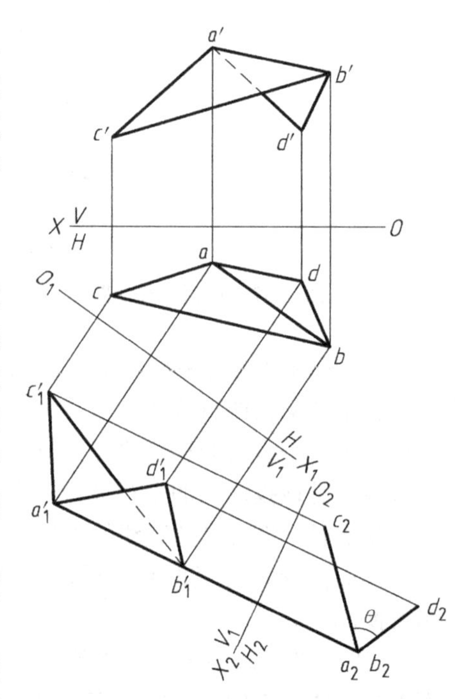

图 3-72 相交两平面的夹角

（3）定位问题

1）线面相交求交点。一般位置直线与一般位置平面相交求交点，将其中一个元素变换成与投影面垂直，也就是将一般位置直线转换成垂直线或将一般位置平面转换成垂直面，则可利用前面所学过的线面相交中的垂直线与一般位置平面相交或一般位置直线与垂直面相交求交点的方法求解。图 3-73 所示为线面相交求交点的作图过程，将一般位置平面变换成正垂面，即转换为一般位置直线与正垂面相交求交点。返回原投影体系求出交点的原投影，并判断可见性。

2）面面相交求交线。两一般位置平面相交求交线，则只需将其中一个平面变换成投影面垂直面，利用前面所学过的垂直面与一般位置平面相交求交线的方法求解。图 3-74 所示为面面相交求交线的作图过程，将其中一个一般位置平面变换成正垂面，即转换为一般位置平面与正垂面相交求交线。返回原投影体系求出交线的原投影，并判断可见性。

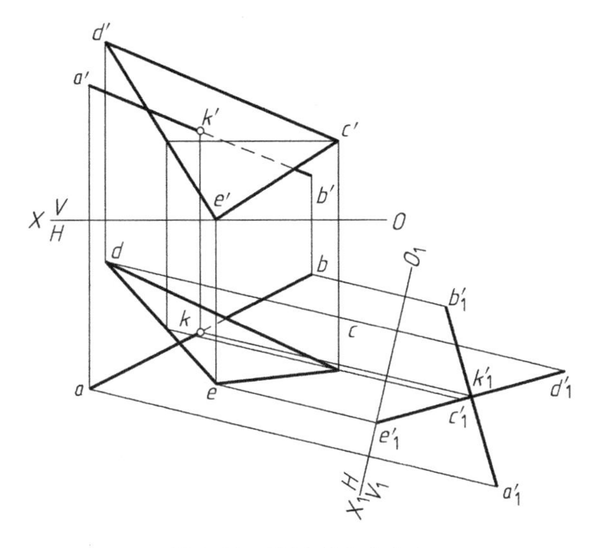

图3-73　线面相交求交点

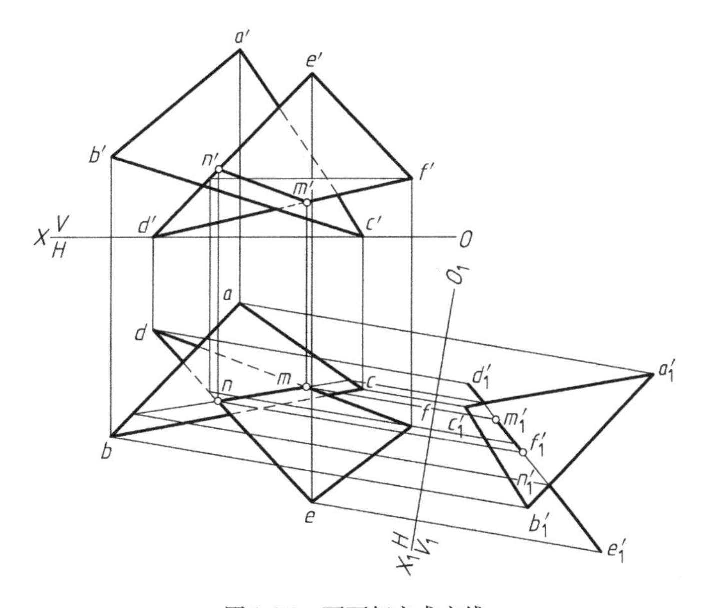

图3-74　面面相交求交线

第4章　立体的投影

工程形体的几何形状虽然复杂多样，但都可以看作是由一些简单的几何形体叠加、切割或交接组合而成的。在制图中，常把这些工程上经常使用的单一几何形体称为基本几何体，简称基本体。常见的基本体可分为平面立体和曲面立体两大类。本章除了介绍基本体的投影外，还将阐述立体表面与平面相交（即立体的截交）的投影，以及两个立体相交（即立体的相贯）的投影，最后阐述这些基本体组合而成的组合体的投影。

4.1　平面立体的投影

由多个平面围成的立体称为平面立体。最基本的平面立体有棱柱体、棱锥体。平面立体的表面均为平面多边形，称为棱面，棱面与棱面相交的交线称为棱线，棱线与棱线的交点称为顶点。因此，求平面立体的投影，实质就是作出组成平面立体的各棱面、各棱线及各顶点的投影，并区分可见性。当轮廓线的投影可见时，画粗实线；不可见时，画细虚线。

4.1.1　棱柱体的投影及画法

1. 棱柱体的几何特征

棱柱体是由一对形状大小相同、相互平行的多边形底面和若干个平行四边形侧棱面（简称棱面）所围成的，棱面与棱面的交线称为侧棱线（简称棱线），它的棱线相互平行。当棱柱体底面为正多边形且棱线均垂直于底面时称为正棱柱体。正棱柱体所有的棱面均为矩形，如图4-1所示。根据其底面形状不同，棱柱体又可分为三棱柱体、四棱柱体、六棱柱体等。

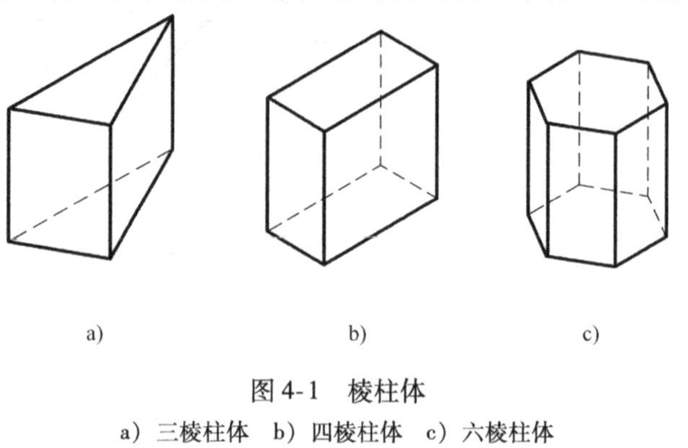

图4-1　棱柱体

a）三棱柱体　b）四棱柱体　c）六棱柱体

2. 棱柱体的投影特性及画法

（1）投影分析　以图4-2所示的正六棱柱体为例，其上下底面均为水平面，两者的水平投影反映实形并且重影，正面投影和侧面投影积聚为一条水平直线。

六个棱面中的前后棱面为正平面，它们的正面投影反映实形并且重影，水平投影及侧面投影积聚为一条直线，均垂直于 OY 轴。

其他四个棱面均为铅垂面，它们的水平投影积聚为倾斜的直线，与底面正六边形的边长相等，正面投影和侧面投影都是类似的矩形，不反映实形。

所有侧棱线均为铅垂线，水平面的投影积聚为平面多边形的顶点，正面和侧面投影均反映实长。

（2）画投影图

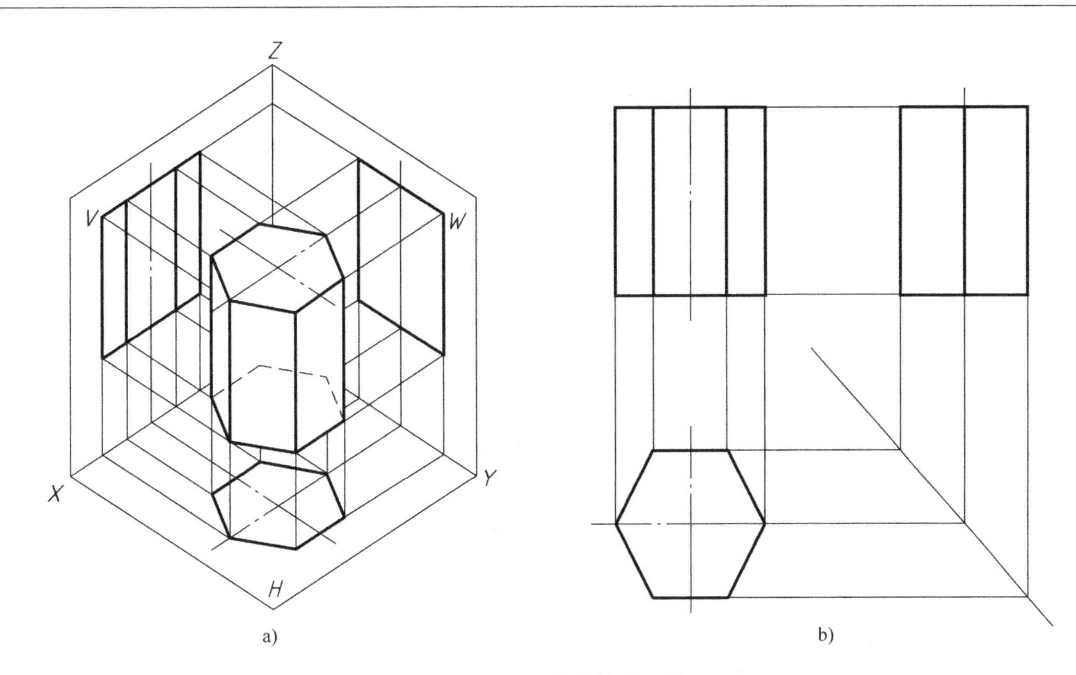

a)　　b)

图4-2　正六棱柱体的投影

1）画底面的投影：画出两个底面（水平面）的三面投影。

2）画各侧棱线的投影：画出六根侧棱线（铅垂线）的三面投影，与底面的边围成侧棱面（矩形）。

在三面投影中，各投影与投影轴之间的距离只反映立体与投影面之间的距离，不会影响立体的形状大小。因此，画立体的三面投影时，一般将投影轴省略不画。如图4-2b所示，各面投影之间的间隔可以任意选择，但各投影必须遵循投影规律，即“长对正，高平齐，宽相等”。

棱柱体的三面投影特征为一个平面多边形对应两个由矩形围成的矩形。

3. 棱柱体表面上的点和线

（1）棱柱体表面上的点　由于棱柱体属于平面立体，所以棱柱体表面上求点与平面上求点的方法相同。由于棱柱体柱面有积聚性投影，可以利用积聚性投影作图，只是需要注意立体表面的多层性，投影图上必须分清待求点在哪个平面上才能确定点的投影位置，并且判别投影的可见性。

【例4-1】　如图4-3a所示，在六棱柱体表面上有点A、B，已知它们的正面投影a'、b'，求A、B两点的水平投影和侧面投影。

解：a'在六棱柱体正面投影左边的矩形中，左边矩形是六棱柱体左前、左后棱面投影的重影。再根据a'可见，判定点A位于六棱柱体的左前棱面上。而六棱柱体棱面的水平投影均有积聚性，积聚为水平投影中六边形的边，分别对应六个棱面。那么左前棱面的水平投影积聚为六边形的左前边，故a也应对应其上。点B的求法与点A类似，由于（b'）位于右边的矩形且不可见，判定点B位于六棱柱体右后棱面上，则水平投影b对应于六边形的右后边上。

如图4-3b所示，作图步骤如下：

1）分别过a'、（b'）向下作“长对正”线，交相应的六边形的边得到水平投影a、b。

2）根据点的“知二补三”即可求得侧面投影a''、b''。

3）判别可见性：A位于左棱面判断a''可见。B位于右棱面判断（b''）不可见。

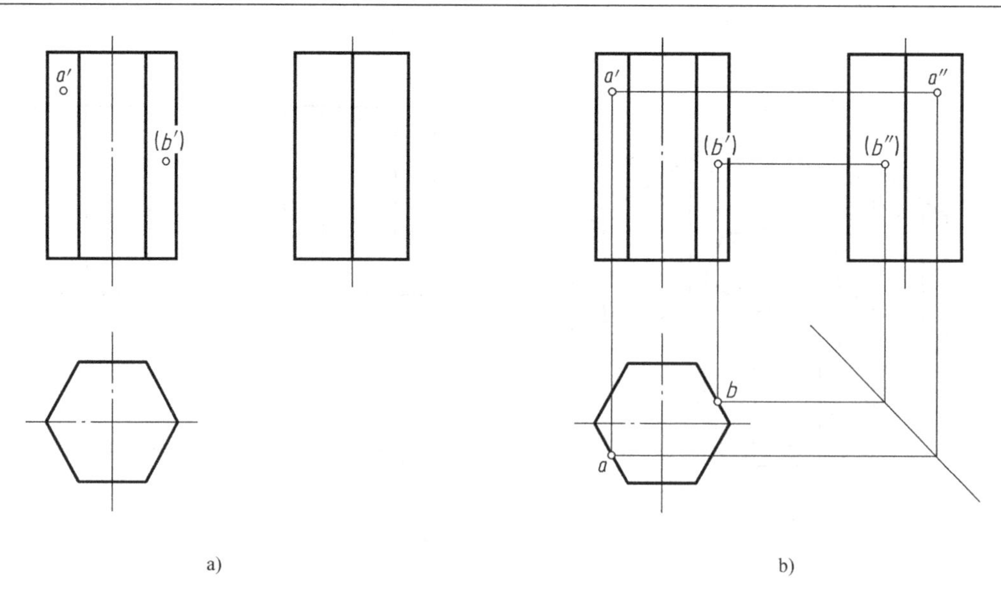

图 4-3 【例 4-1】图

这种表面求点法称为积聚性求点法，要点是向面的积聚性投影上引线求得第二个投影。

（2）棱柱体表面上的线 两点确定一条直线，棱柱体表面上求线实际上是棱柱体表面上求点方法的运用，只要求出直线端点的投影，连线即为该直线的投影。在可见表面上的线可见，画粗实线；在不可见表面上的线不可见，画细虚线。

【例 4-2】 如图 4-4a 所示，已知五棱柱体表面上一线段的正面投影，求其水平投影和侧面投影。

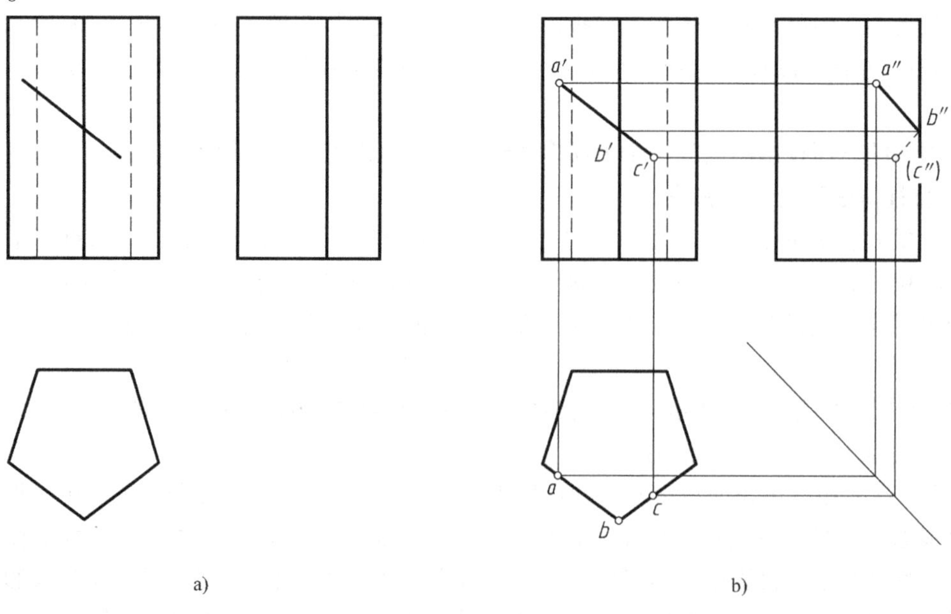

图 4-4 【例 4-2】图

解：如图 4-4b 所示，该线段是由左前棱面和右前棱面上的两条直线段 AB、BC 组成的空间折线，在棱线上的点 B 处发生转折。那么只要求出首尾点 A、点 C 和转折点 B 三个点的投影，然后连成空间折线即可。作图步骤如下：

1）求首尾点 A、点 C 的投影：利用积聚性投影法，分别过 a'、c'向下作“长对正”线，交相应的六边形的边得到水平投影 a、c；根据点的“知二补三”即可求得侧面投影 a''、(c'')。

2）求转折点 B 的投影：转折点肯定是棱线上的点，只需过 b'分别作“长对正”“高平齐”线到相应所在棱线的投影上即可求出水平投影 b 及侧面投影 b''。

3）连接空间折线：分别连接直线段 AB、BC 的同面投影，即水平投影 ab、bc，侧面投影 $a''b''$、b'' (c'')。

4）判别可见性：水平投影均可见，ab、bc 画粗实线。AB 在左侧棱面上，侧面投影 $a''b''$可见，画粗实线；BC 在右侧棱面上，侧面投影 b'' (c'') 不可见，画细虚线。

4.1.2　棱锥体的投影及画法

1. 棱锥体的几何特征

棱锥体是由一个多边形底面和若干个具有公共顶点的三角形侧棱面（简称棱面）所围成的，棱面与棱面的交线称为侧棱线（简称棱线），它的棱线均通过一个顶点（称为锥顶）。当棱锥体底面为正多边形，其锥顶又处在通过该正多边形中心的垂直线上时，这种棱锥体称为正棱锥体。正棱锥体所有的棱面均为等腰三角形，如图4-5所示。根据其底面形状的不同，棱锥体又可分为三棱锥体、四棱锥体、六棱锥体等。

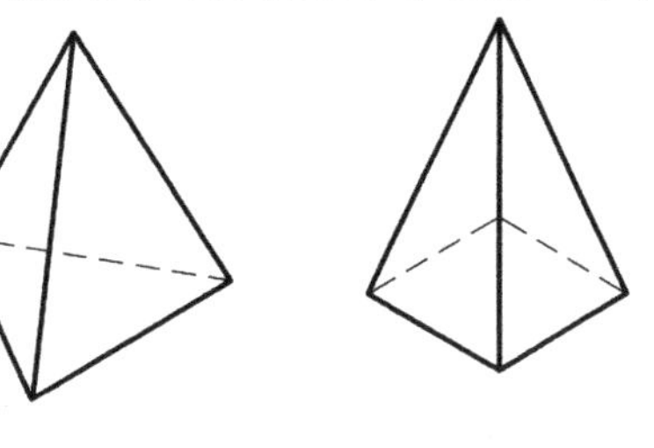

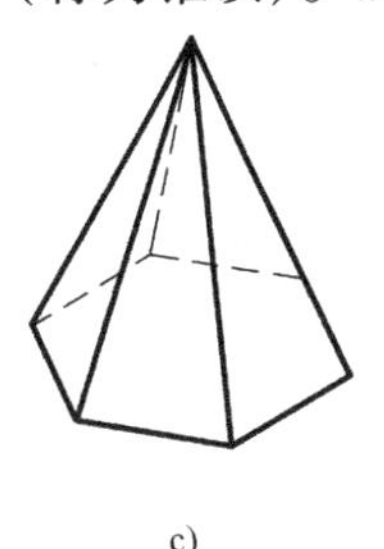

a)　b)　c)

图4-5　棱锥体

a）三棱锥体　b）四棱锥体　c）六棱锥体

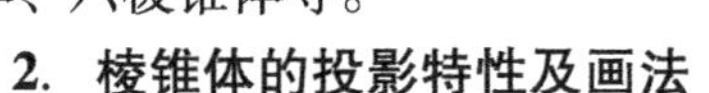

2. 棱锥体的投影特性及画法

（1）投影分析　以图4-6所示的正三棱锥体为例，其底面为水平面，水平投影反映实形，正面投影与侧面投影均积聚为水平直线。

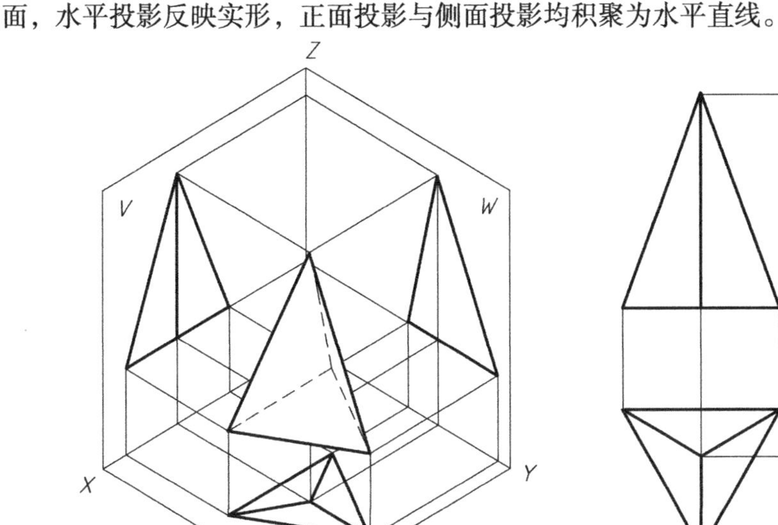

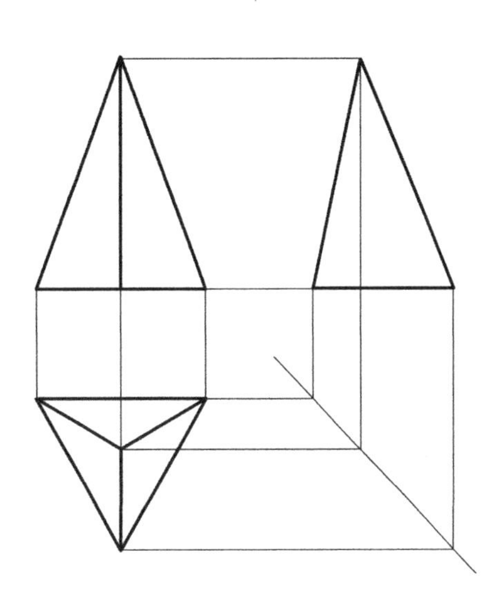

a)　b)

图4-6　正三棱锥体的投影

三个棱面中的后棱面为侧垂面，其侧面投影积聚为一条倾斜的直线，正面投影和水平投影均是类似的三角形，不反映实形。

棱锥体的左棱面、右棱面均是一般位置平面，它们的三面投影都是类似的三角形。

（2）画投影图

1）画底面的投影：画反映实形的底面的投影，即水平投影中外轮廓的等边三角形。

2）画锥顶的投影：画出锥顶的三面投影。

3）连接侧棱线围成侧棱面：锥顶和底面三个顶点两两连线，即得三条侧棱的投影，三条侧棱围成三个侧棱面（三角形）。

棱锥体的三面投影特征为一个由三角形围成的平面多边形对应两个由三角形围成的三角形。

3. 棱锥体表面上的点和线

（1）棱锥体表面上的点　棱锥体表面上求点的方法与平面上求点的方法相同，采用辅助线法，一是过已知点与锥顶连线；二是过已知点作底边的平行线。要注意分析清楚待求点在哪个平面上，才能确定点的投影位置，并判断投影的可见性。

【例 4-3】 如图 4-7a 所示，在三棱锥体 $S-ABC$ 表面上有点 M、N，已知它们的正面投影 m'、n'，求 M、N 两点的水平投影和侧面投影。

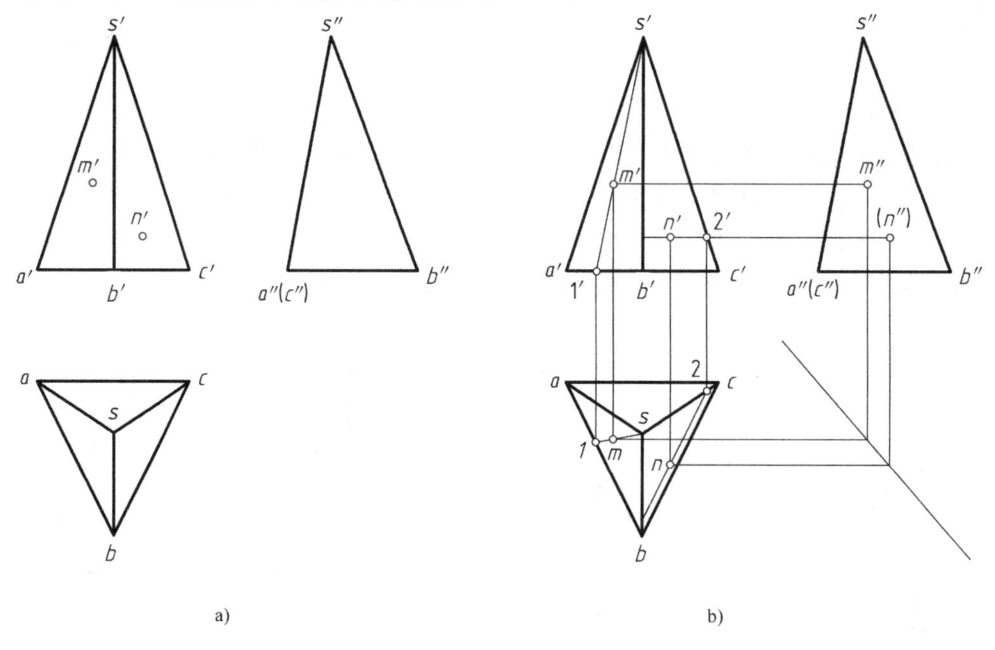

图 4-7　【例 4-3】图

解：由 m'的位置且可见可知点 M 位于左前棱面 SAB 上，由 n'的位置且可见可知点 N 位于右前棱面 SBC 上。据此再利用平面上求点的方法便可求得点 M、N 的另外两面投影。辅助线构造方法有以下两种：

1）过已知点与锥顶连线，如求点 M。

2）过已知点作底边的平行线，如求点 N。

如图 4-7b 所示，作图步骤如下：

1）连接锥顶 S 与点 M 的正面投影 $s'm'$并延长交底边投影 $a'b'$于 $1'$，由 $1'$引“长对正”线交 ab 于 1，连接 $s1$，则 m 在 $s1$ 上，再由 m'作“长对正”线求出 m。由“知二补三”求得 m''，

并判断 m''可见。

2）过点 N 作底边的平行线的正面投影 $n'2'$，由 $2'$求出 2，过 2 作底边投影 bc 的平行线，则 n 在该平行线上，再由 n'求出 n。由“知二补三”求出（n''），并判断其不可见。

（2）棱锥体表面上的线

【例 4-4】 如图 4-8a 所示，已知三棱锥体表面上一线段的正面投影，求其水平和侧面投影。

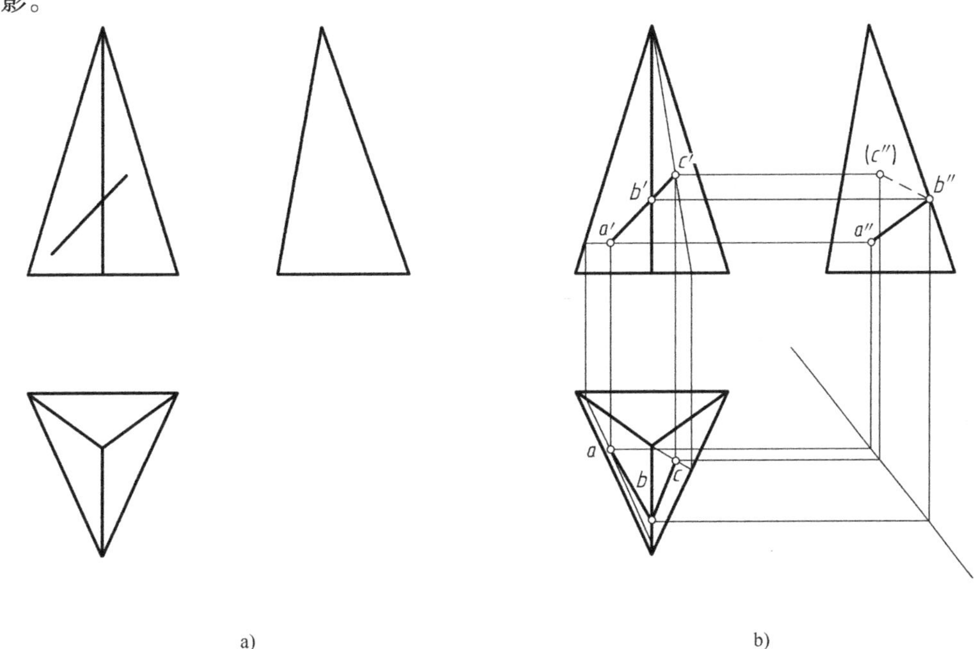

图 4-8 【例 4-4】图

解：如图 4-8b 所示，该线段是由左前棱面和右前棱面的两条直线 AB、BC 组成的空间折线，在棱线上的点 B 处发生转折。那么只要求出首尾点 A、点 C 和转折点 B 三个点的投影，然后连成空间折线即可。作图步骤如下：

1）求首尾点 A、点 C 的投影：利用辅助线法，分别过 a'作底边平行线，连接 c'和锥顶构造辅助线，求出水平投影 a、c；根据“知二补三”求出侧面投影 a''、（c''）。

2）求转折点 B 的投影：转折点肯定是棱线上的点，只需过 b'分别作“高平齐”“宽相等”线到相应所在棱线的投影上即可求出侧面投影 b''及水平投影 b。

3）连接空间折线：分别连接直线段 AB、BC 的同面投影，即水平投影 ab、bc，侧面投影 $a''b''$、b''（c''）。

4）判别可见性：水平投影均可见，ab、bc 画粗实线。AB 在左侧棱面上，侧面投影 $a''b''$可见，画粗实线；BC 在右侧棱面上，侧面投影 b''（c''）不可见，画细虚线。

4.2 曲面立体的投影

母线（直线或曲线）绕某一轴线回转而形成的曲面称为回转曲面。由回转曲面或回转曲面与平面围成的立体称为**曲面立体**。曲面立体至少有一个面是曲面，最基本的曲面立体有**圆柱、圆锥、圆球和圆环**，如图 4-9 所示。

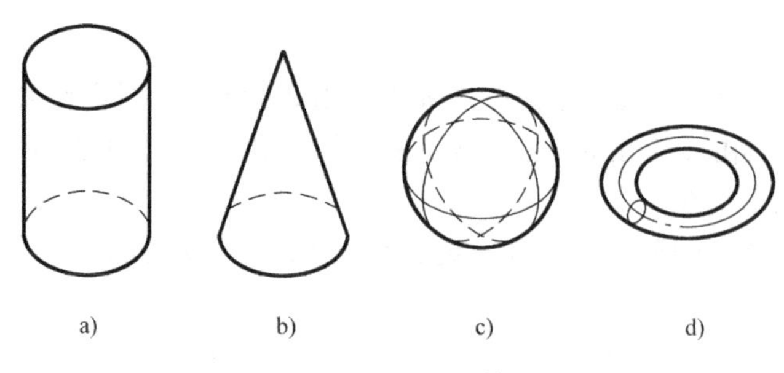

a) b) c) d)

图 4-9 曲面立体

a）圆柱 b）圆锥 c）圆球 d）圆环

4.2.1 圆柱的投影及画法

1. 圆柱的几何特征

圆柱是由圆柱面和两个圆底平面围成的，如图 4-10a 所示。圆柱面可看作由一条直母线 *AE* 绕着与其平行的轴线回转而成，圆柱面上任意一条平行于轴线的直母线称为圆柱的素线，如 *BF*、*CG*、*DH* 等。

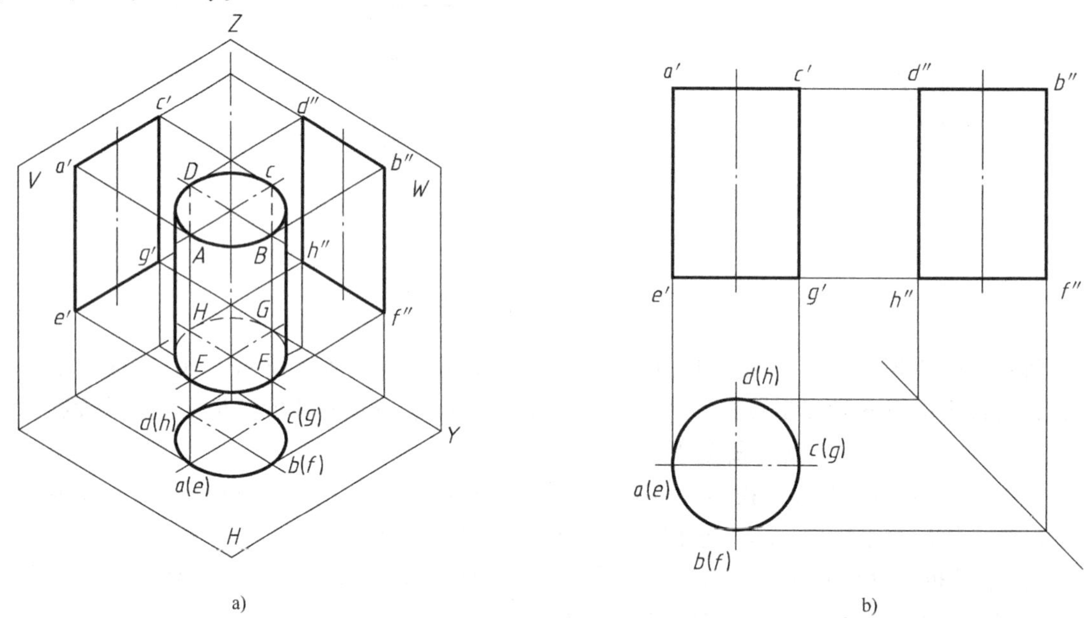

a) b)

图 4-10 圆柱的投影

2. 圆柱的投影特性及画法

（1）投影分析 如图 4-10a 所示的圆柱，轴线为铅垂线，其上底面和下底面均平行于水平面，所以它们的水平投影是圆，反映实形，并在水平面上形成重影；它们的正面和侧面投影均积聚为直线。圆柱面垂直于水平面，所以圆柱面水平投影积聚为圆，与两底面的水平投影重合，圆柱面上所有的点和线的水平投影都在该圆上；圆柱面的正面投影和侧面投影是大小相同的矩形，矩形的上下边是圆柱两底面的积聚性投影，竖直的边是圆柱不同投射方向的轮廓线。

正面投影的矩形是圆柱前半柱面与后半柱面的重影，它的左右两边是圆柱最左、最右两条素线 *AE*、*CG* 的投影 $a'e'$、$c'g'$，是前半柱面与后半柱面的分界线，即圆柱左右最大范围界线，所以称 *AE*、*CG* 为圆柱正面转向轮廓线。它们的侧面投影与轴线重合，不必画出。同理，侧面投影的矩形是左半柱面与右半柱面的重影，它的左右两边是圆柱最前、最后素线 BF、DH 的投影 $b'f'$、$d'h'$，是左半柱面与右半柱面的分界线，所以称 BF、DH 为圆柱侧面转向轮廓线。它们的正面投影与轴线重合，也不必画出。

（2）画投影图

1）画出圆柱各投影的中心线。

2）画圆底面的三面投影。

3）画转向轮廓线的三面投影。

圆柱的三面投影特征为一个圆对应两个矩形。

3. 圆柱表面上的点和线

（1）圆柱表面上的点　圆柱表面求点，可以利用圆柱面的积聚性投影来作图。

【例4-5】 如图4-11a所示，已知轴线为铅垂线的圆柱表面上的点 A、B、C 的正面投影，求其他两面投影。

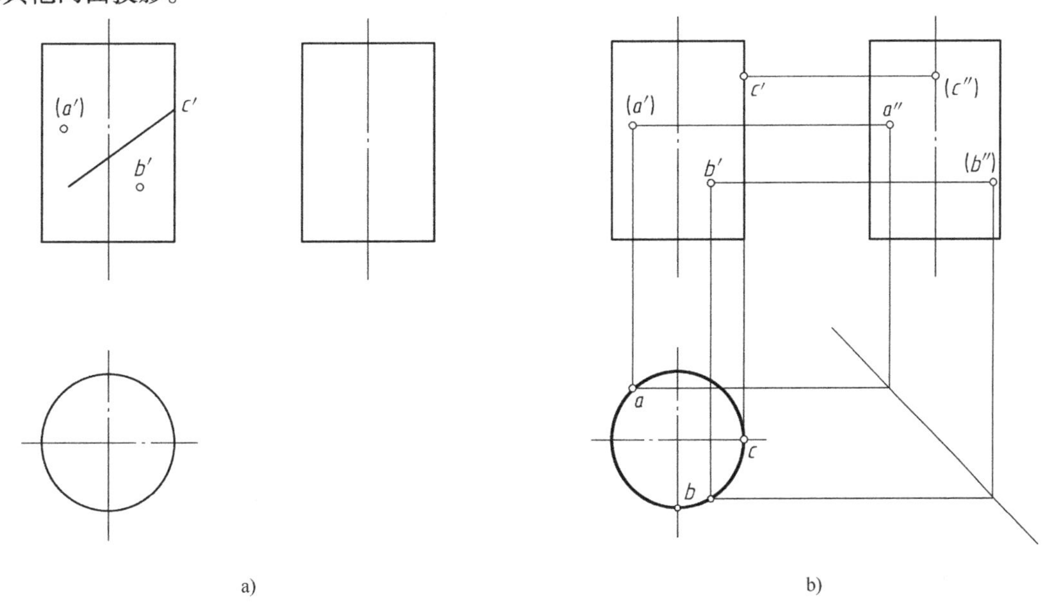

图4-11　【例4-5】图

解：由于该圆柱柱面在水平投影有积聚性，积聚为圆，所以圆柱面上的点的投影也都在该圆上。如图4-11b所示，作图步骤如下：

1）求圆柱面上一般点的三面投影。（a'）不可见且在左边，判断点 A 位于圆柱的左后柱面上，作“长对正”线在左上圆上得到其水平投影 a。由“知二补三”求出 a''，并且点 A 位于圆柱的左柱面上判断 a''可见。同理 b'可见且在右边，判断点 B 位于圆柱的右前柱面上，作“长对正”线，在右下圆上得到其水平投影 b。由“知二补三”求出 b''，并且点 B 位于圆柱的右柱面上判断（b''）不可见。

2）求转向轮廓线上的点的三面投影。点 C 在最右素线上，作“长对正”线在圆最右点上得到其水平投影 c，作“高平齐”线，在中心线上得到其侧面投影 c''，并且分析（c''）不可见。

（2）圆柱表面上的线　圆柱表面上求线的方法实际上是圆柱表面上求点方法的运用。

【例4-6】 如图4-12a所示圆柱，在柱面上有一线段，已知其正面投影，求其他两面投影。

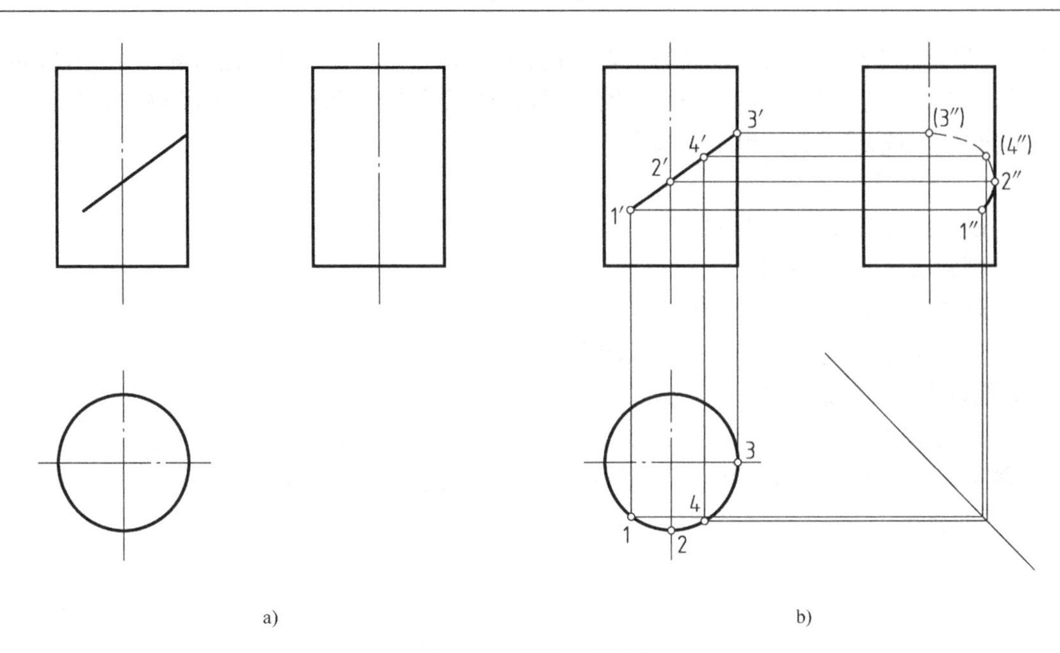

a) b)

图 4-12 【例 4-6】图

解：圆柱面上除了素线外均为曲线，因此判断该线为一段曲线。要求该曲线段的投影，需先求出该线段上一系列点的投影，再将这些点的投影依次光滑连接起来即可。如图 4-12b 所示，作图步骤如下：

1）求首尾点Ⅰ、点Ⅲ的投影：取两个端点 1′、3′，利用积聚性法求出水平投影 1、3，由“知二补三”求出侧面投影 1″、3″。

2）求转向轮廓线上的点Ⅱ的投影：取最前素线上的点 2′，作“长对正”“高平齐”线对应到最前素线上得到水平投影和侧面投影 2、2″。

3）求中间点Ⅳ的投影：由于 2′和 3′之间的距离较长，为了使曲线更加准确，最后在它们中间取点 4′。同理利用积聚性法求出水平投影 4，由“知二补三”求出侧面投影 4″。

4）判别可见性并连接曲线：顺序光滑地将各面投影分别连接成曲线，点Ⅱ为侧面投影可见与不可见的分界点，位于右半柱面部分的侧面投影 2″（3″）不可见，画细虚线；而位于左半柱面部分的侧面投影 1″2″可见，画粗实线。

4.2.2 圆锥的投影及画法

1. 圆锥的几何特征

圆锥是由圆锥面和底面围成的，如图 4-13a 所示。圆锥面可以看作是一条直母线 *SA* 绕着与它斜交的轴线回转而成，圆锥面上任意一条与轴线斜交的直母线称为圆锥的素线，如 *SB*、*SC*、*SD* 等。

2. 圆锥的投影特性及画法

（1）投影分析 如图 4-13a 所示的圆锥，轴线为铅垂线，其底面平行于水平面，所以其水平投影是圆，反映实形；正面投影和侧面投影积聚为直线。圆锥面的三面投影均没有积聚性，水平投影是与底面水平投影重合的圆，锥顶的投影落在圆心上，全部可见；正面投影和侧面投影都是两个相等的等腰三角形，三角形的底边是圆锥底面的积聚性投影，其余两边是圆锥不同投射方向的轮廓线。

正面投影的三角形是圆锥前半锥面与后半锥面的重影，它的左右两边是圆锥最左、最右

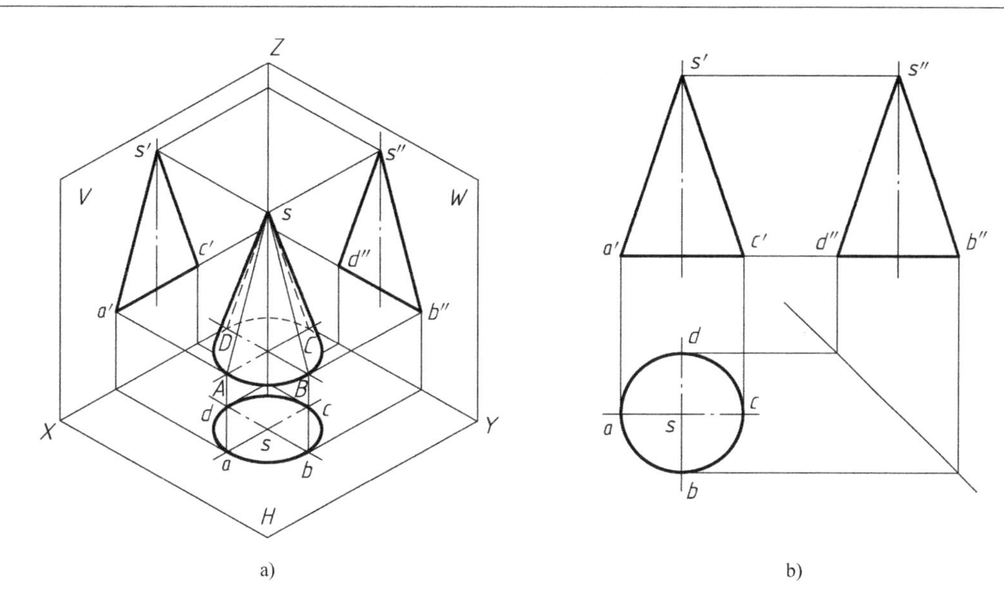

图 4-13　圆锥的投影

两条素线 SA、SC 的投影 $s'a'$、$s'c'$，是前半锥面与后半锥面的分界线，即圆锥左右最大范围界线，所以称 SA、SC 为圆锥正面转向轮廓线。它们的侧面投影与轴线重合，不必画出。同理，侧面投影的三角形是左半锥面与右半锥面的重影，它的左右两边是圆锥最前、最后素线 SB、SD 的投影 $s'b'$、$s'd'$，是左半锥面与右半锥面的分界线，所以称 SB、SD 为圆锥侧面转向轮廓线。它们的正面投影与轴线重合，也不必画出。

（2）画投影图

1）画出圆锥各投影的中心线。

2）画圆底面的三面投影。

3）画锥顶的三面投影。

4）画转向轮廓线的三面投影。

圆锥的三面投影特征为一个圆对应两个三角形。

3. 圆锥表面上的点和线

（1）圆锥表面上的点　由于圆锥面的投影没有积聚性，所以圆锥表面求点需用辅助线法。在曲面上为了作图方便，辅助线应尽可能是直线（素线）或平行于投影面的圆（纬圆）。因此在圆锥表面上求点的方法有素线法和纬圆法两种。

【例 4-7】 如图 4-14a 所示，在圆锥表面上有 A、B、C 三个点，已知它们的正面投影，求其他两面投影。

解：如图 4-14b 所示，作图步骤如下：

1）求圆锥面上一般点——素线法。连接已知点 A 和锥顶 S 的正面投影 $s'a'$ 并延长交底面圆于点 1，则 $S1$ 就是我们构造的辅助素线，点 A 在该素线上。因为（a'）在左边且不可见，则点 A 在左后锥面上。由 $1'$ 作“长对正”线到底面圆水平投影的左后圆得到 1，连接 $s1$，则 a 必在 $s1$ 上。由（a'）作“长对正”线到该素线的水平投影 $s1$ 得到 a，由“知二补三”求出 a''。由于点 A 在左半锥面，所以 a'' 可见。

2）求圆锥面上一般点——纬圆法。过已知点 B 在圆锥表面作一个与底面圆平行的辅助纬圆，该纬圆的水平投影反映实形，正面和侧面投影积聚为直线。即过正面投影 b' 作纬圆的正面投影 $2'3'$（其投影积聚为一条平行于底面的水平线，并与最左、最右素线交于点 $2'$、$3'$，该水

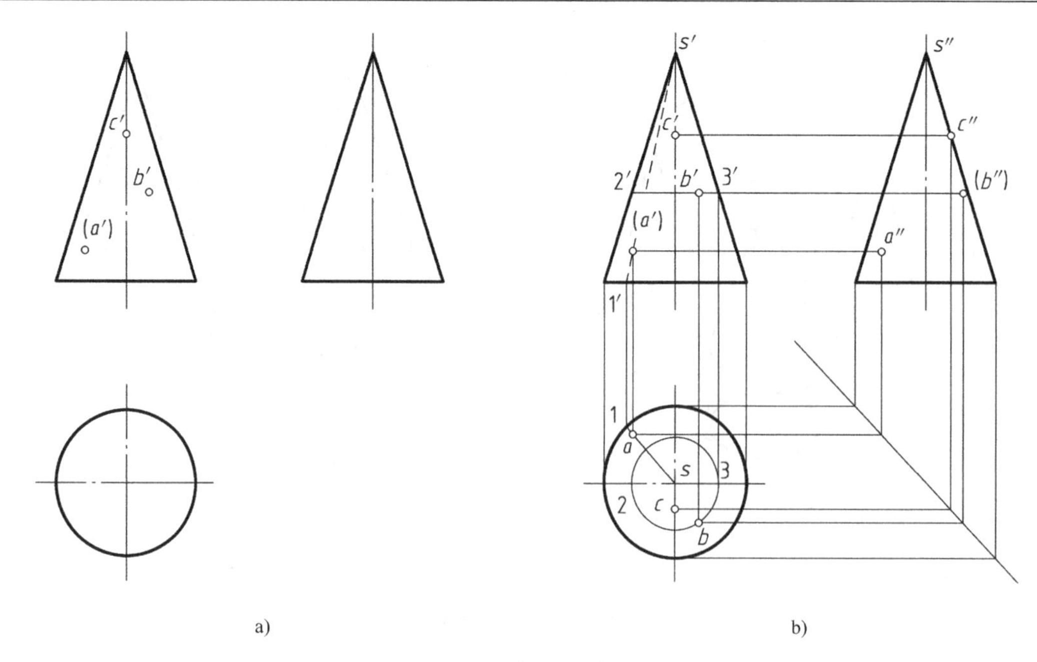

图 4-14 【例 4-7】图

平线 2′3′的长度等于该纬圆的直径），然后由 2′、3′ 作“长对正”线到相应最左素线、最右素线的水平投影得到 2、3。以 s 为圆心，$s2$ 或 $s3$ 为半径即可画出该纬圆的水平投影，则 b 必在该纬圆上。因为 b'可见，则由 b'作“长对正”线到纬圆水平投影的前半圆上得到 b，由“知二补三”求出 b''。由于点 B 在右半锥面上，所以（b''）不可见。

3）求圆锥面转向轮廓线上的点。由 c'作“高平齐”线到最前素线的侧面投影得到 c''，再由 c''作“宽相等”线到最前素线的水平投影得到 c。

（2）圆锥表面上的线　圆锥表面上求线的方法也是表面求点方法的运用。

【例 4-8】　如图 4-15a 所示的圆锥，在圆锥面上有一线段，已知其正面投影，求其他两面投影。

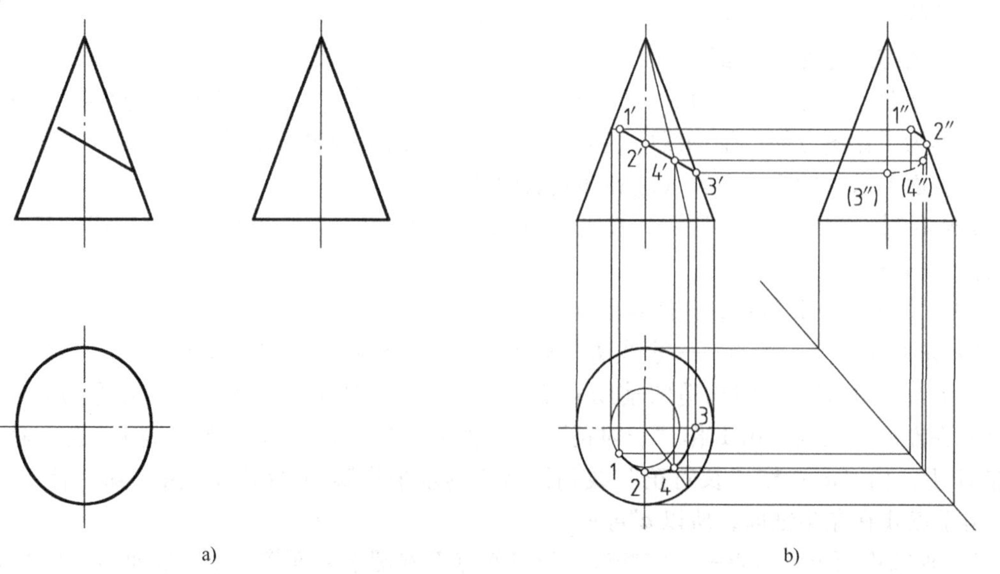

图 4-15 【例 4-8】图

解：圆锥面上除了素线外均为曲线，因此判断该线为一段曲线。要求该曲线段的投影，需先求出该线段上一系列点的投影，再将这些点的投影依次光滑连接起来即可。如图 4-15b 所示，作图步骤如下：

1）求首尾点Ⅰ、点Ⅲ的投影：取两个端点 1′、3′，利用纬圆法求出水平投影 1，由“知二补三”求出侧面投影 1″。点Ⅲ在最右素线上，作“长对正”“高平齐”线对应到最右素线上得到水平投影和侧面投影 3、3″。

2）求转向轮廓线上点Ⅱ的投影：取最前素线上的点 2′，作“长对正”“高平齐”线对应到最前素线上得到水平投影和侧面投影 2、2″。

3）求中间点Ⅳ的投影：由于 2′和 3′之间的距离较长，为了使曲线更加准确，最后在它们中间取点 4′。利用素线法求出水平投影 4，由“知二补三”求出侧面投影 4″。

4）判别可见性并连接曲线：顺序光滑地将各面投影分别连接成曲线，点Ⅱ为侧面投影可见与不可见的分界点，位于右半锥面部分的侧面投影 2″(3″)不可见，画细虚线；而位于左半锥面部分的侧面投影 1″2″可见，画粗实线。

4.2.3　圆球的投影及画法

1. 圆球的几何特征

球面自身封闭形成圆球，如图 4-16a 所示。球面可以看作是一条圆母线绕其直径回转而成的。

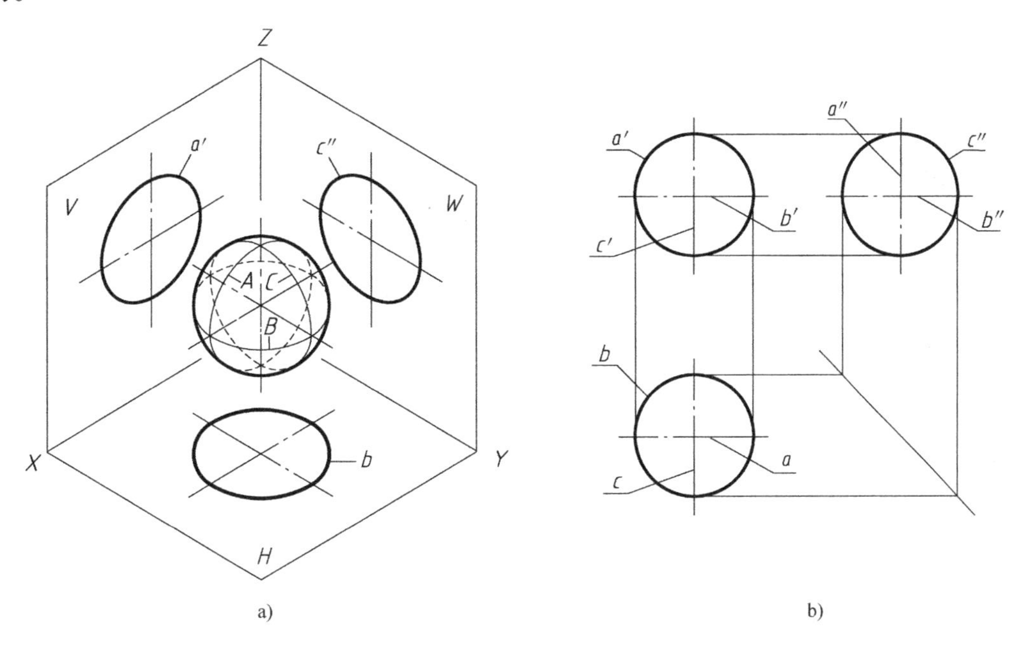

图 4-16　圆球的投影

2. 圆球的投影特性及画法

（1）投影分析　如图 4-16a 所示的圆球，由于它是关于球中心的回转体，所以它的三个投影均为大小相等且直径等于球径的圆。正面投影的圆是前半球面与后半球面的重影，它是球面上最大的正平圆 A 的投影 a'，是前半球面与后半球面的分界线，所以称 A 为圆球正面的转向轮廓线。它的水平面投影和侧面投影均与轴线重合，不必画出。同理，水平投影的圆是上半球面与下半球面的重影，它是球面上最大的水平圆 B 的投影 b，是上半球与下半球的分界线，

所以称 B 为圆球水平面的转向轮廓线。它的正面投影和侧面投影均与轴线重合，不必画出。侧面投影的圆是左半球面与右半球面的重影，它是球面上最大的侧平圆 C 的投影 c''，是左半球与右半球的分界线，所以称 C 为圆球侧面的转向轮廓线。它的正面投影和水平面投影均与轴线重合，不必画出。

（2）画投影图

1）确定球心位置，画出圆球各投影的中心线。

2）画出球面上三个转向轮廓线的三面投影。

圆球的三面投影特征为三个等径圆。

3. 圆球表面上的点和线

（1）圆球表面上的点　圆球的三个投影均无积聚性，所以圆球面上求点需用辅助线。为作图方便，可以在球面上过该已知点作平行于投影面的辅助纬圆来作图，这种方法称为**辅助纬圆法**。我们可以在三个投影面上作辅助纬圆，即可作正平纬圆、水平纬圆或侧平纬圆。

【例 4-9】 如图 4-17a 所示，在圆球表面上有 A、B、C 三个点，已知它们的正面投影，求它们的其他两面投影。

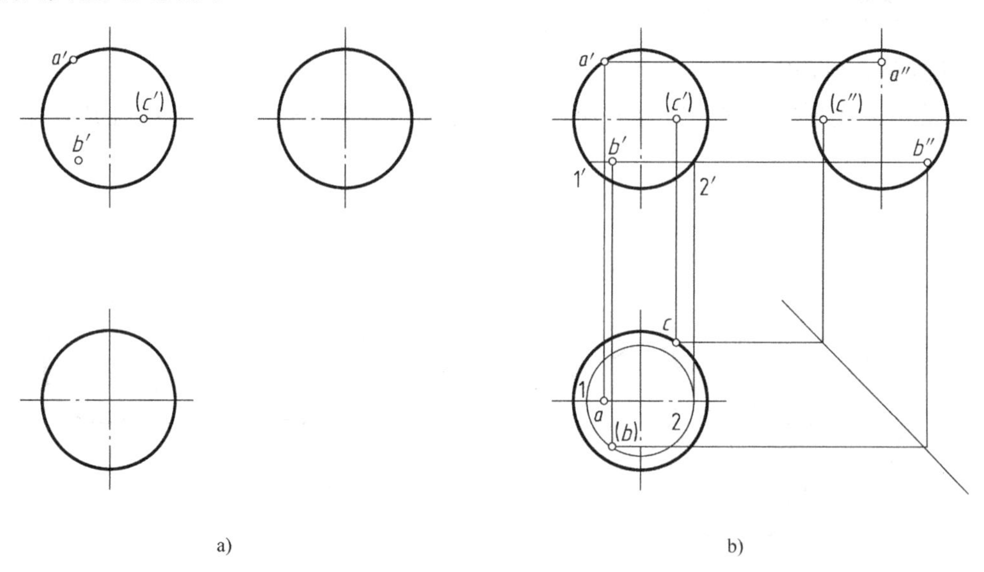

图 4-17　【例 4-9】图

解：如图 4-17b 所示，作图步骤如下：

1）a'在圆球正面转向轮廓线上，由 a'作“长对正”“高平齐”线到对应正面转向轮廓线得到 a、a''。点 A 在上半球、左半球，所以 a、a''均可见。

2）b'不在轴线或轮廓线上，是一般位置点，用辅助纬圆法求解。过已知点 B 在圆球表面作一个水平辅助纬圆，该纬圆的水平投影反映实形，正面和侧面投影积聚为直线。即过正面投影 b'作纬圆的正面投影 $1'2'$（其投影积聚为一条水平线，并与正面转向轮廓线交于点 $1'$、$2'$，该水平线 $1'2'$的长度等于该纬圆的直径），由 $1'$、$2'$作“长对正”线到正面转向轮廓线上得到 1、2。以轴线交点为圆心，12 为直径即可画出该纬圆的水平投影，则 b 必在该纬圆上。因为 b'可见，由 b'作“长对正”线到纬圆水平投影的前半圆上得到 b，由“知二补三”求出 b''。点 B 在下半球面上，所以（b）不可见；点 B 在左半球面上，所以 b''可见。

3）（c'）在正面投影的水平轴线上且不可见，即点 C 在水平转向轮廓线的后半圆上，由（c'）作“长对正”线到水平转向轮廓线后半圆上得到 c，由“知二补三”得到 c''。点 C 在右半球，所以 (c'') 不可见。

(2) 圆球表面上的线　圆球表面上求线的方法同圆柱、圆锥一样，也是圆球表面上求点方法的运用。

【例 4-10】　如图 4-18a 所示的圆球，在圆球表面上有一线段，已知其正面投影，求其他两面投影。

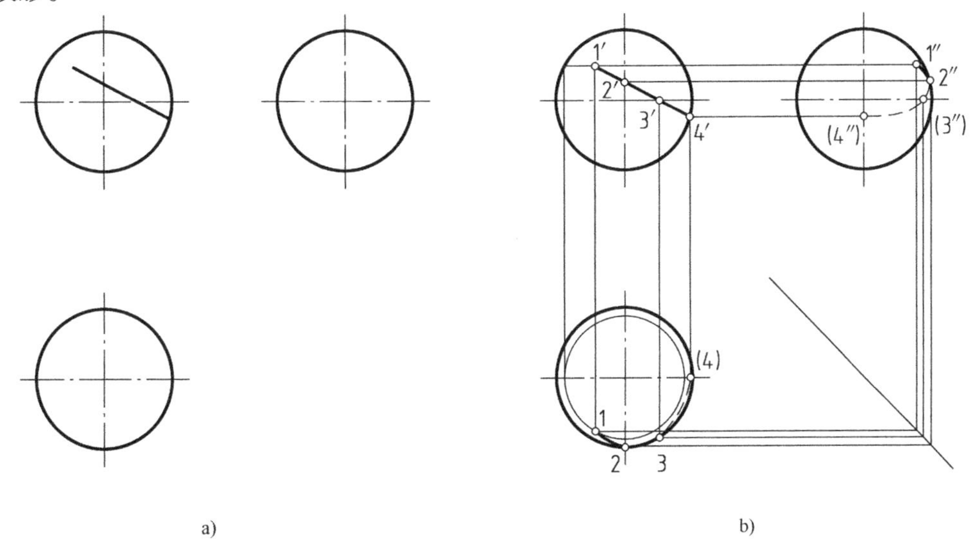

图 4-18　【例 4-10】图

解：圆球面上均为曲线，因此要求该曲线段的投影，需先求出该线段上一系列点的投影，再将这些点的投影依次光滑连接起来即可。如图 4-18b 所示，作图步骤如下：

1) 求首尾点Ⅰ、点Ⅳ的投影：取两个端点 1′、4′，利用纬圆法求出水平投影 1，由“知二补三”求出侧面投影 1″。点Ⅳ在正面转向轮廓线上，作“长对正”“高平齐”线对应到正面转向轮廓线上得到水平投影和侧面投影 4、4″。

2) 求转向轮廓线上点Ⅱ的投影：取侧面转向轮廓线和水平转向轮廓线上的点 2′、3′，作“高平齐”“宽相等”线对应到侧面转向轮廓线上得到侧面投影和水平投影 2″、2；作“长对正”“宽相等”线对应到水平转向轮廓线上得到水平投影和侧面投影 3、3″。

3) 判别可见性并连接曲线：顺序光滑地将各面投影分别连接成曲线。点Ⅱ为侧面投影可见与不可见的分界点，位于右半球面部分的侧面投影 2″(4″) 不可见，画细虚线；而位于左半球面部分的侧面投影 1″2″可见，画粗实线。点Ⅲ为水平投影可见与不可见的分界点，位于下半球面部分的水平投影 3(4) 不可见，画细虚线；而位于上半球面部分的水平投影 13 可见，画粗实线。

4.2.4　圆环的投影及画法

1. 圆环的几何特征

圆环面自身封闭形成圆环，如图 4-19a 所示。圆环面可以看作是一条圆母线绕与其共面但不通过圆心的轴线回转而成的。

2. 圆环的投影及画法

(1) 投影分析　如图 4-19a 所示轴线为铅垂线的圆环，*BAD* 半圆形成外环面，*BCD* 半圆形成内环面。水平投影是两个同心圆和一个点画线圆。两同心圆都是分割上半圆环与下半圆环的分界线的水平投影，是水平面的转向轮廓线。小圆是内环的转向轮廓线，大圆是外环的转向轮廓线。正面投影和侧面投影形状大小相同。正面投影是由两个正平素线小圆的正面投影与分割内环和外环的上下两水平圆分界线的正面积聚性投影组成的。类似地，侧面投影是由两个侧平素线小圆的侧面投影与分割内环和外环的上下两水平圆分界线的侧面积聚性投影组成的。投影圆周的中心线、对称线、轴线也要相应地用点画线画出。

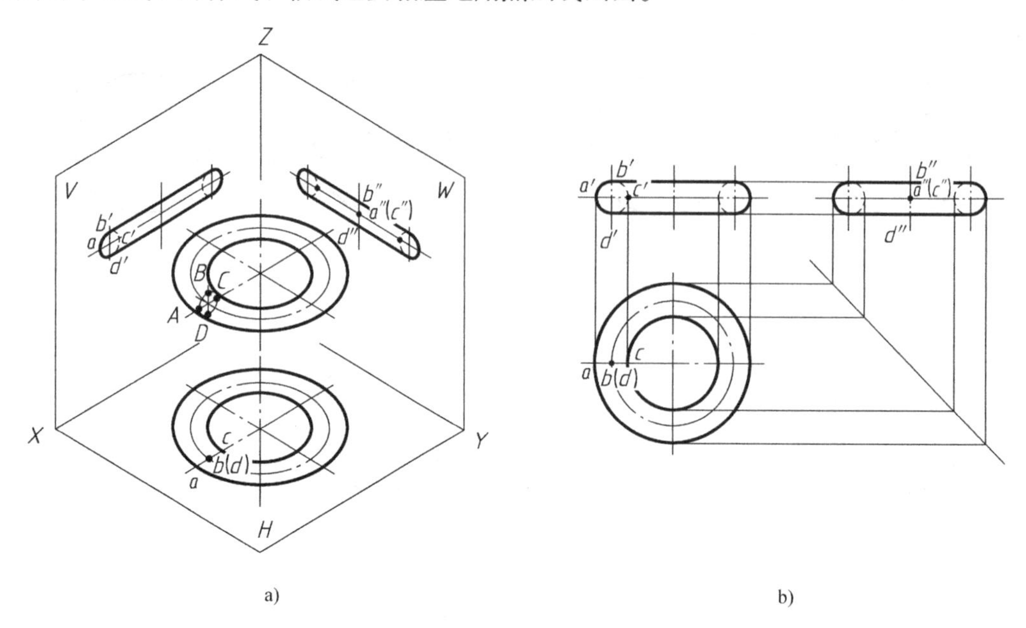

图 4-19　圆环的投影

（2）画投影图

1）画出圆环各投影的中心线。

2）画出水平投影中的两个同心圆。

3）根据投影关系画出形状为左右两小圆、上下两直线的正面投影和侧面投影，小圆外侧可见画粗实线，内侧不可见画细虚线。

3. 圆环表面上的点和线

圆环表面上求点同圆球一样，用辅助纬圆法来求解。如图 4-20 所示，已知环面上有两点

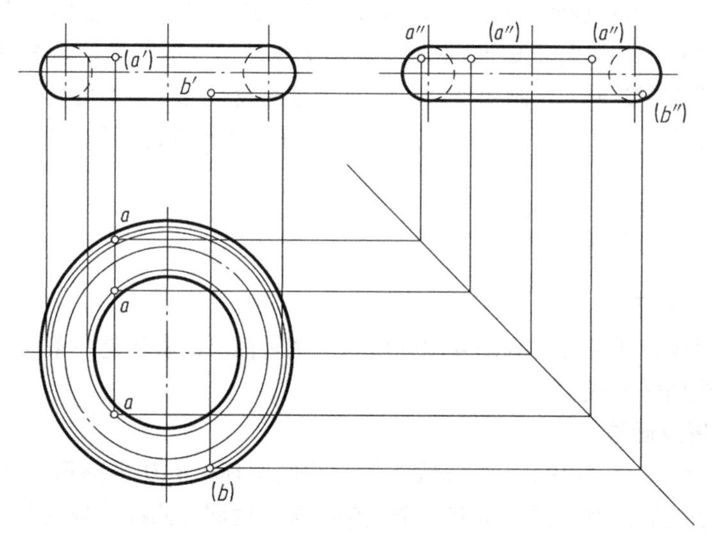

图 4-20　圆环表面的点和线

A、B 的正面投影(a')、b'，求它们的水平投影和侧面投影。因为（a''）不可见，那么点 A 的位置有前内环面、后内环面和后外环面三种可能。首先过点 A 作平行于水平面的辅助纬圆，内环面上一个，外环面上一个。然后由（a'）向内环面纬圆和外环面纬圆后半圆的水平投影引“长对正”线，得到三个水平投影 a，在上半环面，全部可见。再根据“知二补三”求出三个侧面投影 a''，其中位于外环面上的 a''可见，内环面上的两个（a''）不可见。因为 b'可见，所以点 B 在圆环的前外环面。类似地，过 b'在外环面上作一个平行于水平面的辅助纬圆求出它的水平投影（b），在下半环面，不可见。最后根据“知二补三”求出侧面投影（b''），在右外环面，不可见。

4.3 立体表面交线的投影

在建筑形体的表面上，经常会出现一些表面的交线。这些空间形体表面的交线可分为截交线和相贯线两大类。

4.3.1 截交线

平面与立体相交，可视为立体被平面所截。如图 4-21 所示，截切立体的平面称为截平面；截平面与立体表面产生的交线称为截交线；由截交线所围成的平面图形称为截断面（断面）。

由于立体形状不同，截平面的个数与截切的位置不同，截交线的形状也各不相同，但都具有以下基本性质：

1）封闭性：截交线是封闭的平面图形（平面折线或平面曲线）。

2）共有性：截交线是截平面与立体表面的共有线；组成截交线的每一个点都是截平面与立体表面的共有点。

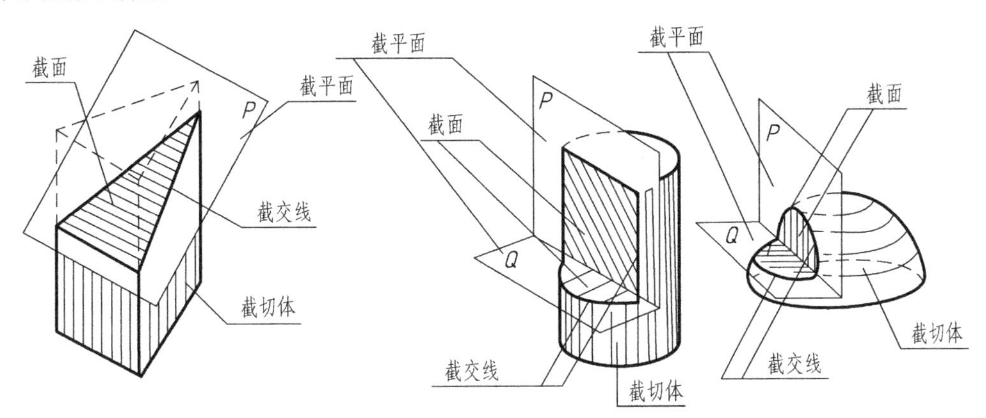

图 4-21　平面与立体相交

1. 平面立体的截交线

截平面与平面立体相交，其截交线是由直线段围成的封闭的平面多边形折线。多边形的顶点都是平面立体上棱线与截平面的交点，称为折点，每一条边都是平面立体上棱面与截平面的交线。求平面立体的截交线实质上就是求截交线上的折点，然后依次连接而形成封闭的折线，即平面立体的截交线。

求平面立体截交线的步骤如下：

1）空间及投影分析。

① 分析截平面与平面立体的相对位置，确定截交线的形状。

② 分析截平面与投影面的相对位置，确定截交线的投影特性，找出截交线的积聚投影。

2）画截交线的投影。

① 在截交线的积聚投影上找出截平面与棱线的交点（折点），并求出折点的各面投影。

② 依次连接折点的同面投影形成平面多边形，注意其可见性。

3）完善轮廓线。

【例4-11】 如图4-22所示，求作四棱锥体被截切后的水平投影和侧面投影。

解：1）空间及投影分析。正垂面截切四棱锥体的四个侧面，所以截交线为四边形，并且在正面投影有积聚性。

2）画截交线的投影。

① 在截交线的积聚投影（正面投影）上找到四个棱线与截平面的交点1′、2′、3′、4′，根据从属性在四棱锥体的四条侧棱的水平面、侧面投影上求出交点的相应投影1、2、3、4和1″、2″、3″、4″。

② 将各点的同面投影依次相连（注意同一侧面上的相邻两点才能相连），即得到截交线的各投影。截交线的水平投影和侧面投影均可见，画粗实线。

3）整理轮廓线。将水平投影、侧面投影的各棱线延长至对应的折点，注意侧面投影中右侧的棱线不可见，画细虚线。

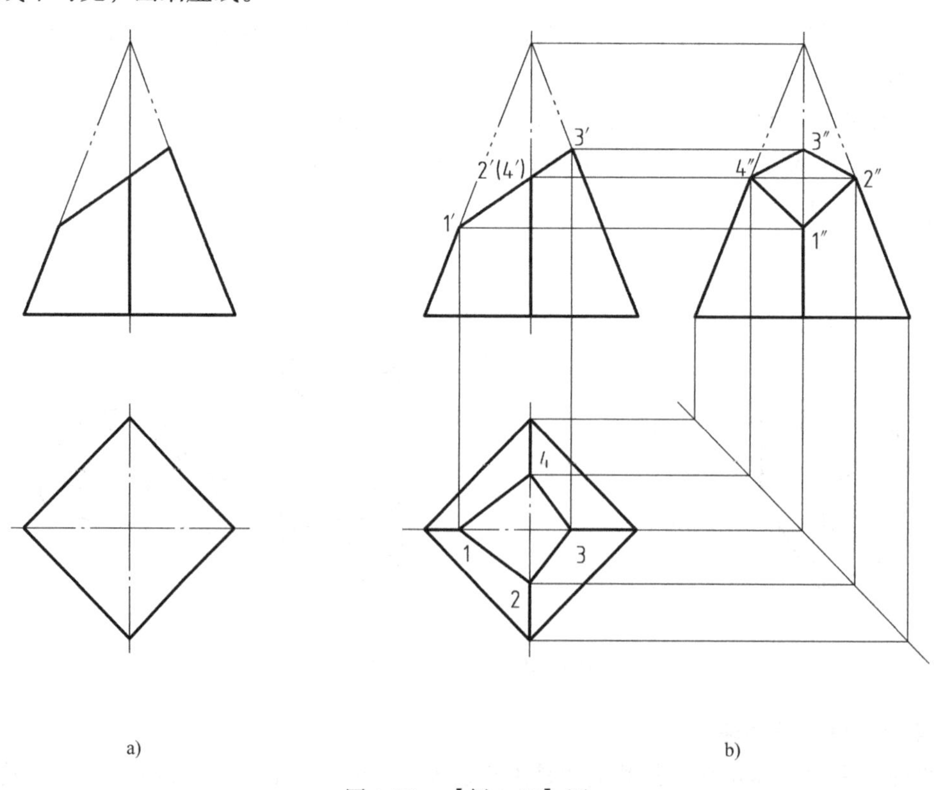

图4-22 【例4-11】图

需要注意的是，多个截平面截切平面立体时，不仅各截平面在平面体表面都产生相应的截交线，而且两相交的截平面，也在该平面体上产生交线。交线的两个端点一般也在平面体的表面上。因此，当求彼此相交的多个截平面与平面体的截交线的投影时，既要准确求出每个截平面产生的截交线的投影，又要准确求出相邻的两个截平面在该平面体上产生的交线的投影。

【例4-12】 如图4-23所示，求作四棱柱体被截切后的水平投影和侧面投影。

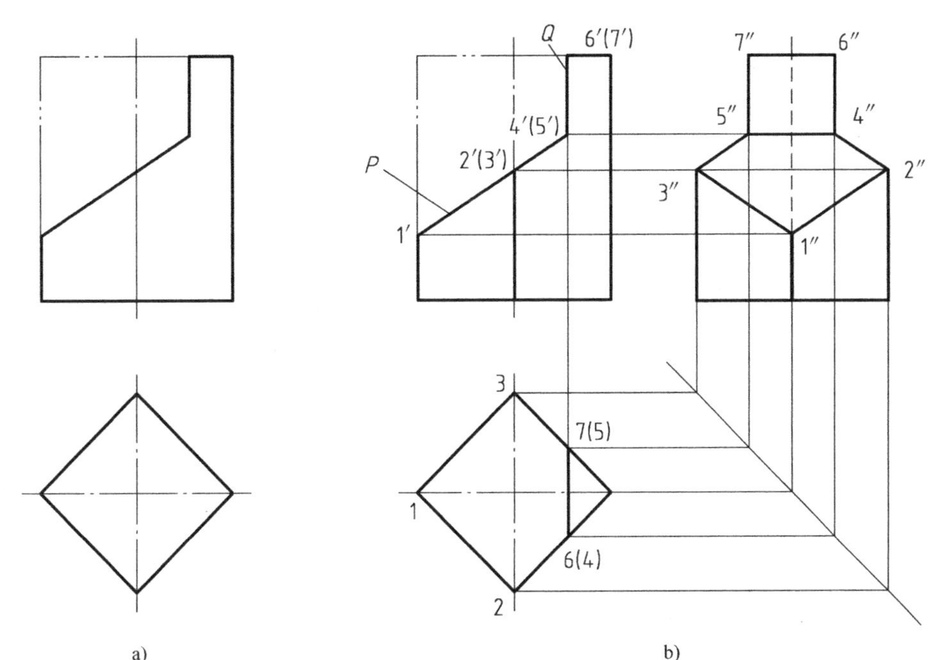

图4-23　【例4-12】图

解：1）空间及投影分析。由图4-23b的正投影可以看出，该切口是由一个正垂面P和一个侧平面Q截切后形成的。P截切四棱柱体四个侧棱面形成四条交线，与Q相交形成一条交线，故截交线为五边形，在正面投影面有积聚性；Q截切四棱柱体两个侧棱面和上底面形成三条交线，与P相交形成一条交线，故截交线为四边形，在侧面反映实形，在正面和水平面积聚成线。

2）画截交线的投影。

① 求正垂面P截切形成的截交线。在截交线的积聚投影（正面投影）上找到三个棱线与截平面的交点1′、2′、(3′)和P、Q交线的两个端点4′、(5′)，求出它们相应的另两面投影1、2、3、4、5和1″、2″、3″、4″、5″，并按Ⅰ－Ⅱ－Ⅳ－Ⅴ－Ⅲ－Ⅰ连接各面投影形成五边形。截交线的水平投影和侧面投影均可见，画粗实线。

② 求侧平面Q截切形成的截交线。在截交线的积聚投影（正面投影）上找到两个棱线与截平面的交点6′、7′和P、Q交线的两个端点4′、(5′)（已求），求出它们相应的另两面投影6、7和6″、7″，并按Ⅳ－Ⅵ－Ⅶ－Ⅴ－Ⅳ连接各面投影形成四边形。四边形截交线在水平投影积聚为线，在侧面投影反映实形，均可见，画粗实线。

3）整理轮廓线。注意侧面投影中右侧的棱线不可见，画细虚线。

2. 曲面立体的截交线

截平面与曲面立体相交，其截交线一般为封闭的平面曲线，特殊情况为封闭的多边形折线或由直线与曲线组成的平面图形。曲面体截交线的形状取决于曲面体的几何特征以及截平面与曲面体的相对位置。

求曲面立体截交线的步骤如下：

1）空间及投影分析。

① 分析截平面与曲面立体的相对位置，确定截交线的形状。

② 分析截平面与投影面的相对位置，确定截交线的投影特性，找出截交线的积聚投影。

2）画截交线的投影。

① 当截交线的投影为直线或圆时，直接求出。

② 当截交线的投影为非圆曲线时，求出截交线上的点，首先找特殊点（极限点和转向轮廓线上的点），然后适当补充一般点。依次光滑连接各点，注意其可见性。

3）完善轮廓线。

（1）圆柱体的截交线　平面截切圆柱时，根据截平面与圆柱轴线的相对位置的不同，截交线有圆、椭圆、矩形三种不同的形状，见表4-1。

表4-1　圆柱体的截交线

截平面位置	截平面与轴线垂直	截平面与轴线倾斜	截平面与轴线平行
立体图	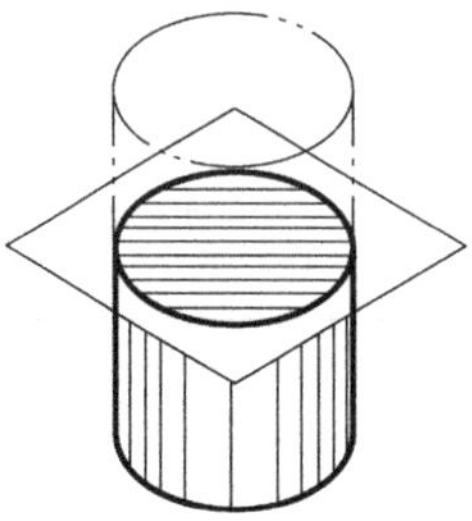	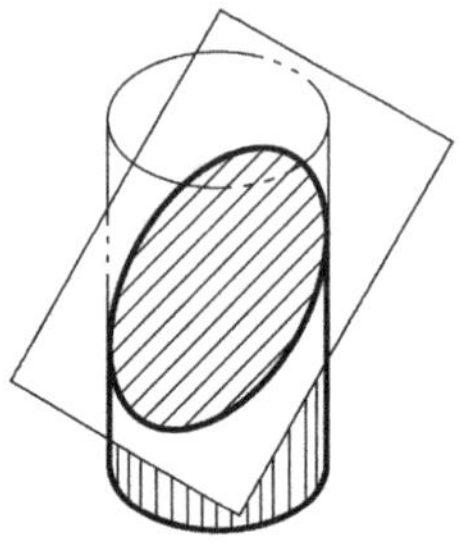	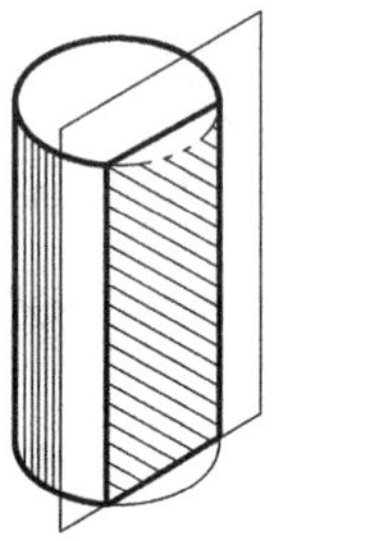
投影图	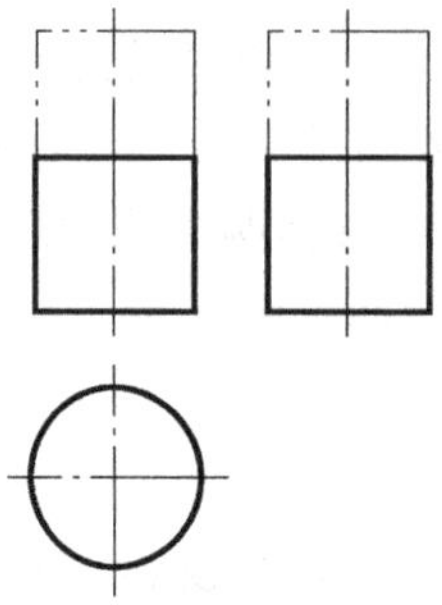	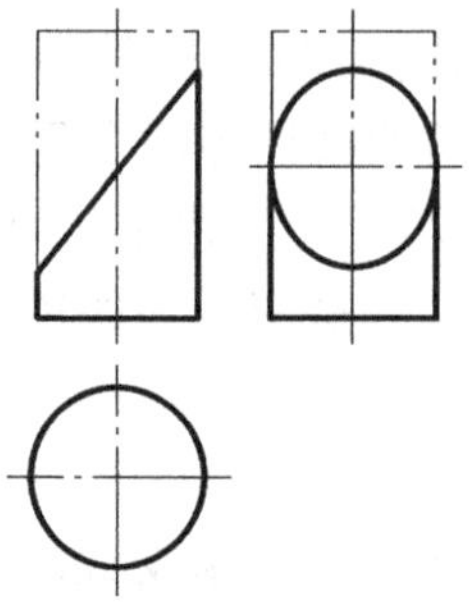	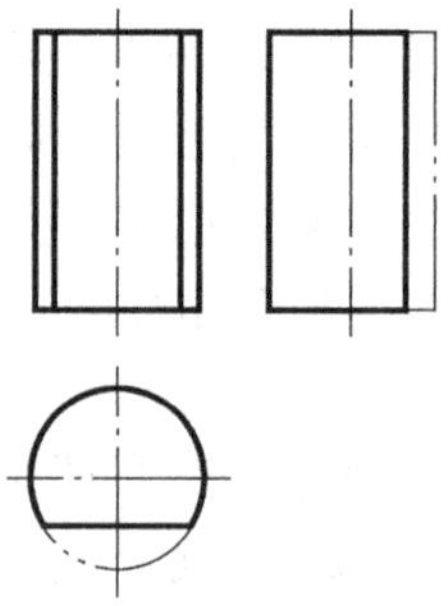
截交线形状	圆	椭圆	矩形

【例4-13】　如图4-24a所示，求圆柱体被正垂面截切后的投影。

解：1）空间及投影分析。正垂面斜切圆柱，截交线为椭圆，并且在正面投影有积聚性。

2）画截交线的投影。

① 求椭圆上的特殊点。要确定椭圆的形状，需找出椭圆的长短轴。ⅠⅢ为椭圆长轴，ⅡⅣ为椭圆短轴。圆柱转向轮廓线与正垂面的四个交点$1'$、$2'$、$3'$、$4'$分别为椭圆的最低（最左）点、最前点、最高（最右）点、最后点，$2'(4')$在正面重影。利用圆柱表面求点的方法求出各点的另两面投影1、2、3、4和$1''$、$2''$、$3''$、$4''$。

② 适当补充一般点。为作图方便，在正面投影上特殊点之间对称地取四个点$a'(b')$、$c'(d')$，利用圆柱表面求点的方法求出各点的另两面投影a、b、c、d和a''、b''、c''、d''。

③ 顺次连接$1-a-2-c-3-d-4-b-1$即得到截交线的水平投影，同样顺次连接$1''-a''-2''-c''-3''-d''-4''-b''-1''$可得截交线的侧面投影。截交线的水平投影和侧面投影均可见，画粗实线。

3）整理轮廓线。

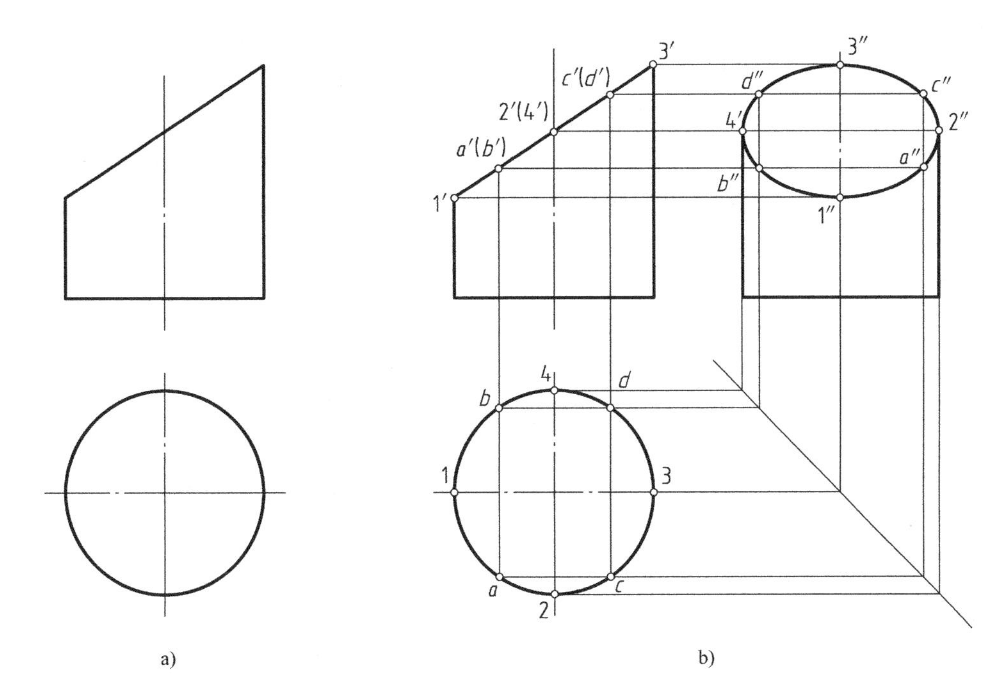

图4-24　【例4-13】图

【例4-14】 如图4-25a所示，补全带缺口圆柱的水平投影及侧面投影。

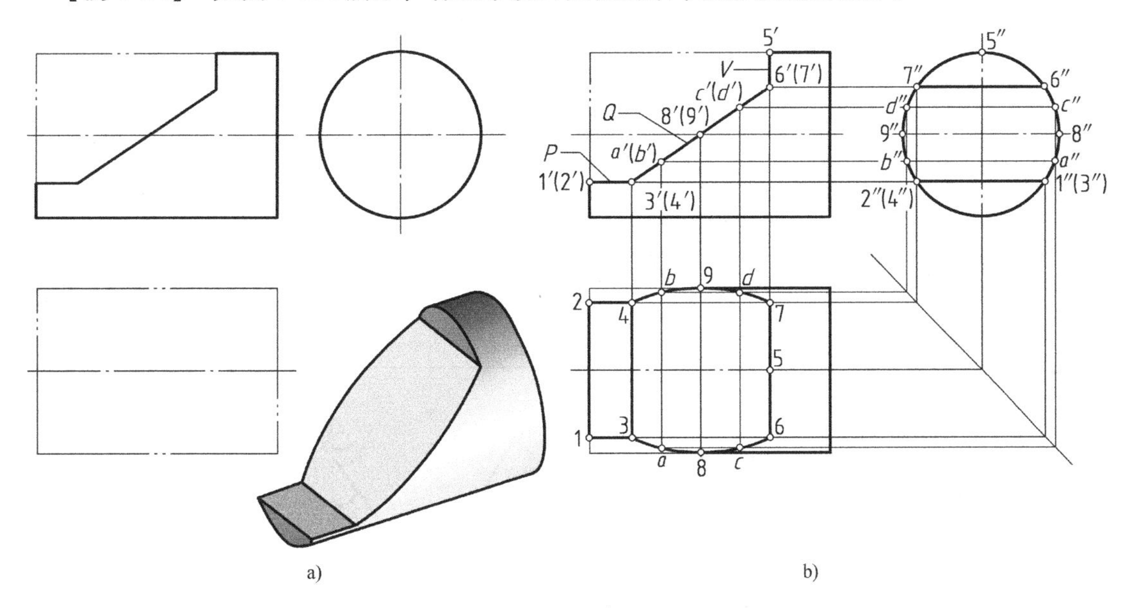

图4-25　【例4-14】图

解：1）空间及投影分析。圆柱缺口是由水平面 P、正垂面 Q、侧平面 V 三个截平面截交形成的。水平面 P 与圆柱轴线平行，截交线为矩形，并且水平投影反映实形，侧面投影积聚为线；侧平面 V 与圆柱轴线垂直，截交线为部分圆弧，侧面投影反映实形，水平投影积聚为线；正垂面 Q 与圆柱轴线倾斜，截交线为部分椭圆弧，水平及侧面投影均是类似形。

2）求截交线的投影。作图步骤如下：

① 求水平面 P 的截交线。截交线为矩形，求其四个顶点。在积聚的正面投影中找到 P 与

底面圆的两个交点 1′、(2′)，P 与 Q 交线的两端点 3′、(4′)，即矩形的四个顶点。求出它们的另两面投影。截交线的水平投影按 1 - 3 - 4 - 2 - 1 的顺序连接成矩形，侧面投影积聚为一条直线。截交线的水平投影及侧面投影均可见，画粗实线。

② 求侧平面 V 的截交线。截交线为部分圆弧加一条直线。在积聚的正面投影中找到 V 与上素线的交点 5′，Q 与 V 交线的两端点 6′、(7′)，求出各点的另两面投影。截交线的水平投影积聚为一条直线，侧面投影中 6″ - 5″ - 7″为一段圆弧实形，6″ - 7″为一条直线。截交线的水平及侧面投影均可见，画粗实线。

③ 求正垂面 Q 的截交线。截交线为部分椭圆弧加左右两条直线。两条直线 3 - 4、6 - 7 在上面均已求出。在积聚的正面投影中找 Q 与圆柱前后素线的交点 8′、(9′)，即椭圆弧的最前点、最后点，求出它们的另两面投影。在椭圆弧中间对称地适当补充一般点 $a'(b')$、$c'(d')$，求出它们的另两面投影。按 3 - a - 8 - c - 6 的顺序连接椭圆弧前段的水平投影，按 4 - b - 9 - d - 7 的顺序连接椭圆弧后段的水平投影，将 3 - 4、6 - 7 连成直线。截交线的水平及侧面投影均可见，画粗实线。

3）整理轮廓。由于圆柱左侧被截切，水平投影中 8、9 左边的前后素线不应画线。

（2）圆锥体的截交线　平面截切圆锥体时，根据截平面与圆锥轴线的相对位置的不同，截交线有圆、椭圆、双曲线 + 直线、抛物线 + 直线、等腰三角形五种不同的形状，见表 4-2。

表 4-2　圆锥体的截交线

截平面位置	截平面与轴线垂直	截平面与轴线倾斜 $\theta>\alpha$	截平面与轴线平行 $\theta<\alpha$	截平面与圆锥素线平行 $\theta=\alpha$	截平面过锥顶
立体图	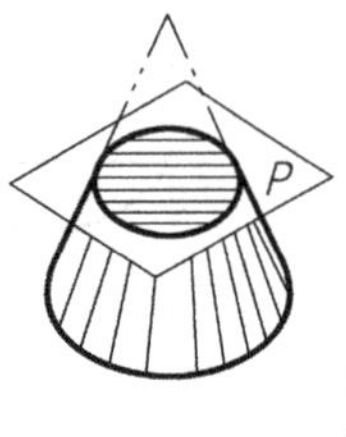	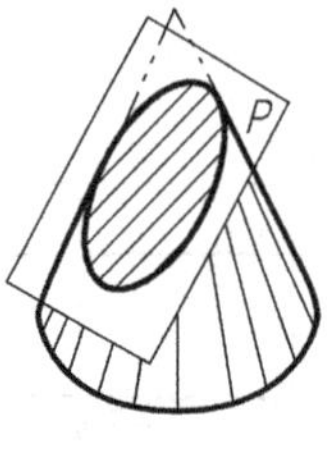	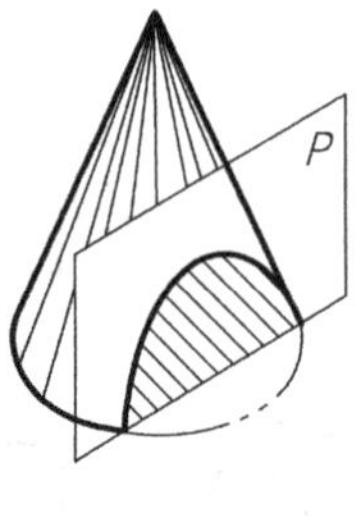	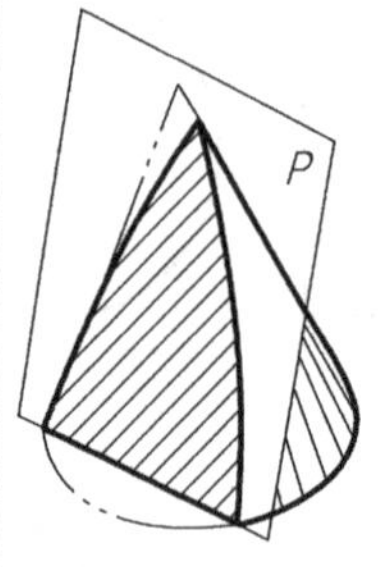	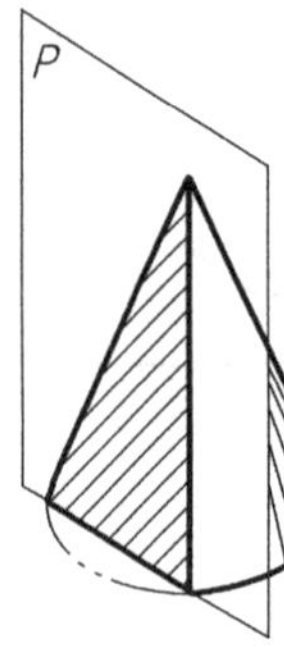
投影图	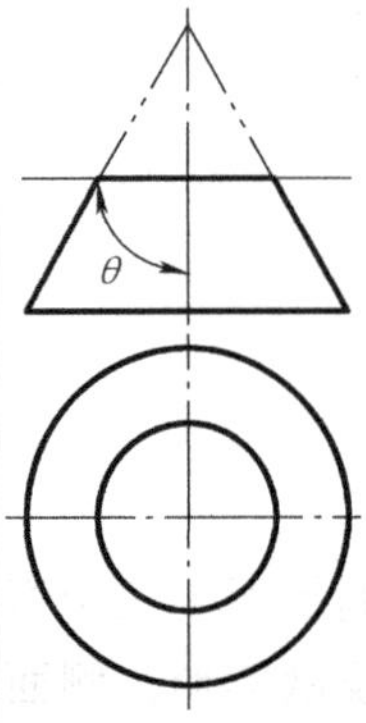	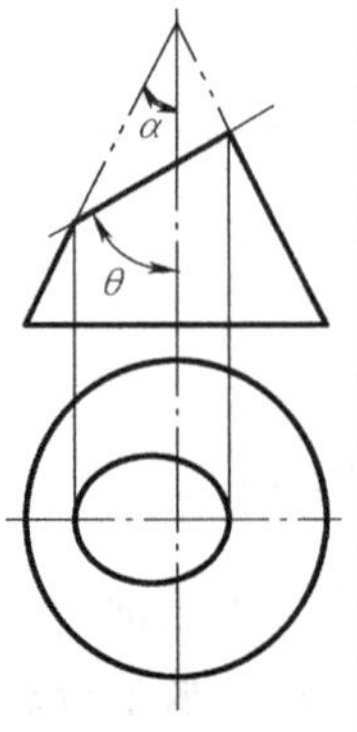	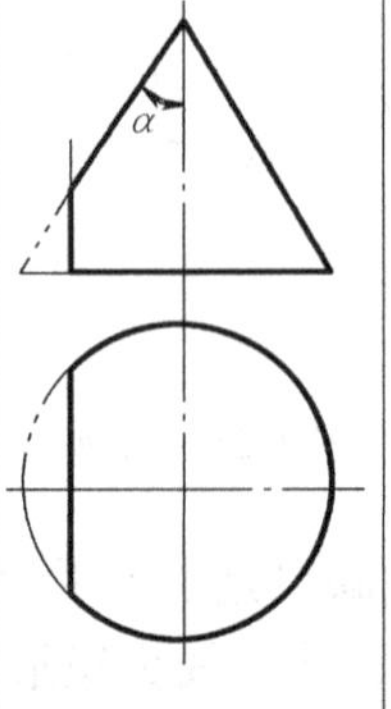	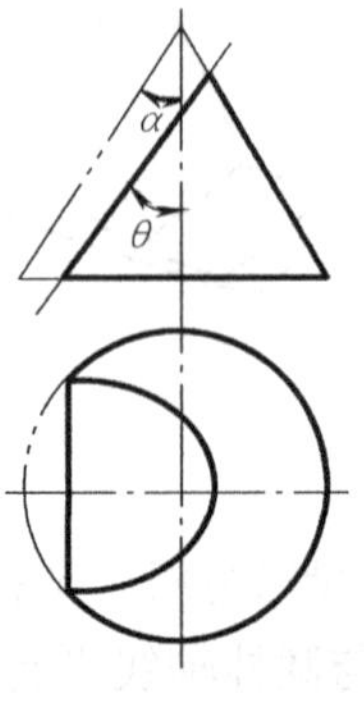	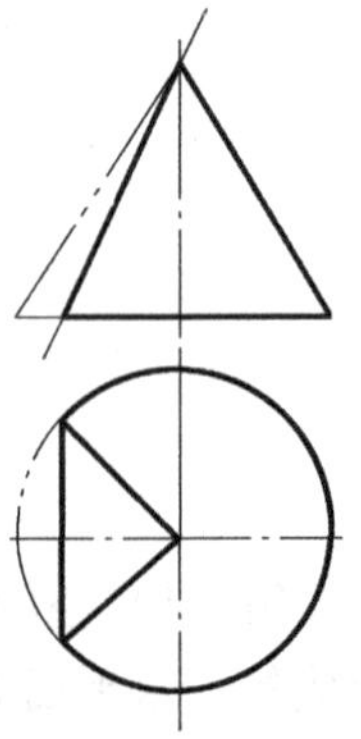
截交线形状	圆	椭圆	双曲线 + 直线	抛物线 + 直线	等腰三角形

【例 4-15】　如图 4-26a 所示，求圆柱被正垂面截切后的投影。

解：1）空间及投影分析。正垂面斜切圆锥，截交线为椭圆，并且在正面投影有积聚性。

2）画截交线的投影。

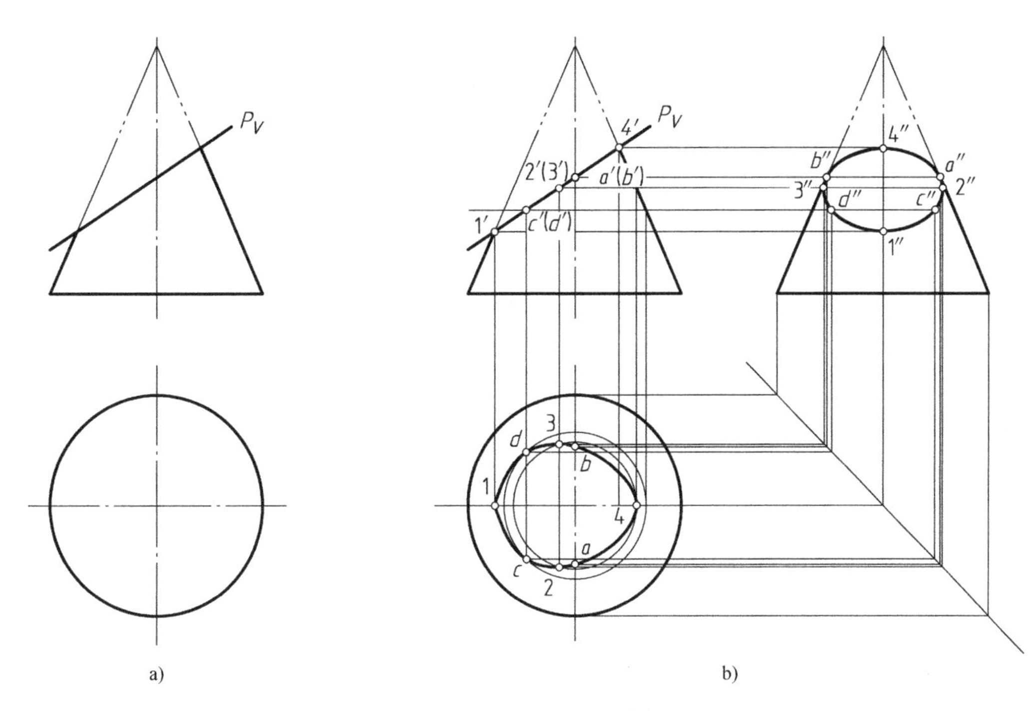

图4-26 【例4-15】图

① 求椭圆上的特殊点（椭圆极限点）。要确定椭圆的形状，需找出椭圆的长短轴。ⅠⅣ为椭圆长轴，ⅡⅢ为椭圆短轴。圆锥左右素线与正垂面的两个交点1′、4′分别为椭圆的最低（最左）点、最高（最右）点；椭圆短轴上的两点，即最前点、最后点2′(3′)位于1′4′的中点处，在正面重影。利用圆锥表面求点的方法求出各点的另两面投影1、2、3、4和1″、2″、3″、4″。

② 求圆锥上的特殊点（转向轮廓线上的点）。正垂面截切圆锥最前素线、最后素线的两点a'（b'）虽然不是椭圆的特殊点，但它们位于转向轮廓线上，必须求出。利用圆锥表面求点的方法求出它们的另两面投影a、b和a''、b''。

③ 适当补充一般点。为作图方便，在正面投影上特殊点之间对称地取两个点c'(d')，利用圆锥表面求点的方法求出各点的另两面投影c、d和c''、d''。

④ 顺次连接$1-c-2-a-4-b-3-d-1$即得到截交线的水平投影，同样顺次连接$1''-c''-2''-a''-4''-b''-3''-d''-1''$可得截交线的侧面投影。截交线的水平投影和侧面投影均可见，画粗实线。

3）整理轮廓线。底面的投影完整；由于圆锥上部被截切，侧面投影中2″、3″以上的前后素线被截切，上面不应画线。

【例4-16】 如图4-27a所示，补全正垂面截切圆锥后的水平投影及侧面投影。

解：1）空间及投影分析。正垂面与圆锥轴线平行，截交线为抛物线+直线，并且在正面投影有积聚性。

2）画截交线的投影。

① 求抛物线上的特殊点（抛物线极限点）。圆锥右素线与正垂面的交点1′为抛物线最高点（最右点）；圆锥底面圆与正垂面的两个交点2′(3′)为抛物线最低点（最前点、最后点）。利用圆锥表面求点的方法求出各点的另两面投影1、2、3和1″、2″、3″。

② 求圆锥上的特殊点（转向轮廓线上的点）。正垂面截切圆锥最前素线、最后素线的两点a'(b')虽然不是抛物线的特殊点，但它们位于转向轮廓线上，必须求出。利用圆锥表面求点的

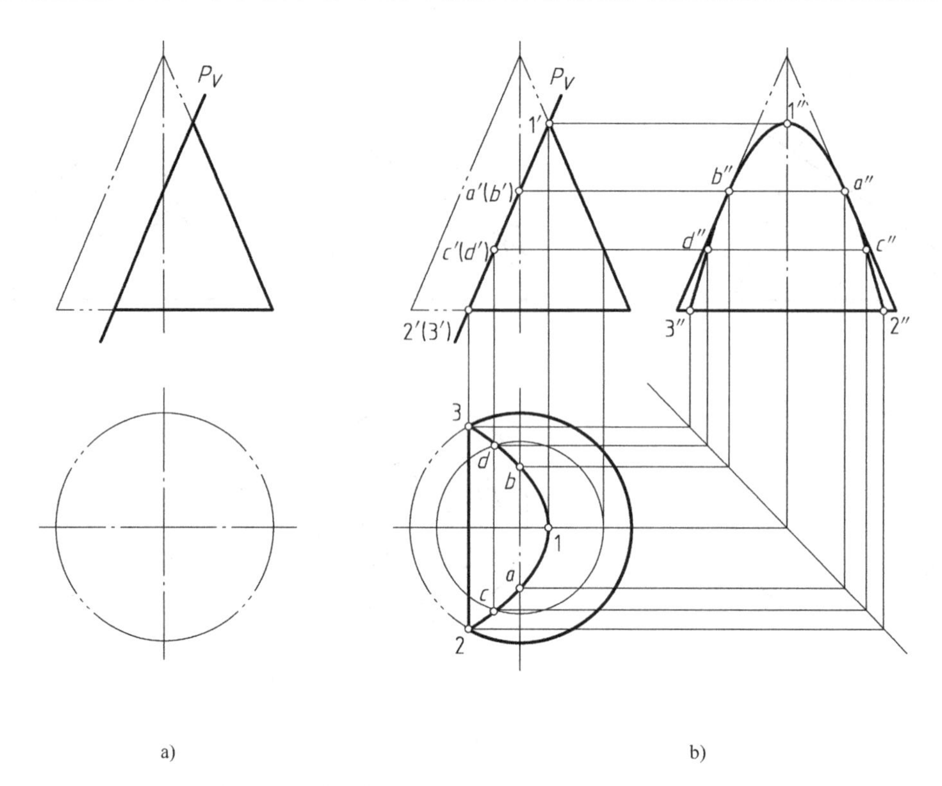

图 4-27 【例 4-16】图

方法求出它们的另两面投影 a、b 和 a''、b''。

③ 适当补充一般点。为作图方便，在正面投影上特殊点之间对称地取两个点 $c'(d')$，利用圆锥表面求点的方法求出各点的另两面投影 c、d 和 c''、d''。

④ 顺次连接 $2-c-a-1-b-d-3$ 即得到抛物线的水平投影，将 $2-3$ 连成直线；同样顺次连接 $2''-c''-a''-1''-b''-d''-3''$ 可得截交线的侧面投影。截交线的水平投影和侧面投影均可见，画粗实线。

3）整理轮廓线。底面左侧被截切，水平投影中 2、3 左侧的底面圆被截切，不应画线；由于圆锥上部被截切，侧面投影中 a''、b'' 以上的前后素线被截切，上面不应画线。

（3）圆球体的截交线　平面截切圆球时，其截交线总是圆，根据与投影面的相对位置的不同，截交线的投影有圆和椭圆两种不同的形状，见表 4-3。

表 4-3　圆球体截交线

截平面位置	截平面与投影面平行	截平面与投影面倾斜
立体图		

（续）

截平面位置	截平面与投影面平行	截平面与投影面倾斜
投影图		
截交线形状	圆	椭圆

【例 4-17】 如图 4-28a 所示，补全圆球体被正垂面截切后的投影。

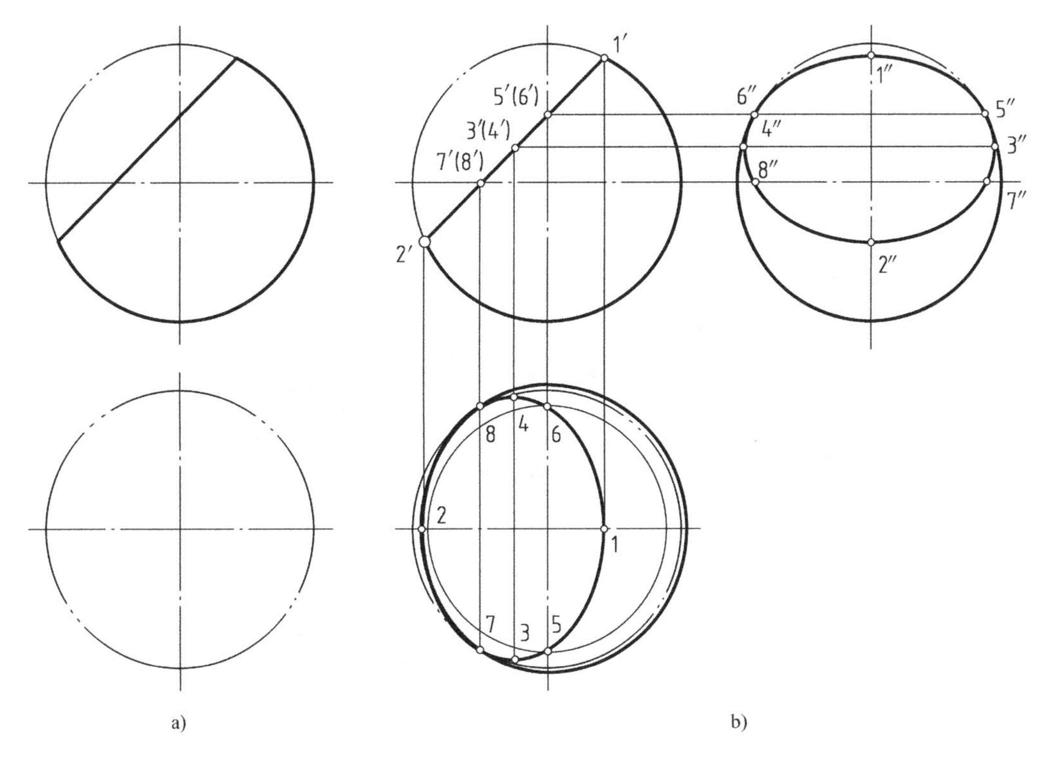

图 4-28　【例 4-17】图

解： 1）空间及投影分析。正垂面斜切圆球，截交线为圆，并且正面投影有积聚性，但是水平及侧面投影均类似成为椭圆。

2）画截交线的投影。

① 求椭圆上的特殊点（椭圆极限点）。要确定椭圆的形状，需找出椭圆的长短轴。Ⅰ Ⅱ为椭圆长轴，Ⅲ Ⅳ为椭圆短轴。圆球正面转向轮廓线与正垂面的两个交点 1′、2′分别为椭圆的最高（最右）点、最低（最左）点；椭圆短轴上的两点，即最前点、最后点 3′(4′)位于 1′2′

的中点处，正面投影重影。利用圆球表面求点的方法求出各点的另两面投影 1、2、3、4 和 1″、2″、3″、4″。

② 求圆球上的特殊点（转向轮廓线上的点）。正垂面截切圆球竖直轴线（侧面转向轮廓线）和水平轴线（水平转向轮廓线）的四个点 5′(6′)、7′(8′)虽然不是椭圆的特殊点，但它们位于圆球转向轮廓线上，必须求出。利用圆球表面求点的方法求出它们的另两面投影 5、6、7、8 和 5″、6″、7″、8″。

③ 顺次连接 1－5－3－7－2－8－4－6－1 即得到椭圆的水平投影，同样顺次连接 1″－5″－3″－7″－2″－8″－4″－6″－1″可得椭圆的侧面投影。椭圆的水平投影和侧面投影均可见，画粗实线。

3）整理轮廓线。由于圆球左上部被截切，侧面投影中 5″、6″以上的侧面转向轮廓线被截切，水平投影中 7″、8″左边的水平转向轮廓线被截切，不应画线。

4.3.2 相贯线

两立体相交又称两立体相贯，相交的立体称为相贯体，相贯体表面的交线称为相贯线。根据相贯体的形状，相贯可以分为两平面立体相贯（图 4-29a）、平面立体与曲面立体相贯（图 4-29b）、两曲面立体相贯（图 4-29c）三种情况。根据相贯体的相互位置和尺寸大小不同，相贯又可以分为全贯和互贯两种情况。如图 4-30 所示，一个立体全部贯穿另一个立体的相贯称为全贯，此时有两条封闭的相贯线；两个立体有部分相交称为互贯，此时只有一条封闭的相贯线。但当两立体全贯而不穿透时，相贯线也只有一条。

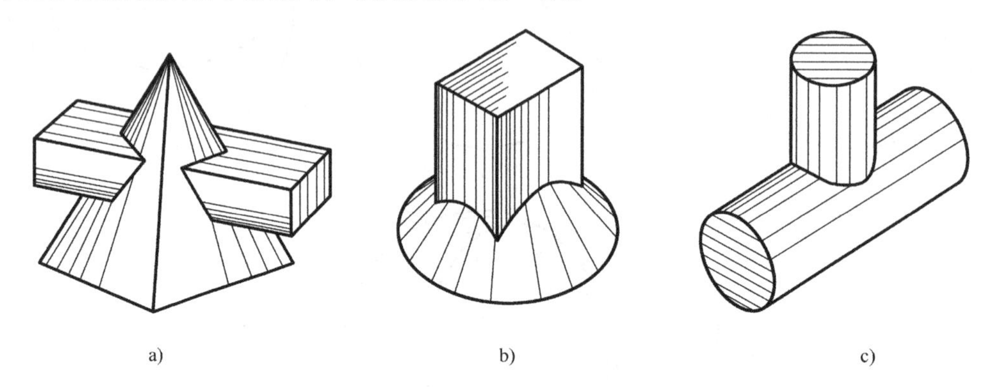

图 4-29 立体与立体相贯

a）两平面立体相贯 b）平面立体与曲面立体相贯 c）两曲面立体相贯

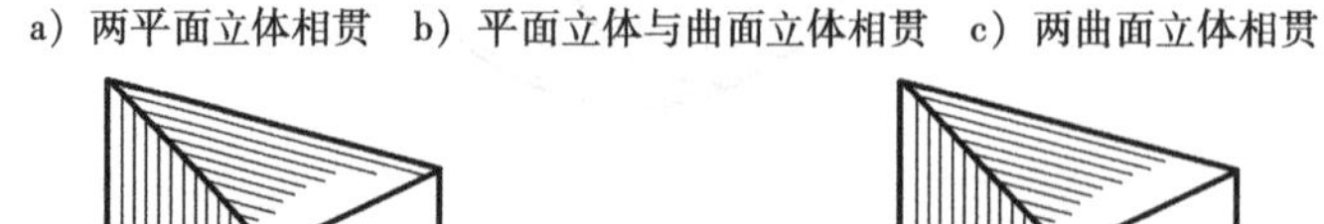

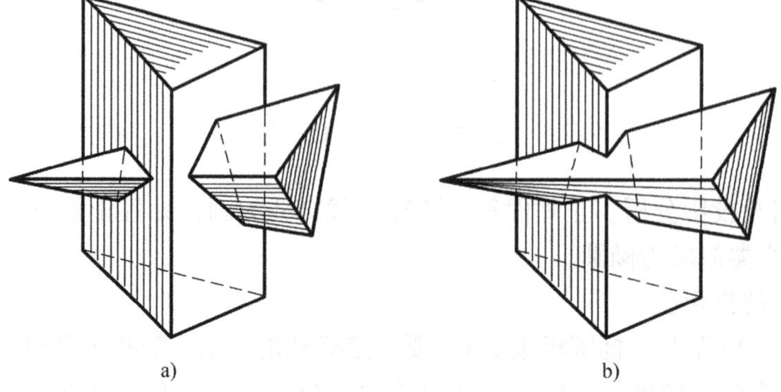

图 4-30 全贯和互贯

a）全贯 b）互贯

因此，相贯线的形状会随着相贯体的几何形状不同、相对位置不同而改变，但都具有以下基本性质：

1）封闭性：相贯线一般情况下是封闭的空间折线或空间曲线，特殊情况下可能是平面曲线或直线。但当两立体表面重叠时，相贯线不封闭。

2）共有性：相贯线是两立体表面的共有线；组成相贯线的每一个点都是两立体表面的共有点。

1. 两平面立体的相贯线

两平面立体的相贯线是由直线段组成的封闭空间折线，特殊情况为平面多边形。折线的每一段都是两平面立体棱面的交线，折点是其中一个平面立体的棱线与另一个平面立体棱面的交点。因此，求两平面立体的相贯线实质上就是求相贯线上的折点，然后依次连接而形成封闭的空间折线，即两平面立体的相贯线。需要注意的是，求出相贯线后要进行可见性的判断。

求两平面立体相贯线的步骤如下：

1）空间及投影分析。

① 分析两平面立体的相对位置，确定相贯线的形状及数量。

② 分析两平面立体与投影面的相对位置，确定相贯线的投影特性。

2）画相贯线的投影。

① 求折点。在相贯线的积聚投影上找出所有一个平面立体棱线和另一个立体棱面的交点（折点），并求出折点的各面投影。注意转折点不要遗漏。

② 依次连接折点的同面投影形成空间折线或平面多边形（同一表面的两相邻两点连接），注意其可见性。

3）完善轮廓线。需要注意的是，两立体相贯后应把它们视为一个整体，因而一立体位于另一立体内的部分是不存在的，不应画出。

【例4-18】 如图4-31所示，求四棱柱体与三棱锥体的相贯线。

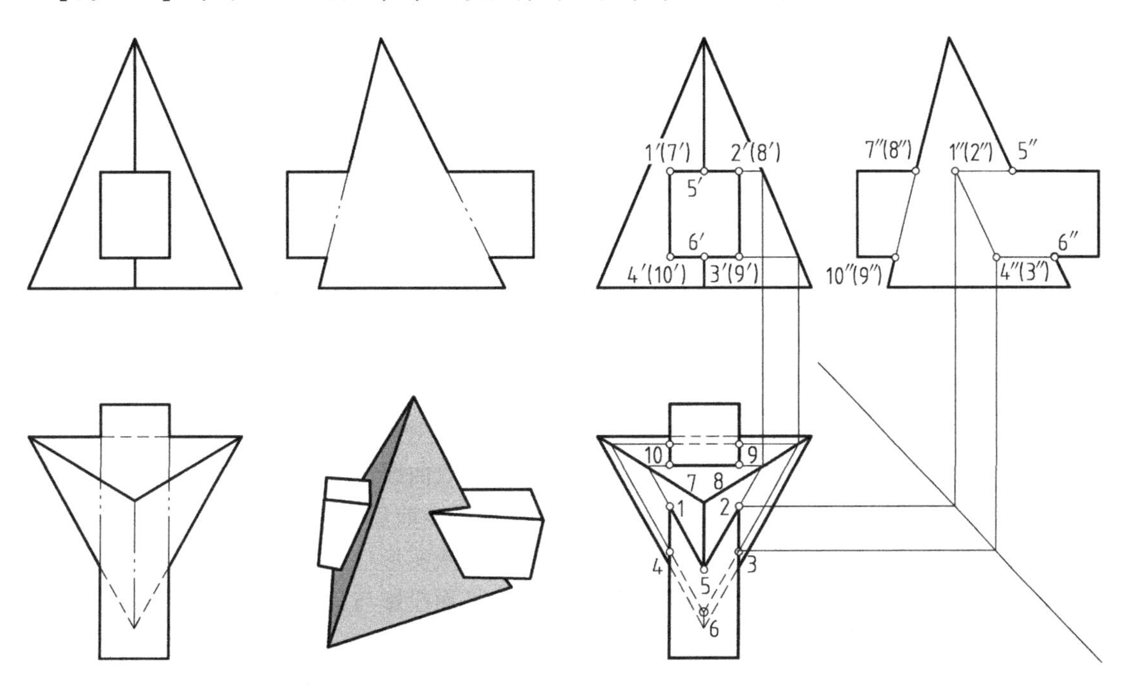

图4-31　【例4-18】图

解：1）空间及投影分析。四棱柱体与三棱锥体全贯，有两条相贯线。棱柱体与棱锥体左前棱面、右前棱面相交，形成一条封闭的空间折线；棱柱体与棱锥体后棱面相交形成一个四边形。四棱柱体侧棱面的正面投影积聚为矩形，相贯线的正面投影与其重合。

2）画相贯线的投影。

① 求折点。四棱柱体的四条侧棱与三棱锥体的前后棱面分别相交于1′、2′、3′、4′、7′、8′、9′、10′，且左右对称；三棱锥体的前棱与四棱柱体上下棱面分别相交于5′、6′。利用棱锥体表面求点的方法求出各折点的另两面投影。

② 顺次连接1–5–2–3–6–4–1形成空间折线，顺次连接7–8–9–10形成四边形，即得到前后两条相贯线的水平投影。需要注意的是，3–6、4–6、9–10位于四棱柱体的下棱面，不可见，画细虚线。按同样的顺次连接可得相贯线的侧面投影，左可见，右不可见，左右对称形成重影，画粗实线。

3）完善轮廓线。四棱柱体四条侧棱线画到贯穿点为止，中间段与三棱锥体相贯为一体，不再画出。三棱锥体前棱线中间段5–6与四棱柱体相贯为一体，不应画出。

2. 平面立体与曲面立体的相贯线

平面立体与曲面立体相贯可视为平面体的平面截交曲面体，所以相贯线是由若干段平面曲线或平面直线组成的封闭空间曲线。每段平面曲线或平面直线是平面立体的棱面截切曲面立体形成的截交线；每段截交线的转折点是平面立体的棱线与曲面立体表面的交点，即贯穿点。因此，求平面立体与曲面立体的相贯线实质上就是求相贯线上的贯穿点及截交线。

求平面立体与曲面立体相贯线的步骤如下：

1）空间及投影分析。

① 分析平面立体与曲面立体的相对位置，确定相贯线的形状及数量。

② 分析平面立体、曲面立体与投影面的相对位置，确定相贯线的投影特性，分析相贯线有无积聚性。

2）画相贯线的投影。

① 求贯穿点。在相贯线的积聚投影上找出平面立体棱线和曲面立体曲面的交点（贯穿点），并求出贯穿点的各面投影。

② 求截交线。

a. 求特殊点。极限位置点如最高点、最低点、最左点、最右点、最前点、最后点及转向轮廓线上的点。

b. 求一般点。

c. 连接各点形成截交线，并判断其可见性。

3）完善轮廓线。

【例4-19】 如图4-32所示，求四棱柱体与圆锥体的相贯线。

解：1）空间及投影分析。四棱柱体与圆锥体全贯，但没有穿透，所以有一条相贯线。四棱柱体的四个侧棱面均与圆锥体轴线平行，截交线均为双曲线，所以相贯线是由四段双曲线围成的封闭空间曲线，并且前后、左右对称。其中，相贯线前后两段的正面投影反映实形且重影，侧面投影积聚为线；相贯线左右两段的侧面投影反映实形且重影，正面投影积聚为线。四棱柱体侧棱面的水平面投影积聚为矩形，相贯线的水平面投影与其重合。

2）画相贯线的投影。

① 求贯穿点。四棱柱体的四条侧棱与圆锥面分别相交于1、2、3、4，且前后、左右对称。利用棱锥体表面求点的方法求出各贯穿点的另两面投影。

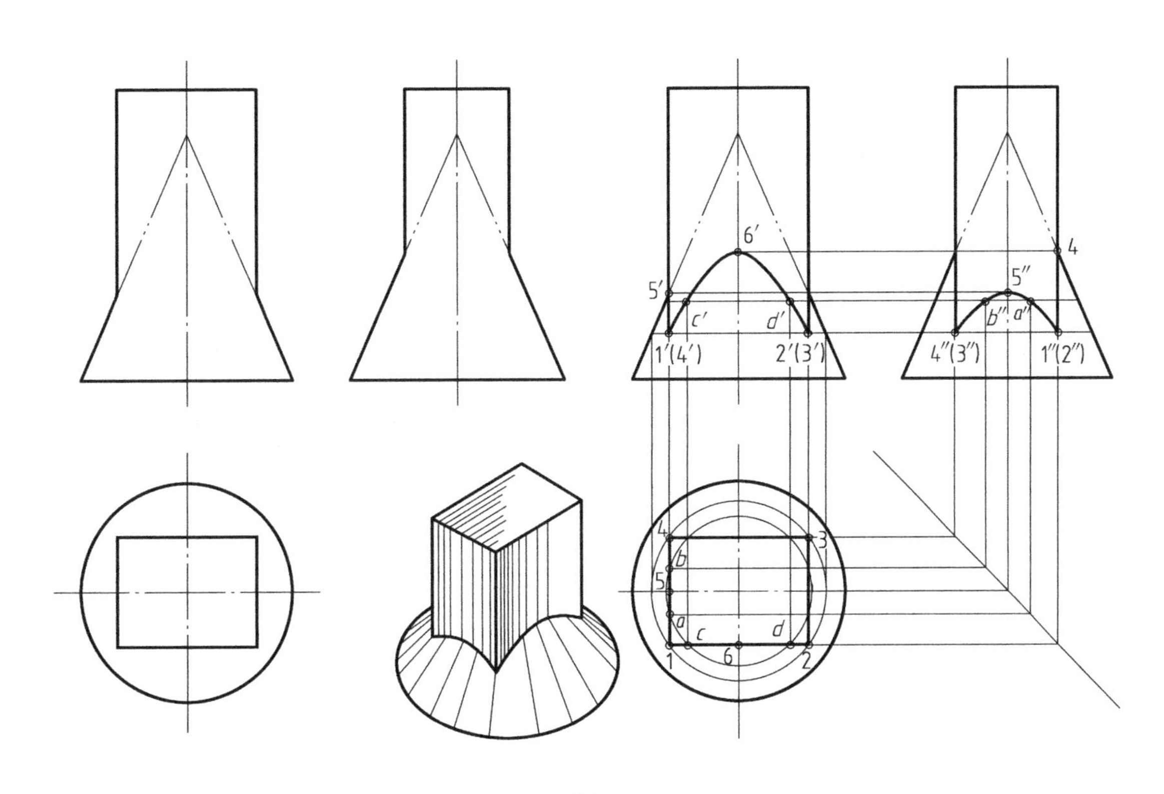

图4-32　【例4-19】图

② 求截交线。

a. 求特殊点。左段双曲线和前段双曲线的最高点分别为5、6，位于圆锥体左素线和前素线上，可以直接求出它们的另两面投影；最低点就是贯穿点。

b. 求一般点。分别在左、前两段双曲线的最高点、最低点之间补充一般点 a、b、c、d，利用圆锥体表面求点的方法求出它们的另外两面投影。

c. 顺次连接 $1'-c'-6'-d'-2'$ 形成前段双曲线实形，其侧面投影积聚为直线；顺次连接 $4''-b''-5''-a''-1''$ 形成左段双曲线实形，其正面投影积聚为直线。对称后可得后段及右段双曲线的投影。

3）完善轮廓线。四棱柱体四条侧棱线画到贯穿点为止；圆锥体素线画到双曲线最高点为止。

3. 两曲面立体的相贯线

两曲面立体相贯，其相贯线的一般情况为封闭的空间曲线，特殊情况为平面曲线或平面直线。两曲面立体的相贯线是两曲面立体表面的共有线，相贯线上的每个点都是两曲面立体表面的共有点。因此，求两曲面立体相贯线实质上就是求相贯线上的一系列共有点，然后依次连接而形成封闭的空间曲线，即两曲面立体的相贯线。求共有点时，应先求相贯线上的特殊点，极限位置点如最高点、最低点、最左点、最右点、最前点、最后点及转向轮廓线上的点等，然后再适当补充一般点。

两曲面立体相贯线的求法有以下两种：一是利用积聚性求相贯线（又称表面取点法）；二是辅助平面法（三面共点原理）。不论采用哪种方法，均可按以下步骤求解：

1）空间及投影分析。

① 分析两曲面立体的相对位置，确定相贯线的形状及数量。

② 分析两曲面立体与投影面的相对位置，确定相贯线的投影特性，分析相贯线有无积聚性。

2）画相贯线的投影。

① 求特殊点。极限位置点如最高点、最低点、最左点、最右点、最前点、最后点及转向轮廓线上的点。

② 求一般点。

③ 连接各点形成相贯线，并判断其可见性。

3）完善轮廓线。

【例 4-20】 如图 4-33 所示，利用积聚性求作垂直相交两圆柱体的相贯线。

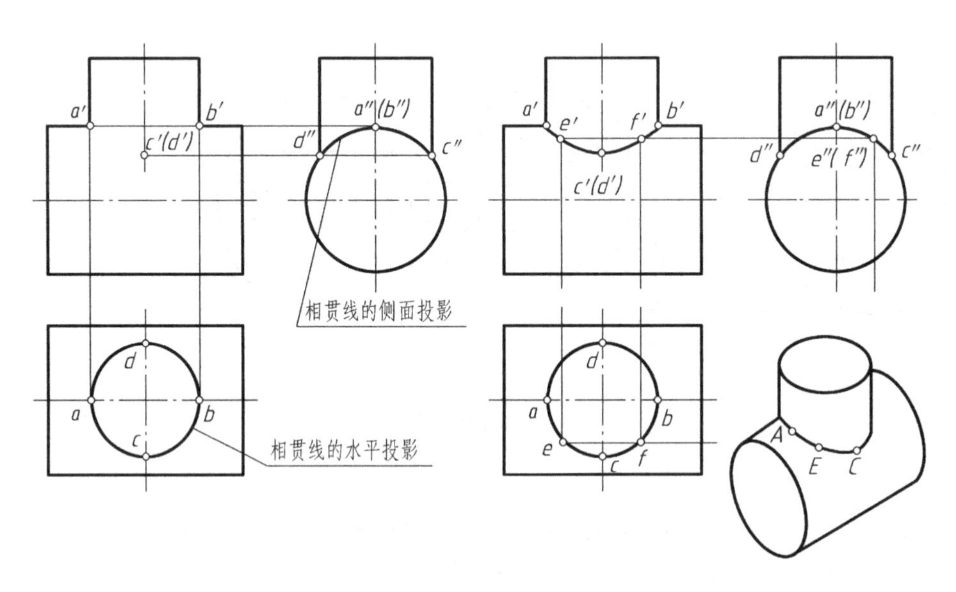

图 4-33 【例 4-20】图

解：1）空间及投影分析。两圆柱体全贯，但没有穿透，所以有一条相贯线。两圆柱体轴线正交，相贯线是前后、左右对称的一条封闭的空间曲线。小圆柱体的水平投影积聚为一个圆，因此，相贯线的水平投影与其重合；大圆柱体柱面的侧面投影积聚为一个圆，因此，相贯线的侧面投影是与其重合的一段圆弧。如图 4-33 所示，只需求出相贯线的正面投影即可。

2）画相贯线的投影。

① 求特殊点。大小圆柱体转向轮廓线上的四个点 a、b、c、d 分别为相贯线的最左点、最右点、最前点、最后点，利用圆柱体表面求点的方法求出它们的另两面投影。

② 求一般点。在相贯线前半部分的特殊点之间对称地适当补充一般点 e、f，利用圆柱体表面求点的方法求出它们的另两面投影。

③ 顺次光滑连接 $a'-e'-c'-f'-b'$形成相贯线前半部分，后半部分与其重影。

3）完善轮廓线。

【例 4-21】 如图 4-34 所示，利用辅助平面法求圆柱体与圆锥体的相贯线。

解：1）空间及投影分析。圆柱体全贯圆锥体，但没有穿透，所以有一条相贯线。圆柱体轴线与圆锥体正交，相贯线是左右对称的一条封闭空间曲线。圆柱体的正面投影积聚为一个圆，因此，相贯线的正面投影与其重合。

2）画相贯线的投影。

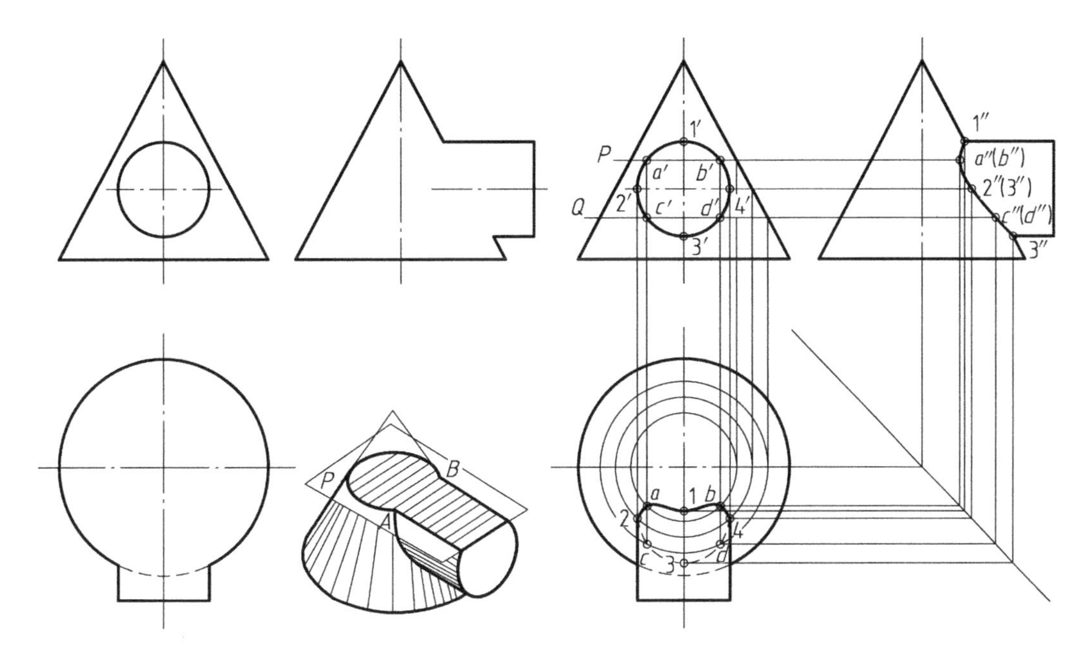

图4-34　【例4-21】图

① 求特殊点。圆柱体转向轮廓线上的四个点1′、2′、3′、4′分别为相贯线的最高点、最左点、最低点、最右点，利用圆锥体表面求点的方法求出它们的另两面投影。

② 求一般点。分别作辅助平面 P、Q 与圆锥体交于两个水平纬圆，与圆柱体交于矩形，交点为 a'、b'、c'、d'，求出它们的另两面投影。

③ 顺次光滑连接 $2-a-1-b-4-d-3-c-2$ 形成相贯线的水平投影，注意位于下柱面上的 $4-d-3-c-2$ 不可见，画细虚线；相贯线左右对称，故左右曲线在侧面投影重合，只需用粗实线画出左部分 $1''-a''-2''-c''-3''$ 即可。

3）完善轮廓线。水平轮廓线不完整，应将圆柱体左右素线延长至2点、4点。

两曲面立体相贯线的特殊情况见表4-4。

表4-4　两曲面立体相贯线的特殊情况

	立体图	投影图
圆柱体的轴线平行		

（续）

<table>
<tr><th></th><th>立体图</th><th>投影图</th></tr>
<tr><td>圆锥共锥顶</td><td>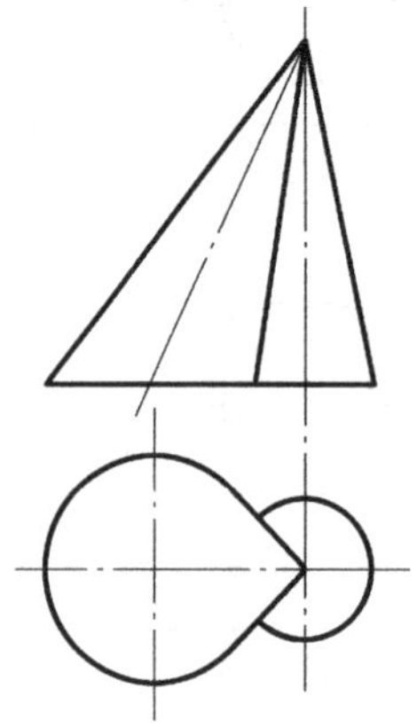</td><td>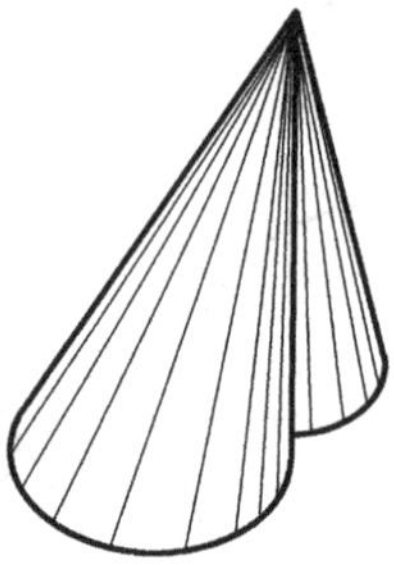</td></tr>
<tr><td rowspan="2">回转体具有公共内切圆球</td><td>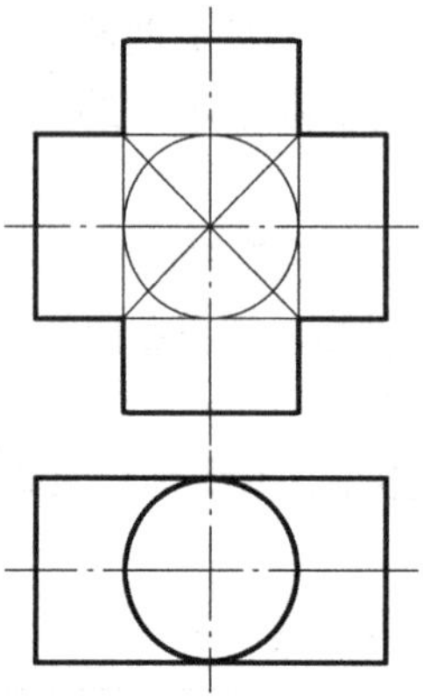</td><td>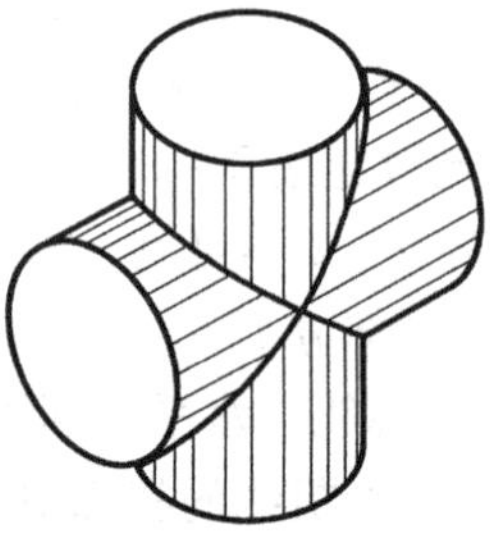</td></tr>
<tr><td>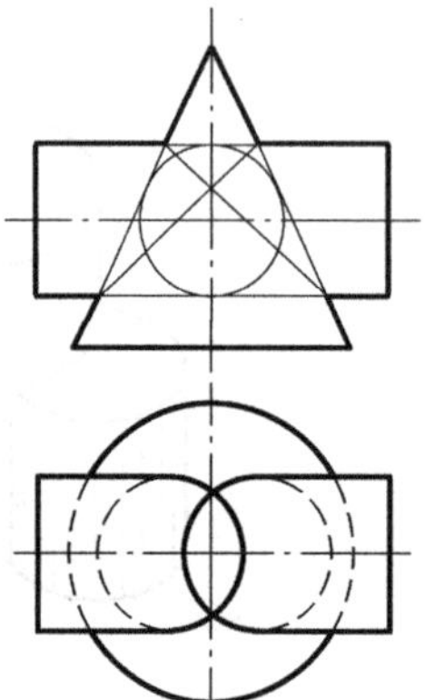</td><td>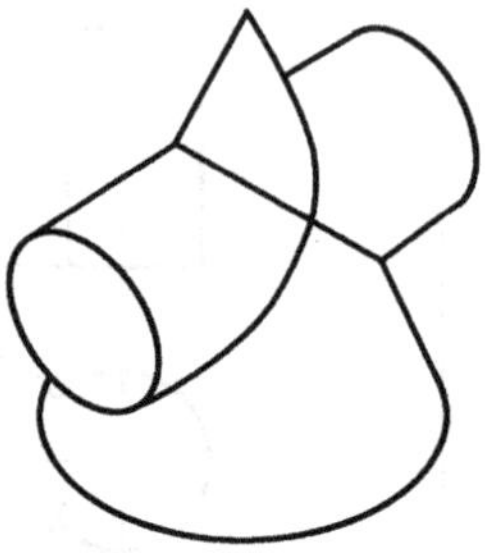</td></tr>
</table>

（续）

	立体图	投影图
回转体具有公共轴线		

4.4　组合体的三面正投影

4.4.1　组合体的形体分析法及组合形式

任何复杂的建筑形体一般都可看作是由一些简单的基本体经过组合而成的。由两个或两个以上的基本体组成的形体，称为组合体。

1. 形体分析法

把组合体分解为若干较简单的组成部分或多个基本形体（棱柱、棱锥、圆柱、圆锥、圆球等），并分析它们的形状、相对位置及其连接方式，以便能顺利地进行绘制和阅读组合体的投影图，这种化繁为简、化大为小、化难为易的分析方法称为形体分析法。图 4-35 所示的轴承座是由凸台、轴承、支撑板、肋板和底板五部分组成的。它们的组合形式及相邻表面之间的连接关系为：支撑板和肋板堆积在底板之上，支撑板的左右两侧与轴承的外表面相切，肋板两侧面与轴承的外表面相交，凸台与轴承相贯。

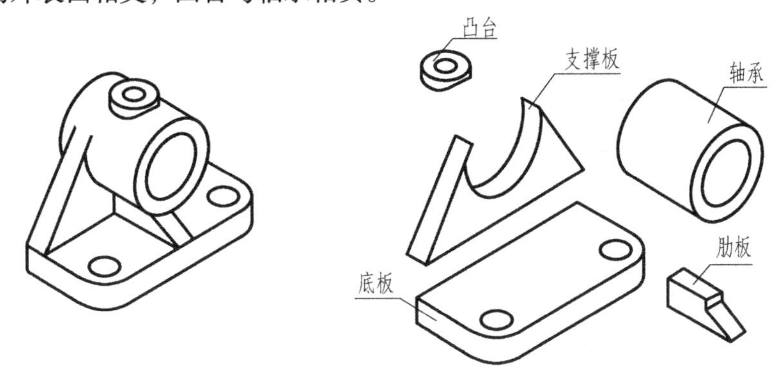

图 4-35　轴承座

2. 组合体的组合方式

用形体分析法对组合体进行分解，组合体的组合方式可以分为叠加、切割和综合三种形式。

1）叠加形：由若干基本体叠加后形成的形体，如图 4-36a 所示。

2）切割形：由若干基本体切割后形成的形体，如图 4-36b 所示。

3）综合形：既有叠加又有切割而形成的形体，如图 4-36c 所示。

以上三种形式的划分并不是绝对的，有的组合体既可以按叠加形来分析，也可以按切割形来分析。无论怎样分析，都应利于画图和读图。

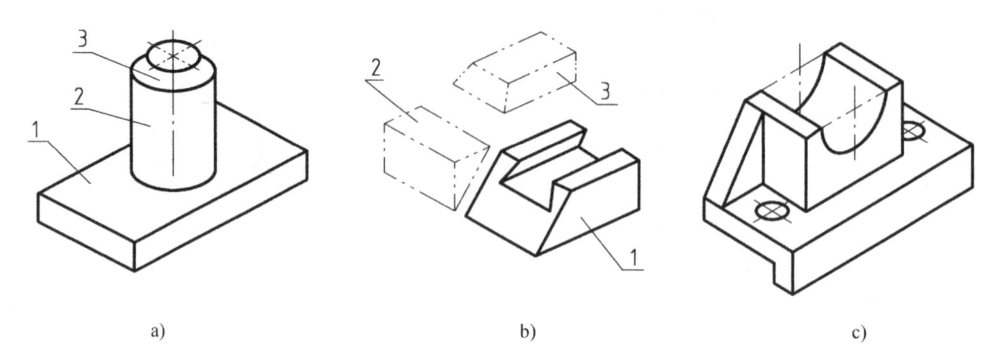

图 4-36　组合体的组合方式

3. 组合体各形体之间的表面连接方式

组合体各形体之间的表面连接方式一般有平齐、相错、相交和相切四种情况。

1）平齐：当两基本体叠加时，同一方向上的表面（平面或曲面）处在同一个平面或曲面上，则称这两个表面平齐（又称共面）。平齐处的两形体融合为一，不应有分界线，不画线，如图 4-37 所示。

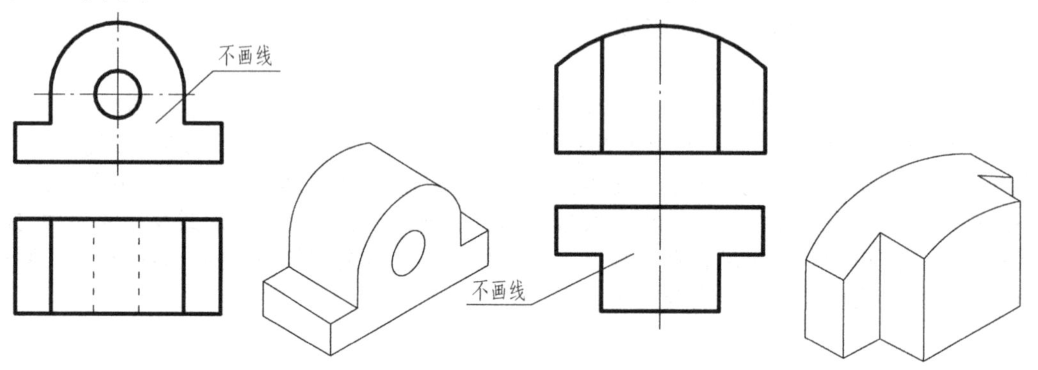

图 4-37　两表面平齐

2）相错（不平齐）：当两基本体叠加时，同一方向上的表面处在不同的平面或曲面上，则称这两个表面相错（又称不平齐）。两表面相错的连接处应画线，如图 4-38 所示。

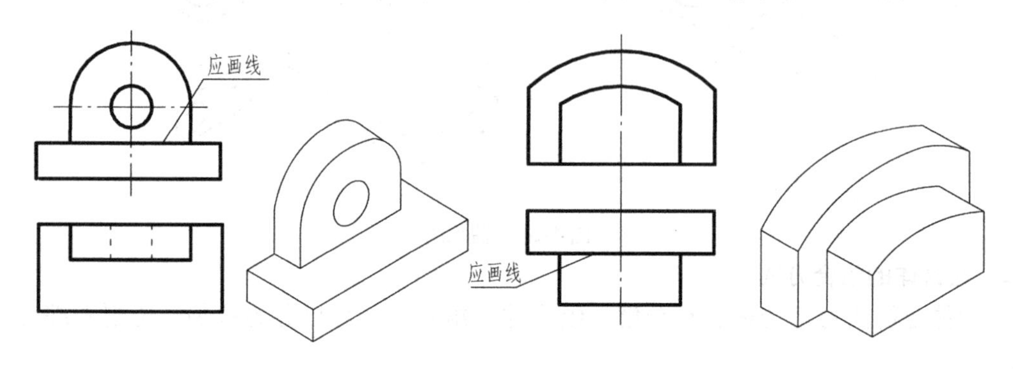

图 4-38　两表面相错

3）相交：当两基本体的表面相交时，在相交处画出交线，如图 4-39 所示。

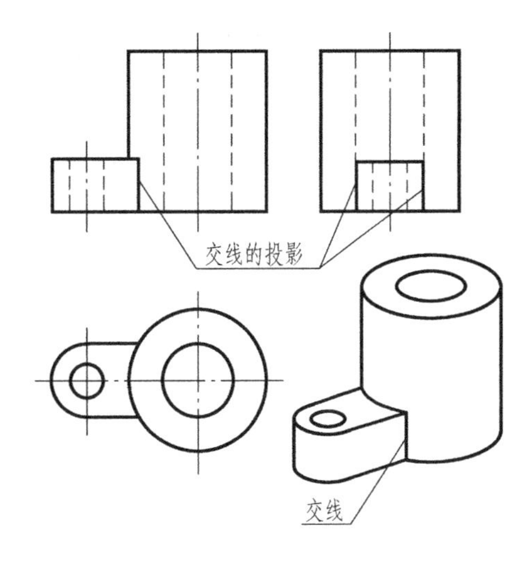

图 4-39　两表面相交

4）相切：当两基本体表面相切时，两相邻表面形成光滑过渡，其结合处不存在分界线，因此投影图上一般不画分界线。如图 4-40 所示，底板前表面与圆柱外表面相切，其正面投影和侧面投影中的轮廓线末端应画至切点为止，具体的切点位置由水平投影作出并由投影关系来确定，两表面相切处不应画线。

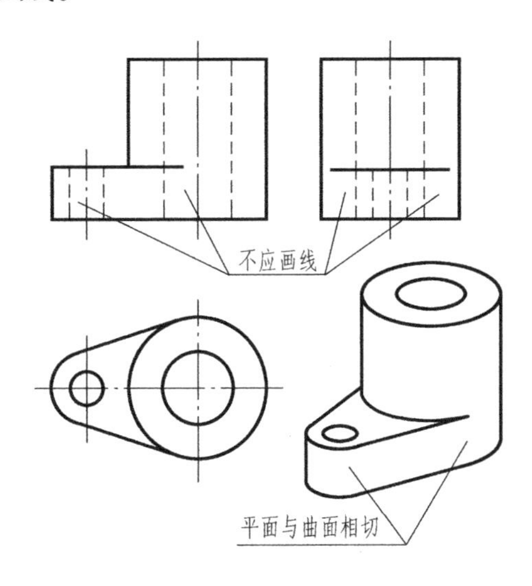

图 4-40　两表面相切

4.4.2　组合体三面正投影的画法

在工程制图中，常把物体在投影面体系中的正投影称为视图，相应的投射方向称为视向，正面投影、水平投影、侧面投影分别称为主视图、俯视图、侧视图；在土建工程制图中则分别称为正立面图（简称立面图）、平面图、左侧立面图（简称侧面图），组合体的三面投影图称为三视图或三面图。组合体三面图的投影规律符合“长对正、高平齐、宽相等”。

（1）形体分析　分析组合体的类型及组成部分，各部分之间的相对位置，相邻两基本体的组合形式，是否产生交线等。

（2）选择视图　首先要选择最能反映其形状特征的方向作为主视图的投影方向，即首先确定组合体的正面投影方向。在选择主视图时，应遵守以下原则：

1）将组合体以自然状态的位置安放。

2）使组合体的各侧面尽量反映实形。

3）使正面投影图最能反映组合体的形状特征。

4）尽可能减少组合体投影中的虚线，以使图形清晰。

如图4-41所示，轴承座按稳定位置放置后，有四个方向可供选择主视图的投影方向。分析比较该四个方向可知 *C* 向、*D* 向不能反映轴承座的形体特征，应舍去；*A* 向、*B* 向均能反映轴承座的形体特征，但相比而言，*B* 向的主视图出现较多的虚线，应舍去。所以该例选 *A* 向作为主视图，其俯视图和侧视图也就自然确定了。

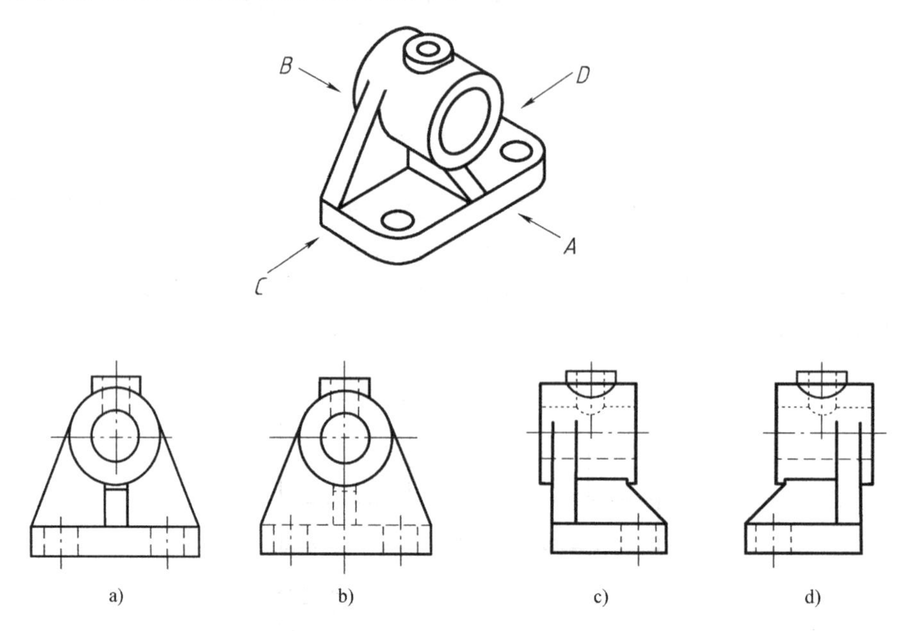

图4-41　组合体的形体分析

（3）画三视图

1）选择幅面和比例。视图确定后，应根据组合体的大小和复杂程度，选择国家标准规定幅面和比例。

2）布图、画基准线。将视图均匀地布置在图纸图框内，用细单点画线或细实线画出作图基准线。作图基准线是指画图时测量尺寸的基准，每个视图需要确定两个方向的基准线。通常用对称中心线、轴线和大端面作为基准线。

3）画底稿。根据形体分析，按各基本形体的主次及相对位置，用细线逐个画出它们的三面投影图，画图的一般顺序是：先实后空，先大后小，先画轮廓后画细节，同时注意三个视图配合画。

4）检查底稿，描深。底稿完成后，仔细检查各形体的相对位置、表面连接关系，改正错误、补画遗漏的线、擦去多余图线，确认无误后，按规定线型加粗图线。

【例4-22】　绘制图4-35所示轴承座的三视图。

解：通过形体分析，选择 *A* 向为主视投影方向，作图步骤如图4-42所示。

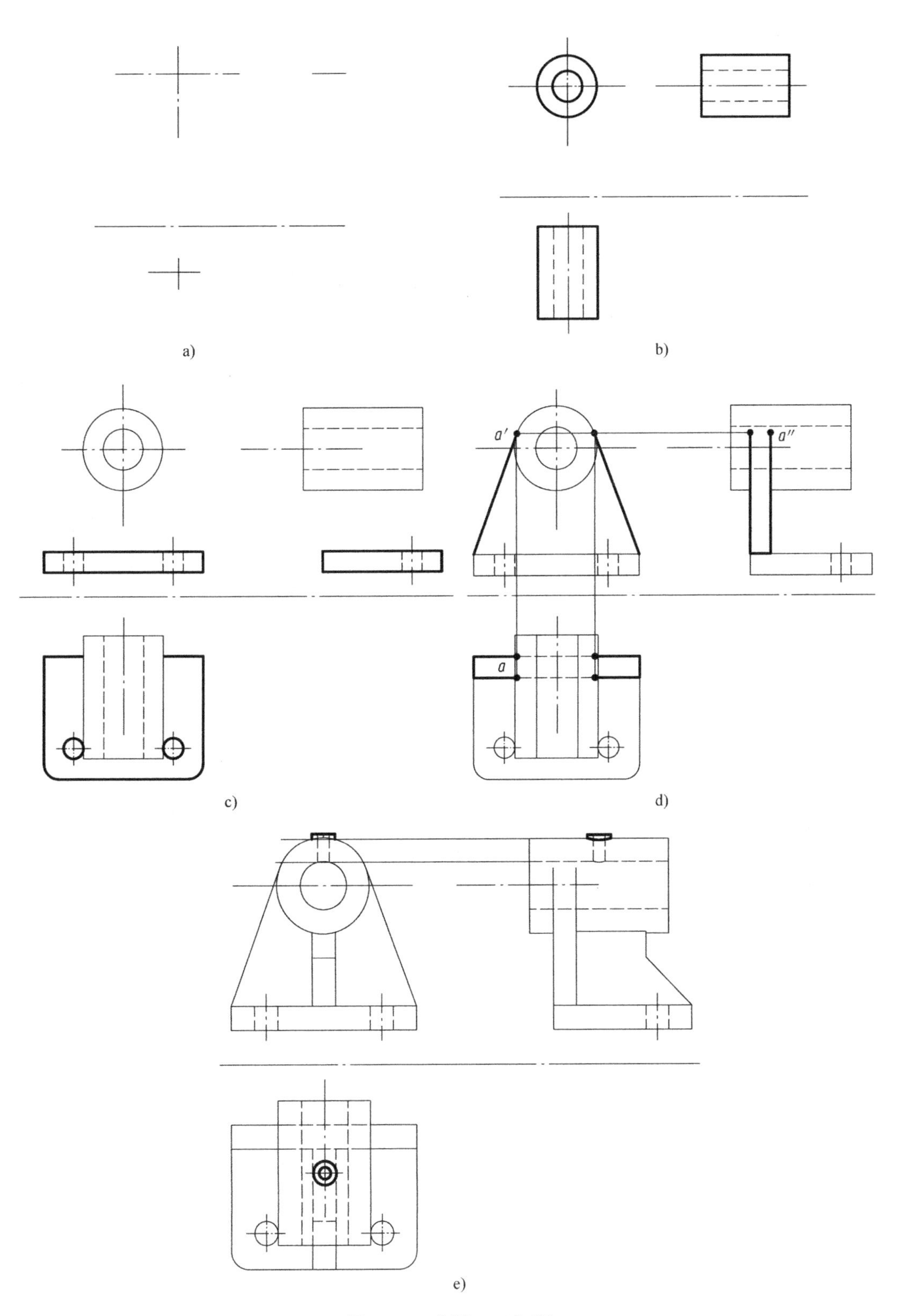

图4-42　【例4-22】图

a）画轴线及基线，合理布置三视图　b）画轴承的三视图　c）画底板的三视图　d）画支撑板的三视图

e）画凸台的三视图，检查加深图线

4.4.3 组合体的识读

根据组合体的投影想象组合体空间形状的全过程称为读图。4.4.2 节的画图是由“物”到“图”的过程，而读图是由“图”到“物”的过程。这两方面的训练都是为了培养和提高空间想象能力和形体的构思能力。要正确、迅速地读懂组合体的投影，必须了解读图的思维规律，掌握读图的基本方法。

1. 读图的基本知识

（1）要将几个视图联系起来看　一般情况下，一个视图不能完全确定物体的空间形状。如图 4-43 所示，其主视图相同，但各空间形状不同。选择不当时，两个视图也不能唯一确定物体的空间形状。如图 4-44 所示，不同空间形状的物体，其主视图和俯视图却相同。因此，在读图时，一般都要将几个视图联系起来阅读、分析、构思，才能想象出组合体的空间形状。

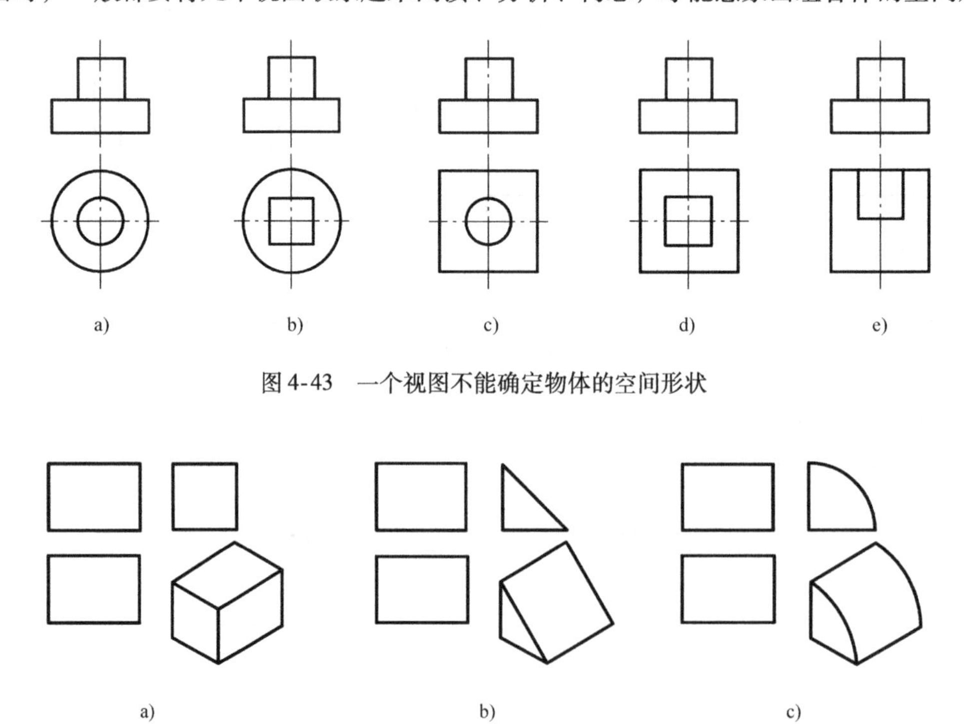

图 4-43　一个视图不能确定物体的空间形状

图 4-44　选择不当时，两个视图也不能确定物体的空间形状

（2）要抓住特征视图　在三面投影中，最能反映组合体形状特征的投影称为形体的特征投影。组图时，应从特征投影入手，再结合其他投影进行构思想象。一般正面投影较多地反映了组合体的形状特征，所以读图时可从正面投影读起。但有时组合体各组成部分的特征投影并不一定都集中反映在正面投影上，应具体情况具体分析。如图 4-45 所示，形状特征视图分别反映在左侧立面图和平面图上。

（3）要弄清楚视图中“图线”“线框”的含义及相对位置关系　如图 4-46 所示，一般视图中“图线”有以下三种含义：1 表示物体上具有积聚性的平面或曲面；2 表示物体上两个表面的交线；3 表示曲面的轮廓素线。

如图 4-47 所示，一般视图中的“线框”有以下四种含义：1 表示一个平面；2 表示一个曲面；3 表示平面与曲面相切的组合面；4 表示一个空腔。

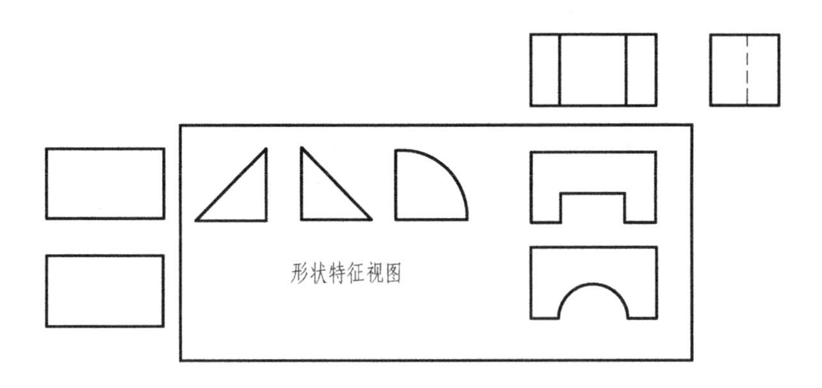

图4-45 形状特征视图

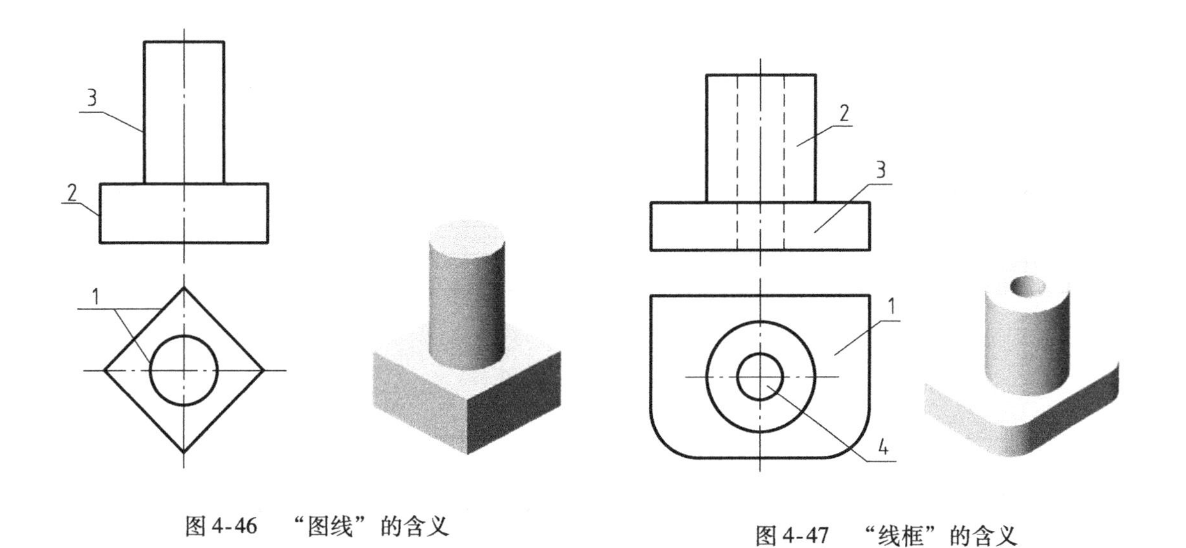

图4-46 “图线”的含义

图4-47 “线框”的含义

投影图中两个相邻的线框必定是空间形体上相交或有前后、左右、上下关系的两个面的投影，如图4-48所示。这种分析投影图中图线、线框的含义，把组合体表面分解成若干个面、

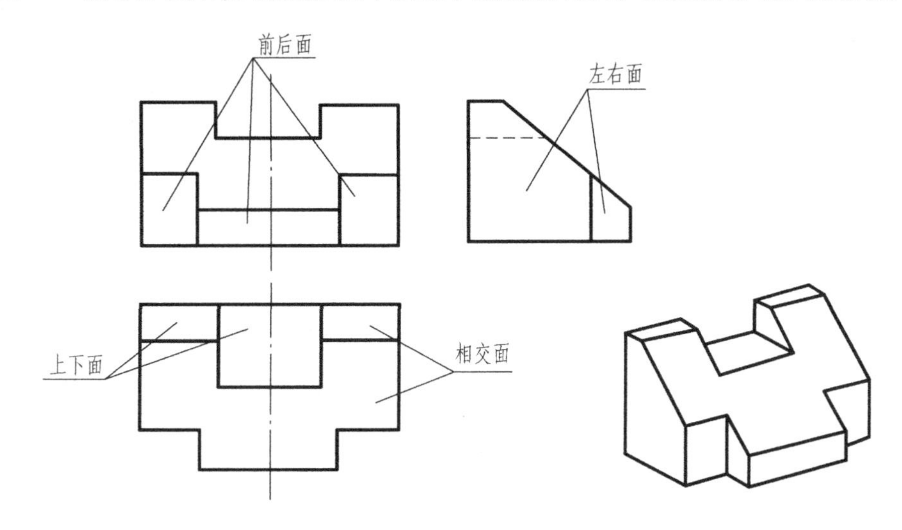

图4-48 相邻线框的相对位置关系

线，逐个根据投影规律确定其空间形状和相对位置，从而构思组合体形状的方法称为线面分析法。

2. 读图的基本方法

（1）形体分析法 这是读图的基本方法，其基本思路是根据形体分析的原则，将已知视图分解成若干组成部分，然后按照正投影规律及各视图间的联系，分析出各组成部分所代表的空间形状及相对位置，最后想象出物体的整体形状。

读图 4-49 所示组合体的三视图，想象出组合体的空间形状。

1）根据形体分析原则及视图中线框的含义，由平面图可看出该组合体为对称结构，可分解为Ⅰ、Ⅱ、Ⅲ、Ⅳ四个部分，如图 4-49a 所示。

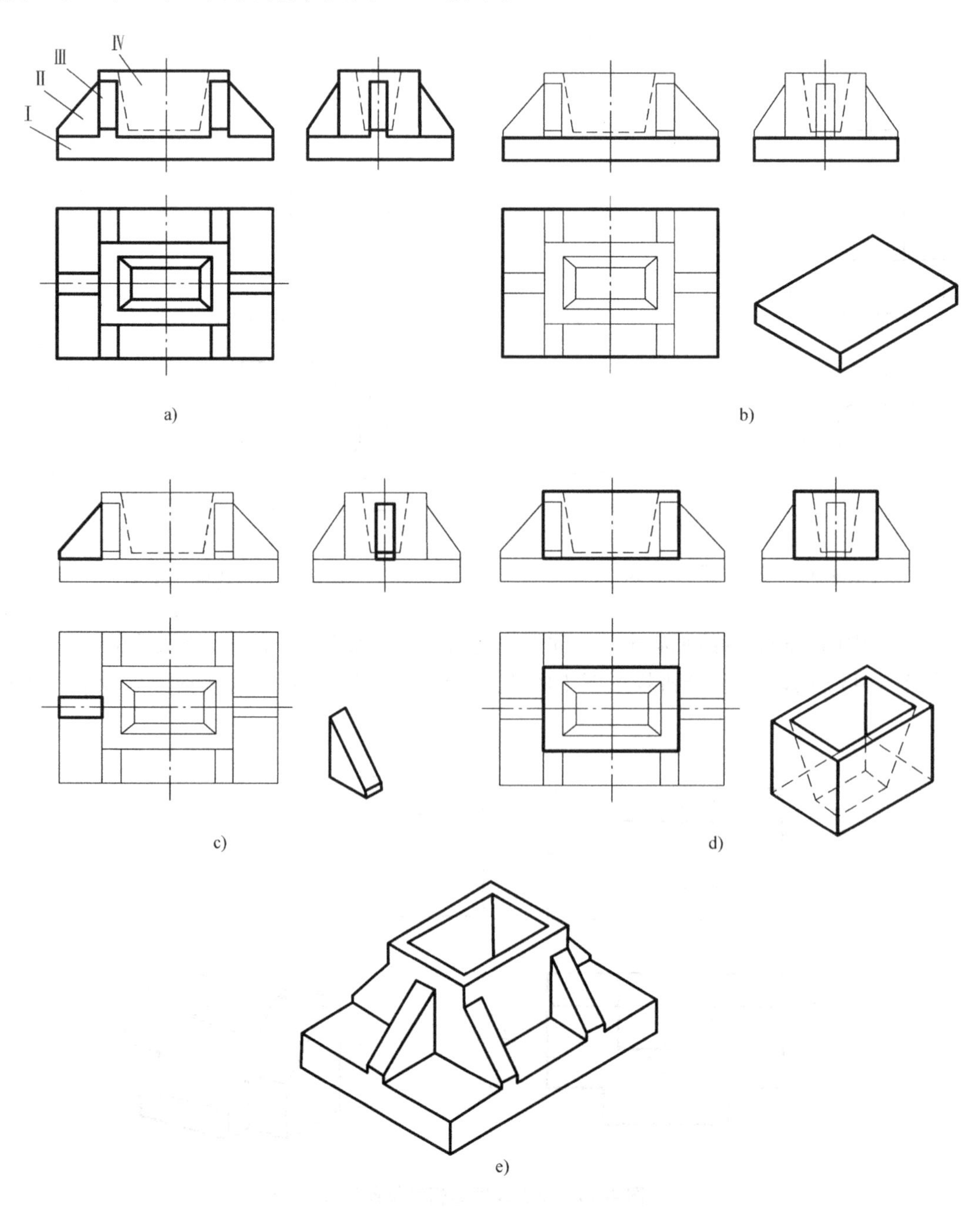

图 4-49 组合体的形体分析

2）根据投影，逐个分析各部分形状。根据投影“三等”对应关系，找出各部分的其余投影，再根据各部分的三面投影逐个想象出各部分的形状，如图 4-49b ~ d 所示。

3）综合考虑整体形状。在看懂每部分形状的基础上，再分析已知视图，想象出各部分之间的相对位置、组合方式以及表面间的连接关系，从而得出组合体的整体形状。如图 4-49e 所示，形体Ⅳ为四棱柱，位于形体Ⅰ上方正中位置，中间被挖去一个楔形杯体，形体Ⅱ、Ⅲ形状相同，位置不同，形体Ⅱ位于形体Ⅳ的左右正中位置，形体Ⅲ位于形体Ⅳ的前后两侧，由此综合出该组合体形状。

（2）线面分析法　当组合体的形状比较复杂时，有些局部投影所表示的结构形状可用线面分析法加以确定。用线面分析法读图，就是把组合体的投影划分成若干个线框，然后根据线、面的投影特性分析各线框所表示的形体表面的形状和位置，进而想象出形体的空间形状。

在三视图中，面的投影特征是：凡“一框对两线”，则表示投影面平行面；凡“一线对两框”，则表示投影面垂直面；凡“三框相对应”，则表示一般位置平面。组合体视图的阅读要遵循“形体分析为主、线面分析为辅”的原则，线面分析法主要解决读图中的难点，如切口、凹槽等。

【例 4-23】　根据图 4-50a 所示组合体的三面投影，想出其空间形状。

解：1）形体分析：该组合体的水平投影的边框为矩形，正面投影的边框为左边缺少一部分的矩形，侧面投影的边框为右上角缺少一部分的矩形，且各投影中的图线都是直线段，可初步判断，该组合体是一个长方体被切去某一部分后形成的。具体被什么样的平面截切，需要进行线面分析。

2）线面分析：正面投影有一积聚的直线段 $1'$，其对应的水平投影和侧面投影均为六边形线框，由此可知，Ⅰ面是正垂面，长方体的左边部分就是被平面Ⅰ所截切的。水平投影线框 2，对应的正面投影和侧面投影均为直线，可知Ⅱ为水平面。正面投影中的线框 $3'$，对应的水平投影和侧面投影均为直线，可知Ⅲ面为一个正平面，长方体的前上部分就是被Ⅱ、Ⅲ两个平面所截切的。其余表面都比较简单，这样既从形体上，又从线、面的投影上弄清楚了该形体的三面投影，综合起来想象出该组合体的空间形状，如图 4-50e 所示。

3. 组合体读图、画图训练

（1）根据组合体的两视图补画第三视图　根据组合体的两视图补画第三视图（简称“知二补三”）是训练读图、画图能力的一种基本方法。训练过程中，要根据已知的两视图读懂组合体的形状，按照投影规律正确画出相应的第三视图。

【例 4-24】　如图 4-51a 所示，已知一组合体的正立面图和左侧立面图，试作其平面图。

解：1）看懂视图，想象出组合体的形状。该组合体 W 面投影为一梯形，V 面投影可补全成一矩形，由此可知它是由四棱柱体切割而成的。分析 m'' 线框可知 M 是侧平面，K 是水平面，四棱柱体被 M、K 平面左右对称地各切去一梯形；分析线框 n'' 可知，N 是两个正垂面，F 是水平面，四棱柱体上方中部被两个 N 平面、一个 F 平面切去一通槽。组合体形状如图 4-51c 所示。

2）补画形体的平面图，如图 4-51 所示。

（2）补画三视图中所缺的图线　补画三视图中所缺的图线是读图、画图训练的另一种基本形式。它是在一个或两个视图中给出组合体的某个局部结构，而在其他视图中漏缺，要求从一个投影中的局部结构入手，按照投影规律将其他的投影补画完整。

【例 4-25】　如图 4-52a 所示，补画组合体视图中的漏线。

解：1）根据所给的不完整的三面图，想象出组合体的形状。这是一个经切割而成的组合

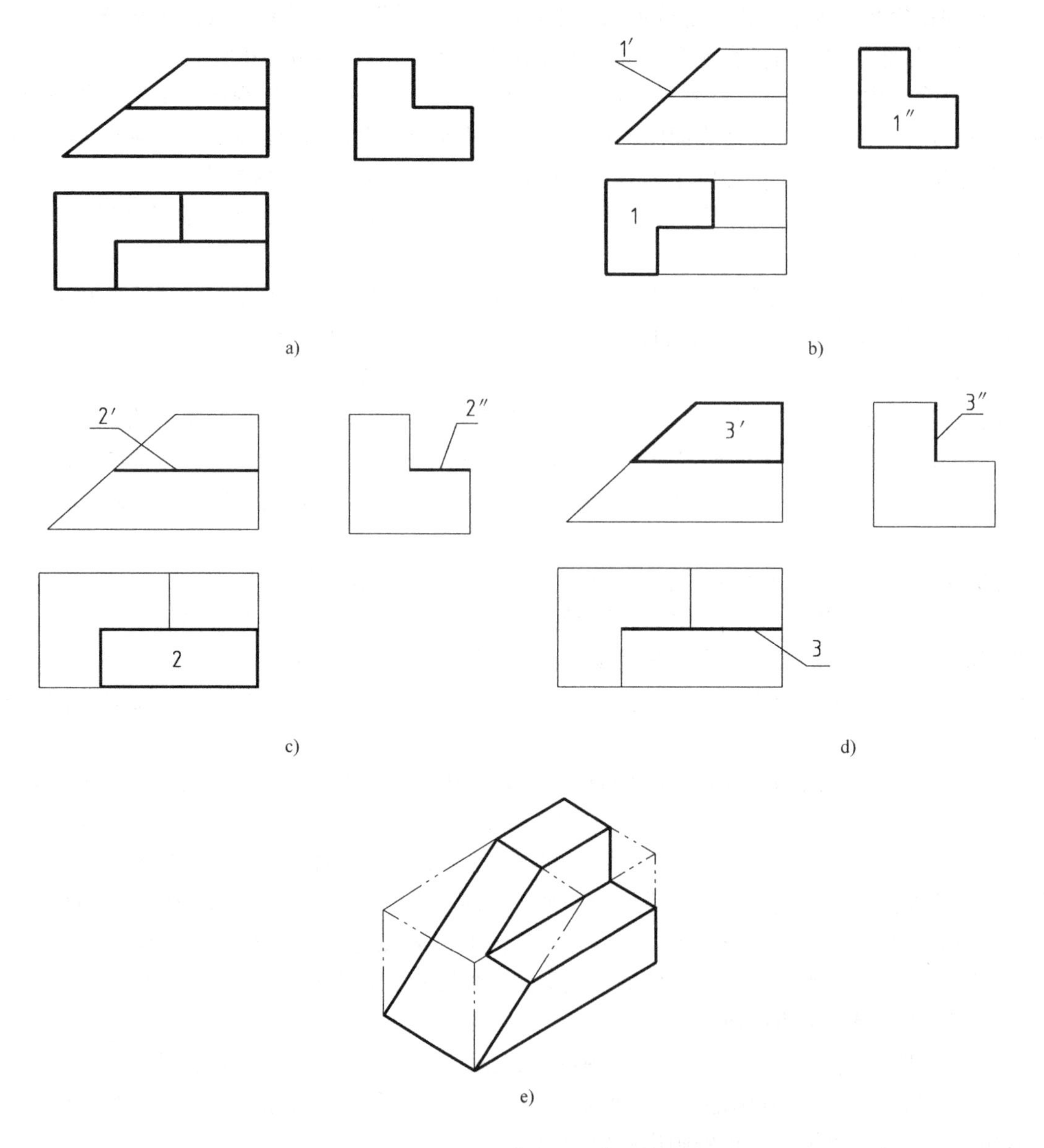

图 4-50 【例 4-23】图

a）组合体的三面投影 b）线框Ⅰ c）线框Ⅱ d）线框Ⅲ e）整体图形

体，由正立面图想象出长方体被正垂面切去左上角，由平面图可想象出长方体左下角被挖去一小长方体；由左侧立面图想象出，在前两次切割的基础上，在其右上角挖去楔形体；这样想象出组合体的完整形状，如图 4-52b 所示。

2）根据组合体的形状和形成过程，逐步添加图线。如图 4-52c 所示，正垂面切去左上角，应在平面图和左侧立面图添加相应的截交线；长方体左下角被挖去一小长方体，需在正立面图和左侧立面图添加相应的图线。如图 4-52d 所示，最后被挖去的楔形体，在正立面投影上添加相应的图线，在水平投影面上添加的图线较复杂，采用面上找点连线的方法逐步画出所缺的图线，完成全图。

（3）构形设计 给出一个或几个视图，其所表达的物体有多个答案时，要求想象出尽可能多的形体，并补画所需的视图，这个过程称为构形设计。构形训练可以启迪思维，开拓思

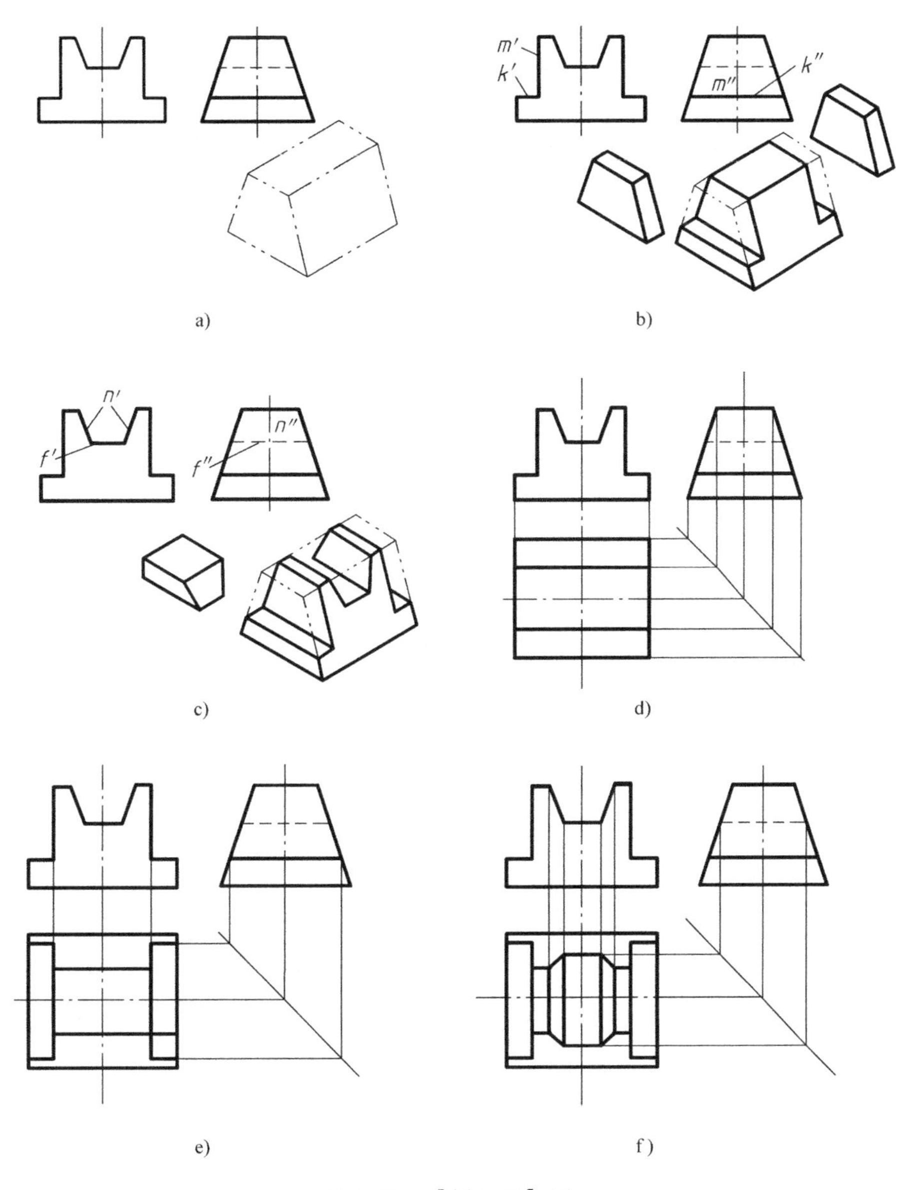

图4-51　【例4-24】图

路，丰富空间想象能力，培养构造空间形体的创新能力和图示表达能力。

如图4-53所示，根据给定的平面图和正立面图构造不同的组合体。

“知二补三”“补漏线”和“构形设计”的过程，既是画图的过程，也是读图进行空间思维的过程，都是读、画三视图的很好的训练。

4.4.4　组合体的尺寸标注

组合体视图只能表达组合体的形状，而组合体各部分的真实大小及相对位置，则要通过标注尺寸来确定。因此，正确地标注尺寸极为重要。

1. 标注尺寸的基本要求

1）正确。组合体的尺寸必须符合国家制图标准的有关规定。

2）完整。尺寸必须注写齐全，不遗漏。

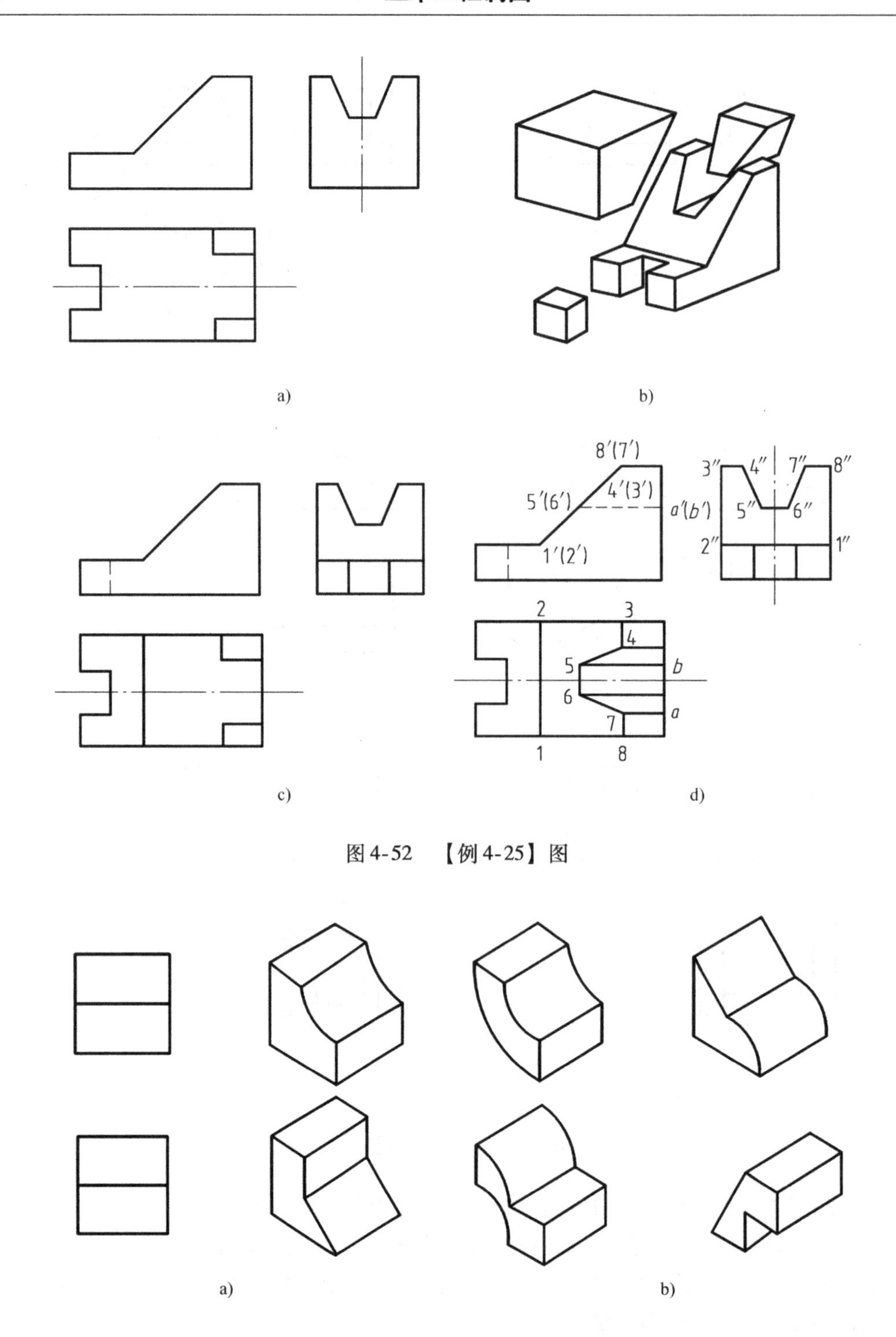

图4-52 【例4-25】图

图4-53 构形设计

3）清晰。尺寸标注布置要整齐、清晰，便于阅读和查找。

4）合理。尺寸标注要合理。

2. 组合体尺寸的种类

组合体的尺寸要能表达出组成组合体的各基本形体的大小及它们相互间的位置。因此，组合体的尺寸可以分为定形尺寸、定位尺寸和总体尺寸三类。

1）定形尺寸是确定组合体中各基本体形状大小和形状的尺寸。

2）定位尺寸是确定组合体中各基本体之间相对位置的尺寸。

3）总体尺寸是确定组合体总长、总宽、总高的尺寸。

3. 基本体的尺寸标注

组合体是由基本体组成的，熟悉掌握基本体的尺寸标注是组合体尺寸标注的基础。

图 4-54 所示为常见的平面体的尺寸标注；图 4-55 所示为回转体的尺寸标注；图 4-56 所示为其他形体的尺寸标注。

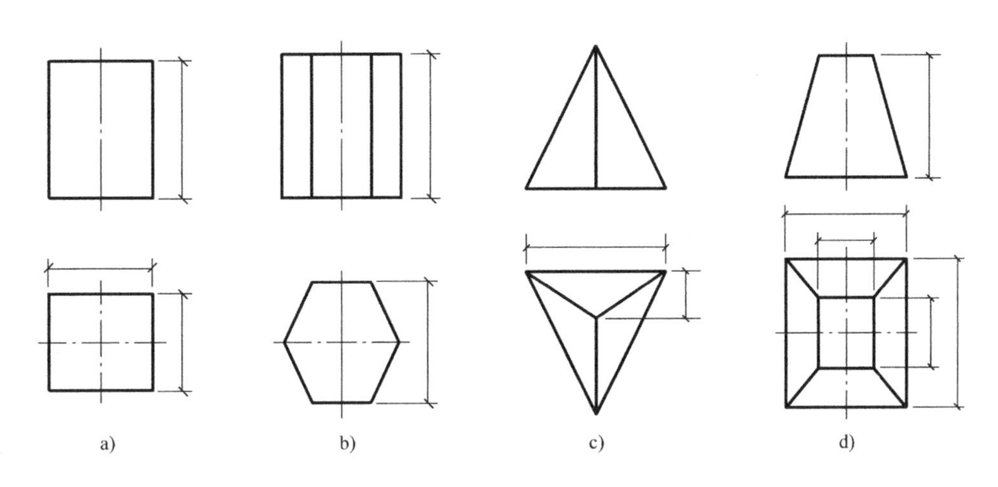

图 4-54　常见的平面体的尺寸标注

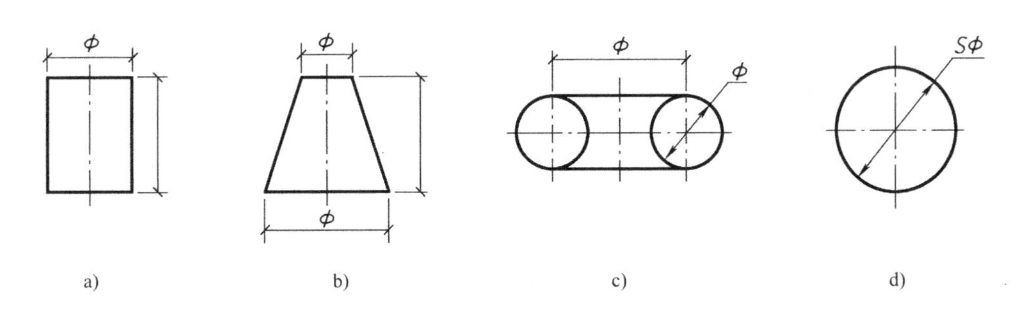

图 4-55　回转体的尺寸标注

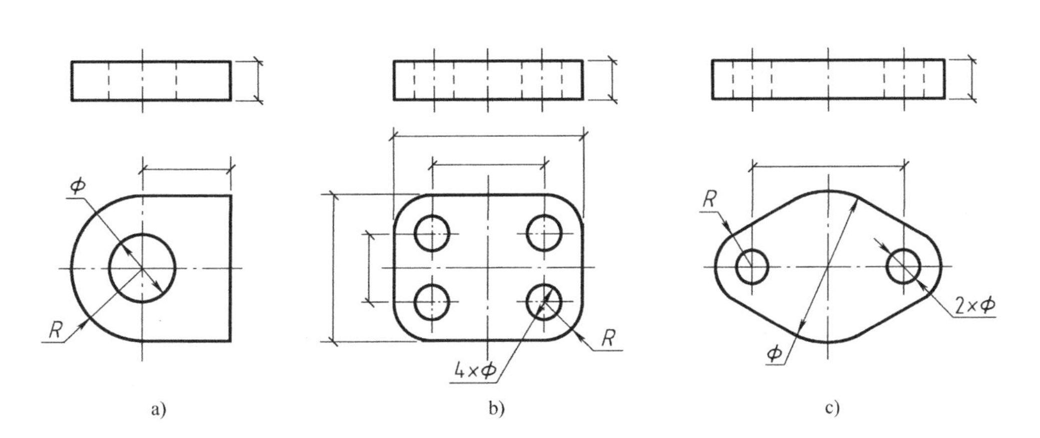

图 4-56　其他形体的尺寸标注

4. 组合体的尺寸标注

在组合体上标注尺寸，采用形体分析方法，首先确定各组成部分（基本体）的尺寸，然后确定各组成部分之间的相对位置的尺寸，最后确定总体尺寸。在标定尺寸时，应该在长、宽、高三个方向上分别选择尺寸基准，通常情况下是以组合体的底面、大端面、对称面、回转轴线等作为尺寸基准。

现以图4-57所示的组合体为例，说明组合体三视图尺寸标注的过程。

（1）形体分析　该组合体由三部分叠加而成，前后左右对称。立板Ⅱ叠放在水平的底板Ⅰ上，而且与底板Ⅰ等宽，四块支撑板Ⅲ叠放在底板Ⅰ的上表面，另一面与立板Ⅱ的端面共面。

（2）选择尺寸基准　选择对称面为长度和宽度方向上的尺寸基准，底板Ⅰ的底面为高度方向上的尺寸基准。

（3）尺寸标注

1）标注定形尺寸。根据形体分析，每一部分应标注的尺寸如图4-57a所示：底板Ⅰ的定形尺寸有300、170和40；立板Ⅱ的定形尺寸有40、120和40；支撑板Ⅲ的定形尺寸有70、70和30。

2）标注定位尺寸。由于组合体左右对称，前后对称，所以立板Ⅱ左右定位尺寸是80；支撑板Ⅲ前后定位尺寸是50。

3）标注总尺寸。总长和总宽与底板的定形尺寸重合，总高为160。

最后综合起来需要对某些尺寸进行调整，如立板Ⅱ高度方向上的定形尺寸可以省略。

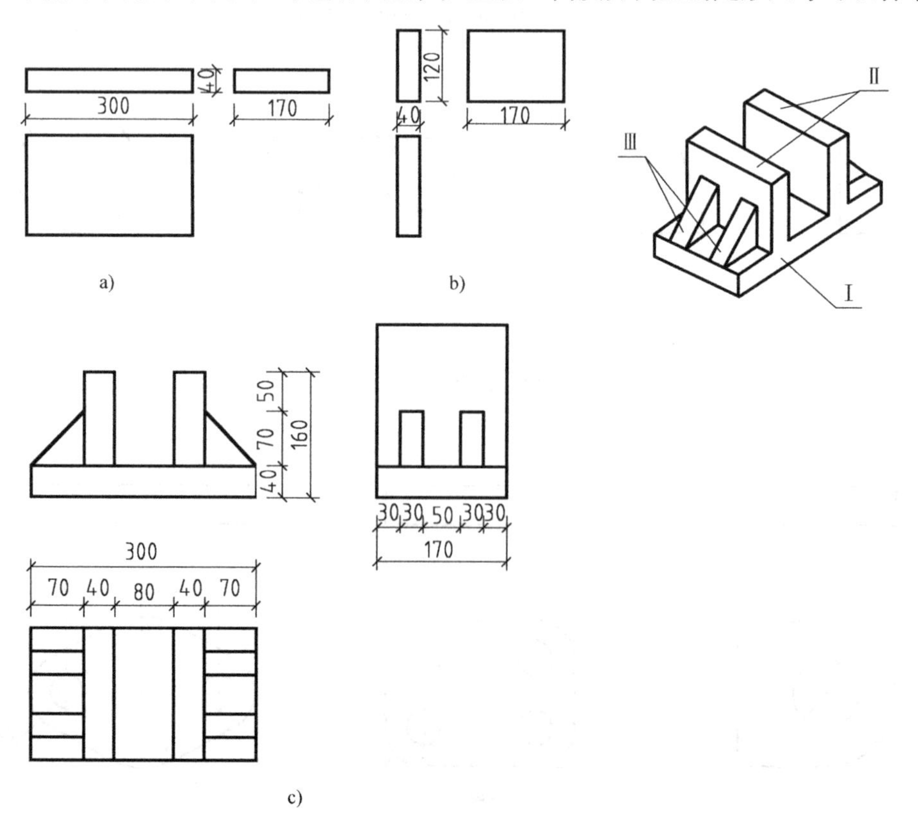

图4-57　组合体的尺寸标注

5. 组合体尺寸标注注意事项

1）尺寸标注应该明显。尺寸应尽可能标注在反映形体形状特征最明显的视图上。尽量避免在虚线上标注尺寸。

2）与两个投影都有关系的尺寸，尽量标注在两个图形之间，如图4-57中长度方向上的尺寸70、40、80和300，高度方向上的尺寸40、50、70和160，宽度方向上的尺寸30、50和170，而且宽度方向上的尺寸不宜标注在平面图的左侧。

3）表示同一结构的尺寸尽量集中。

4）尺寸尽量标注在图形之外。但在某些情况下，为了避免尺寸界线过长或过多的图线相交，在不影响图形清晰的情况下，也可以将尺寸标注在图形内部。

5）尺寸布置恰当、排列整齐。在标注同一方向的尺寸时，间隔应均匀，尺寸由小到大向外排列，避免尺寸线和尺寸界限相交。

4.5　轴测图

4.5.1　概述

多面正投影图能够完整、准确地表达形体的形状和大小，而且作图简便，度量性好，所以在工程实践中被广泛采用。但是，这种图的立体感较差，不易看懂。如图4-58所示的组合体，它的三面投影（图4-58a）中，每个投影只反映形体的长、宽、高三个向度度量尺寸中的两个，不易看出形体的整体形状。

轴测投影是一种平行投影，它可以同时表现物体的长、宽、高三个度量大小的单面投影，如图4-58b所示。轴测图立体感强，对于复杂的建筑常用轴测投影绘制出立体图，帮助人们理解三面投影图。但其缺点是度量性不够理想，有遮挡，作图较为复杂烦琐，因此轴测图经常作为一种用于交流和沟通的辅助图样。

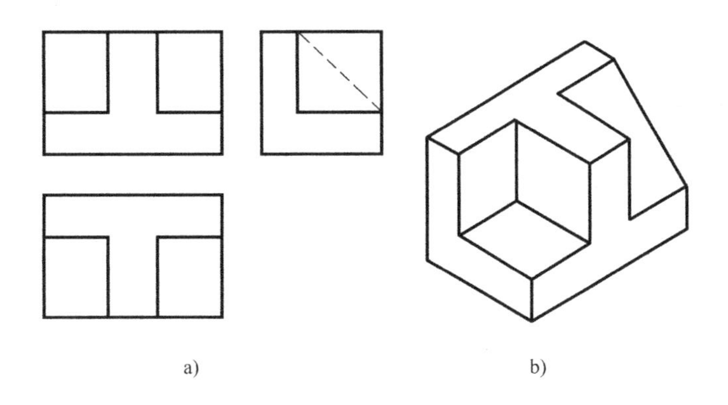

图4-58　组合体的投影图和轴测图

1. 轴测投影的形成

轴测投影是根据平行投影原理，把形体连同确定其空间位置的三根坐标轴 OX、OY、OZ 一起，沿不平行于任一坐标平面的方向 S，投影到新投影面 P 或 Q 上所得到的投影（图4-59）。其中，投影面 P 和 Q 称为轴测投影面。

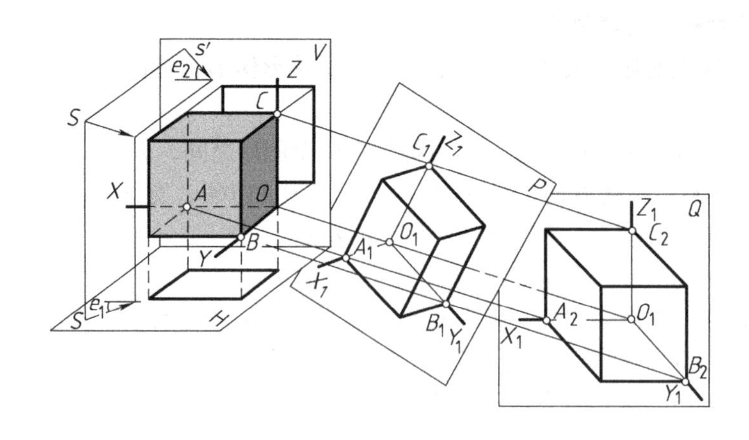

图 4-59 轴测投影的形成

2. 轴测轴、轴间角及轴向伸缩系数

三条坐标轴 OX、OY、OZ 的轴测投影 O_1X_1、O_1Y_1、O_1Z_1 称为轴测轴。轴测轴之间的夹角，即$\angle X_1O_1Z_1$、$\angle X_1O_1Y_1$、$\angle Y_1O_1Z_1$，称为轴间角。

轴测图中轴测轴上的长度与相应坐标轴上的长度的比值分别称为 X、Y、Z 轴的轴向伸缩系数，分别用 p_1，q_1，r_1 表示，即 $p_1=\dfrac{O_1X_1}{OX}$，$q_1=\dfrac{O_1Y_1}{OY}$，$r_1=\dfrac{O_1Z_1}{OZ}$。

轴间角和轴向伸缩系数是绘制轴测图时必须具备的要素，不同类型的轴测图有其不同的轴间角和轴向伸缩系数。

3. 轴测投影的特性

（1）平行性　凡互相平行的直线其轴测投影仍平行。因此，形体上平行于三个坐标轴的线段，在轴测投影上仍分别平行于相对应的轴测轴。

（2）定比性　空间相互平行的两线段的长度之比，等于它们轴测投影的长度之比。因此，形体上平行于坐标轴的线段的轴测投影长度与实际长度之比，等于相应的轴向变形系数。

所以，凡是与坐标轴平行的直线，都可以在轴测图上沿轴向进行度量和作图。

4. 轴测图的分类

轴测投影中，按投影方向与投影面的相对位置不同，所得到的轴测图不同。

（1）正轴测图　当投射方向 S 垂直于投影面 P 时，所得的投影图形称为正轴测图（图 4-60a）。正轴测图可分为正等轴测图、正二等轴测图和正三轴测图。

（2）斜轴测图　当投射方向 S 倾斜于投影面 P 时，所得的投影图形称为斜轴测图（图 4-60b）。斜轴测图可分为正面斜轴测图和水平面斜轴测图。

5. 轴测图的画法

绘制物体轴测图的基本方法有坐标法、切割法、装箱法、端面法、叠砌法等，下面分别介绍正轴测图和斜轴测图的特点及画法。

4.5.2 正轴测图

1. 正等轴测图的画法

（1）正等轴测图的轴间角和轴向伸缩系数　当投射方向与轴测投影面垂直，且物体的三条坐标轴与轴测投影面的三个夹角均相等时所得到的投影，称为正等轴测图。此时，轴间角 $\angle X_1O_1Z_1=\angle X_1O_1Y_1=\angle Y_1O_1Z_1=120°$，轴向伸缩系数 $p_1=q_1=r_1\approx0.82$。为作图简便，习

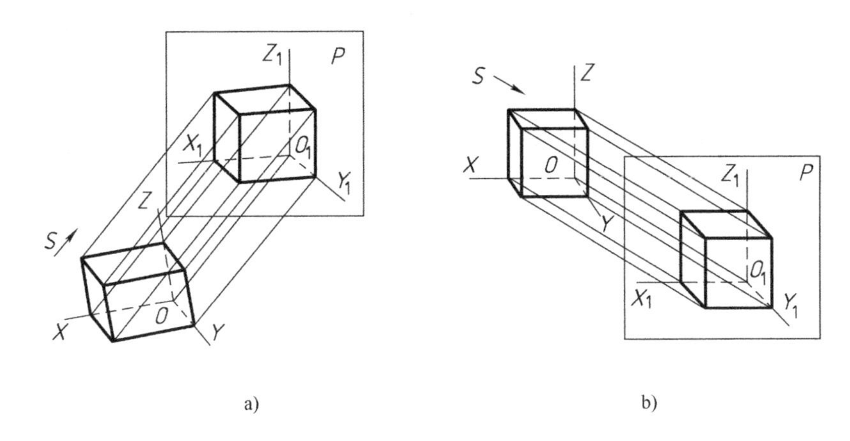

图 4-60　两种轴测图

a）正轴测图　b）斜轴测图

惯上将轴向伸缩系数简化为 1，即 $p_1=q_1=r_1=1$（图 4-61），可直接按实际尺寸作图。利用简化轴向伸缩系数画出的正等轴测图（简称正等测）比实物放大了约 1.22 倍。

（2）平面立体正等轴测图的画法　包括坐标法、切割法、装箱法、断面法。

【例 4-26】　已知正三棱锥的两面投影图（图 4-62a），试画其正等轴测图。

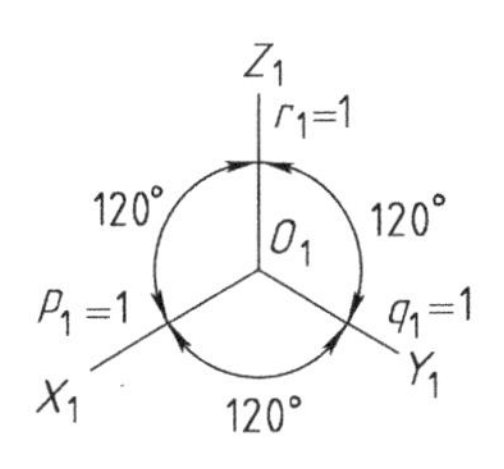

图 4-61　正等轴测图的轴间角和轴向伸缩系数

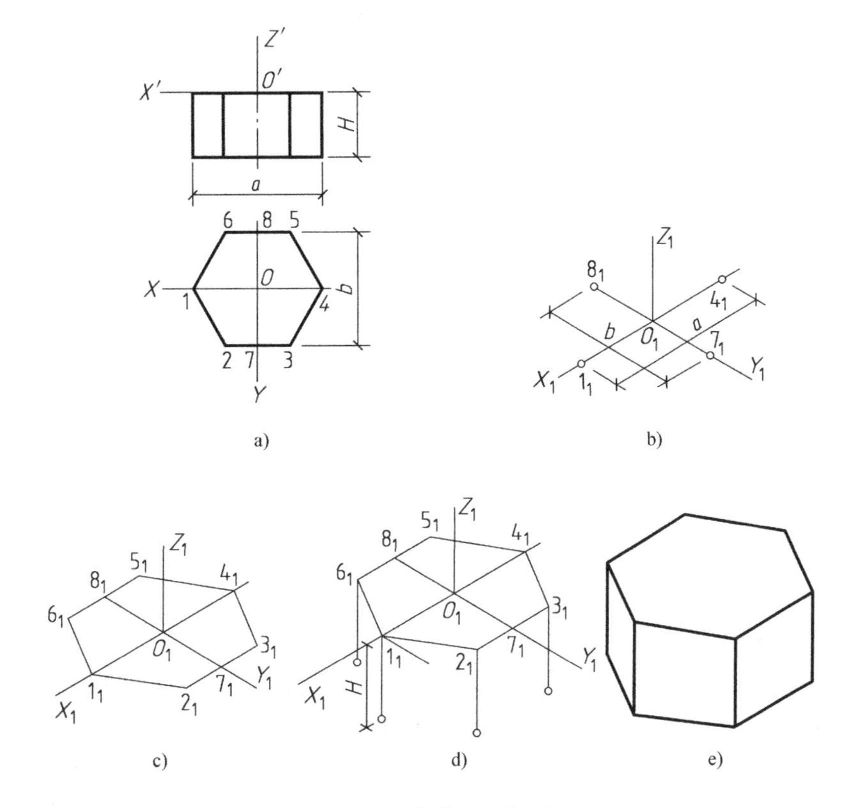

图 4-62　【例 4-26】图

分析：根据坐标关系，画出立体表面各点的轴测投影图，然后连成立体表面的轮廓线，这种方法称为坐标法。坐标法是画轴测图的基本方法，特别适合形体复杂和由一般位置平面包围而成的平面立体。

首先，以底面六边形的中点为坐标原点，在水平和正面投影中设置坐标系（图 4-62a）；并画出轴测轴，在 O_1Y_1 轴上定出点 1_1、4_1、7_1、8_1 的位置（图 4-62b），过点 7_1、8_1 作直线平行于 O_1X_1 轴，且定出点 2_1、3_1、5_1、6_1 的位置，并连接成六边形（图 4-62c）；过六边形的六个顶点作 O_1Z_1 轴的平行线，截取棱柱高度 H 定出下底面六边形的六个顶点（图 4-62d）；最后，连接可见轮廓线，描粗，完成全图（图 4-62e）。

【例 4-27】 已知物体的两面投影图（图 4-63a），试画其正等轴测图。

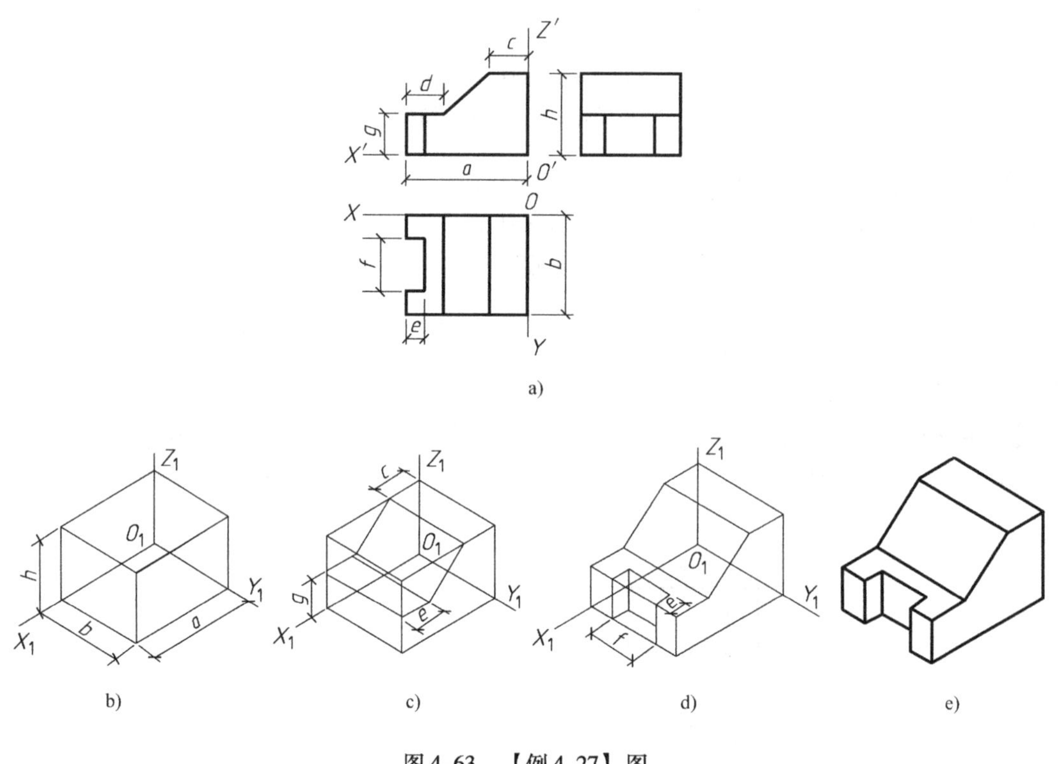

图 4-63 【例 4-27】图

分析：大多数平面立体可以设想为由长方体切割而成，为此，可先画出长方体的正等轴测图，然后进行轴测切割，从而完成立体的轴测图。这种方法称为切割法。

首先，在水平和正面投影图中设置坐标系（图 4-63a）；画出轴测轴，作辅助四棱柱体的轴测图（图 4-63b）；分别对四棱柱体进行两次切割（图 4-63c、d）；最后，描粗可见轮廓线，完成全图（图 4-63e）。

【例 4-28】 已知台阶的两面投影图（图 4-64a），试画其正等轴测图。

分析：此台阶可以看作由左右两块栏板和中间的踏步三部分组合而成，可以用装箱法先画两侧栏板，再画中间的三个踏步。

首先，在水平和正面投影图中设置坐标系 $OXYZ$（图 4-64a），并画出轴测轴（图 4-64b）；然后，量取坐标画出两侧栏板未切割前的正等轴测投影（图 4-64c）；经过切割得到栏板的正等轴测图（图 4-64d）；在右侧栏板的端面上依据 Y、Z 坐标画上三个踏步在此端面上的正等轴测投影（图 4-64e），这种方法称为端面法；过端面上的各交点分别作 X 轴的平行线，遇到

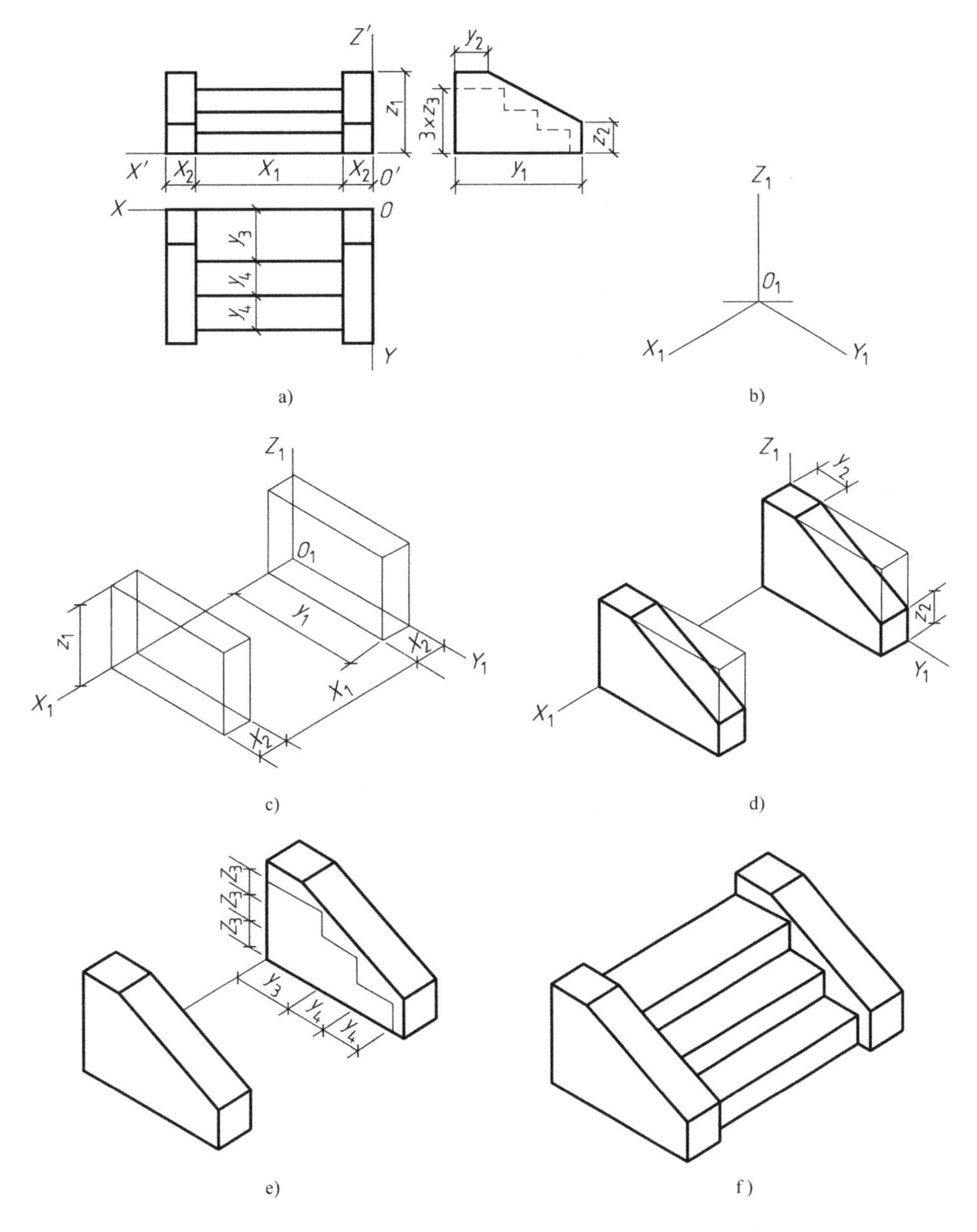

图 4-64　【例 4-28】图

左侧栏板即打断不画，描粗可见轮廓线，得到台阶的正等轴测图（图 4-64f）。

（3）回转体的正等轴测图　许多建筑形体上的圆和圆弧，多数平行于某一基本投影面，但与正等轴测投影面却不平行，所以这些圆或圆弧的正等测投影都是椭圆，如图 4-65 所示。圆或圆弧的正等测投影常用四心法画出。下面以平行于水平坐标面的圆为例，介绍用四心法画椭圆的方法。

图 4-66 所示为 XOY 坐标面上的圆，对于正等轴测图，平行于坐标面的圆的外切正方形变成一个菱形。a_1、b_1、c_1、d_1 是沿 OX_1 和 OY_1 截出的直径端点，连接成菱形。以菱形短对角线的两端点 O_1、O_2 为两个圆心，再以 O_1b_1、O_1c_1 与长对角线的交点 O_3、O_4 为另两个圆心，

则得四个圆心。分别以 O_1、O_2 为圆心，以 O_1b_1 或 O_1c_1 为半径画弧$\overset{\frown}{a_1d_1}$和$\overset{\frown}{c_1b_1}$；再分别以 O_3、O_4 为圆心，以 O_3a_1 或 O_4d_1 为半径画弧$\overset{\frown}{a_1b_1}$和$\overset{\frown}{c_1d_1}$。这四段圆弧组成了一个椭圆，用它近似代替平行于坐标面的圆的正等轴测图。

如图 4-67 所示，分别画出轴线垂直于三个坐标面的圆柱体，以及它们的底圆的画法。画图时，注意各底圆的中心线方向应平行于相应坐标面的轴测轴方向。图中还介绍了圆角的画法。掌握了圆的画法，就不难画出曲面体的正等轴测图。

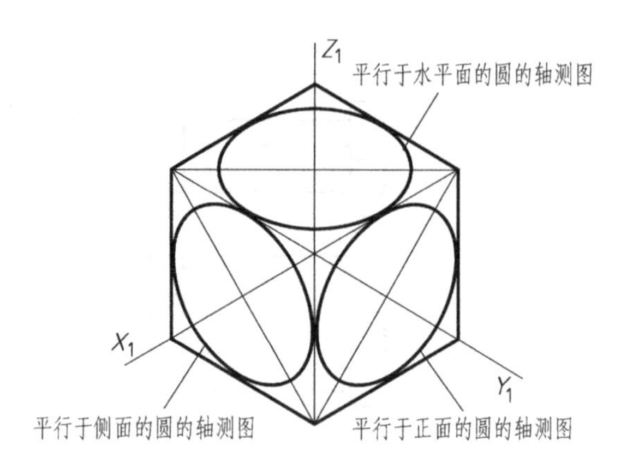

图 4-65　平行于各个坐标面的椭圆

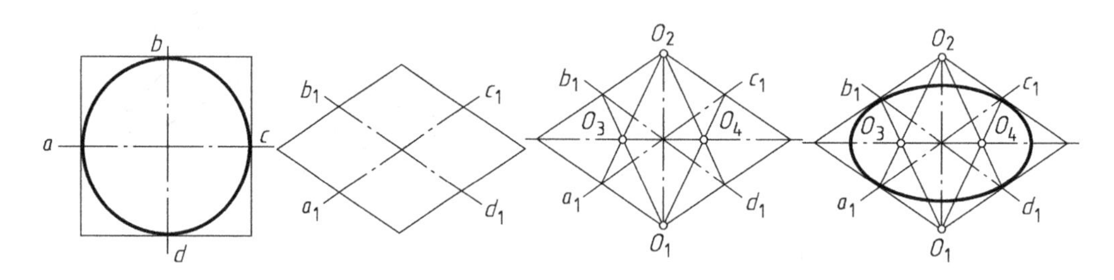

图 4-66　四心法画圆的正等轴测图

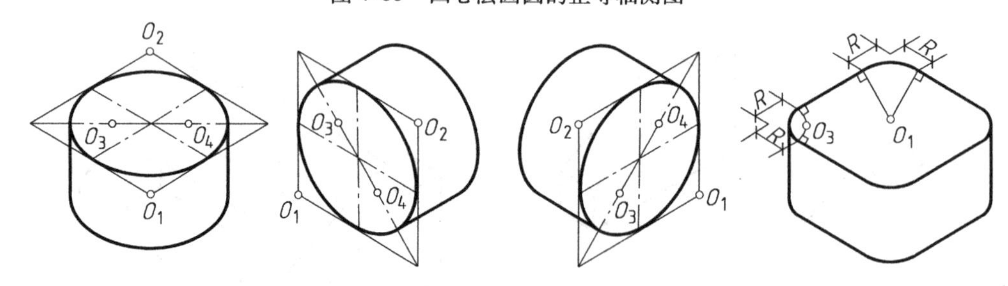

图 4-67　三个方向的圆柱和圆角的正等轴测图

(4) 曲面体的正等轴测图

【例 4-29】 已知圆柱体的两面投影图（图 4-68a），试画其正等轴测图。

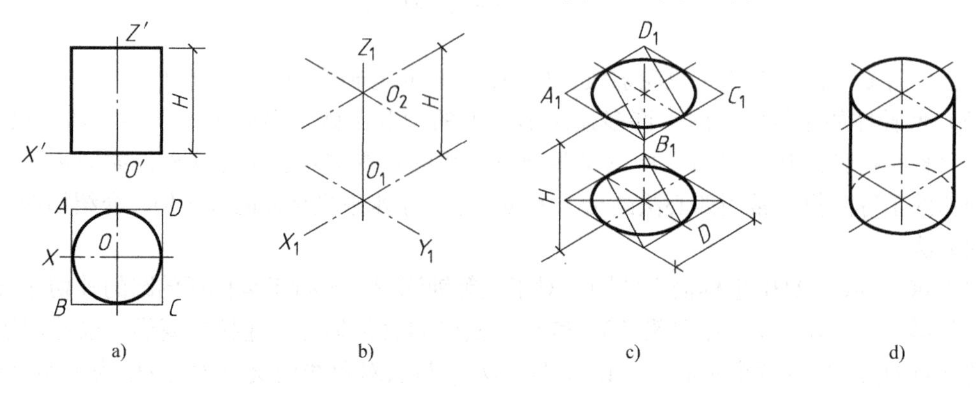

图 4-68　【例 4-29】图

分析：首先，以下底圆圆心为坐标原点，在水平和正面投影图中设置坐标系 $OXYZ$，画出圆的外切正方形（图4-68a）；确定轴测轴，在 O_1Z_1 轴上截取圆柱体高度 H，过圆心 O_2 作 O_1X_1、O_1Y_1 的平行线（图4-68b）；然后，用四心法作圆柱体上下底圆的正等轴测投影（图4-68c）；最后，作两椭圆的公切线，描粗可见轮廓线，完成全图（图4-68d）。

【例4-30】 已知曲面体的两面投影图（图4-69a），试画其正等轴测图。

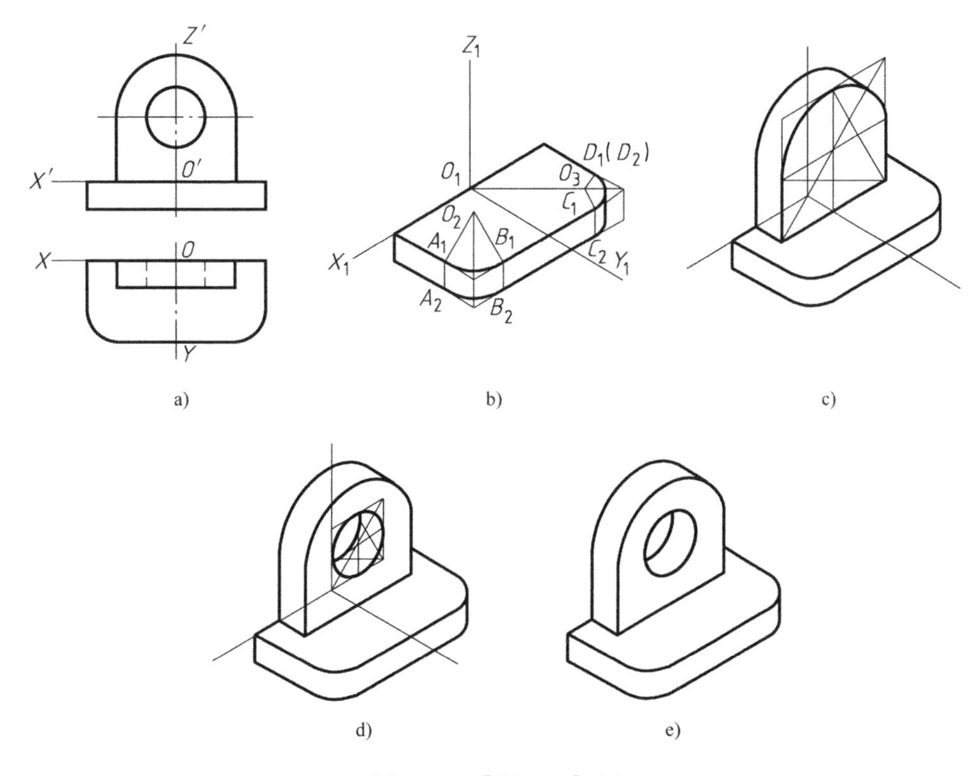

图4-69　【例4-30】图

分析：首先，在水平和正面投影图中设置坐标系 $OXYZ$（图4-69a）；画出轴测轴，作底板的正等轴测图，并画出两个圆角（图4-69b），画圆角时分别从两侧切点作切线的垂线，交得圆心，再用圆弧半径画弧；然后，作立板的正等轴测图（图4-69c），上部半圆柱体用四心法画椭圆弧，并作出两个椭圆弧的切线；再用四心法画出立板上圆孔的正等轴测椭圆（图4-69d）；最后，描粗可见轮廓线，完成全图（图4-69e）。

2. 正二等轴测投影

当选定 $p_1=r_1=2q_1$ 时，所得的正轴测投影称为正二等轴测投影，又称正二等轴测图，简称正二测。此时，$p_1=r_1\approx0.94$，$q_1\approx0.47$，$\angle X_1O_1Z_1=97°10'$，$\angle Y_1O_1Z_1=131°25'$。

正二等轴测图的立体感比较强，也比较常用，但作图稍麻烦。画图时，通常把 p_1 和 r_1 简化为1，q_1 简化为0.5，即 $p_1=r_1=1$，$q_1=0.5$（图4-70）。

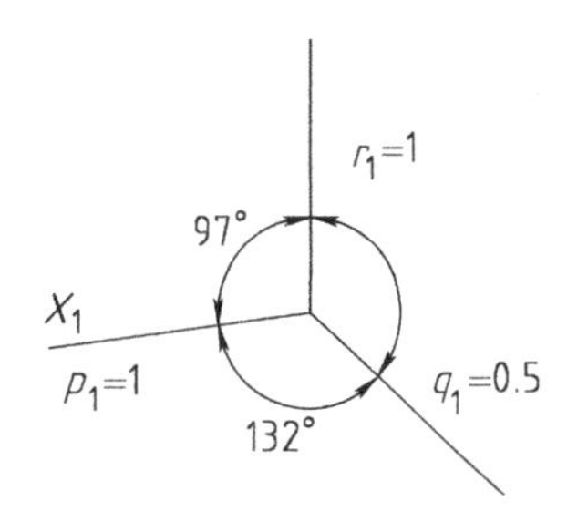

图4-70　正二等轴测图的轴间角和轴向伸缩系数

【例4-31】 已知钢柱座的两面投影图（图4-71a），求作它的正二等轴测图。

分析：钢柱座是由两根槽钢和若干不同形状的钢板所构成的。先画矩形底板，然后将其他型钢和钢板逐件添画上去，这种方法称为叠砌法。在整个作正二等轴测图的过程中，画平行 O_1Y_1 方向的线段时，要注意乘上简化了的轴向伸缩系数 0.5（图 4-71b）。以底板顶面作为基面，在其上按槽钢的位置画出槽钢的端面（图 4-71c）；画槽钢（图 4-71d）；画出两块夹板靠槽钢一面的端面（图 4-71e）；过夹板端面的各定点引宽度线，画出两块夹板（图 4-71f）；定加劲板在底板和夹板上的位置（图 4-71g）；连接两斜边，得加劲板，描粗可见轮廓线，得到钢柱座的正二等轴测图（图 4-71h）。

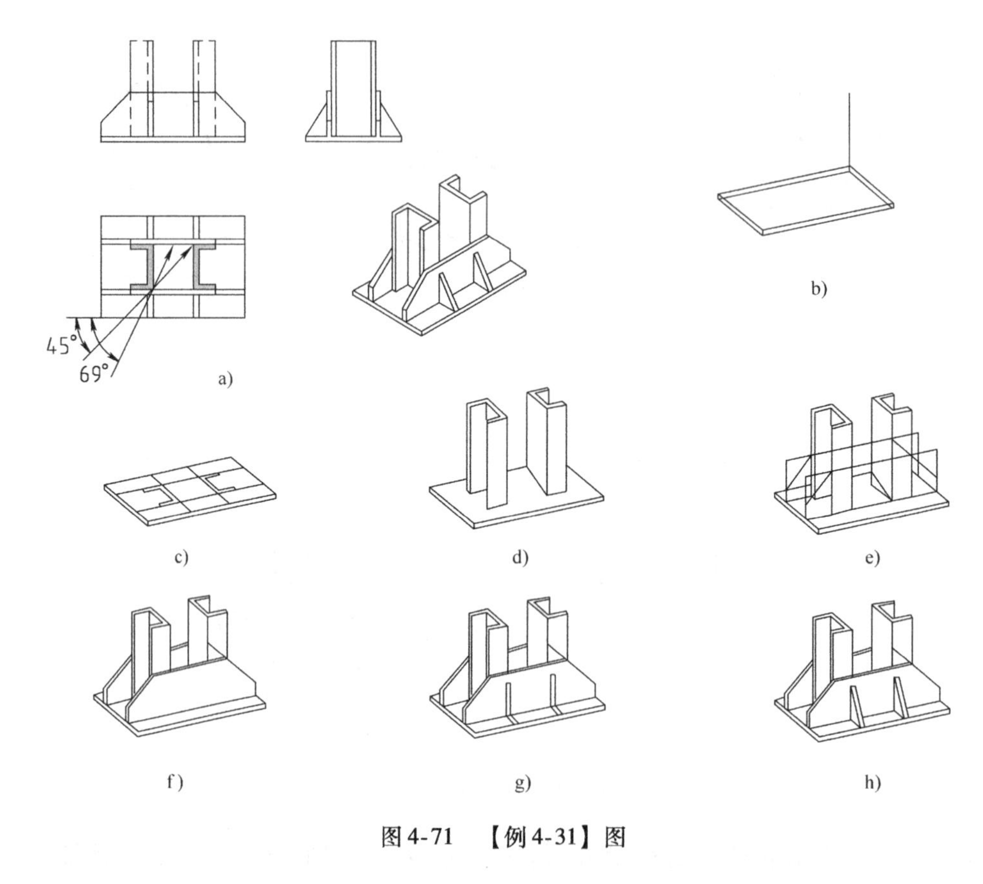

图 4-71　【例 4-31】图

由【例 4-31】可以看出，正二等轴测图和正等轴测图的画法基本上是一样的，只是轴测轴的方向和轴向伸缩系数不同而已。至于正三等轴测图，由于作图更为麻烦且不常用，在此不做介绍。

4.5.3　斜轴测图

1. 正面斜轴测图及其画法

以正立投影面或正平面作为轴测投影面所得到的斜轴测图，称为正面斜轴测图。由于其正面可反映实形，所以这种图特别适用于画正面形状复杂、曲线多的物体。

将轴测轴 O_1Z_1 画成竖直线，O_1X_1 画成水平线，轴向伸缩系数 $p_1=r_1=1$；O_1Y_1 可画成与水平方向呈30°、45°或60°角，根据情况可选择向右下（图 4-72a）、右上、左（图 4-72b）、左上倾斜，q_1 取 0.5。这样画出的正面斜轴测图称为正面斜二轴测图。

画图时，由于物体的正面平行于轴测投影面，可先抄绘物体正面的投影，再由相应各点作 O_1Y_1 的平行线，根据轴向伸缩系数量取尺寸后相连即得所求正面斜二轴测图。

【例 4-32】　已知台阶的两面投影图（图 4-73a），试画其正面斜二轴测图。

分析：首先，在水平和正面投影图中设置坐标系 *OXYZ*（图 4-73a），并画出轴测轴（图

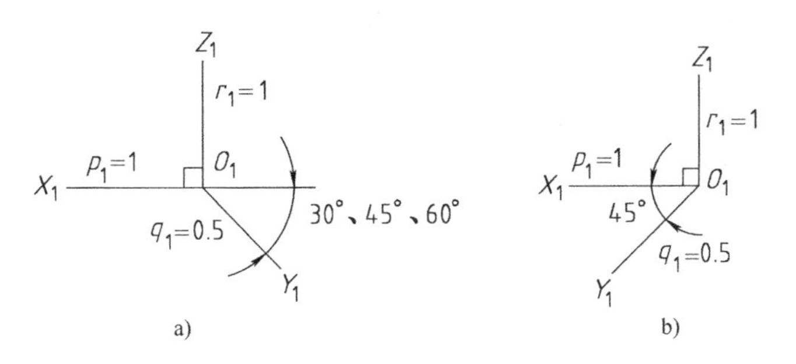

图4-72 正面斜二轴测图的轴间角和轴向伸缩系数

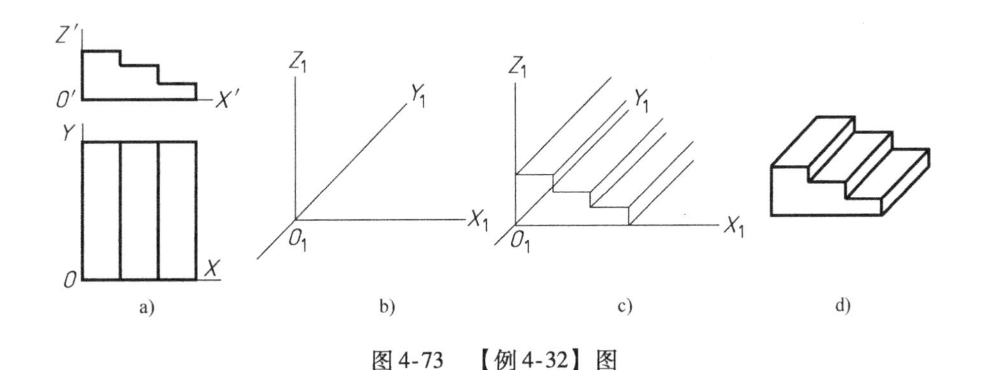

图4-73 【例4-32】图

4-73b)；然后，在 $X_1O_1Z_1$ 内画出台阶前端面的实形，并过前端面各顶点作轴 O_1Y_1 的平行线（图4-73c)；最后，在 O_1Y_1 轴的各平行线上量取台阶厚度（Y 方向）的一半（即 $q_1=0.5$)，得后端面上的各顶点，连接各点并描粗图线（虚线可省略不画)，完成全图（图4-73d)。

【例4-33】 已知曲面体的两面投影图（图4-74a)，试画其正面斜二轴测图。

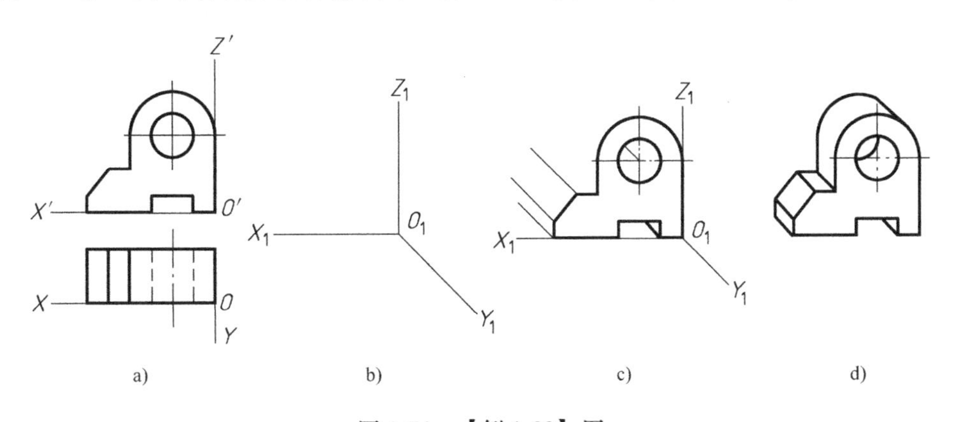

图4-74 【例4-33】图

分析：首先，在水平和正面投影中设置坐标系 $OXYZ$（图4-74a)，并画出轴测轴（图4-74b)，取 O_1Y_1 向右下45°；然后，在 $X_1O_1Z_1$ 内画出曲面体前端面的实形，并过前端面各顶点和圆心作 O_1Y_1 轴的平行线（图4-74c)；最后，在 O_1Y_1 轴的各平行线上量取曲面体厚度的一半，画出后端面的圆和圆弧，作半圆柱体上前后两圆的外公切线，并连接前后各顶点，描粗可见部分的图线，完成全图（图4-74d)。

2. 水平面斜轴测图

以水平投影面或水平面作为轴测投影面所得到的斜轴测图，称为水平面斜轴测图。房屋的平面图、区域的总平面布置等，常采用这种轴测图。

画图时，使 O_1Z_1 轴竖直（图4-75a），O_1X_1 与 O_1Y_1 保持直角，O_1Y_1 与水平呈30°、45°或60°角，一般取60°，当 $p_1=q_1=r_1=1$ 时，称为水平面斜等轴测图。也可使 O_1X_1 轴保持水平，O_1Z_1 倾斜（图4-75b）。由于水平投影平行于轴测投影面，可先抄绘物体的水平投影，再由相应各点作 O_1Z_1 轴的平行线，量取各点高度后相连即得所求水平面斜轴测图。

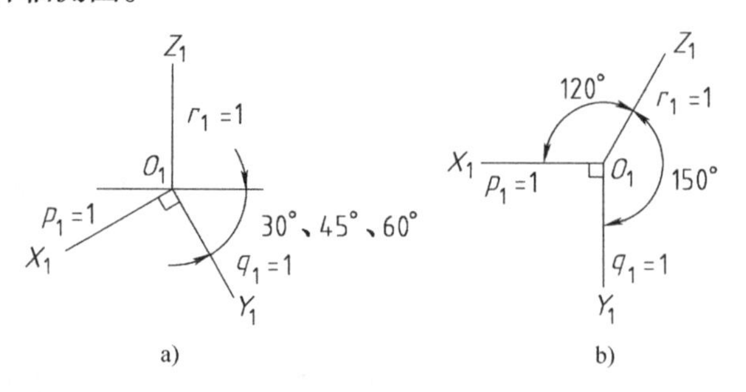

图4-75 水平面斜轴测图的轴间角和轴向伸缩系数

【例4-34】 已知建筑物的两面投影图（图4-76a），试画其水平面斜轴测图。

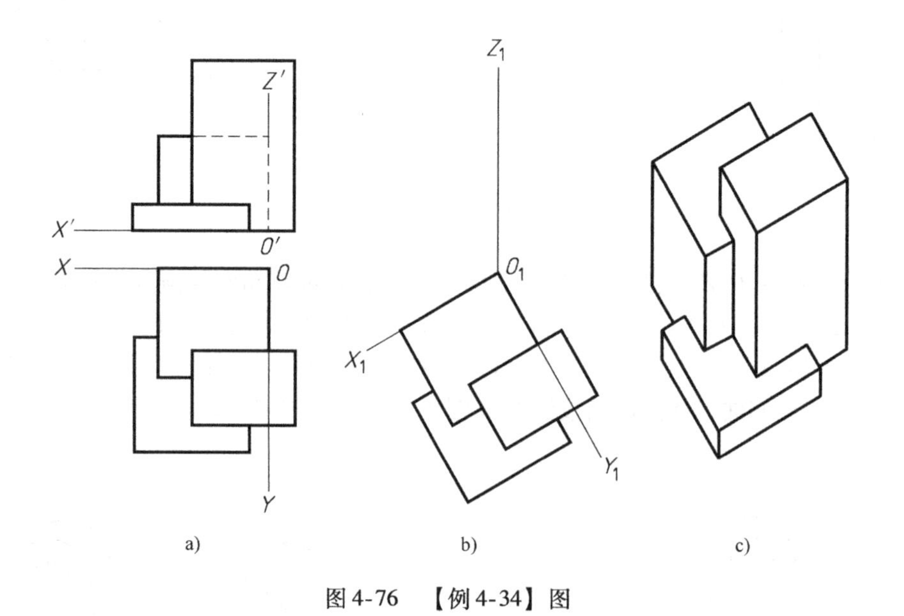

图4-76 【例4-34】图

分析：首先，在水平和正面投影中设置坐标系 $OXYZ$（图4-76a）；然后画出轴测轴（图4-76b），使 O_1Y_1 轴与水平呈60°，按与 O_1X_1、O_1Y_1 的关系，画出建筑物的水平投影（反映实形）；最后，由各顶点作 O_1Z_1 轴的平行线，量取高度后相连，描粗可见部分的图线，完成全图（图4-76c）。

【例4-35】 已知房屋的平面图和立面图（图4-77a），试画其水平面斜轴测图。

分析：首先，在水平和正面投影中设置坐标系 $OXYZ$（图4-77a）；然后画出轴测轴（图4-77b），按与 O_1X_1、O_1Y_1 的关系，画出建筑物墙体和柱子的水平投影（反映实形），向下量取室外高度 Z_1 和室内高度 Z_2 后，画出室内外地面线和外墙线；最后，画出其余可见轮廓线，描粗可见部分的图线，完成全图（图4-77c）。

【例4-36】 作出总平面图（4-78a）的水平面斜轴测图。

分析：首先，在水平面投影中设置坐标系 OXY（图4-78a），由于房屋的高度不一，可先把总平面图旋转30°画出，然后在房屋的平面图上向上画相应高度，完成全图（图4-78b）。

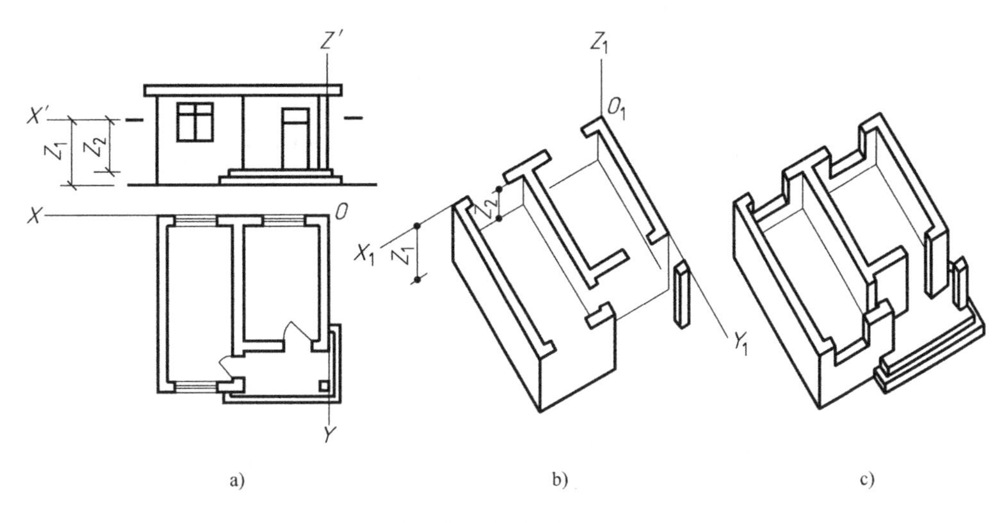

图 4-77　【例 4-35】图

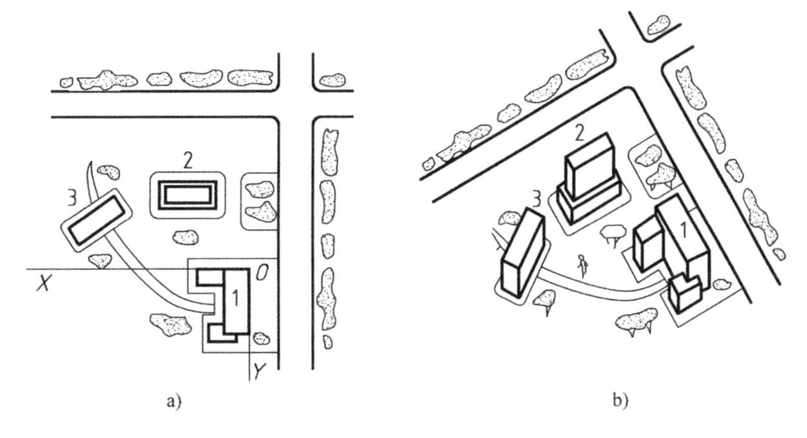

图 4-78　【例 4-36】图

4.5.4　轴测投影的选择

1. 轴测图种类选择的要点

从前面例题可以看出，轴测图类型的选择直接影响轴测图的效果。选择时，应尽可能多地表达清楚物体的各部分形状和结构特征，一般先考虑作图比较简便的正等轴测图，如果效果不好，或者要避免如图 4-79 所示的情况，才考虑作正二等轴测图或斜轴测图。

轴测图选择时应注意以下几个要点：

1）避免被遮挡。在轴测图上，要尽可能将隐蔽部分表达清楚，看透孔洞或看见孔洞的底面（图 4-79a）。

2）避免转角处的交线投影成直线。如图 4-79b 所示，柱墩的转角处交线位于与 V 面呈45°倾斜的铅垂面上，与正等测投影方向平行，该交线在正等轴测图上将投影成直线。

3）避免投影成左右对称的图形。对平面体来说，图 4-79b 所示的柱墩和图 4-79c 所示的正四棱柱体下面的正方形底板，它们的正等轴测图左右对称，显得呆板。

4）避免有些侧面积聚成一条直线。图 4-79c 所示的形体，上面正四棱柱体的两个侧面，与正等轴测图的投影方向平行，它们的正等轴测图均积聚成一条直线。

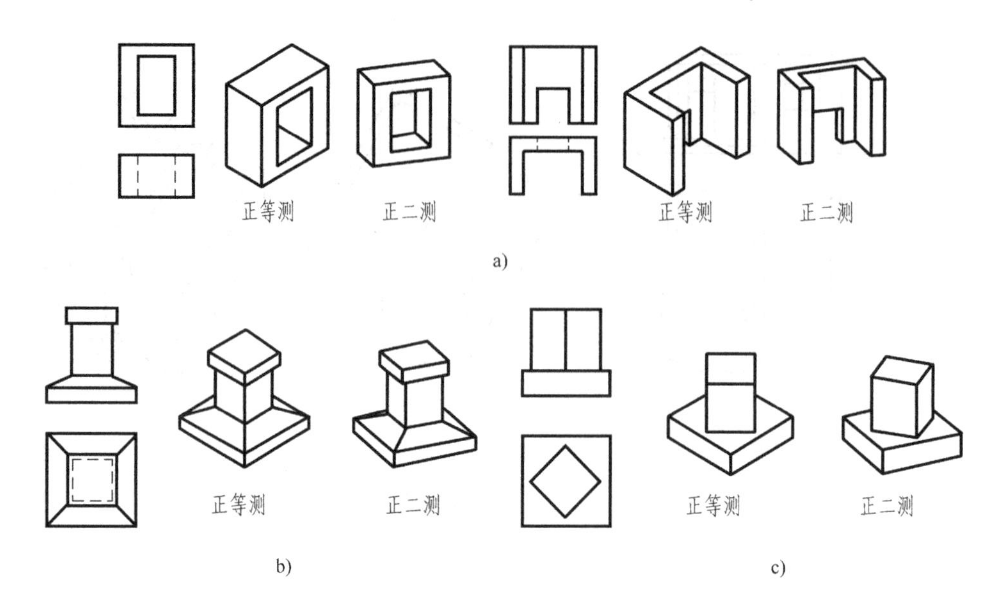

图 4-79 轴测图的选择

a）避免被遮挡 b）避免转角交线投影成直线 c）避免投影成左右对称图形

2. 轴测投射方向的选择

如图 4-80a 所示，轴测图的投射方向可以从上向下投射，得到俯视效果的轴测图，如图 4-80b、c 所示；也可以从下向上投射，得到仰视效果的轴测图，如图 4-80d、e 所示。绘图前应先根据物体的形状特征确定轴测投射的方向，以保证绘制的轴测图能较好地反映物体的形状。

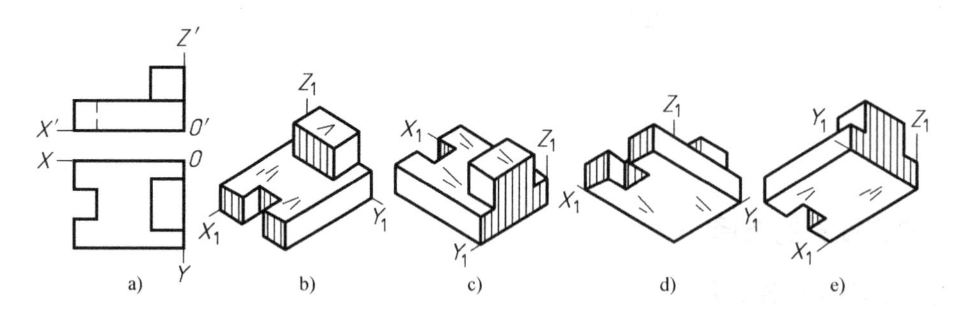

图 4-80 四种投影方向的轴测图

【例 4-37】 已知梁板柱节点的正投影图（图 4-81a），求作它的正等轴测图。

分析：为了表达清楚组成梁板柱节点的各基本形体的相互构造关系，应画仰视轴测图。首先，在水平和正面投影图中设置坐标系 *OXYZ*（图 4-81a），画出轴测轴，量取 *X*、*Y* 坐标，画出楼板底面的正等轴测图，并将楼板从下向上量取 *Z* 坐标，画出仰视的轴测图（图 4-81b）；在楼板底部画出梁和柱的定位图形（图 4-81c）；从上向下截取柱的高度方向尺寸（图4-81d）；再从上向下截取主梁的高度（图 4-81e）；采用同样的方法画出次梁（图 4-81f）；最后擦除不可见图线，描粗轮廓线，完成全图（图 4-81g）。

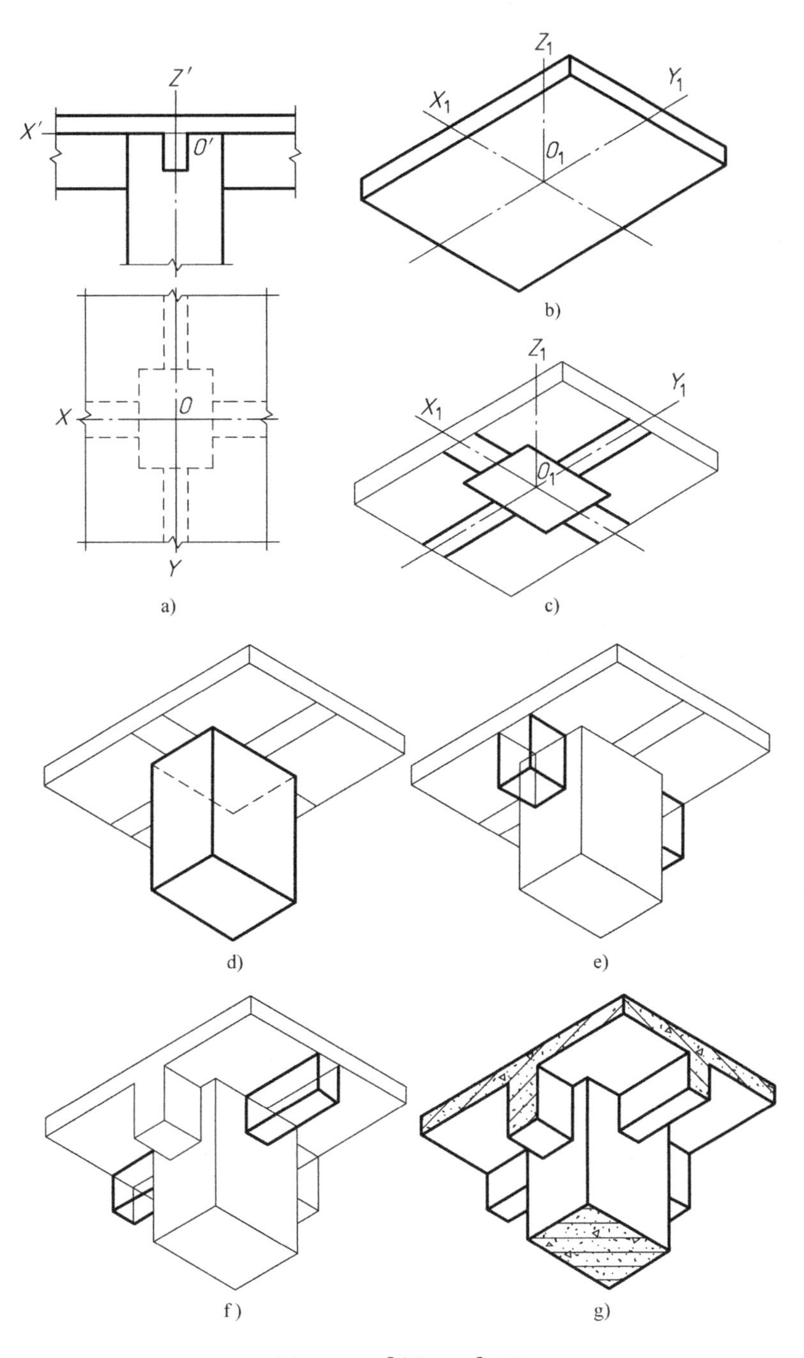

图 4-81　【例 4-37】图

4.6　建筑工程常用的曲面

在建筑工程中，经常会遇到各种复杂曲面，有些建筑物表面就是由某些特殊的曲面构成的，这类曲面称为工程曲面。

4.6.1 曲面概述

1. 曲面的形成

曲面是由动线（直线或曲线）在一定的约束条件下运动而形成的，如图 4-82 所示。形成曲面的动线称为母线，如图 4-82 中的 AA_1；母线在曲面上运动到任一位置对应的线称为素线，如图 4-82 中的 BB_1、CC_1、NN_1；约束母线运动的线和面，分别称为导线和导面，如图中母线 AA_1 始终沿着曲线 AN 运动并平行于直线段 L，因此曲线 AN 和线段 L 即为该曲面的导面和导线。

图 4-82 曲面的形成

2. 曲面的分类

曲面分为规则曲面和不规则曲面两大类。母线做规则运动而形成的曲面就是规则曲面。本章主要讨论规则曲面。

根据母线的不同，曲面可分为以下两大类：

1）直纹曲面：由直母线运动所形成的曲面。

2）曲纹曲面：由曲母线运动所形成的曲面。

根据母线运动方式的不同，曲面可分为以下两大类：

1）回转面：由母线绕一定轴旋转而形成的曲面，如圆柱面、圆锥面、球面、环面、单叶双曲回转面等。

2）非回转曲面：由母线按一定规律运动而非绕定轴旋转形成的曲面，如锥面、柱面、锥状面、柱状面、双曲抛物面、平圆柱螺旋面等。

在工程实践中，常用的曲面为回转面和非回转直纹曲面。

4.6.2 回转面

在工程中，回转面的母线一般为平面曲线，且与回转轴共面。如图 4-83 所示，由母线绕同一平面内的轴线旋转形成回转面，母线上任一点（如点 A）的运动轨迹都是一个垂直于轴线的圆，该圆称为纬圆。最大的纬圆称为赤道圆，最小的纬圆称为喉圆。

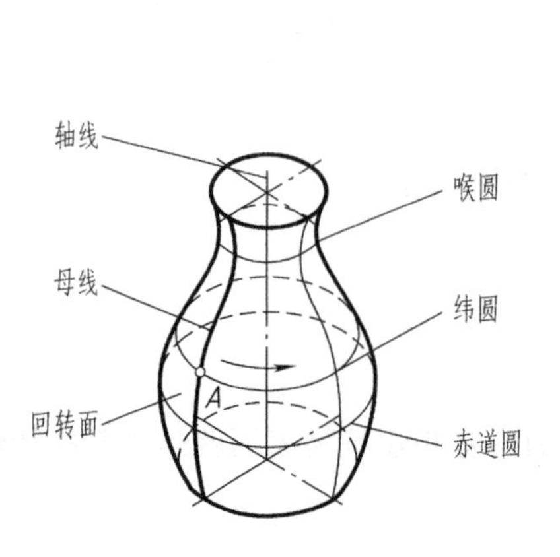

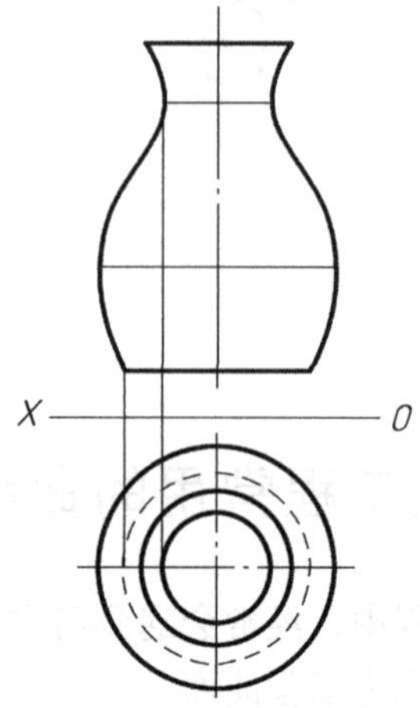

图 4-83 回转面

工程上常见的回转面如圆柱面、圆锥面、球面、圆环面在前面已经介绍过，本节主要介绍单叶双曲回转面。

1. 单叶双曲回转面的形成

单叶双曲回转面是由直母线绕与它交叉的轴线旋转而成的曲面。如图 4-84a 所示，轴线为 OO_1，直母线为 AB。

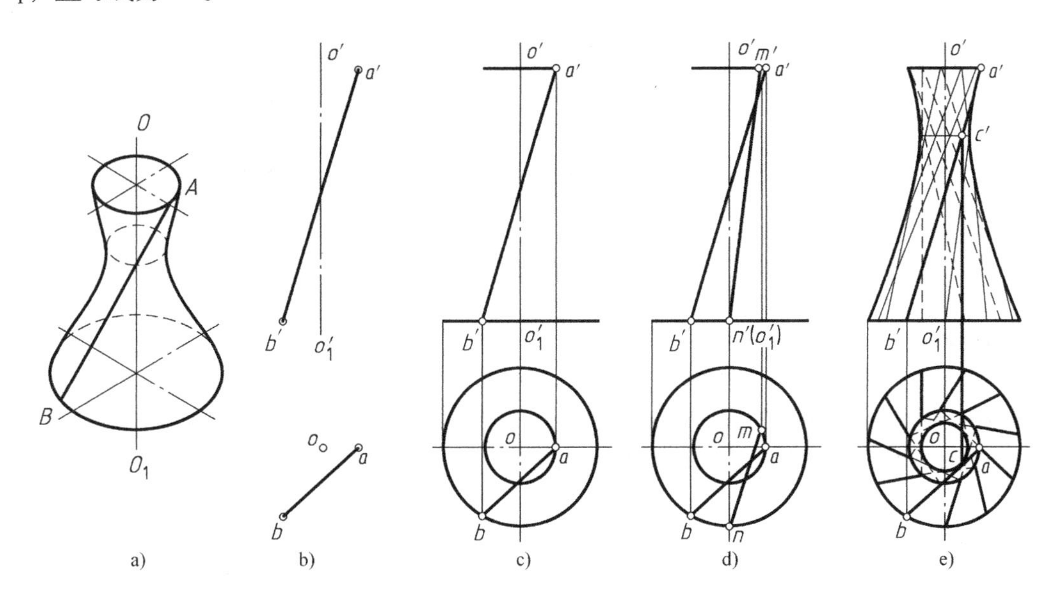

图 4-84　单叶双曲回转面

2. 单叶双曲回转面的投影

只要给出直母线 AB 和回转轴 OO_1，即可作出单叶双曲回转面的投影图，如图 4-84b 所示，作图步骤如下：

1）作出直母线 AB 和轴线 OO_1 的两面投影 ab、$a'b'$、o，轴线 OO_1 垂直于水平面。以轴线的水平投影 o 为圆心，分别以 oa、ob 为半径作圆得顶圆和底圆的水平投影，它们的正面投影分别是过 a'和 b'的水平线，其长度分别等于顶圆和底圆的直径，如图 4-84c 所示。

2）将顶圆和底圆分别从点 A 和点 B 开始等分圆周（如 12 等份）。AB 旋转 30°后就是素线 MN，根据 MN 的水平投影 mn 作出相应的正投影 $m'n'$，如图 4-84d 所示。

3）依次作出每旋转 30°后各素线的水平投影和正面投影。

4）用光滑曲线作为包络线与各素线的正面投影相切，即得该曲面正面投影的外形线，它是一对双曲线。曲面各素线的水平投影也有一条包络线，它是一个圆，即曲面喉圆的水平投影。每条素线的水平投影均与喉圆的水平投影相切，如图 4-84e 所示。

在单叶双曲回转面上取点，可采用纬圆法或素线法。

图 4-85 所示为单叶双曲回转面在电视塔和冷凝塔中的应用实例。

4.6.3　非回转直纹曲面

直纹曲面可分为可展开直纹曲面和不可展直纹曲面。可展开直纹曲面，曲面上相邻的素线是共面直线，曲面可以展开，如柱面和锥面。不可展直纹曲面，曲面上相邻的素线是异面直线，曲面不可展开，如柱状面、锥状面、双曲抛物面。

a)

b)

图 4-85 单叶双曲回转面在电视塔和冷凝塔中的应用实例

1. 柱面

柱面是由直母线沿着一曲导线运动，并始终平行于一直导线所形成的曲面。柱面的形成及投影如图 4-86 所示。柱面的投影图通常要画出曲导线及位于曲导线始末端的素线（即轮廓线）的投影，同时还要画出柱面转向轮廓线的投影。

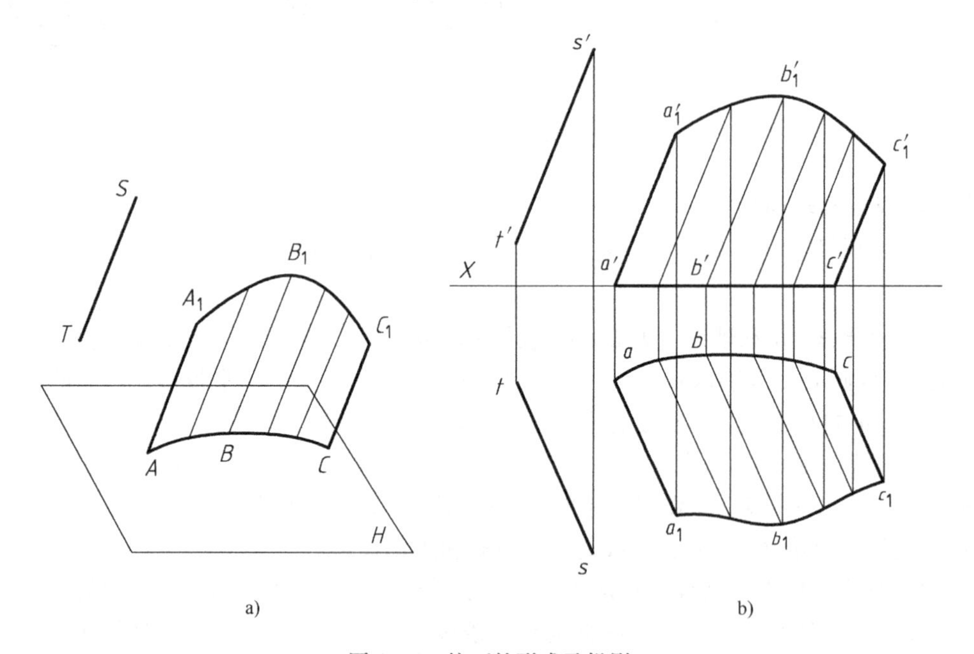

a) b)

图 4-86 柱面的形成及投影

柱面一般是以垂直于轴线的正截交线的形状来命名的。如图 4-87a、d 所示的正截交线为圆，称为圆柱面；如图 4-87b、c 所示的正截交线为椭圆，称为椭圆柱面。另外，还常常根据轴线与底面是否垂直，把柱面分成直柱面和斜柱面。如图 4-87a、c 所示的轴线与底面垂直，称为直柱面；如图 4-87b、d 所示的轴线与底面倾斜，称为斜柱面。

在柱面上取点常采用素线法。

现代建筑中大量采用了圆柱形结构。图 4-88 所示为柱面在建筑中的应用实例。

2. 锥面

锥面是由直母线沿着一曲导线运动，并始终通过一定点所形成的曲面。锥面的形成及投影

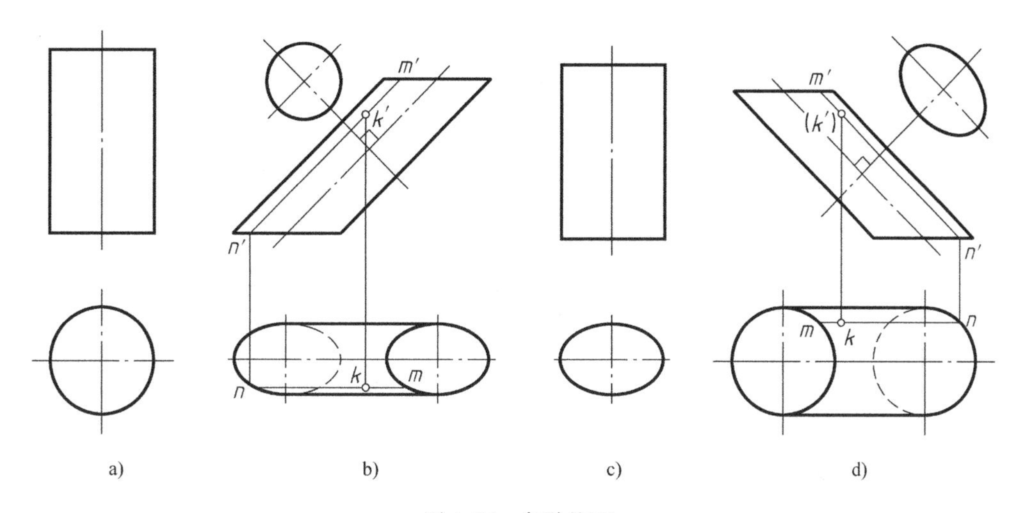

图4-87　各种柱面

a）直圆柱面　b）斜圆柱面　c）直椭圆柱面　d）斜椭圆柱面

图4-88　柱面在建筑中的应用实例

如图4-89所示，$A_1B_1C_1$为曲导线，SB_1为母线，任一位置线称为素线（SA_1、SC_1）。锥面的所有素线均相交于一点，该点称为锥顶，如图4-89中的S点。锥面的投影图通常要画出曲导线及位于曲导线始末端的素线（即轮廓线）的投影，同时还要画出锥面的转向轮廓线的投影。

同柱面一样，锥面一般也是以垂直于轴线的正截交线的形状来命名。如图4-90a、d所示的正截交线为圆，称为圆锥面；如图4-90b、c所示的正截交线为椭圆，称为椭圆锥面。另外，还常常根据轴线与底面是否垂直，把柱面分成直锥面和斜锥面。如图4-90a、c所示的轴线与底面垂直，称为直锥面；如图4-90b、d所示的轴线与底面倾斜，称为斜锥面。

在锥面上取点常采用素线法。

圆锥面在工程上应用广泛。图4-91所示为锥面在水塔和电视塔中的应用实例。

3. 柱状面

柱状面是由直母线沿着两条曲导线运动，并始终平行于一导平面所形成的曲面。图4-92所示柱状面的母线AB沿着两条曲导线AD、BC运动并始终平行于导平面P，从而形成图示的柱状面。正螺旋面就是工程中最常用的典型的柱状面。柱状面的投影图只需画出两条曲导线和若干条素线的投影，如图4-92所示，该图中两条曲导线AD、BC均平行于正面投影面。

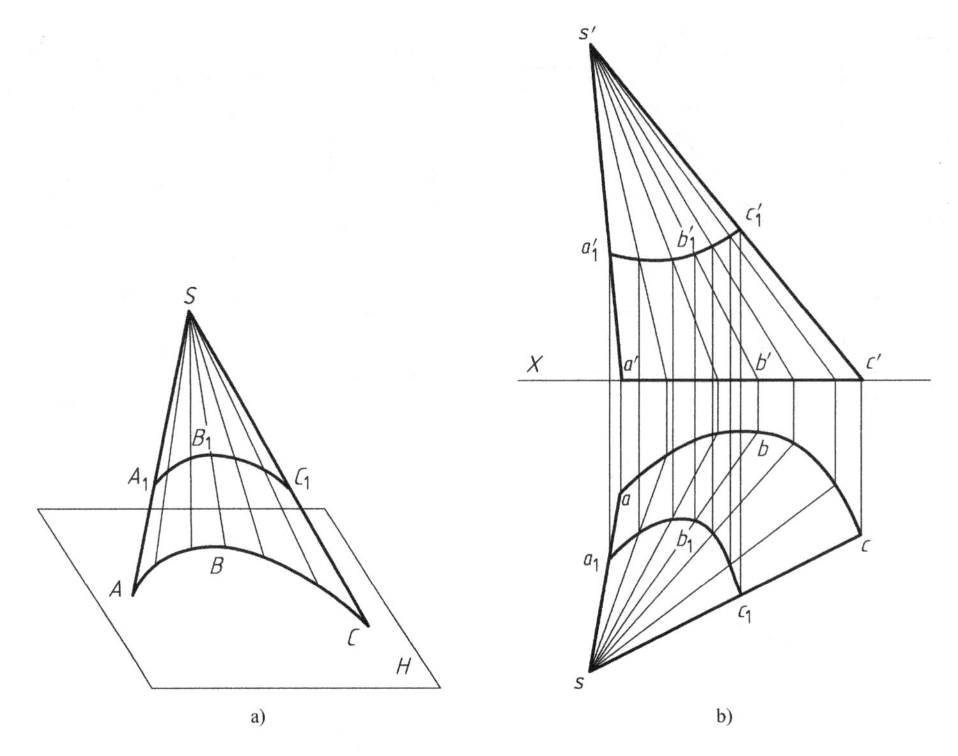

a) b)

图 4-89 锥面的形成及投影

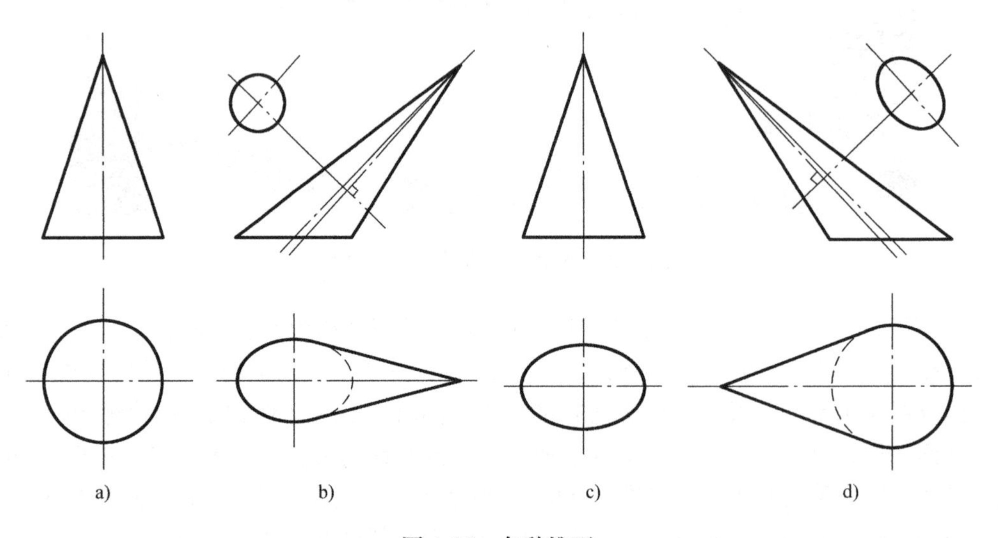

a) b) c) d)

图 4-90 各种锥面

a）直圆锥面 b）斜椭圆锥面 c）直椭圆锥面 d）斜圆锥面

4. 锥状面

锥状面是由直母线沿着一条直导线和一条曲导线运动，并始终平行于一导平面所形成的曲面。图 4-93 所示锥状面的母线 AB 沿着直导线 BC 和曲导线 AD 运动并始终平行于导平面 P，从而形成图示的锥状面。锥状面的投影图只需画出曲导线和直导线及若干条素线的投影，如图 4-93 所示，该图中曲导线 AD 平行于正面投影面，直导线 BC 则为铅垂线。

a)

b)

图4-91　锥面在水塔和电视塔中的应用实例

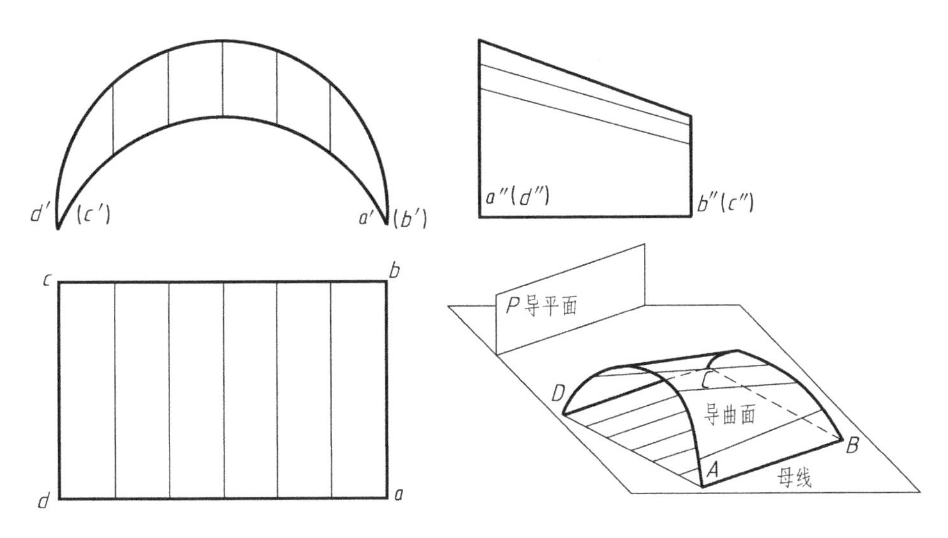

图4-92　柱状面的形成及投影

5. 双曲抛物面

双曲抛物面是由直母线沿着两条交叉的直线运动，并始终平行于一导平面所形成的曲面。图4-94a所示双曲抛物面的两条交叉直导线为AB和CD，所有素线都平行于导平面P，从而形成图示的双曲抛物面。双曲抛物面的投影图只需画出两条直导线及若干条素线的投影，如图4-94b所示。

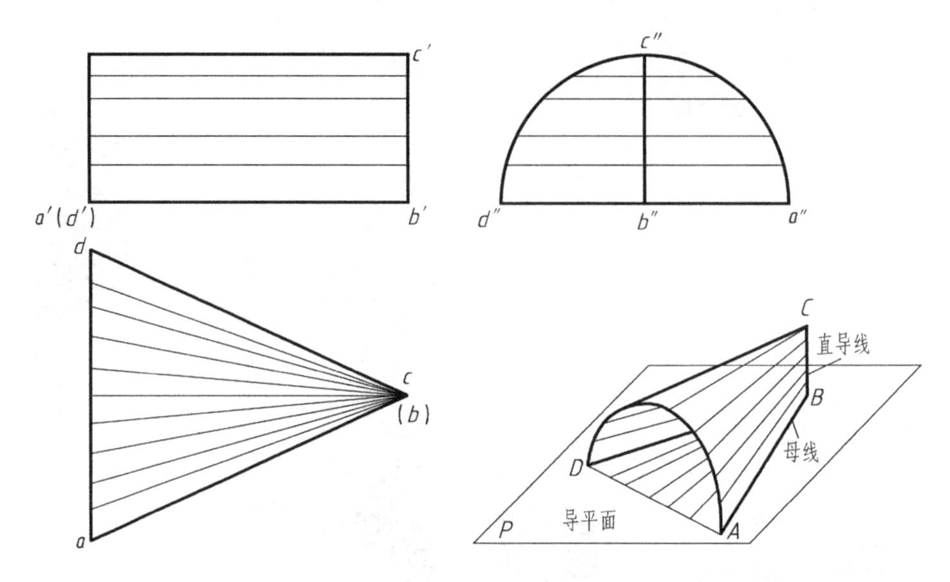

图 4-93 锥状面的形成及投影

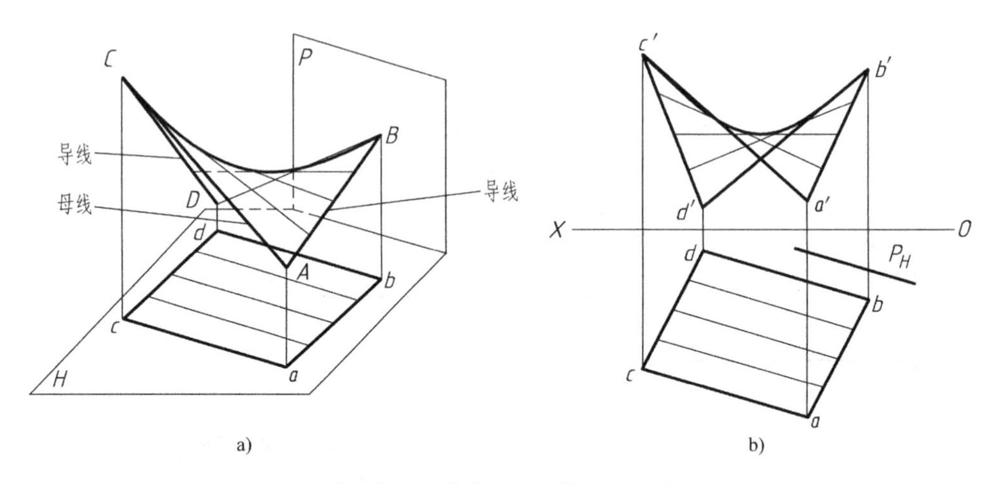

a) b)

图 4-94 双曲抛物面的形成及投影

6. 正螺旋面

正螺旋面是由直母线沿着两曲导线（均为圆柱螺旋线）运动，并始终平行于一圆柱螺旋线轴线垂直的导平面所形成的曲面，如图 4-95a 所示。

正螺旋面的投影作图方法如图 4-95b 所示：先画出圆柱螺旋线的水平投影和其轴线的投影，再将圆柱螺旋线分成若干等份（本图分为 12 等份），在每一等分处画出一条素线的水平投影和正面投影。最后用一条光滑的曲线把每一条素线远端点的正面投影顺序连接，从而完成正螺旋面的投影图。

图 4-95c 所示为正螺旋面被同轴小圆柱所截交的投影图。

螺旋楼梯是正螺旋面在建筑中的一种应用。螺旋楼梯的底面是正螺旋面，内外边缘是两条螺旋线，如图 4-96 所示。

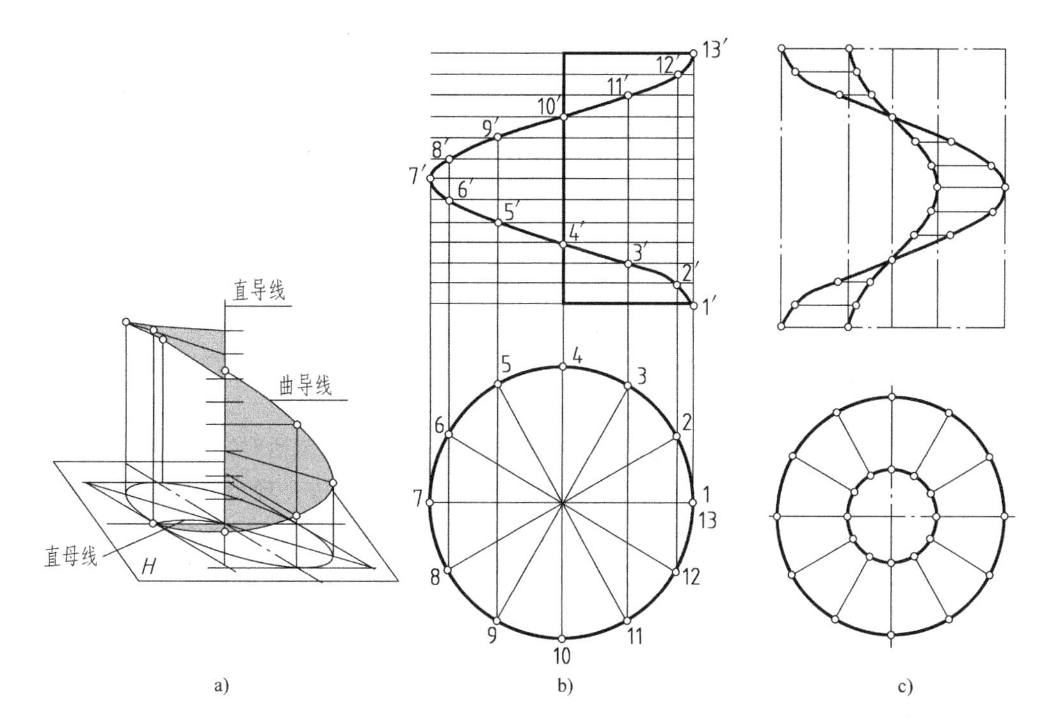

图 4-95　正螺旋面的形成及投影

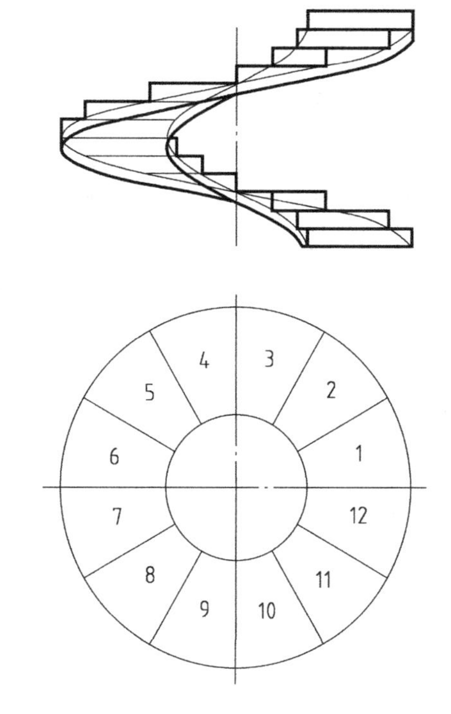

图 4-96　螺旋楼梯

第5章 土木工程形体的图样画法

土木工程图是工程设计、施工、监理和管理等环节最重要的技术文件。它不仅包括按投影原理绘制的表明工程形状的图形，还包括工程的材料、做法、尺寸、有关文字说明等，所有这一切都必须有统一规定，才能使不同岗位的技术人员对工程图有完全一致的理解，从而使工程图真正起到技术语言的作用。

同其他专业的制图标准一样，建筑制图标准的基本内容也是包括对幅面、字体、图线、比例、尺寸标注、专用符号、代号、图例、图样画法（包括投影法、规定画法、简化画法等）、专用表格等项目的规定，这些都是建筑工程图必须统一的内容。本书在第1章中已经对幅面、字体、图线、比例、尺寸标注等内容进行了讲解，本章主要对房屋建筑的图样画法进行阐述，其他内容将在相关专业制图章节中介绍。

5.1 剖面图

对于内部构造比较复杂的建筑形体，如图5-1所示，若采用第一角画法来绘制形体的正投影图，内部不可见的形体轮廓线需用虚线画出。又如一幢房屋，内部有各种房间、走道、楼梯、门窗、梁、柱等，如果都用虚线表示这些看不见的部分，必然形成图面虚实线交错，混淆不清，不利于标注尺寸，也不方便读图和施工。

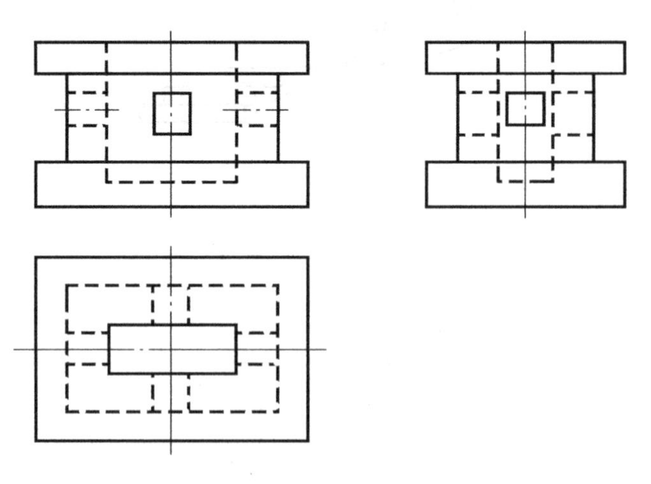

图5-1 形体的投影

5.1.1 剖面图的形成

为了能直接表达物体内部的形状，假想用剖切面剖开物体，将处于观察者和剖切面之间的部分移去，而把剩下的部分向投影面投射，所得的图形称为剖面图。

如图5-2a所示，假想用一个通过图5-1所示形体前后对称平面的剖切平面 *P* 将形体剖开，然后移走剖切平面及其前面的半个形体，将留下的半个形体向与剖切平面 *P* 所平行的投影面 *V*

投影，所得的投影图称为正立剖面图或 *V* 向剖面图。现比较图 5-1 的 *V* 投影和图 5-2a 的正立剖面图，可看出在剖面图中形体内部的形状、大小和构造，例如杯口的深度和杯底的长度都表示清楚了。同样，如图 5-2b 所示，可以用一个通过基础的左右对称平面的剖切平面 *Q* 将形体剖开，移走剖切平面及其左面的半个形体，将留下的半个形体向与剖切平面 *Q* 所平行的投影面 *W* 投影，所得的投影图称为侧立剖面图或 *W* 向剖面图。

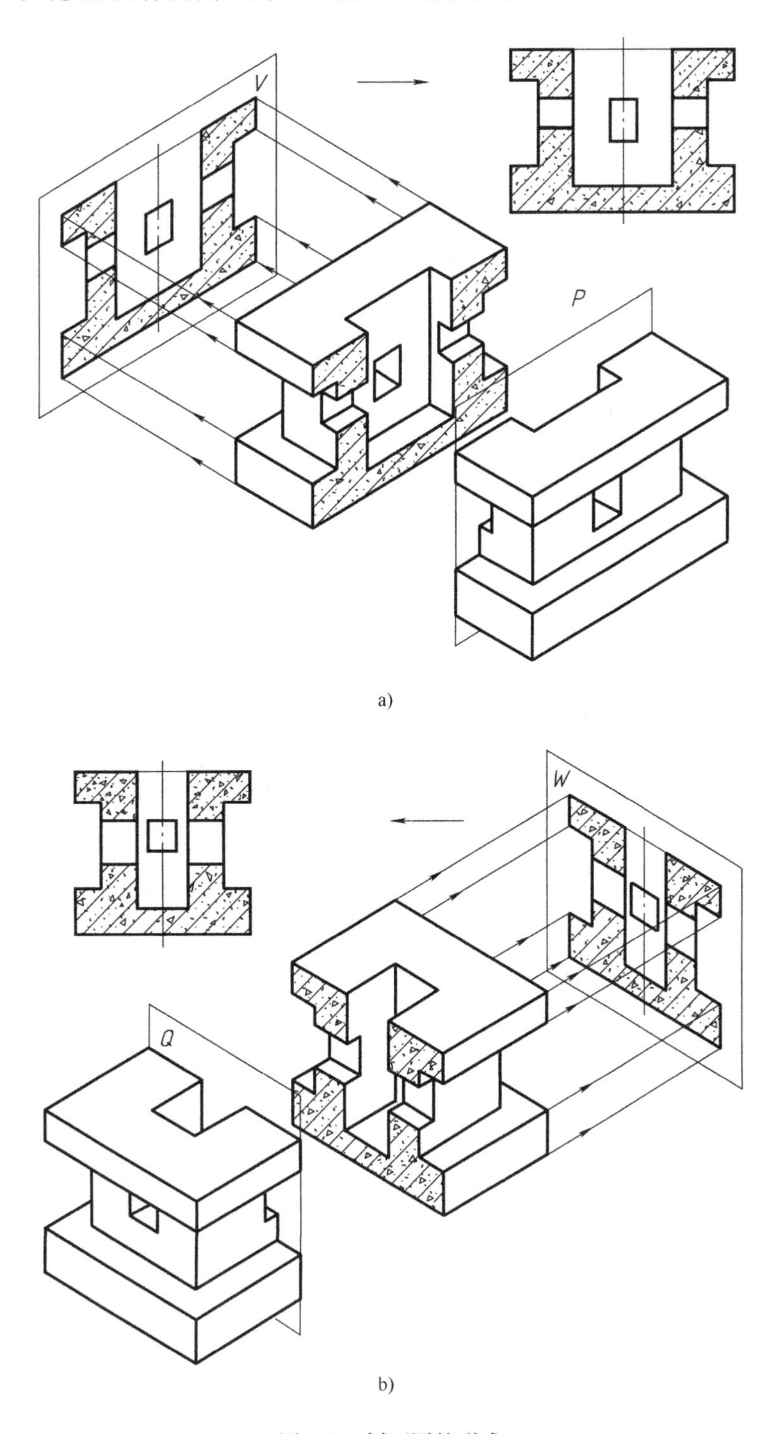

图 5-2　剖面图的形成

a）*V* 向剖面图　b）*W* 向剖面图

5.1.2 剖面图的画法

由于剖切是假想的，实际上形体并没有被剖开，所以只有在画剖面图时，才假想将形体切去一部分，在画另一个投影时，则应按完整的形体画出。如图 5-3 所示，在画 V 向剖面图时，虽然已将基础剖去了前半部分，但是在画 W 向剖面图时，则仍按完整的基础剖开，H 投影也应按完整的基础画出。

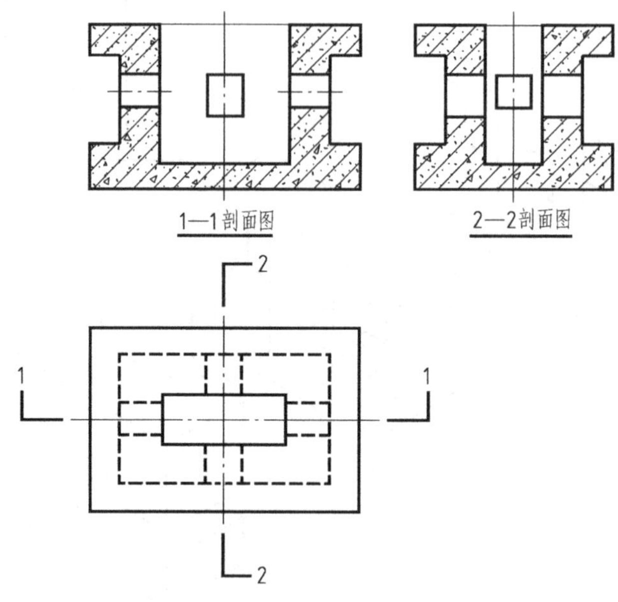

图 5-3　用剖面表示的投影图

由图 5-2 可以看出，形体被剖开之后，都有一个截口，即截交线围成的平面图形，又称断面。在剖面图中，要在断面上画出建筑材料图例，以区分断面（剖到的）和非断面（未剖到，但能看到的）部分。各种建筑材料图例必须遵照国家标准规定的画法。图 5-2 和图 5-3 的断面上，所画的是钢筋混凝土图例。在不指明建筑材料时，可以用等间距、同方向的 45°细斜线来表示断面。当两个相同图例连接时，图例线应错开，或倾斜方面相反，如图 5-4 所示。

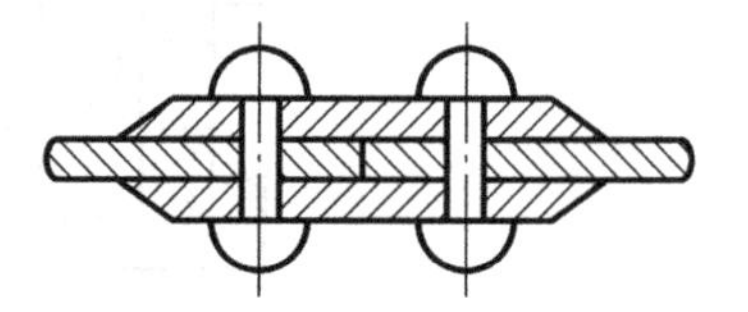

图 5-4　相同图例连接的画法

画剖面图时，一般都使剖切平面平行于基本投影面，从而使断面的投影反映实形。同时，应使剖切平面通过形体上的孔、洞、槽等隐蔽形体的中心线，将形体内部表示清楚。剖面图除应画出剖切面切到部分的图形外，还应画出沿投射方向看到的部分，被剖切面切到部分的轮廓线用粗实线绘制，剖切面没有切到，但沿投射方向可以看到的部分，用中实线绘制。

5.1.3 剖面图的标注

根据需要画出的剖面图，要进行标注，如图 5-5 所示，以便读图。标注时应注意以下几点：

1）剖切平面一般垂直于某一基本投影面（大多是投影面平行面），在它所垂直的投影面上的投影会积聚成一条直线。画剖面图时，用两小段粗实线来表示，称为剖切位置线，用来表示剖切平面的剖切位置。剖切位置线的长

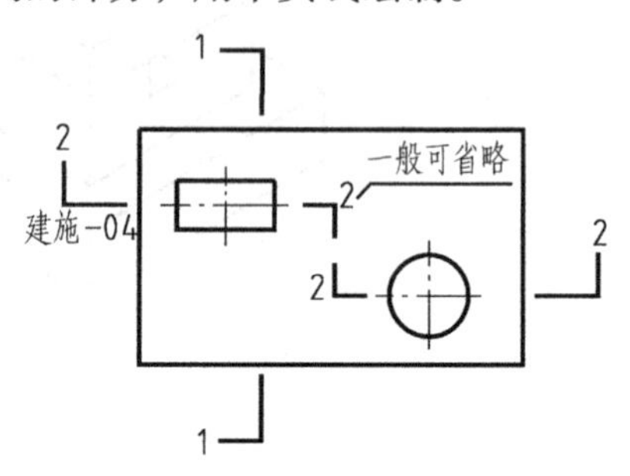

图 5-5　剖面图的标注

度为 6 ~ 10mm。

2）为表明剖切后剩下的形体的投影方向，在画剖面图时，必须在剖切位置线的两端同侧各画一段与之垂直的粗实线，长度为 4 ~ 6mm，用来表示投影的方向，称为剖视方向线。

3）建筑形体需进行两次剖切时，要对每一次剖切进行编号，一般用阿拉伯数字，按由左至右、由下至上的顺序编排，并注写在剖视方向线的端部。当剖切位置线需转折时，在转折处一般不再加注编号。但是，如果剖切位置线在转折处与其他图线发生混淆，则应在转角的外侧加注与该符号相同的编号。

4）在剖面图的下方或一侧，写上与该图相对应的剖切符号的编号，作为该图的图名，如“1—1”“2—2”等，并在图名下方画一等长的粗实线，如图 5-3 所示。

5）剖面图如与被剖切图样不在同一张图纸内，可在剖切位置线的另一侧注明其所在图纸的图纸编号，如图 5-5 中 2—2 剖切位置线下侧注写的“建施 - 04”，即表示 2—2 剖面图在“建施”第 4 张图纸上。

5.1.4 剖面图的类型

1. 全剖面图

假想用一个剖切平面将形体全部剖开后得到的剖面图，称为全剖面图，如图 5-6 所示。全剖面图一般用于不对称的建筑形体，或者内部构造复杂但外形比较简单对称的建筑形体。全剖面图一般都要标注剖切平面的位置。只有当剖切平面与形体的对称平面重合，且全剖面图又位于基本投影图的位置时，才可省略标注。

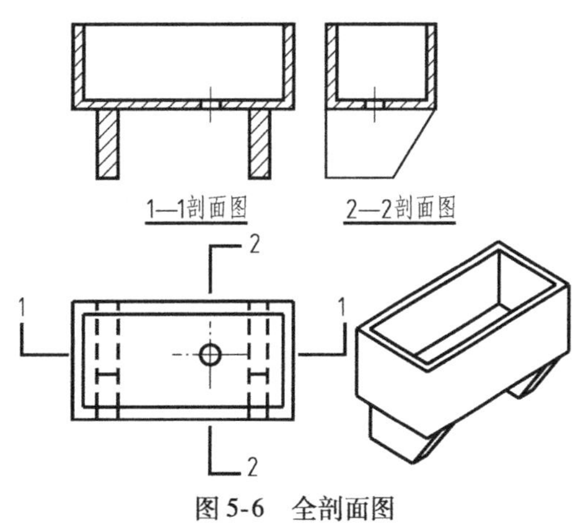

图 5-6　全剖面图

2. 半剖面图

当建筑形体为左右对称或前后对称，而外形又比较复杂时，可以选择两个相互垂直的剖切面剖切，其中的一个剖切面必须与形体的对称平面重合，另一剖切面通过形体内部构造比较复杂或典型的部位，这种剖面图称为半剖面图。如图 5-7 所示的形体，其 *V*、*W* 向投影分别是半个外形正投影图和半个剖面图拼成的图形，以同时表示形体的外形和内部构造。

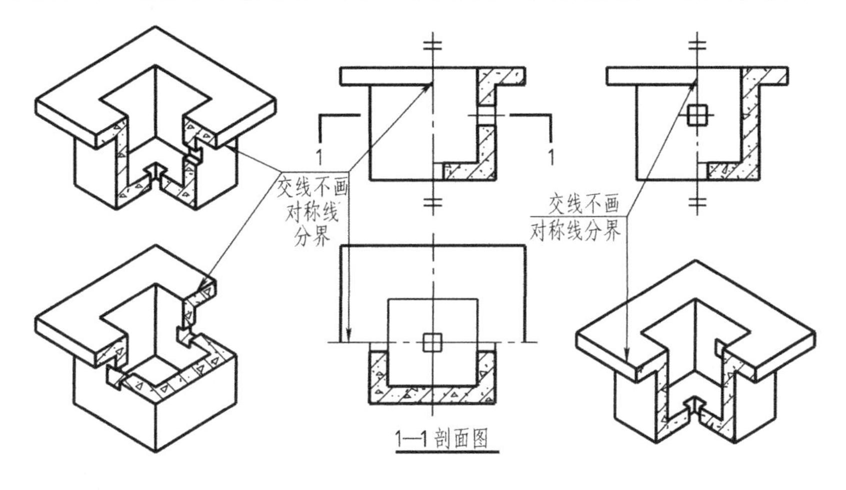

图 5-7　半剖面图

在半剖面图中，剖面图和投影图之间，规定用形体的对称中心线（细单点长画线）为分界线，如图5-7所示，剖切平面相交产生的交线不画。当对称中心线为竖直线时，剖面图画在投影图右侧；当对称中心线为水平线时，剖面图画在投影图下方。当剖切平面与建筑形体的对称平面重合，且半剖面图又处于基本投影图的位置时，可不予标注；但当剖切平面不与建筑形体的对称平面重合时，应按规定标注。

3. 阶梯剖面图

当一个剖切平面不能将形体上需要表达的内部构造一齐剖开时，可以将剖切平面转折成两个互相平行的平面，将形体沿着需要表达的地方剖开，然后画出剖面图，此剖面图称为阶梯剖面图。同半剖面图一样，在转折处不应画出两剖切平面的交线，图5-8所示为采用阶梯剖面表达组合体内部不同深度的凹槽和通孔的例子。

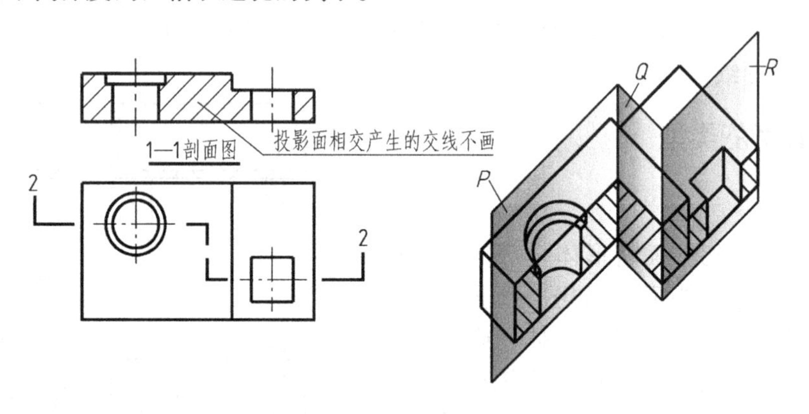

图5-8 阶梯剖面图

4. 旋转剖面图

当建筑形体是带孔的回转体时，需用两个相交的剖切平面剖切，剖开后将倾斜于基本投影面的剖切平面，连同断面一起旋转到与基本投影面平行的位置后，再向基本投影面投影，所得到的剖面图，称为旋转剖面图，如图5-9所示。

5. 局部剖面图

当建筑形体的外形比较复杂，完全剖开后就无法表示清楚它的外形，这时，可以保留原投影图的大部分，而只将形体的某一局部剖切开，所得到的剖面图，称为局部剖面图。如图5-10所示的杯形基础局部剖面图，为了表示基础内部钢筋的布置，在不影响外形表达的情况下，将

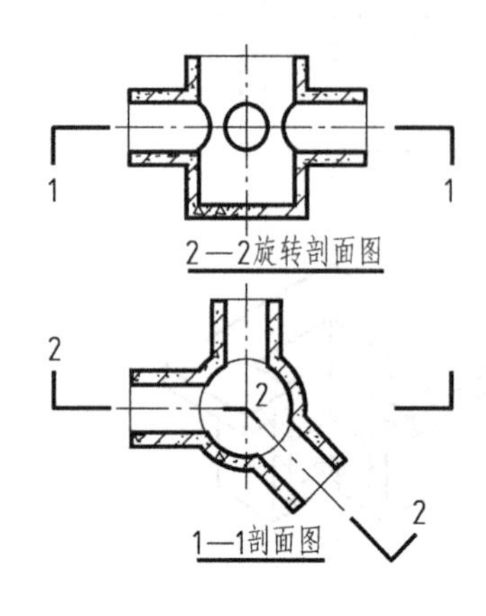

图5-9 旋转剖面图

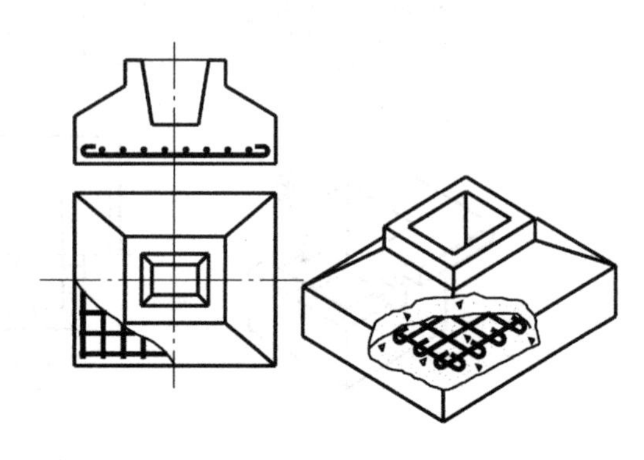

图5-10 杯形基础局部剖面图

杯形基础水平投影的一个角画成剖面图。按国家标准规定，投影图与局部剖面之间，画上波浪线作为分界线。《建筑结构制图标准》（GB 50105—2010）规定，断面上已画出钢筋的布置不必再画钢筋混凝土的材料图例。

图5-11所示为用分层局部剖面图来反映楼面各层所用的材料和构造的做法。这种剖面图多用于表达楼面、地面、屋面和墙面等的构造。

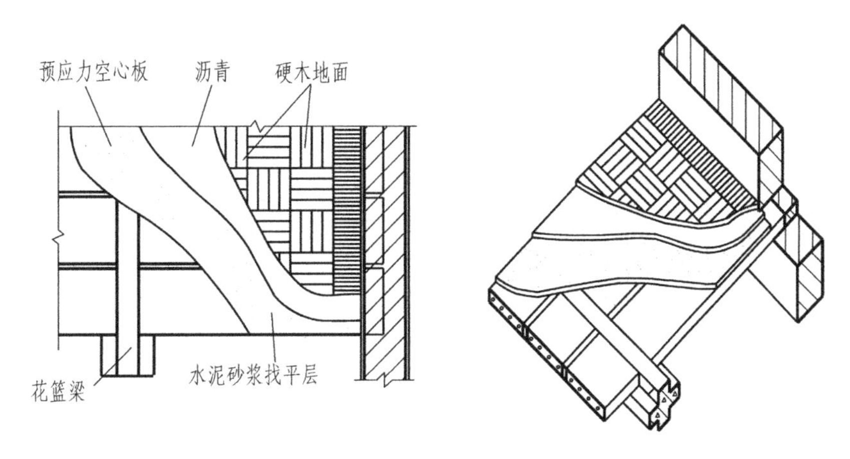

图5-11 分层局部剖面图

形体的图形对称线与轮廓线重合时，不宜采用半剖面图，通常采用局部剖面图。如图5-12a中形体应少剖一些，保留与对称线重合的外部轮廓线；图5-12b中形体应多剖一些，以显示与对称线重合的内部轮廓线；图5-12c中形体上部多剖，下部少剖，从而使得与对称线重合的内外轮廓线均可表达出来。

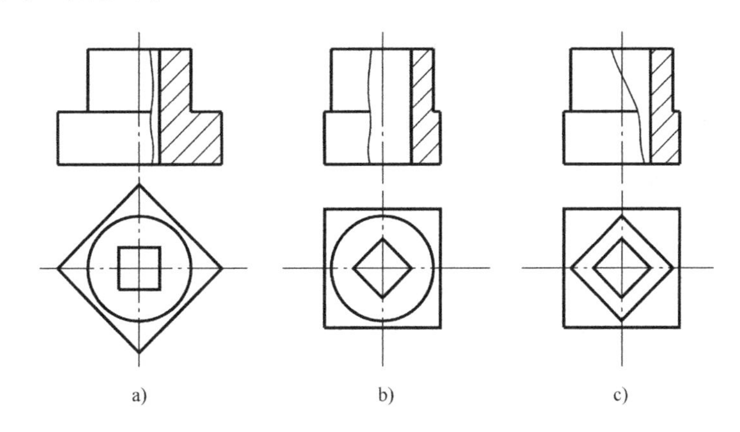

图5-12 对称线与轮廓线重合时的局部剖面图

5.2 断面图

5.2.1 断面图的概念

用一个剖切平面将形体剖开之后，形体产生一个断面。如果只把这个断面投影到与它平行的投影面上，所得的投影图称为断面图，如图5-13所示。

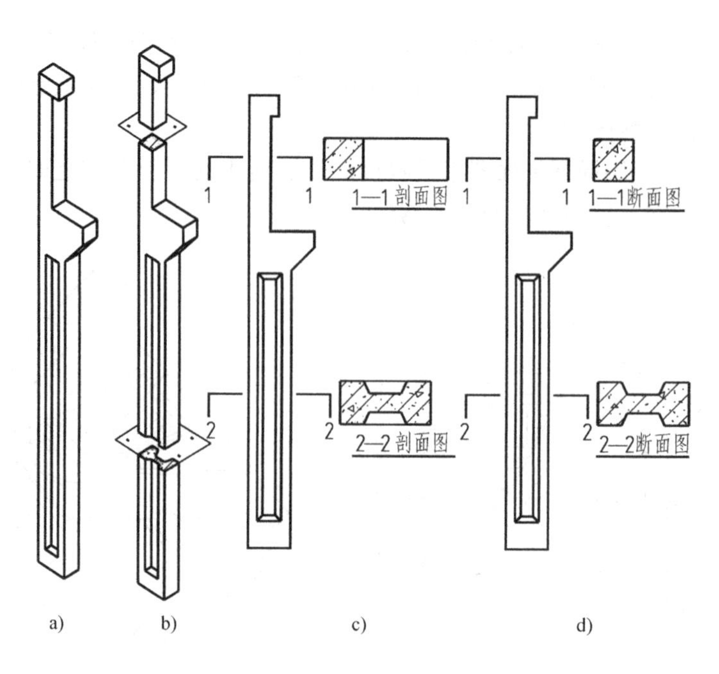

图 5-13 断面图的画法

a）工字柱 b）剖切位置 c）剖面图 d）断面图

断面图也是用来表示形体的内部形状的。断面图的画法与剖面图的画法有以下区别：

1）剖面图是形体被剖开后产生的断面连同剩余形体的投影图，如图 5-13c 所示，它是体的投影。剖面图必然包含断面图在内；断面图是形体被剖开后产生的断面的投影，如图 5-13d 所示，它是面的投影。

2）断面图不标注剖视方向线，只将编号写在剖切位置线的一侧，编号所在的一侧即为该断面的投影方向。

3）剖面图中的剖切平面可以转折，断面图中的剖切平面不能转折。

5.2.2 断面图的类型

1. 移出断面图

一个形体有多个断面图时，可以整齐地排列在投影图的四周，并可以采用较大的比例画出，如图 5-13d 所示，这种断面图称为移出断面图，简称移出断面。移出断面图适用于断面变化较多的构件，主要是在钢筋混凝土屋架、钢结构及起重机梁中应用较多。

2. 重合断面图

断面图直接画在投影图轮廓线内，即将断面先按形成基本投影图的方向旋转 90°，再重合到基本投影图上，如图 5-14 所示，这种断面图称为重合断面图，简称重合断面。重合断面图的轮廓线应用细实线画出，以表示与建筑形体的投影轮廓线的区别。

重合断面图常用来表示整体墙面的装饰、屋面形状与坡度等。当重合断面图不画成封闭图形时，应沿断面的轮廓线画出一部分剖面线，如图 5-15 所示。

3. 中断断面图

将杆件的断面图画在杆件投影图的中断处，如图 5-16 所示，这种断面图称为中断断面图，简称中断断面。中断断面图常用来表示较长而横断面形状不发生变化的杆件，如型钢等。中断断面图不加任何说明。

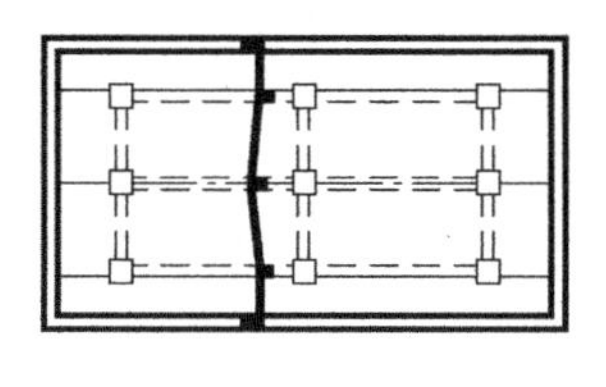

图5-14　重合断面图

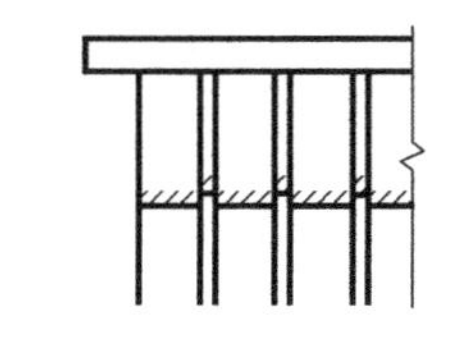

图5-15　凹凸装饰重合断面图

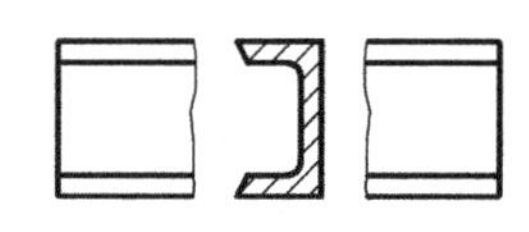

图5-16　中断断面图

5.3　简化画法

用简化画法，可适当提高绘图效率，节省图纸。《房屋建筑制图统一标准》（GB/T 50001—2010）规定了以下几种简化画法。

5.3.1　对称视图的画法

构配件的视图有一条对称线，可只画该视图的一半；视图有两条对称线，可只画该视图的1/4，并画出对称符号，如图5-17所示。对称符号由对称线和两端的两对平行线组成，平行线用细实线绘制，长为6～10mm，每对平行线的间距宜为2～3mm，对称线垂直平分于两对平行线，两端超出平行线宜为2～3mm。

对称的构件需画剖面图或断面图时，可以对称符号为界，一半画视图（外形图），一半画剖面图或断面图，此时需加对称符号，如图5-18所示。

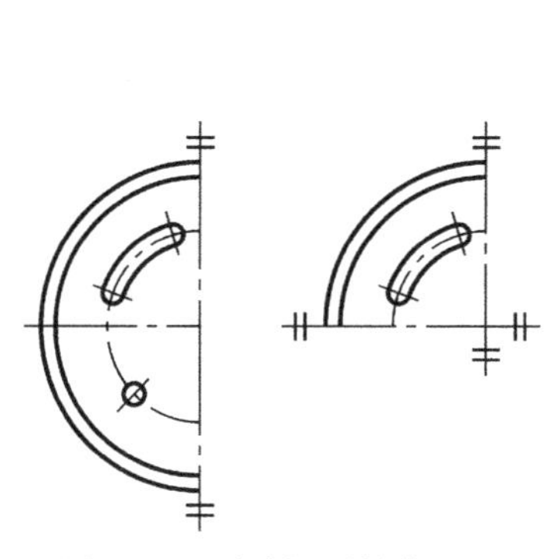

图5-17　对称视图简化画法

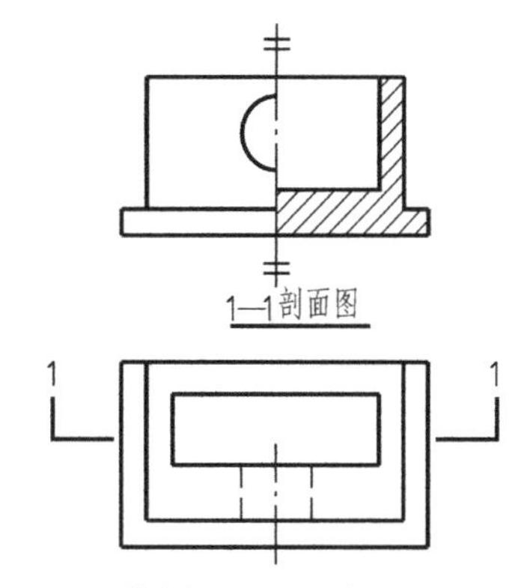

图5-18　带剖面图的对称视图简化画法

对称的构件画一半时，可以稍稍超出对称线之外，然后用细实线画出折断线或波浪线，此时不宜画对称符号，如图5-19所示。

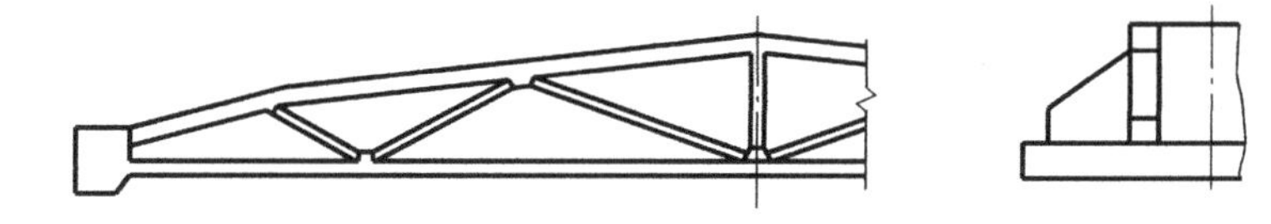

图5-19　不画对称符号的对称视图简化画法

5.3.2　相同构造要素的画法

构配件内多个完全相同而连续排列的构造要素，可仅在两端或适当位置画出其完整形状，其余部分以中心线或中心线交点表示，如图5-20a所示；如相同构造要素少于中心线交点，则其余部分应在相同构造要素位置的中心线交点处用小圆点表示，如图5-20b所示。

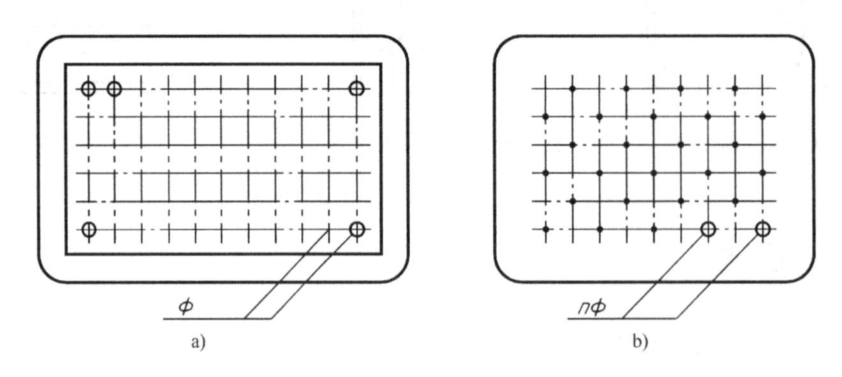

图5-20　相同构造要素简化画法

5.3.3　较长构件的画法

较长的构件，如沿长度方向的形状相同或按一定规律变化，可断开省略绘制，断开处应以折断线表示，如图5-21所示。当在用折断省略画法所画出的较长构件的图形上标注尺寸时，尺寸数值应标注构件的全部长度。

5.3.4　构件仅局部不同的画法

一个构配件如与另一构配件仅部分不相同，该构配件可只画不同部分，但应在两个构配件的相同部分与不同部分的分界线处，分别绘制连接符号，两个连接符号应对准在同一条直线上，如图5-22所示。

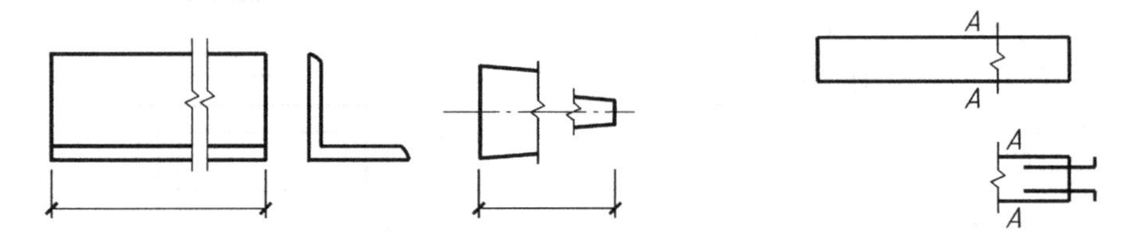

图5-21　折断简化画法　　图5-22　构件局部不同简化画法

5.4　第三角画法简介

5.4.1　第三角画法

在第2章中，曾讲述三个相互垂直的投影面 H、V、W 将空间划分为八个分角，工程图样就是将几何形体用正投影法向这些投影面投射所形成的。将物体放置在第一分角内，并使其处于观察者与投影面之间而得到的多面正投影，称为第一角投影，这样的投影方法称为第一角画法。若将物体置于第三分角内，并使投影面处于观察者与物体之间而得到的多面正投影，则称为第三角投影，这样的投影方法称为第三角画法。世界上有些国家采用第一角画法，如中国、俄罗斯和西欧各国等；有些国家采用第三角画法，如美国、日本、加拿大等。为了适应国际技术交流，应对第三角画法有所了解。

5.4.2 第三角画法和第一角画法的比较

1）两种投影都是用正投影法将物体向三个相互垂直的投影面 H、V、W 投射。第一角画法是将物体置于第一分角中，按“观察者→物体→投影面”的相对位置向三个投影面投射，得到三视图，即正立面图、平面图、左侧立面图；而第三角画法则是将物体置于第三分角中，按“观察者→投影面→物体”的相对位置，向三个投影面投射而得到三视图，即正立面图、平面图、右侧立面图。

2）当三个投影面展成一个平面时，两种画法都是 V 面保持不动，H 面、W 面分别各自绕它们与 V 面的交线旋转，使它们转到与 V 面成为同一平面的位置。第一角画法是 H 面向下旋转，W 面向右旋转，得到的视图配置是：平面图在正立面图的下方，左侧立面图在正立面图的右方；而第三角画法是 H 面向上旋转，W 面向右旋转，从而得到的视图配置是：平面图在正立面图的上方，右侧立面图在正立面图的右方。

3）两种画法形成的三视图，其三个视图间都应符合“三等”规律：正立面图与平面图长对正；正立面图与侧立面图高平齐；平面图与侧立面图宽相等、前后对应，平面图中的下边都代表前方，上边都代表后方。但在第一角画法所得的左侧立面图中，右边代表前方，左边代表后方；而在第三角画法所得的右侧立面图中，则为左边代表前方，右边代表后方。

5.5 应用举例

已知主体由钢筋混凝土组成的化粪池，图5-23所示为该池体的 H、V 两面投影和轴测图，补绘 W 面投影。

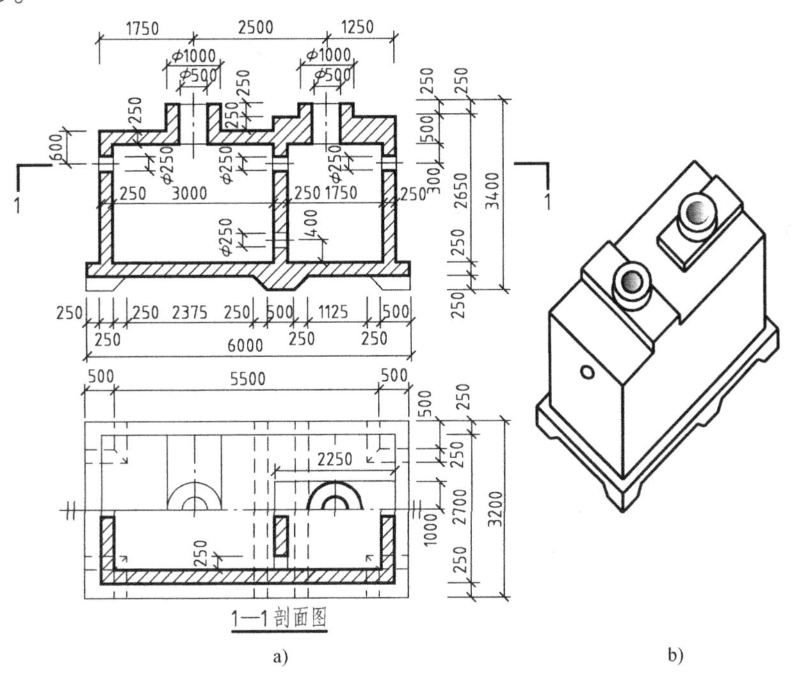

图5-23 化粪池的两面投影和轴测图

a）H 面、V 面投影 b）轴测图该化粪池由四个主要部分组成。最下方是一个长方体底板，底板上部有一长方体池身，池身顶面有两块四棱柱加强板。每一块加强板上方有一直径为1000mm的圆柱体，如图5-23b所示。

底板下部靠近中间处有一个与底板相连的梯形截面，左右各有一个没有画上材料图例的梯形线框，它们与H面投影图中的虚线线框各自对应。可看出底板下靠近中间处有一四棱柱加强肋，底板四角各有一个四棱台的加强墩子。

池身被横隔板分隔为左右两格，四周壁厚及横隔板厚度均为250mm。左右壁及横隔板上各有一个直径为250mm的小圆柱孔，位于前后对称的中心线上，横隔板前后两端又有对称的两个250mm×250mm方孔，其高度与小圆柱孔相同。横隔板正中下方还有一个小圆柱孔，直径为250mm。

池身顶部的两块加强板，左边一块横放，其大小为1000mm×2700mm×250mm；右边一块纵放，其大小为2250mm×1000mm×250mm。加强板上方的圆柱体高250mm，并挖去一直径为500mm的圆柱通孔，孔深750mm，与箱内池身相通。

由于化粪池左右不对称，已知正立面图采用全剖面图，剖切平面通过前后对称面，如图5-24a所示，可将池身左右两格结构以及左右壁及横隔板上的小孔、顶部的圆柱孔都表现出来；化粪池前后对称，已知平面图采用半剖面图，剖切平面通过左右壁小圆柱孔的轴线，如图5-24b所示。平面图中的虚线表示底板下加强墩的形状与位置，在其他投影图中无法清晰表达，此处虚线不可省略。

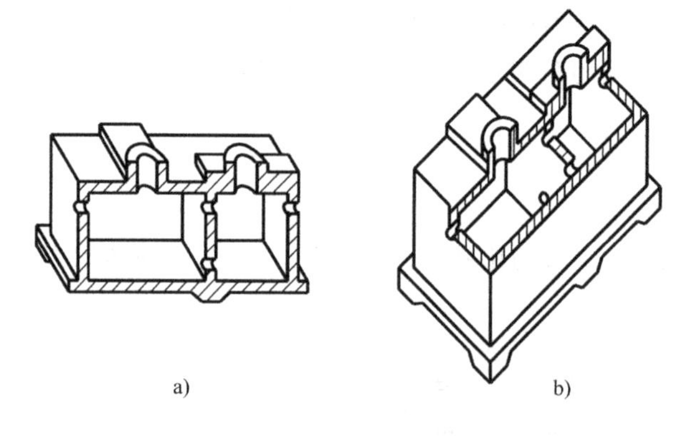

a) b)

图5-24 正立剖面与水平剖面的轴测图

a）全剖面 b）半剖面

根据以上分析，可自下而上补绘出各基本形体的W面投影，如图5-25所示。由于化粪池前后对称，将W面投影改画为半剖面图，剖切位置选择在通过左边垂直圆柱孔的轴线，可以将横隔板上圆孔、方孔的分布进一步表达清楚，如图5-26所示，本例省略了尺寸标注。

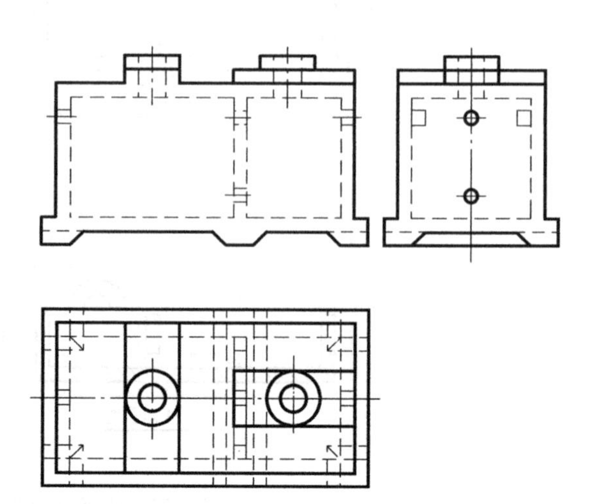

图5-25 补绘化粪池的W面投影图

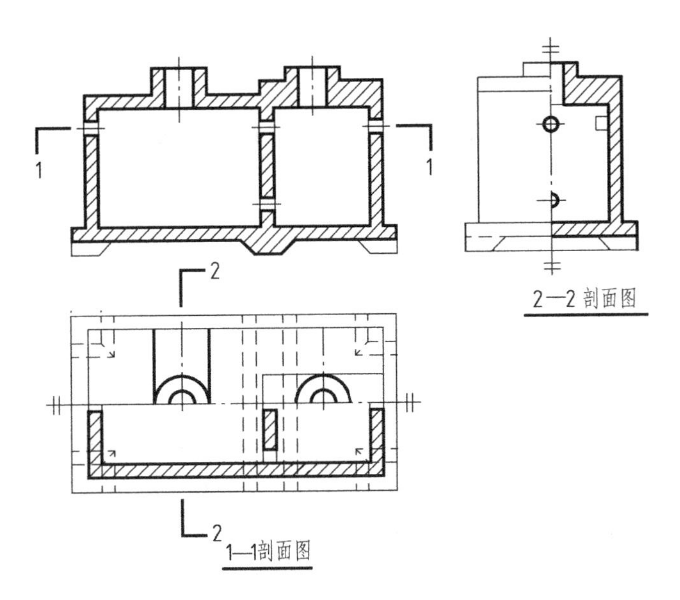

图 5-26　*W* 面半剖面投影图

第6章　建筑施工图

6.1　概述

房屋建筑施工图是指导施工、审批建筑工程项目的依据，是编排工程概算、预算、决算以及审核工程造价的依据之一，也是竣工验收和工程质量评价的依据之一。它是由多种专业工程设计人员分别把建筑物的形状与大小、结构与构造、设备与装修等方面内容，按照国家制图标准的规定，用正投影法准确绘制的一套图样，也是有法律效力的文件。为了方便学习，现将房屋的组成和房屋建筑图的有关规定介绍如下。

6.1.1　房屋的类型及其组成部分

房屋按使用功能可分为民用建筑、工业建筑和农业建筑。

如图6-1所示，房屋由许多构件、配件和装修构造组成。它们有些起承重作用，如屋面、

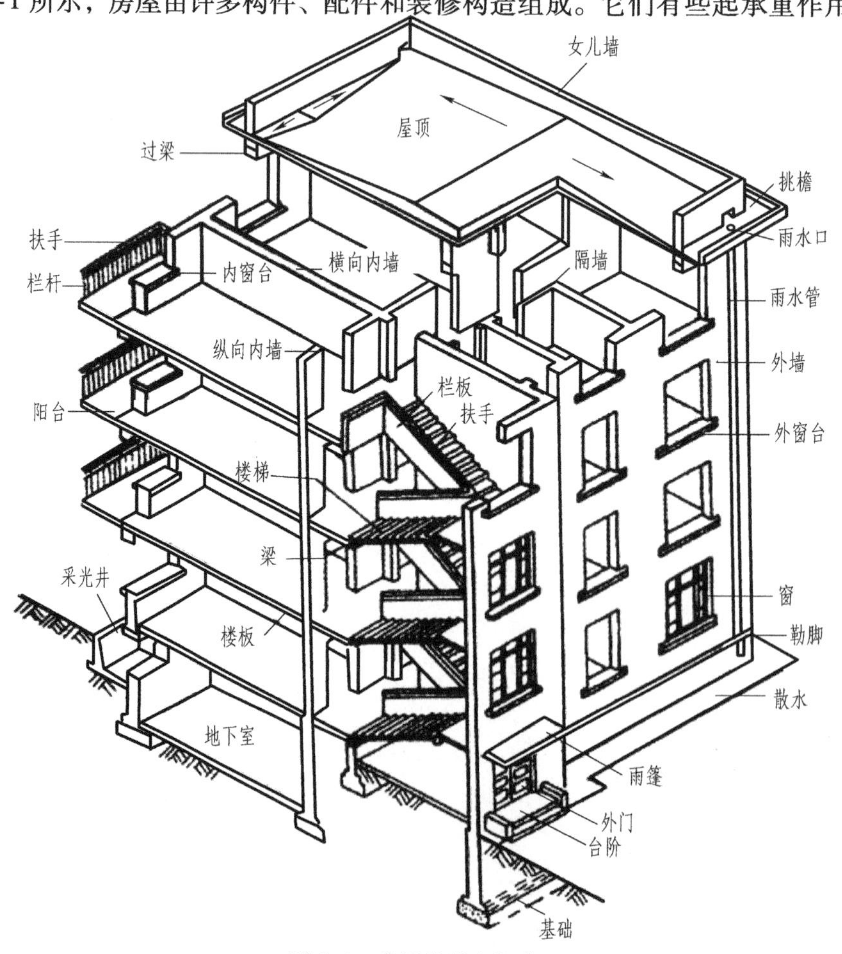

图6-1　房屋的基本组成

楼板、梁、墙、基础；有些起防风、沙、雨、雪和阳光的侵蚀干扰作用，如屋面、雨篷和外墙；有些起沟通房屋内外和上下交通作用，如门、走廊、楼梯、台阶等；有些起通风、采光的作用，如窗；有些起排水作用，如天沟、雨水管、散水、明沟；有些起保护墙身的作用，如勒脚、防潮层。

房屋一般由基础、墙或柱、楼地层、屋顶、楼梯、门窗六大部分组成。

1）基础。基础位于建筑物的最下部，埋于自然地坪以下，承受上部传来的所有荷载，并把这些荷载传给下面的土层（该土层称为地基）。

2）墙或柱。墙或柱是房屋的竖向承重构件，它承受着由屋盖和各楼层传来的各种荷载，并把这些荷载可靠地传给基础。墙体还有围护和分隔的功能。

3）楼地层。楼地层是指楼板层与地坪层。楼板层直接承受着各楼层上的家具、设备、人的重量和楼层自重；同时楼板层对墙或柱有水平支撑的作用，传递风、地震等侧向水平荷载，并把上述各种荷载传递给墙或柱。

4）屋顶。屋顶既是承重构件又是围护构件。作为承重构件，和楼板层相似，承受直接作用于屋顶的各种荷载，同时在房屋顶部起着水平传力构件的作用，并把本身承受的各种荷载直接传给墙或柱。

5）楼梯。楼梯是建筑的竖向通行设施。

6）门窗。门与窗属于围护构件，门的主要作用是疏散，窗的主要作用是采光通风。

6.1.2　设计房屋的过程和房屋建筑施工图的分类

建造一幢房屋，要经过设计和施工两个阶段。首先，根据所建房屋的要求和有关技术条件，进行初步设计，绘制房屋的初步设计图。当初步设计经征求意见、修改和审批后，就要进行建筑、结构、设备（给水排水、暖通、电气）各专业之间的协调，计算、选用和设计各种构配件及其构造与做法；然后进入施工图设计，按建筑、结构、设备各专业分别完整、详细地绘制所设计的全套房屋施工图，将施工中所需要的具体要求都明确地反映到这套图纸中。房屋施工图是建造房屋的技术依据，整套图纸应该完整统一、尺寸齐全、准确无误。

一套房屋建筑施工图通常分为建筑施工图（简称“建施”）、结构施工图（简称“结施”）和设备施工图（简称“设施”）三大类。

6.1.3　施工图的编排顺序

一幢房屋的全套施工图的编排顺序是首页图、总平面图、建施图、结施图、水施图、暖施图、电施图等。各工种图纸的编排一般是全局性图纸在前、说明局部的图纸在后；先施工的在前，后施工的在后；重要的图纸在前，次要的图纸在后。在全部施工图前面，还应编入图纸目录和总说明。

1）图纸目录。说明该工程由哪几个工种的图纸组成，包括各工种的图纸名称、张数和图号顺序，其目的是为了便于查找图纸。

2）总说明。主要说明工程的概貌和总的要求，内容包括工程设计依据、设计标准、施工要求。一般中小型工程的总说明放在建筑施工图内。

3）建筑施工图。反映房屋的内外形状、大小、布局、建筑节点的构造和所用材料的情况，包括总平面图、建筑平面图、立面图、剖面图和详图。

4）结构施工图。反映房屋的承重构件的位置，构件的形状、大小、材料以及构造等情况，包括结构计算说明书、基础图、结构布置平面图以及构件的详图等。一般混合结构自首层室内地面以上的砖墙及砖柱由建筑图表示；首层地面以下的砖墙由结构基础图表示。

5）给水排水施工图。主要表示管道的布置和走向，构件做法和加工安装要求，包括平面图、系统图和详图等。

6）采暖通风施工图。主要表示管道布置和构造安装要求，包括平面图和安装详图等。

7）电气施工图。主要表示电气线路走向及安装要求，包括平面图、系统图、接线原理图和详图等。

6.1.4 建筑施工图概述

建筑施工图是表示建筑物的总体布局、外部造型、内部布置、细部构造、内外装饰、固定设施和施工要求的图样。一般包括：图纸目录、总平面图、施工总说明、门窗表、建筑平面图、建筑立面图、建筑剖面图和建筑详图等。

绘制和阅读房屋的建筑施工图，应依据正投影原理并遵守《房屋建筑制图统一标准》(GB/T 50001—2010)；在绘制和阅读总平面图时，还应遵守《总图制图标准》(GB/T 50103—2010)；而在绘制和阅读建筑平面图、建筑立面图、建筑剖面图和建筑详图时，还应遵守《建筑制图标准》（GB/T 50104—2010）。在这里将简要说明《建筑制图标准》（GB/T 50104—2010）中的一些基本规定，并补充说明尺寸注法中有关标高的基本规定。

1. 图线

建筑专业制图采用的各种线型，应符合《建筑制图标准》（GB/T 50104—2010）中的规定，表6-1摘录了有关实线和虚线的规定。绘制较简单的图样时，可采用两种线宽的线宽组，其线宽比宜为 b:0.25b，通常用0.5b的图线替代0.25b的图线。

表6-1 建筑专业制图中所采用的实线和虚线

名称		线型	线宽	用途
实线	粗	————	b	1. 平、剖面图中被剖切的主要建筑构造（包括构配件）的轮廓线 2. 建筑立面图或室内立面图的外轮廓线 3. 建筑构造详图中被剖切的主要部分的轮廓线 4. 建筑构配件详图中的外轮廓线 5. 平、立、剖面的剖切符号
实线	中粗	————	0.7b	1. 平、剖面图中被剖切的次要建筑构造（包括构配件）的轮廓线 2. 建筑平、立、剖面图中建筑构配件的轮廓线 3. 建筑构造详图及建筑构配件详图中的一般轮廓线
	中	————	0.5b	小于0.7b的图形线、尺寸线、尺寸界限、索引符号、标高符号、详图材料做法引出线、粉刷线、保温层线、地面、墙面的高差分界线等
	细	————	0.25b	图例填充线、家具线、纹样线等
虚线	中粗	- - - - - -	0.7b	1. 建筑构造详图及建筑构配件不可见的轮廓线 2. 平面图中的起重机（吊车）轮廓线 3. 拟建、扩建建筑物轮廓线
	中	- - - - - -	0.5b	投影线、小于0.5b的不可见轮廓线
	细	- - - - - -	0.25b	图例填充线、家具线等

（续）

名称		线型	线宽	用途
单点长画线	粗		b	起重机（吊车）轨道线
	细		$0.25b$	中心线、对称线、定位轴线
折断线	细	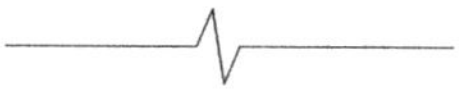	$0.25b$	部分省略表示时的断开界线
波浪线	细		$0.25b$	部分省略表示时的断开界线，曲线形构间断开界限构造层次的断开界限

注：地平线宽可用 $1.4b$。

2. 比例

建筑专业制图选用的比例，宜符合表6-2的规定。

表6-2 建筑专业制图选用的比例

图名	比例
建筑物或构筑物的平、立、剖面图	1:50、1:100、1:150、1:200、1:300
建筑物或构筑物的局部放大图	1:10、1:20、1:25、1:30、1:50
配件及构造详图	1:1、1:2、1:5、1:10、1:15、1:20、1:25、1:30、1:50

3. 构造及配件图例

由于建筑平、立、剖面图常用1:100、1:200或1:50等较小比例，图样中的一些构造和配件，不可能也不必要按实际投影画出，只需用规定的图例表示。建筑专业制图采用《建筑制图标准》（GB/T 50104—2010）规定的构造及配件图例，表6-3中摘录了其中的一部分。

表6-3 常用的构造及配件图例

序号	名称	图例	备注
1	墙体	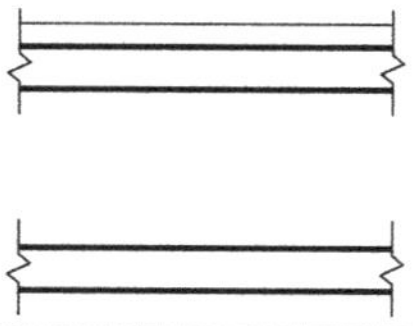	1. 上图为外墙，下图为内墙 2. 外墙细线表示有保温层或有幕墙 3. 应加注文字或涂色或图案填充表示各种材料的墙体 4. 在各层平面图中防火墙宜着重以特殊图案填充表示
2	隔断		1. 加注文字或涂色或图案填充表示各种材料的轻质隔断 2. 适用于到顶与不到顶隔断
3	玻璃幕墙	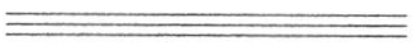	幕墙龙骨是否表示由项目设计决定
4	栏杆		—
5	楼梯	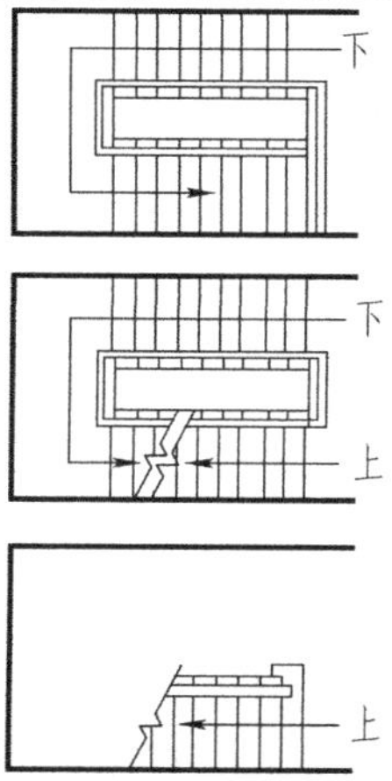 下 下 上 上	1. 上图为顶层楼梯平面，中图为中间层楼梯平面，下图为底层楼梯平面 2. 需设置靠墙扶手或中间扶手时，应在图中表示

（续）

序号	名称	图例	备注
6	坡道	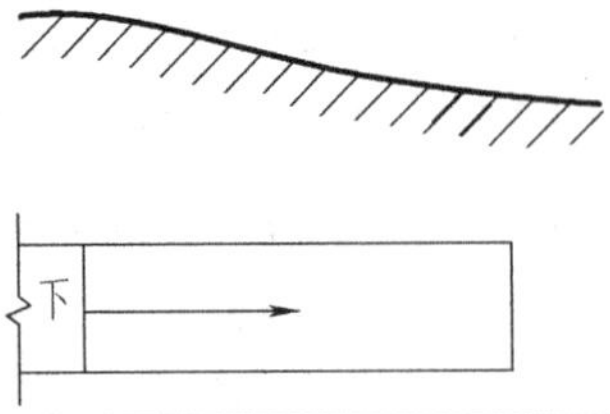 下	长坡道
		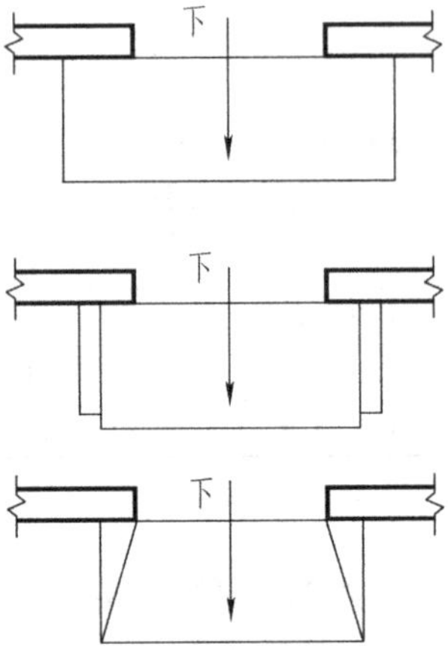 下 下 下	上图为两侧垂直的门口坡道，中图为有挡墙的门口坡道，下图为两侧找坡的门口坡道
7	台阶	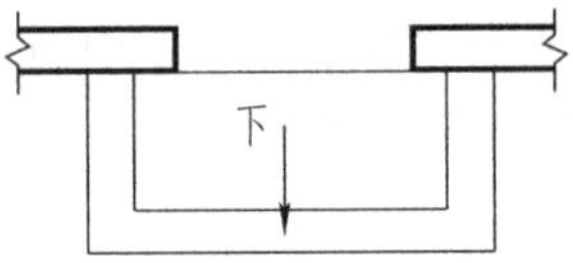 下	
8	平面高差	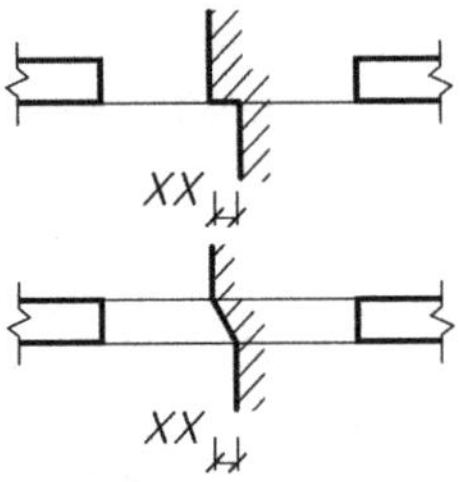 XX XX	用于高差小的地面或楼面交接处，并应与门的开启方向协调
9	检查口		左图为可见检查口，右图为不可见检查口
10	孔洞		阴影部分亦可填充灰度或涂色代替
11	坑槽		—

4. 标高

标高是表示建筑物某一部位相对于基准面（标高零点）的竖向高度，是竖向定位的依据。标高是标注建筑物高度的另一种尺寸形式。标高按基准面的不同，可分为相对标高和绝对标高。

绝对标高是以国家或地区统一规定的基准面作为零点的标高。我国规定以山东省青岛市的黄海平均海平面作为标高的零点。相对标高的基准面可以根据工程需要自由选定，一般以建筑物一层室内主要地面作为相对标高的零点（±0.000）。

建筑标高是构件包括粉饰在内的、装修完成后的标高；结构标高则不包括构件表面的粉饰层厚度，是构件的毛面标高。

标高符号应以等腰直角三角形表示。总平面图室外地坪标高符号用涂黑的三角形表示。

标高数字以 m 为单位，注写到小数点后第 3 位，总平面图中可注写到小数点后两位，零点标高注写成 ±0.000；正数标高不注“+”号，负数标高应注“-”号，如图 6-2 所示。

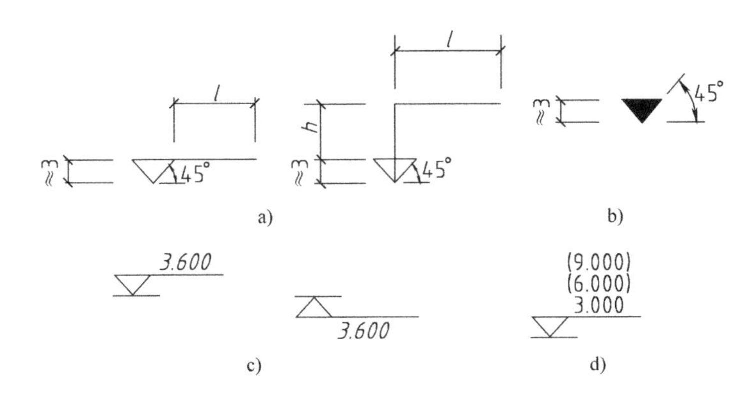

图 6-2　标高符号及其画法规定

a）标高符号　b）总平面图室外地坪标高符号　c）标高的指向　d）同一位置上写多个标高数字

5. 定位轴线

建筑施工图中的定位轴线是确定建筑物主要承重构件位置的基准线，是施工定位、放线的重要依据。定位轴线应以细单点长画线绘制。定位轴线应编号，编号应注写在轴线端部的圆内。圆应用细实线绘制，直径应为 8～10mm。定位轴线圆的圆心应在定位轴线的延长线上或延长线的折线上。施工图上定位轴线的编号宜注写在图样的下方与左侧。横向编号应用阿拉伯数字，从左至右顺序编写，竖向编号应用大写拉丁字母（I、O、Z 除外，以免与数字 1、0 及 2 混淆），从下至上顺序编写，如图 6-3 所示。

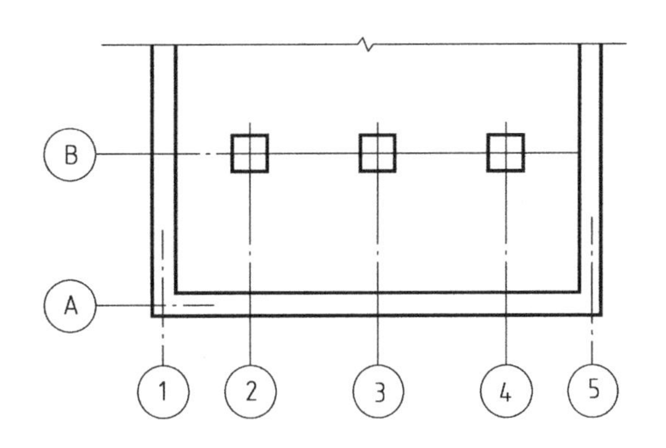

图 6-3　定位轴线的编号顺序

在标注非承重的分隔墙或次要的承重构件时，可用在两根轴线之间的附加定位轴线。附加定位轴线的编号应以分数的形式表示，如图 6-4 所示。

当一个详图适用于几根轴线时，应同时注明各有关轴线的编号，如图 6-5 所示。

6. 索引符号与详图符号

1）索引符号。图样中的某一局部或构件，如需另见详图，应以索引符号索引。索引符号的圆及水平直径均应以细实线绘制，圆的直径为 8～10mm，索引符号的引出线应指在要索引的位置上，当引出的是剖视详图时，用粗实线表示剖切位置，引出线所在的一侧应为剖视方向，圆内编号的含义如图 6-6 所示。

2）详图符号。详图的名称和编号应以详图符号表示。详图符号的圆直径为 14mm，用粗实线绘制。详图与被索引的图样同在一张图纸内时，应在详图符号内，用阿拉伯数字注明详图的编号；详图与被索引的图样不在同一张图纸内时，应用细实线在详图符号内画一水平直径，在上半圆中注明详图编号，在下半圆中注明被索引的图纸编号。详图符号的含义如图 6-7 所示。

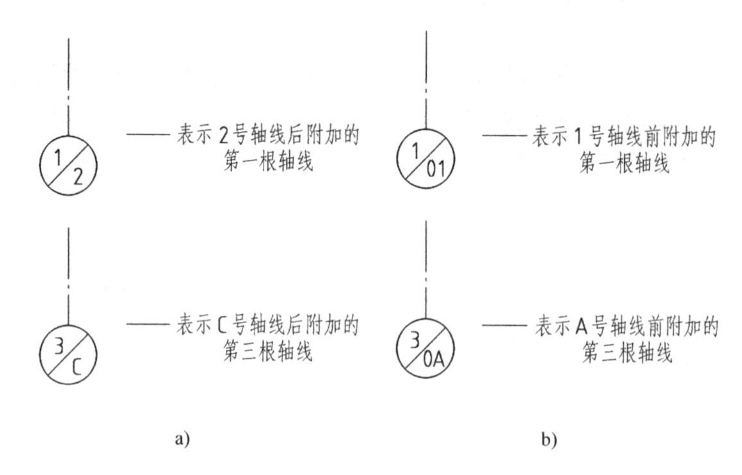

图 6-4 附加轴线及其编号

a）在定位轴线之后加附加轴线 b）在定位轴线之前加附加轴线

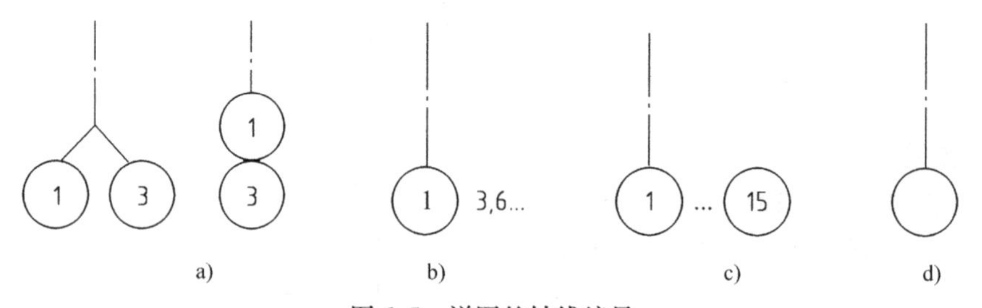

图 6-5 详图的轴线编号

a）用于 2 根轴线 b）用于 3 根或 3 根以上轴线 c）用于 3 根以上连续轴线 d）通用详图

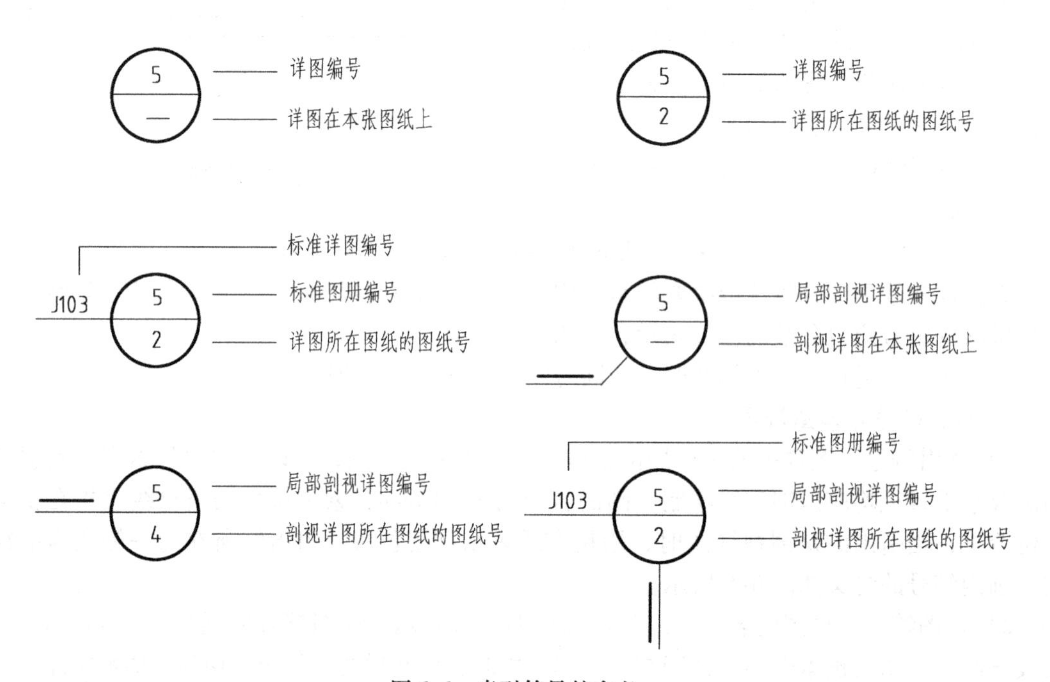

图 6-6 索引符号的含义

图6-7　详图符号的含义

7. 指北针与风向频率玫瑰图

1）指北针。指北针符号的圆直径为24mm，用细实线绘制，指针尾部的宽度宜为3mm，指针头部应标注“北”或“N”字。需用较大直径绘制指北针时，指针层部宽度宜为直径的1/8，如图6-8所示。

2）风向频率玫瑰图。风向频率玫瑰图简称风玫瑰图，用来表示该地区常年的风向频率和房屋的朝向。风玫瑰图是根据当地多年平均统计的各个方向吹风次数的百分数，按照一定比例绘制的。风的吹向从外吹向中心。实线表示全年风向频率，虚线表示按6、7、8三个月统计的夏季风向频率。如图6-9所示。

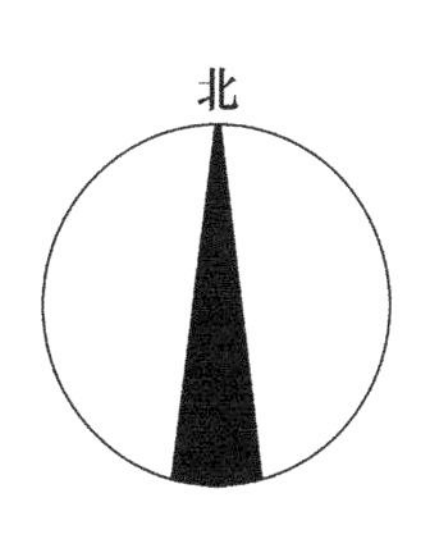

图6-8　指北针

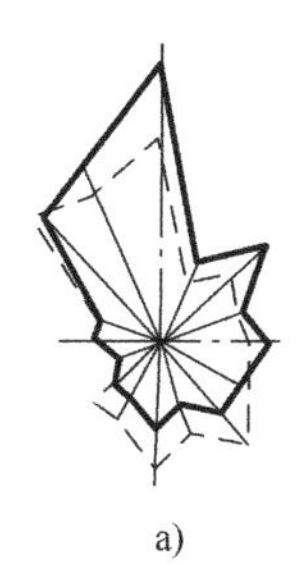

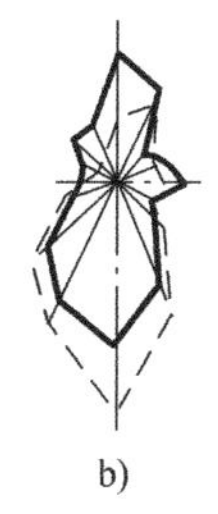

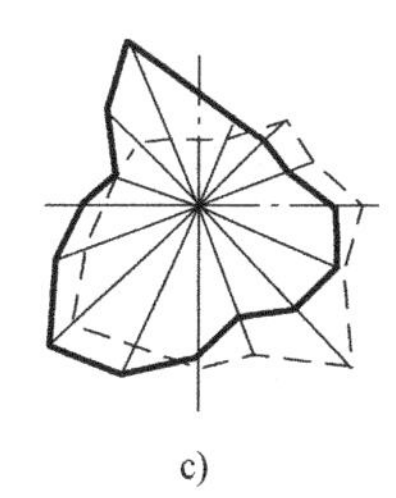

图6-9　风向频率玫瑰图
a）重庆　b）沈阳　c）天津

6.1.5　建筑施工图的识读

1. 施工图的识读

房屋建筑施工图是用投影原理的各种图示方法和规定画法综合应用绘制的，所以识读房屋建筑施工图，必须具备相关的知识，按照正确的方法与步骤进行识读。下面简单介绍施工图识读的一般方法与步骤。

识读施工图的一般方法是：首先看首页图（图纸目录和设计说明），按图纸顺序通读一遍，然后按专业次序仔细识读，先基本图，后详图，再分专业对照识读（看是否衔接一致）。

一套房屋建筑施工图是由不同专业工种的图样综合组成的，简单的有几张，复杂的有几十张，甚至几百张，它们之间有着密切的联系，读图时，应注意前后对照，以防出现差错和遗漏。识读施工图的一般步骤如下：

1）对于全套图纸来说，先看说明书、首页图，后看建筑施工图、结构施工图和设备施工图。

2）对于每一张图纸来说，先看图标、文字，后看图样。

3）对于建筑施工图、结构施工图和设备施工图来说，先看建筑施工图，后看结构施工图和设备施工图。

4）对于建筑施工图来说，先看平面图、立面图、剖面图，后看详图。

5）对于结构施工图来说，先看基础施工图、结构布置平面图，后看构件详图。

当然，上述步骤并不是孤立的，而是要经常相互联系着进行，需要反复阅读才能看懂。

2. 标准图的识读

一些常用的构配件和构造做法，通常直接采用标准图集，所以在阅读了首页图之后，就要查阅本工程所采用的标准图集。按编制单位和使用范围分类，标准图集可分为以下三类：

1）国家通用标准图集（常用 J102 等表示建筑标准图集、G105 等表示结构标准图集）。

2）省级通用标准图集。

3）各大设计单位（院级）通用标准图集。

标准图的查阅方法和步骤如下：

1）按施工图中注明的标准图案的名称、编号和编制单位，查找相应的图集。

2）识读时，应先看总说明，了解该图集的设计依据、使用范围、施工要求及注意事项等内容。

3）按施工图中的详图索引编号查阅详图，核对有关尺寸和要求。

6.2 建筑平面图

6.2.1 首页图

首页图一般包括：图纸目录、设计总说明、楼地面、内外墙等处的构造做法和装修做法，用表格或文字说明。

1. 图纸目录

图纸目录说明该套图纸有几类，各类图纸分别有几张，每张图纸的图号、图名、幅面大小；如采用标准图，应写出所使用的标准图的名称、所在的标注图案和图号或页次。编制图纸目录的目的是为了便于查找图纸。

2. 施工总说明

施工总说明主要用来说明图样的设计依据和施工要求。中小型房屋的施工总说明也常与总平面图一起放在建筑施工图内。有时施工总说明与建筑、结构总说明合并，成为整套施工图的首页，放在所有施工图的最前面。其包括以下内容：

1）本工程的设计依据，包括有关的地质、水文情况等。

2）设计标准，如建筑标准、结构荷载等级、抗震要求。

3）施工要求，如施工技术及材料的要求。

4）技术经济指标，如建筑面积、总造价、单位造价等。

5）建筑用料说明，如砖、混凝土等的强度等级等。

3. 门窗表

门窗表是对建筑物上所有不同类型门窗的统计表格。它主要反映门窗的类型、大小、所选用的标准图集及其类型编号等，如有特殊要求，应在备注中加以说明。

4. 工程做法表

工程做法表主要是对建筑各部位构造做法用表格的形式加以详细说明。当大量引用通用图集中的标准做法时，使用工程做法表更加方便、高效。工程做法表的内容一般包括工程构造的部位、名称、做法及备注说明等，因为多数工程做法属于房屋的基本土建装修，所以又称为建筑装修表。在表中对各施工部位的名称、做法等详细表达清楚，如采用标准图集中的做法，应注明所采用标准图集的代号，做法编号如有改变，应在备注中说明。

6.2.2　总平面图

1. 用途、内容和图示方法

将拟建工程四周一定范围内的新建、拟建、原有和拆除的建筑物、构筑物连同其周围的地形地物状况，用水平投影方法和相应的图例所画出的图样，称为总平面图（又称总平面布置图）。它能反映出上述建筑物的平面形状、位置、朝向和与周围环境的关系，因此成为新建筑施工的重要依据。

总平面图一般采用1:500、1:1000、1:2000的比例，以图例来表明新建、原有、拟建的建筑物，附近的地物环境、交通和绿化布置。《总图制图标准》（GB/T 50103—2010）分别列出了总平面图例、道路与铁路图例、管线与绿化图例，表6-4摘录了其中的一部分。当表6-4中的图例不够应用时，可查阅该标准。若这个标准中图例不敷应用，必须另行设定图例时，则应在总平面图上专门另行画出自定的图例，并注明其名称。

表6-4　总平面图中的常用图例

名称	图例	备注
新建建筑物	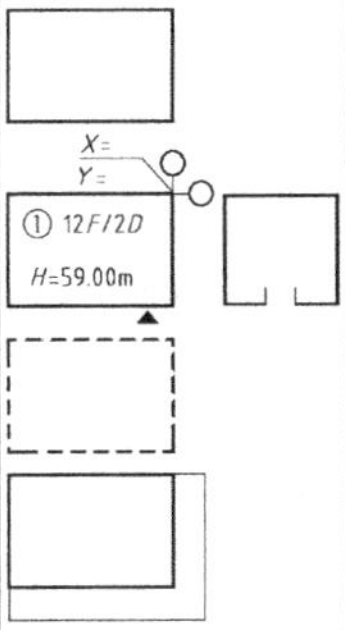 X= Y= ① 12F/2D H=59.00m	新建建筑物以粗实线表示与室外地坪相接处±0.00外墙定位轮廓线 建筑物一般以±0.00高度处的外墙定位轴线交叉点坐标定位。轴线用细实线表示，并标明轴线号 根据不同设计阶段标注建筑编号，地上、地下层数，建筑高度，建筑出入口位置（两种表示方法均可，但同一图纸采用一种表示方法） 地下建筑物以粗虚线表示其轮廓 建筑上部（±0.00以上）外挑建筑用细实线表示 建筑物上部连廊用细虚线表示并标注位置
敞棚或敞廊	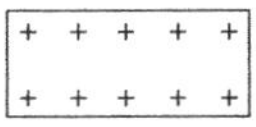 + + + + + + + + + +	—
围墙及大门		—
露天桥式起重机	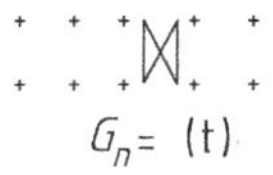 G_n= (t)	起重机重量 G_n，以t计算 “+”为柱子位置
坐标	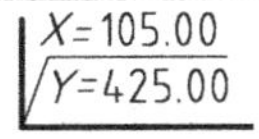 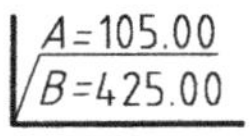 X=105.00 Y=425.00 A=105.00 B=425.00	上图表示地形测量坐标系，下图表示自设坐标系，坐标数字平行于建筑坐标
填挖边坡	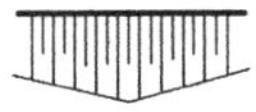	—
室内地坪标高	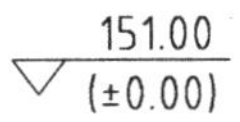 151.00 (±0.00)	数字平行于建筑书写
室外地坪标高	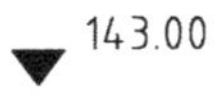 143.00	室外标高也可采用等高线
新建的道路	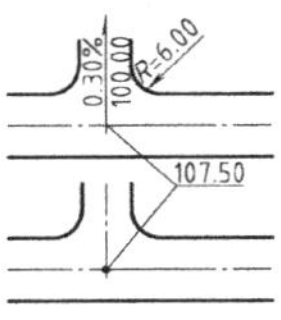 0.30% 100.00 R=6.00 107.50	“R=6.00”表示道路转弯半径；“107.50”为道路中心线交叉点设计标高，两种表示方式均可，同一图纸采用一种方式表示；“100.00”为变坡点之间距离，“0.30%”表示道路坡度，→表示坡向
原有建筑物		用细实线表示
计划扩建的预留地或建筑物		用中虚线表示
拆除的建筑物	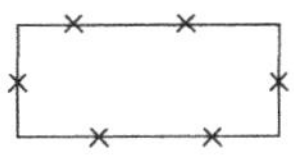	用细实线表示
铺砌场地	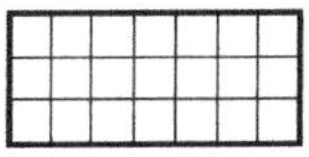	—
雨水口与消火栓井	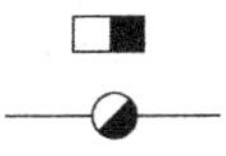	上图表示雨水口，下图表示消火栓井

（续）

名称	图例	备注	名称	图例	备注
原有道路		—	落叶阔叶灌木	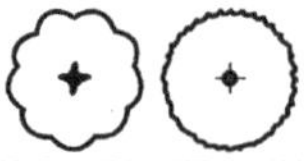	—
计划扩建的道路		—	草坪	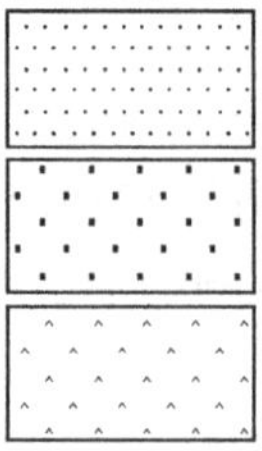	1. 草坪 2. 表示自然草坪 3. 表示人工草坪
人行道	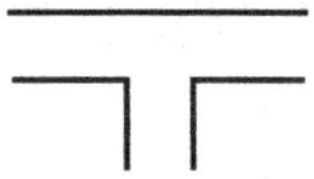	—			
桥梁	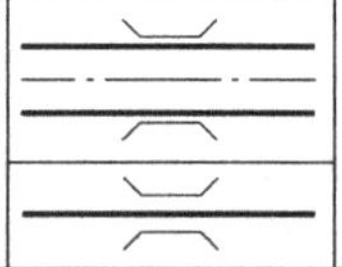	用于旱桥时应注明 上图为公路桥，下图为铁路桥	花卉		—
常绿针叶乔木		—	竹丛	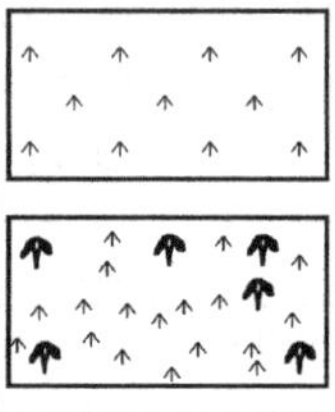	—
常绿阔叶乔木	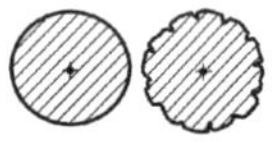	—			
常绿阔叶灌木	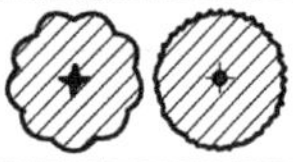	—			

在总平面图中，除图例以外，通常还要画出带有指北方向的风向频率玫瑰图，用来表示该地区的常年风向频率和房屋的朝向。总平面图应按上北下南方向绘制。根据场地形状或布局，可向左或右偏转，但不宜超过45°。

确定新建、改建或扩建工程的具体位置，一般根据原有房屋或道路来定位，并以m为单位标出定位尺寸。当新建成片的建筑物和构筑物或较大的公共建筑或厂房时，往往用坐标来确定每一建筑物及道路转折点的位置，地形起伏较大的地区，还应画出地形等高线。坐标分为测量坐标和建筑坐标两种系统。

测量坐标是国家或地区测绘的，X轴方向为南北方向，Y轴方向为东西方向，以100m×100m或50m×50m为一方格，在方格交点处画十字线表示。用新建房屋的两个角点或三个角点的坐标值标定其位置，放线时根据已有的导线点，用仪器测出新建房屋的坐标，以便确定其位置。建筑坐标将建设地区的某一点定为原点“O”，轴线用A、B表示，A相当于测量坐标网的X轴，B相当于测量网的Y轴（但不一定是南北方向），其轴线应与主要建筑物的基本轴线平行，用100m×100m或50m×50m的尺寸画成网格通线。故放线时，根据原点“O”可导调出新建房屋的两个角点的位置。朝向偏斜的房屋采用建筑坐标较合适，如图6-10所示。

在总平面图中，常标出新建房屋的总长、总宽和定位尺寸及层数（多层常用黑小圆点数表示层数，层数较多时用阿拉伯数字表示）。总平面图中还要标注新建房屋室内底层地面和室外地面的绝对标高，尺寸标高都以m为单位，注写到小数点以后两位数字。

2. 识读总平面图示例

图6-11所示为某学校新建教学楼的总平面图，是按1∶500绘制的，在这样很小范围的平坦土地上建造房屋时，所绘制的总平面图可以不必画出地形等高线和坐标网格，只要表明这幢建筑的平面轮廓形状、层数、位置、朝向、室内外标高，以及周围的地物等内容就可以了。从图6-11所示的校区总平面图可以看出下述有关内容：

1）校区内新建教学楼一幢，主入口在正南方向，新建建筑的东边共有两栋已建教学楼，

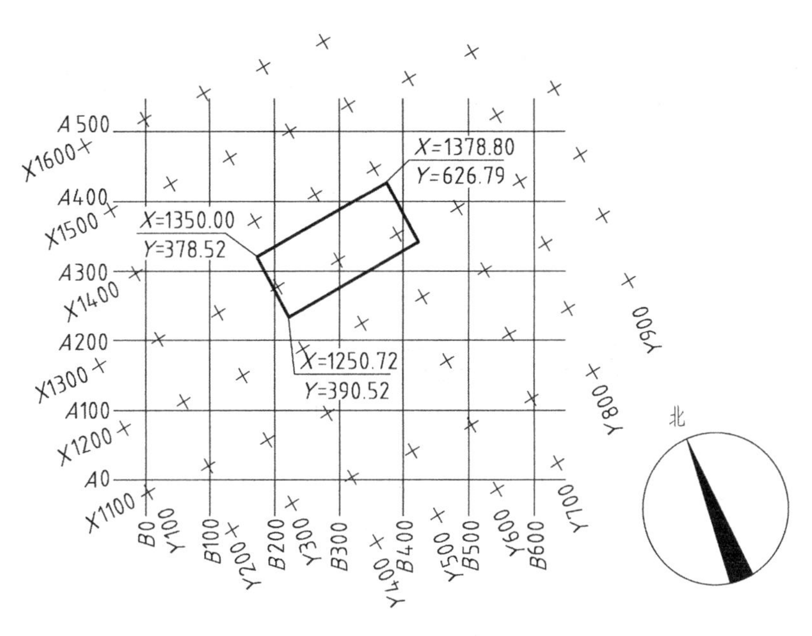

图 6-10　坐标网格

北面有两栋已建综合楼。新建教学楼的正前方是校前广场及升旗台，校区主入口的东南角有一块器械运动场地。学校的运动场在校区的北面。

2）新建房屋的平面轮廓形状、大小、朝向、层数、位置和室内外地面标高。以粗实线画出的这幢新建教学楼，显示了它的平面轮廓形状，东西向总长 41.1m，南北向总宽 16.8m，朝向正北，共六层。它以已建的教学楼定位，其东墙面与东面教学楼的西墙面平行，相距 15.7m。它的底层室内主要地面的绝对标高为 479.000m，室外地面的绝对标高为 478.550m，室内底层地面高出室外地面 450mm。

3）图中风向频率玫瑰图离中心最远的点表示全年该风向风吹的天数最多，即主导风向。从图中可看到该地区全年的主导风向为北风，夏季主导风向为南风。校园绕南围墙和东围墙道路种植阔叶乔木，教学楼与教学楼、教学楼与办公楼之间共有四块植草砖铺地。

6.2.3　建筑平面图

1. 概述

建筑平面图是房屋的水平剖面图，也就是用一个假想的水平面，在窗台之上剖开整幢房屋，移去处于剖切平面上方的房屋，将留下的部分按俯视方向在水平投影面上作正投影所得到的图样。它主要用来表示房屋的平面布置情况，在施工过程中，是进行放线、砌墙和安装门窗等工作的依据。建筑平面图应包括被剖切到的断面、可见的建筑构造和必要的尺寸、标高等内容。在实际工程中，平面图常采用的比例有 1∶50，1∶100，1∶200，由于绘制的建筑平面图比例较小，所以一些构造和配件，应用表 6-3 所列的图例画出。

若一幢多层房屋的各层平面布置都不相同，应画出各层的建筑平面图。建筑平面图通常以层次来命名，如底层平面图、二层平面图等；若有两层或更多层的平面布置相同，则这几层可以合用一个建筑平面图，称为某两层或某几层平面图，如二、三层平面图，三、四、五层平面图等，也可称为标准层平面图。若两层或几层的平面布置只有少量局部不同，也可以合用一个平面图，但需另绘制不同处的局部平面图作为补充。若一幢房屋的建筑平面图左右对称，则习惯上将两层平面图合并画在一个图上，左边画一层的一半，右边画另一层的一半，中间用对称

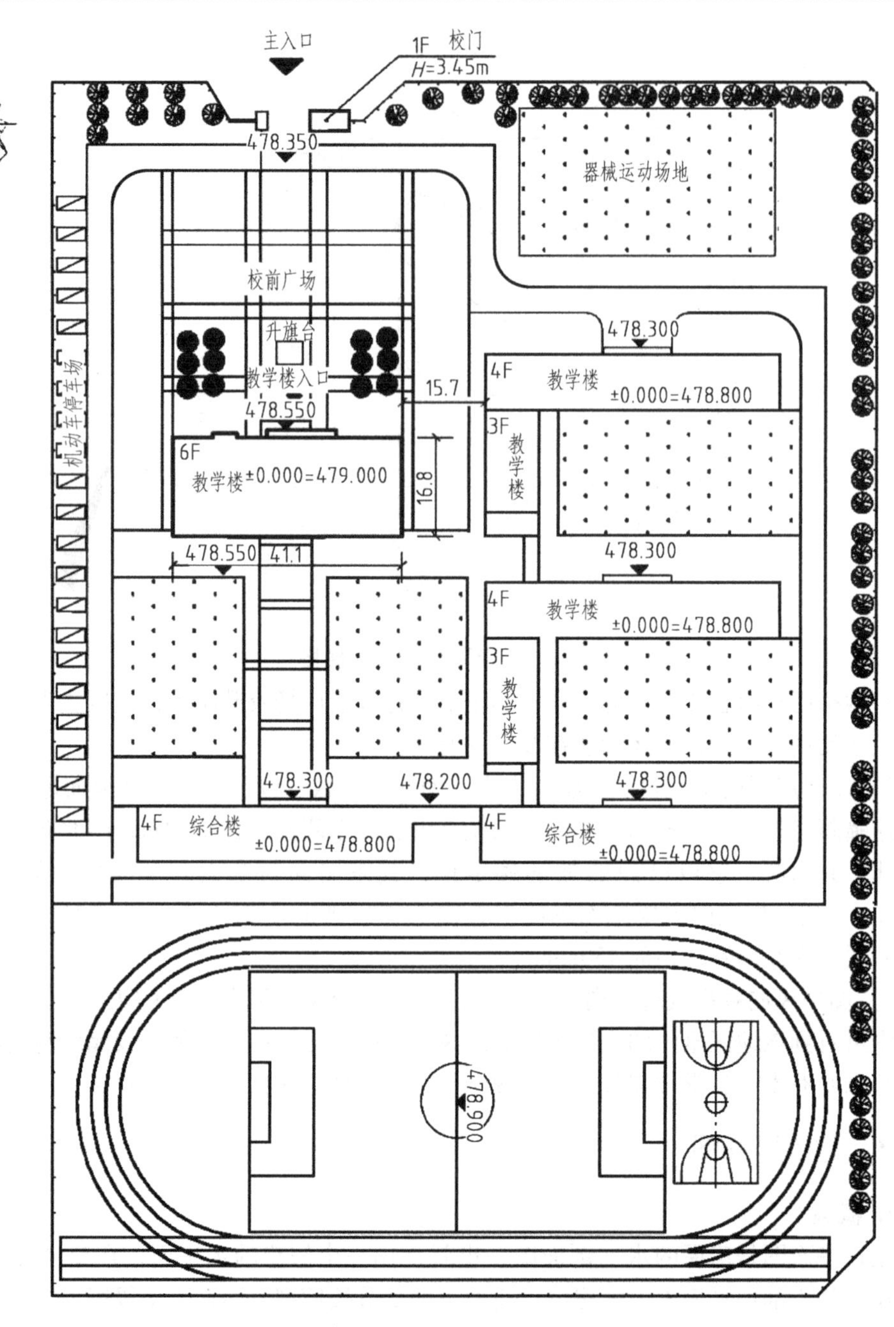

图 6-11 某学校新建教学楼的总平面图

线分界，在对称线两端画上对称符号，并在图的下方分别注明它们的图名。

建筑平面图除上述的各层平面图外，还有局部平面图、屋顶平面图等。局部平面图可以用于表示两层或两层以上合用的平面图中的局部不同之处，也可以用来将平面图中某个局部以较大的比例另行画出，以便能较为清晰地表示出室内的一些固定设施的形状并标注它们的定形、定位尺寸。屋顶平面图则是房屋顶部按俯视方向在水平投影面上所得到的正投影。

2. 建筑平面图图示内容

下面结合六层教学楼的首层平面图（图 6-12）说明建筑平面图的内容及图示方法。

1）从图名可了解到该图为首层平面图，比例为 1:100。

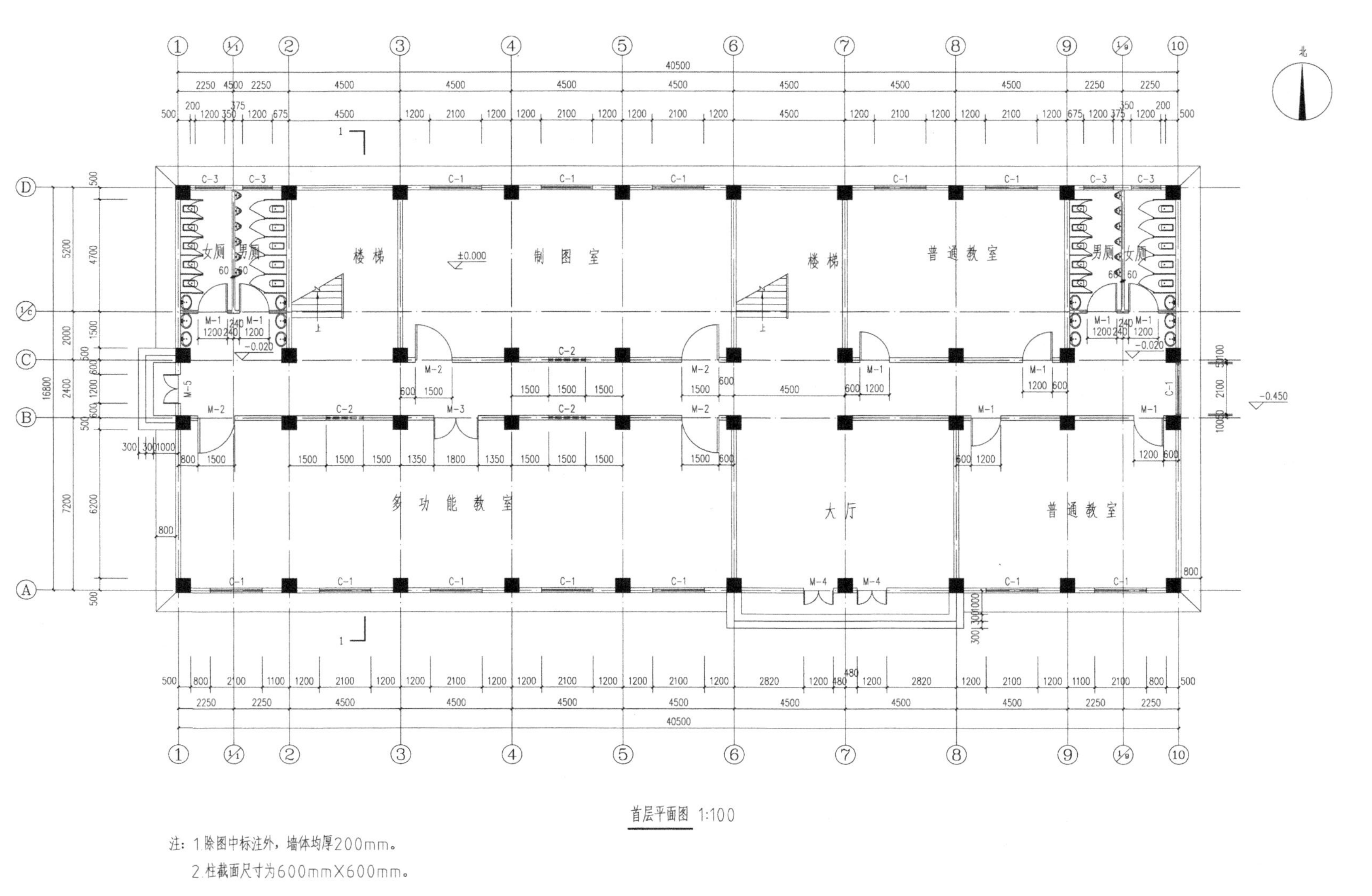
北
女厕
男厕
楼梯
制图室
普通教室
多功能教室
大厅
首层平面图 1:100
注：1.除图中标注外，墙体均厚200mm。
2.柱截面尺寸为600mm×600mm。

图6-12　首层平面图

2）在图中有一个指北针符号，说明房屋坐北朝南（上北下南）。

3）由平面图的形状与总长总宽尺寸，可计算出房屋的用地面积。

4）由图中墙的位置及分隔情况和房间的名称，可了解到房屋内部各房间的配置、用途、数量及其相互间的联系情况。

5）由图中定位轴线的编号及其间距，可了解到各承重构件的位置及房间的大小。本例的横向轴线为①~⑩，其中①、⑨轴线后的各附加一条轴线。竖向轴线为Ⓐ~Ⓓ，其中Ⓒ轴线后的附加一条轴线。

6）图中注有外部尺寸和内部尺寸，可了解到各房间的开间、进深、外墙与门窗及室内设备的大小和位置。平面图中凡是剖切到的墙用粗实线双线表示，门用中粗线单线表示，门扇的开启示意线用中粗线单线表示，其余可见轮廓线则用细实线表示。

当比例为1∶100~1∶200时，建筑平面图中的墙、柱断面通常不画建筑材料图例，可画简化的材料图例（如柱的混凝土断面涂黑表示），且不画抹灰层；比例大于1∶50的平面图，应画出抹灰层的面层线，并画出材料图例；比例等于1∶50的平面图，抹灰层的面层线应根据需要而定；比例小于1∶50的平面图，可以不画出抹灰层，但宜画出楼地面、屋面的面层线。

门窗等构配件参见表6-3中图例的画法，并标注门窗代号。门窗代号分别为M和C，代号后面注写编号，如M-1、C-6等，同一编号表示同一类型即形式、大小、材料均相同的门窗。

需要注意的是，门窗虽然用图例表示，但门窗洞的大小及其形式都应按投影关系画出。如窗洞有突出的窗台时，应在窗的图例上画出窗台的投影。门窗立面图例按实际情况绘制。如果门窗类型较多，可单列门窗表，至于门窗的具体做法，则要看门窗的构造详图。

7）必要的尺寸、标高及楼梯的标注。

① 尺寸标注。平面图中必要的尺寸包括：表明房屋总长、总宽、各房间的开间、进深，门窗洞的宽度和位置，墙厚，以及其他主要构配件与固定设施的定形和定位尺寸等。标注的尺寸分为外部尺寸和内部尺寸两部分。外部尺寸为便于读图和施工，一般注写三道，具体如下：

a. 第一道：标注外轮廓的总尺寸，即外墙的一端到另一端的总长和总宽尺寸，如首层总长为40500mm，总宽为16800mm。

b. 第二道：标注轴线之间的距离，用以说明房间的开间和进深的尺寸。如本例Ⓐ~Ⓑ轴线之间的距离为7200mm，④~⑤轴线之间的距离为4500mm，房间的开间都是4500mm，南北面房间的进深是7200mm。

c. 第三道：表示细部的位置及大小，如门窗洞口的宽度尺寸，墙柱等的位置和大小。标注这道尺寸时，应与轴线联系起来，如房间的窗C1，宽度为2.100m，窗边距离轴线为1.200m。

三道尺寸线之间应留有适当距离（一般为10mm，第三道尺寸线应离图形最外轮廓线15mm），以便注写数字。当房屋前后或左右不对称时，平面图上四周都应注写三道尺寸。

室外台阶（或坡道）、花池、散水等细部尺寸，可单独标注。内部尺寸表示房间的净空大小、室内门窗洞的大小与位置、固定设施的大小与位置、墙体的厚度、室内地面标高（相对于±0.000地面的高度）。

② 标高。房屋建筑图中，宜标注室内外地坪、楼地面、地下层地面、阳台、平台、檐口、门、窗、台阶等处的标高。标高的数字一律以“m”为单位，并注写到小数点以后第三位。常以房屋的首层室内地面作为零点标高，注写形式为±0.000；零点标高以上为“正”，标高数

字前不必注写“+”号；零点标高以下为“负”，标高数字前必须注写“-”号。本例首层地面定为标高零点（即相当于总平面图中室内地坪绝对标高479.000m）。卫生间地面标高为-0.020，表示该处地面比门厅地面低20mm。室外地坪标高为-0.450（即相当于总平面图中室内地坪绝对标高478.550m）。

③ 楼梯标注。楼梯在平面图中按照图例绘制，但要标注上下行方向线，一些图样中还标注了踏步的级数。由于楼梯构造比较复杂，通常要另画详图表示。

8）有关的符号。首层平面图中，除了应画指北针外，还必须在需要绘制剖面图的部位画出剖切符号，在需要另画详图的局部或构件处画出索引符号。

平面图中剖切符号的剖视方向通常宜向左或向后，若剖面图与被刻切的图样不在一张图纸内，可在剖切位置线的另一侧注明其所在的图纸号，也可在图纸上集中说明。如图6-12所示中剖切位置在穿过下行楼梯段处，剖视方向为从东向西。

3. 其他的建筑平面图

前面比较详细地介绍了首层平面图的有关内容，这里仍以这幢建筑为例，扼要地补充楼层平面图、局部平面图和屋顶平面图的内容。

（1）楼层平面图　图6-13、图6-14所示为二层、六层的楼层平面图。楼层平面图的表达内容和要求，基本上与首层平面图相同。在楼层平面图中，不必画首层平面图中已显示的指北针、剖切符号，以及室外地面上的构配件和设施；但各楼层平面图除了应画出本层室内的各项内容外，还应分别画出位于绘制这层平面图时所假想采用的水平剖切面以下的，而在下一层平面图中未表达的室外构配件和设施，如在二、三、四层平面图中应画出本层的室外阳台、下一层窗顶的可见遮阳板、本层过厅窗外的花台等。此外，楼层平面图除开间、进深等主要尺寸及定位轴线间的尺寸外，与首层相同的次要尺寸可以省略。

在绘制楼层平面图时，应特别注意楼梯间各层楼梯图例的画法，宜参照表6-3中的楼梯图例，按实际情况绘制，对常见的双跑楼梯（即一个楼层至相邻楼层间的楼梯由两个梯段和一个中间平台所组成）而言，除顶层楼梯的围护栏杆、扶手、两段下行梯段和一个中间平台应全部画出外，其他各楼层则应分别画出上行梯段的几级踏步，下行梯段的一整段、中间平台及其下面的下行梯段的几级踏步，上行梯段与下行梯段的折断处，共用一条倾斜的折断线。

（2）局部平面图　图6-15所示为四、五层局部平面图。在比例为1∶100的建筑平面图中，由于图形太小而只能画出固定设施和卫生器具的外形轮廓或图例，不能标注它们的定形尺寸和定位尺寸。当比例为1∶50时，就应注出一些主要设施和卫生器具的定形尺寸和定位尺寸，以便于按图施工安装。洗脸盆、浴盆、坐式大便器等卫生器具，通常是按一定规格或型号订购成品后，再按有关的规定或说明安装的，因而也不必注全尺寸。

（3）屋顶平面图　图6-16所示为屋顶平面图，是用1∶100的比例画出的俯视屋顶的平面图。由于屋顶平面图比较简单，所以通常用小一些的比例绘制。在这个屋顶平面图中，画出了有关的定位轴线、屋顶的形状、女儿墙、分水线、屋面检修孔的大小与位置、屋面的排水方向及坡度、天沟及其雨水口的位置等。至于屋面的构造及其具体做法，将在后面讲述建筑剖面图、檐口节点详图和屋面结构平面图时，再做进一步的介绍，而屋面的坡度，可以用图中的百分数来表示。

4. 建筑平面图的绘制步骤

建筑平面图的绘制步骤如图6-17所示，具体如下：

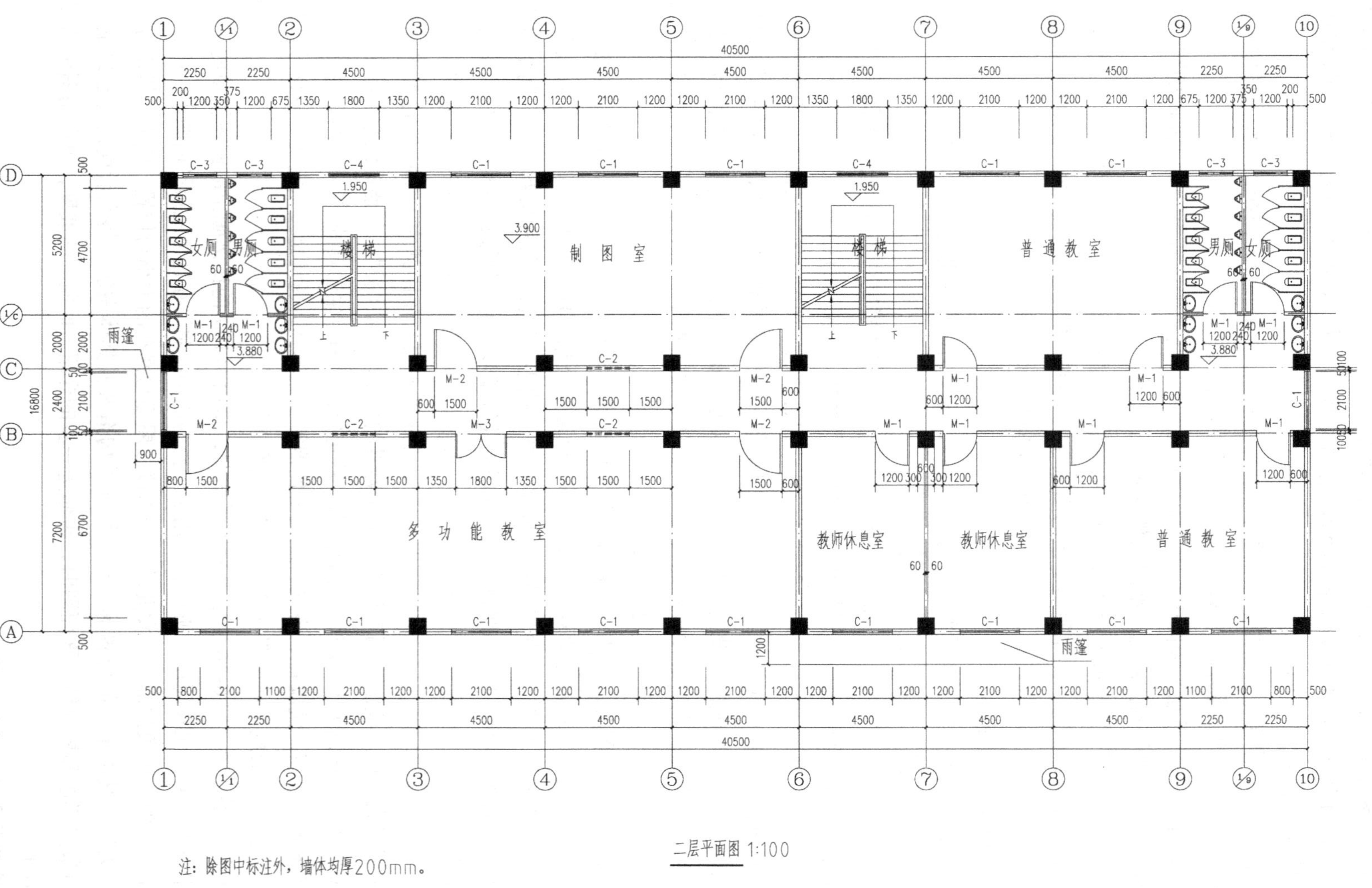

注：除图中标注外，墙体均厚200mm。

图6-13 二层平面图

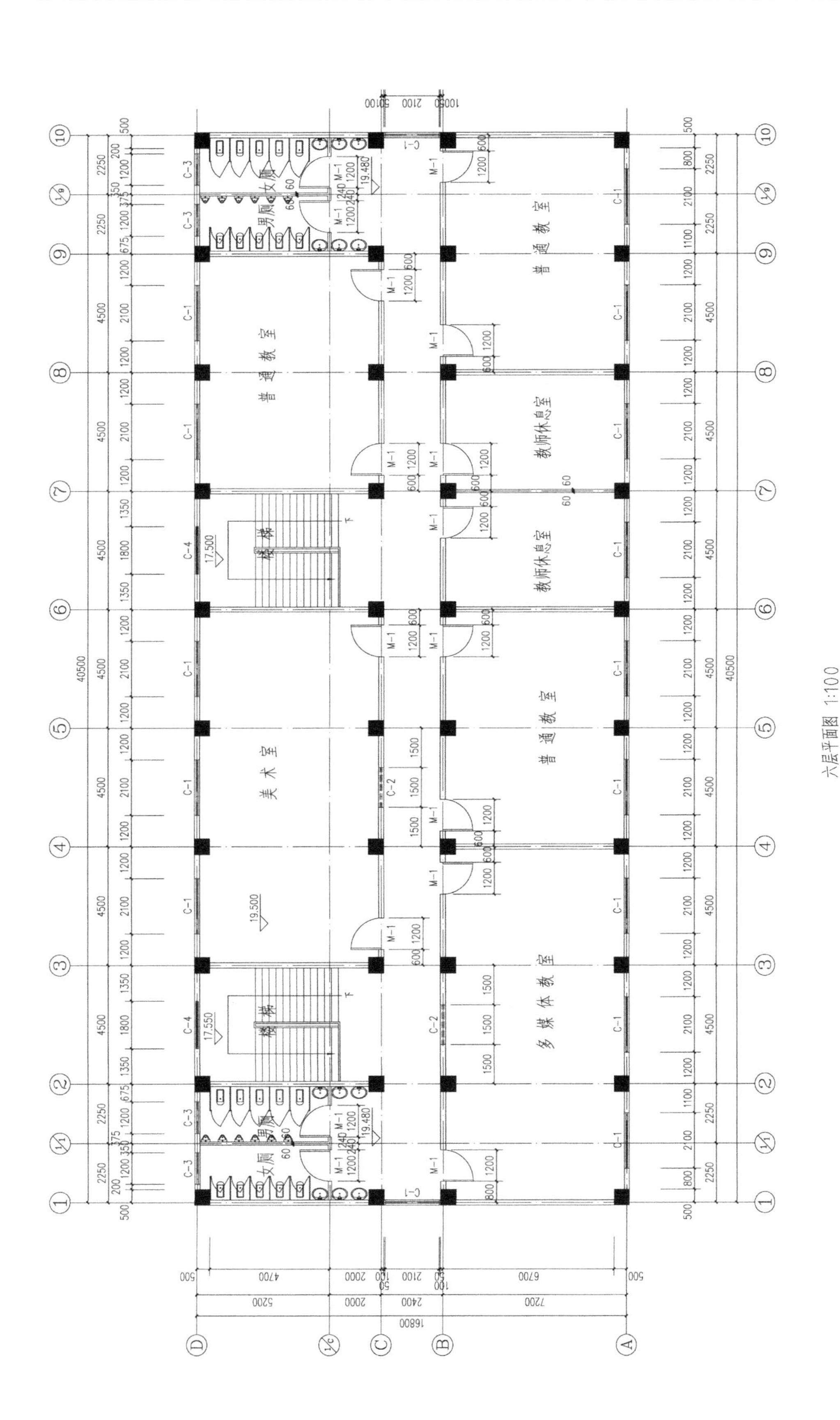

注：除图中标注外，墙体均厚200mm。

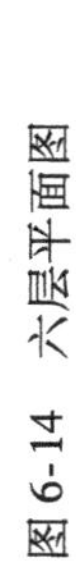
图 6-14　六层平面图

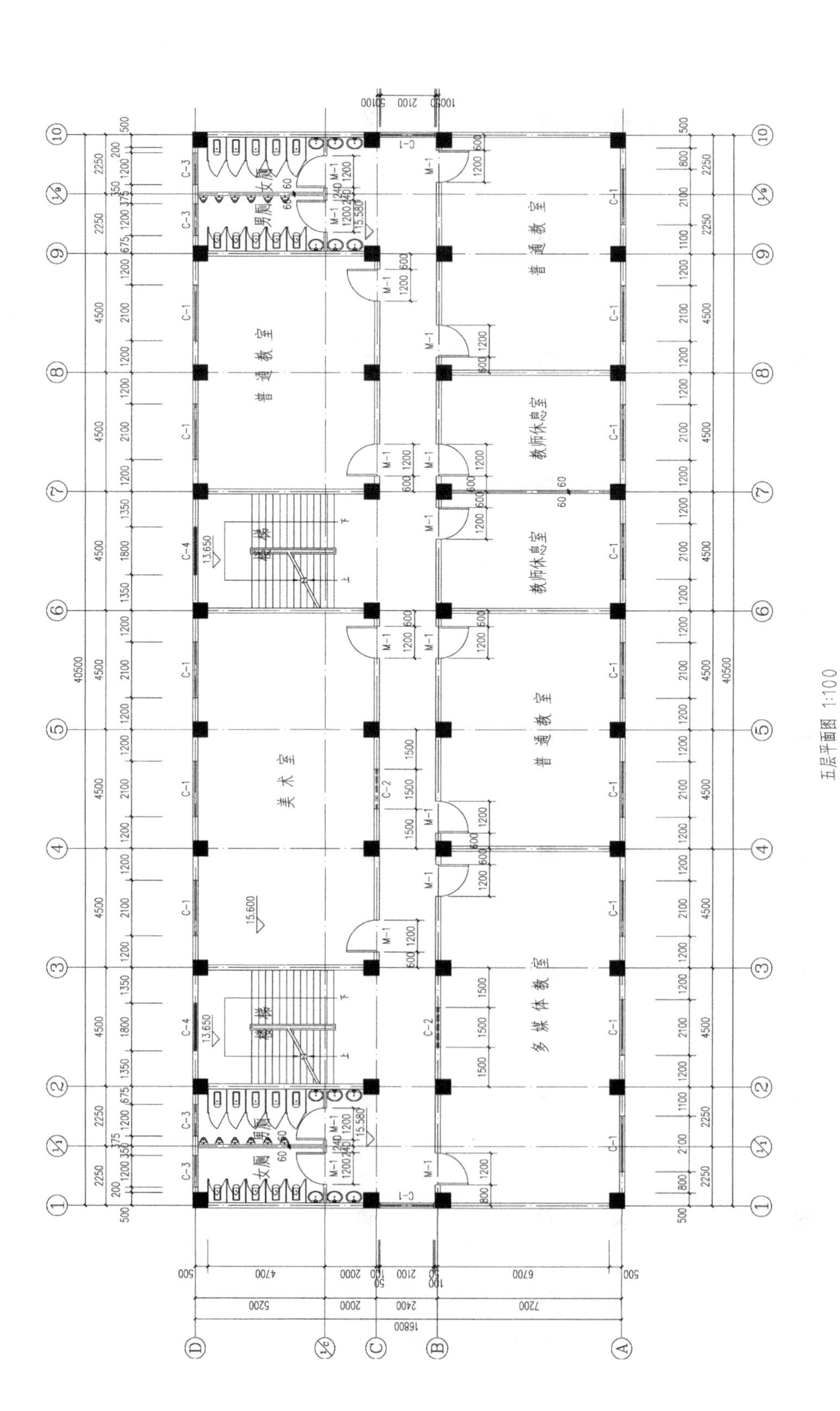

图6-15 四、五层局部平面图

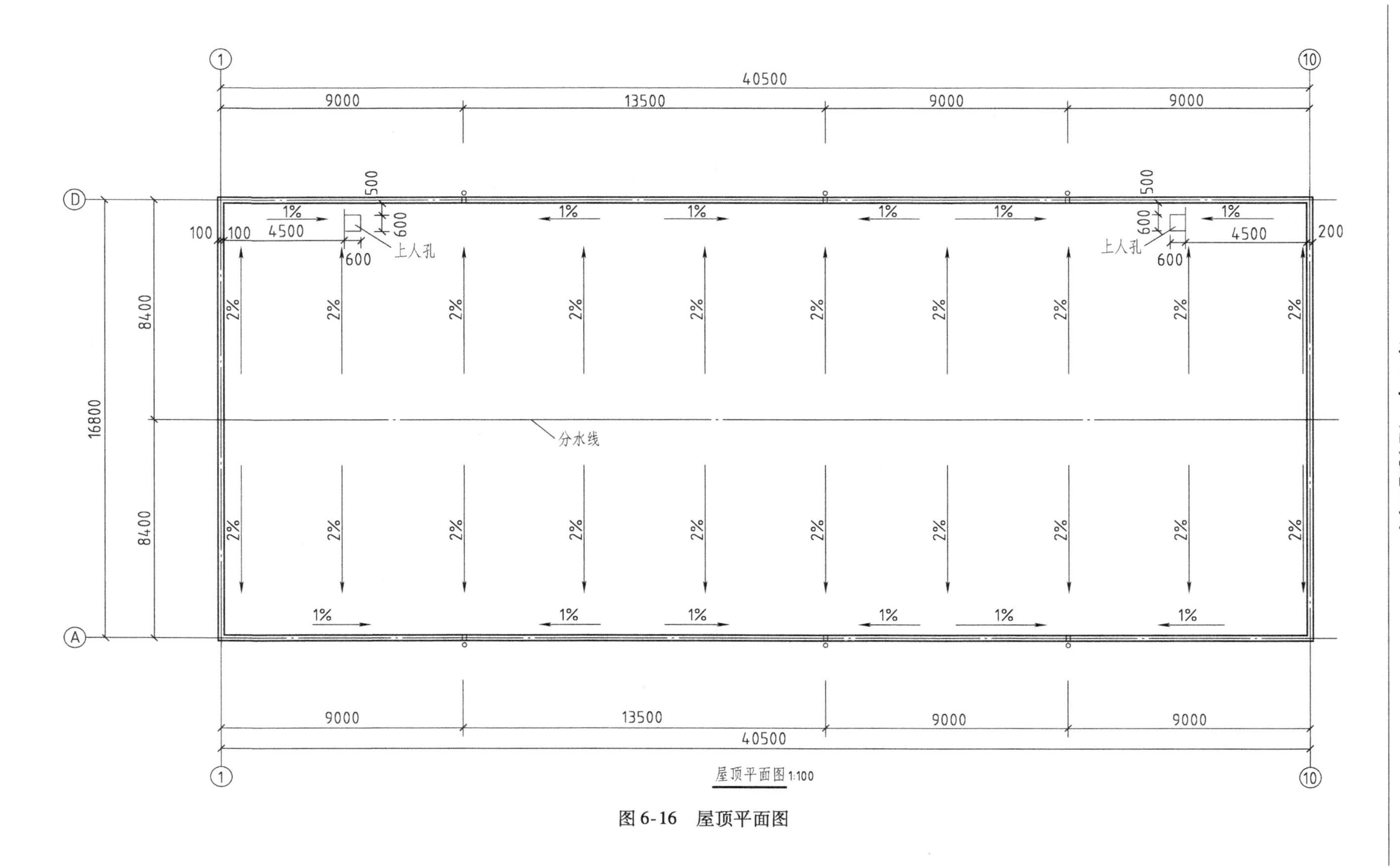
屋顶平面图 1:100
分水线
上人孔
2%
1%
40500
9000
13500
4500
600
500
200
100
8400
16800
1
10
A
D

图 6-16　屋顶平面图

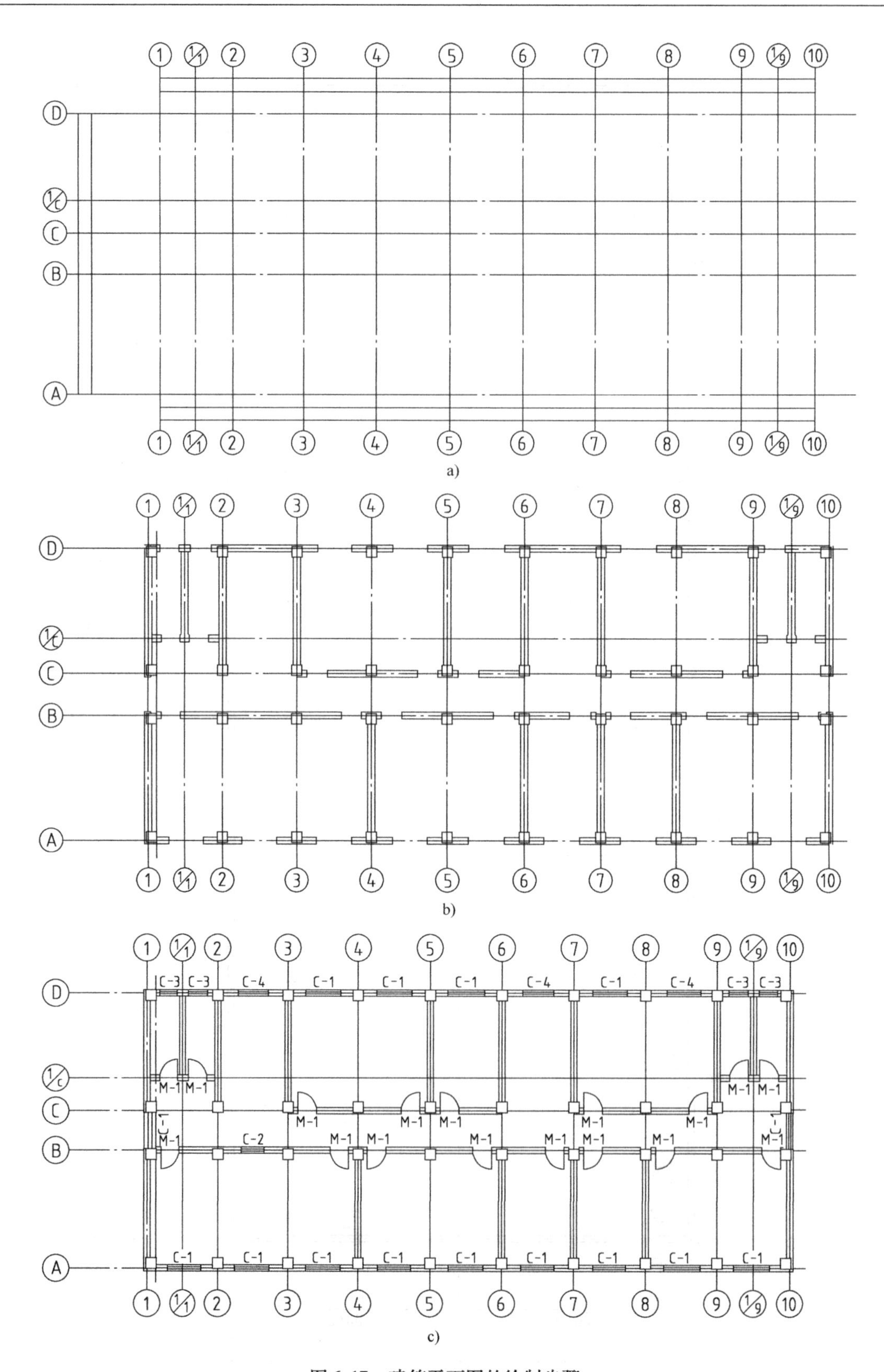

图 6-17 建筑平面图的绘制步骤

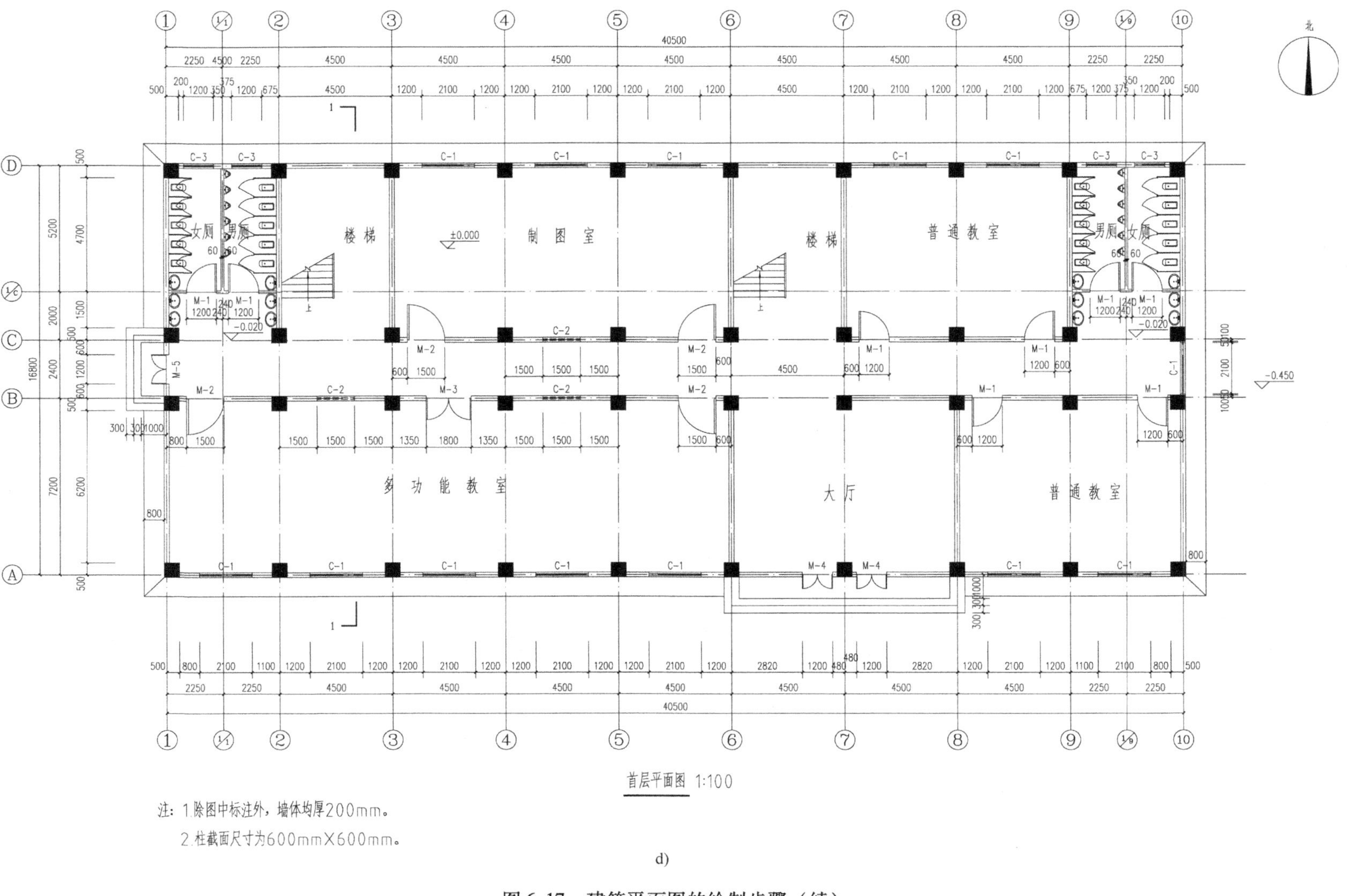

图6-17　建筑平面图的绘制步骤（续）

1）首先画出所有定位轴线，然后画出墙、柱轮廓线，并补全未定轴线的次要非承重墙。

2）确定门窗洞口的位置，绘制出所有建筑构配件、卫生器具等细部的图例或外形轮廓，如楼梯、台阶、卫生间、滴水、花池等。

3）经检查无误后，擦去多余的图线，按规定线型加粗。

4）标注轴线编号、标高尺寸、内外部尺寸、门窗编号、索引符号以及书写其他文字说明。在首层平面图中，还应画剖切符号并在图外适当的位置画上指北针图例，以表明方位。

5）在平面图下方注写出图名及比例等。

6.3 建筑立面图

6.3.1 概述

在与房屋立面平行的投影面上所作的房屋正投影图，称为建筑立面图，简称立面图。它主要用来表示房屋的体型和外貌、外墙装修、门窗的位置与形式，以及遮阳板、窗台、窗套、屋顶水箱、檐口、阳台、雨篷、雨水管、水斗、引条线、勒脚、平台、台阶、花坛等构造和配件各部位的标高和必要的尺寸。建筑立面图在施工过程中，主要用于室外装修。

其中反映主要出入口或比较显著地反映出房屋外貌特征的那一面立面图，称为正立面图，其余的立面图相应地称为背立面图和侧立面图；通常也按房屋的朝向来命名，如南立面图、北立面图、东立面图、西立面图等；有时也按轴线编号来命名，如①~⑩立面图。由于立面图的比例较小，如门窗扇、檐口构造、阳台栏杆和墙面复杂的装修等细部，一般用图例表示。它们的构造和做法，另用详图或文字说明。因此，习惯上对这些细部只分别画出一两个作为代表，其他只画出轮廓线。若房屋左右对称，正立面图和背立面图也可各画一半，单独布置或合并成一图。合并时，应在图的中间画一垂直的对称符号作为分界线。平面形状曲折的建筑物，可绘制展开立面图，圆形或多边形平面的建筑物，可分段展开绘制立面图，但均应在图名后加注“展开”二字。

6.3.2 建筑立面图的内容、图示方法和读图示例

现以图 6-18 所示的这幢教学楼的①~⑩正立面图阐述建筑立面图的内容和图示方法，同时说明阅读建筑立面图的方法和步骤。

1）从图名或轴线的编号可知该图是表示房屋南向的立面图。比例与平面图一样（1:100），以便对照阅读。

2）从图上可看到该房屋的整个外貌形状，也可了解该房屋的屋顶、门窗、雨篷、阳台、台阶及勒脚等细部的形式和位置。屋顶用女儿墙包檐形式，共六层；如正门在东端、西端底层有一台阶，从而必有一出入口。

3）由图中所标注的标高可知，此房屋最低处（室外地坪）比室内 ±0.000 低 450mm，最高处（女儿墙顶面）为 24.300m，所以房屋的外墙总高度为 24.750m。一般标高标注在图形外，并做到符号排列整齐、大小一致。当房屋左右对称时，一般注在左侧；不对称时，左右两侧均应标注。必要时为了更清楚起见，可标注在图内（如正门上方的雨篷底面标高 3.900）。

4）由图中的文字说明可了解房屋外墙面装修的做法。如外墙为白色仿石喷漆及 500m 宽米黄色花岗岩线条横向分格。勒脚及女儿墙为四川红色花岗岩饰面。

5）图中共有三处位置上分别有一雨水管。

图 6-19、图 6-20 所示分别为这幢教学楼的⑩~①背立面图、侧立面图，也就是北立面

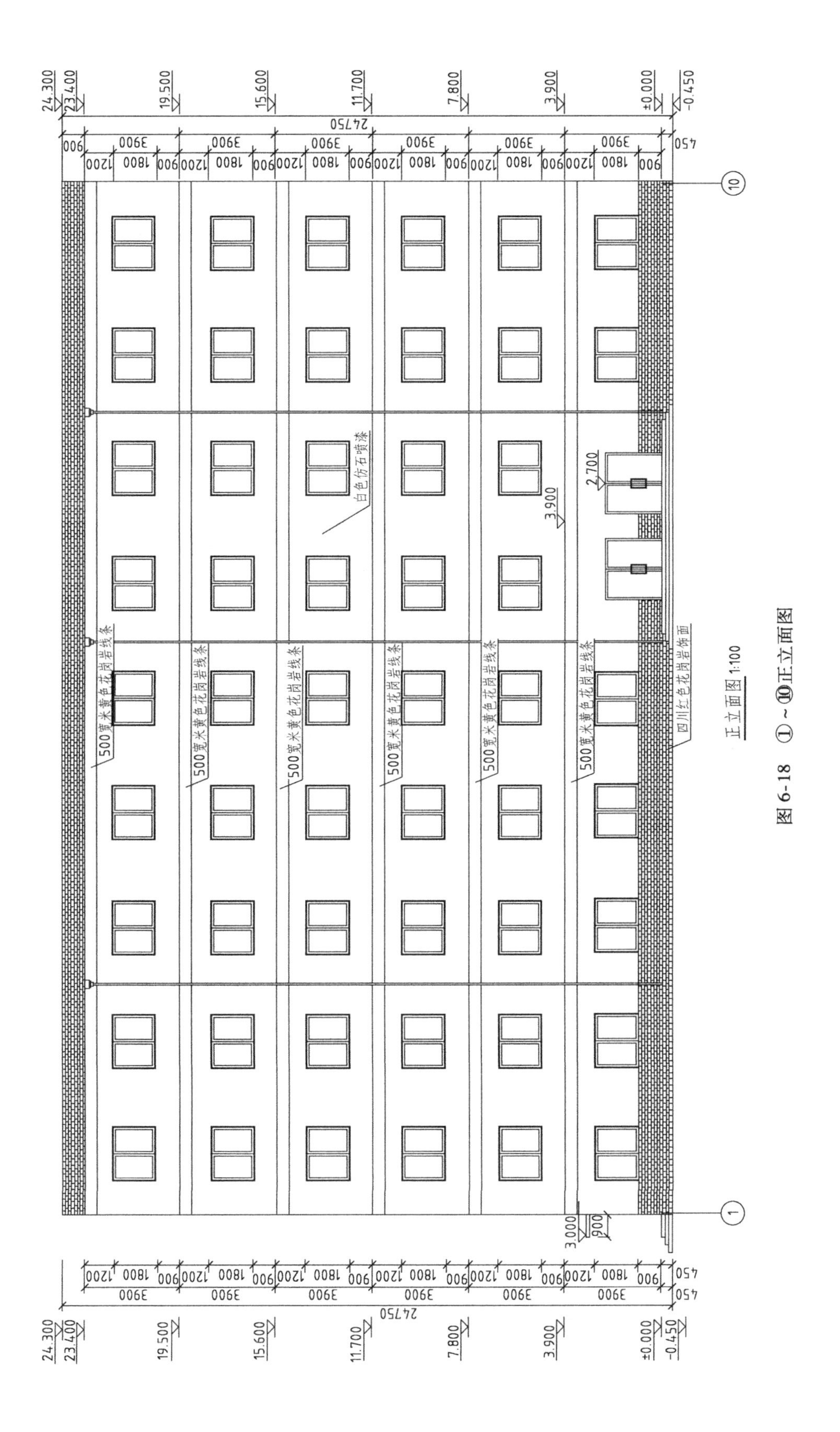

正立面图 1:100
500宽米黄色花岗岩线条
白色仿石喷漆
四川红色花岗岩饰面
24.300
23.400
19.500
15.600
11.700
7.800
3.900
±0.000
-0.450
2.700
3.000
24750
3900
1800
1200
900
450

图 6-18　①~⑩正立面图

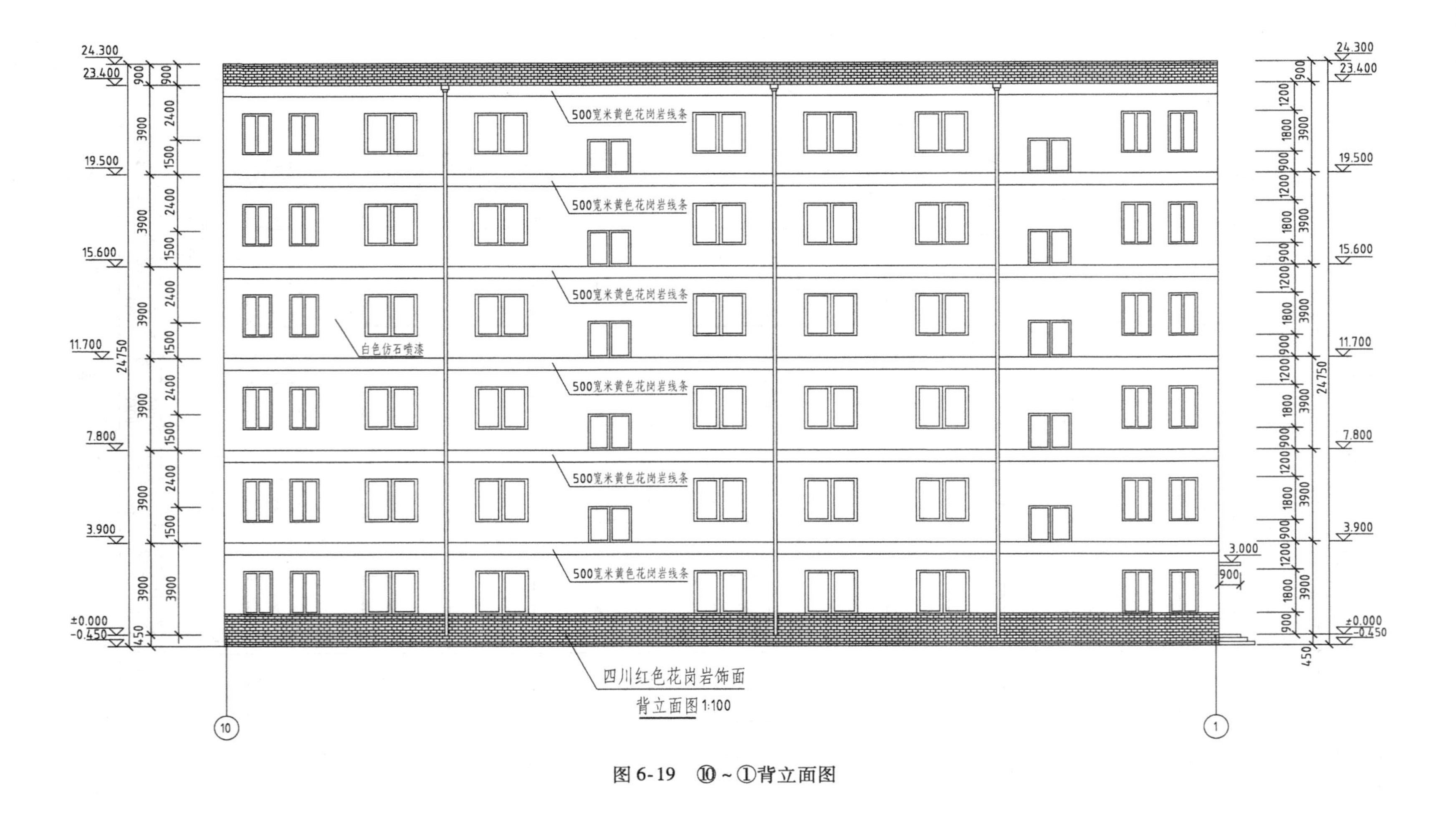

500宽米黄色花岗岩线条
白色仿石喷漆
四川红色花岗岩饰面
背立面图 1:100
24.300
23.400
19.500
15.600
11.700
7.800
3.900
3.000
±0.000
-0.450
24750

图 6-19 ⑩～①背立面图

图、东立面图。

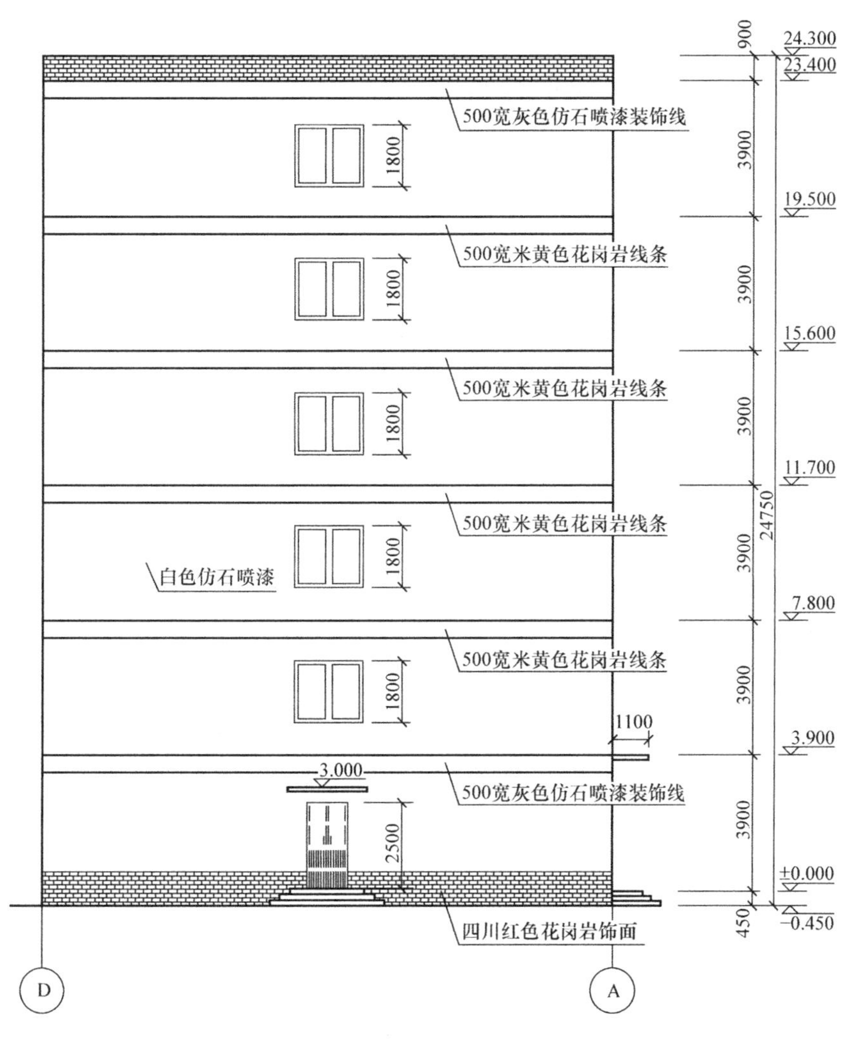

图 6-20　侧立面图

6.3.3　建筑立面图的绘制步骤

建筑立面图的绘制步骤如图 6-21 所示，具体如下：

1）绘制室外地坪线、外墙轮廓线和屋面线。

2）绘制檐口、门窗洞口、窗台、雨篷、阳台、花池、花格窗、雨水管等。

3）经检查无误后，擦去多余的图线，按施工要求加深图线，画出少量门窗扇、装饰、墙面分格线、轴线，并标注标高、注写图名、比例及有关文字说明。

4）为了加强图面效果，使外形清晰、重点突出、层次分明，在立面图上往往选用各种不同的线型。习惯上屋脊和外墙等最外轮廓线用粗实线；勒脚、窗台、门窗洞口、檐口、阳台、雨篷、柱、台阶和花池等轮廓线用中实线；门窗扇、栏杆、雨水管和墙面分格线等用细实线。

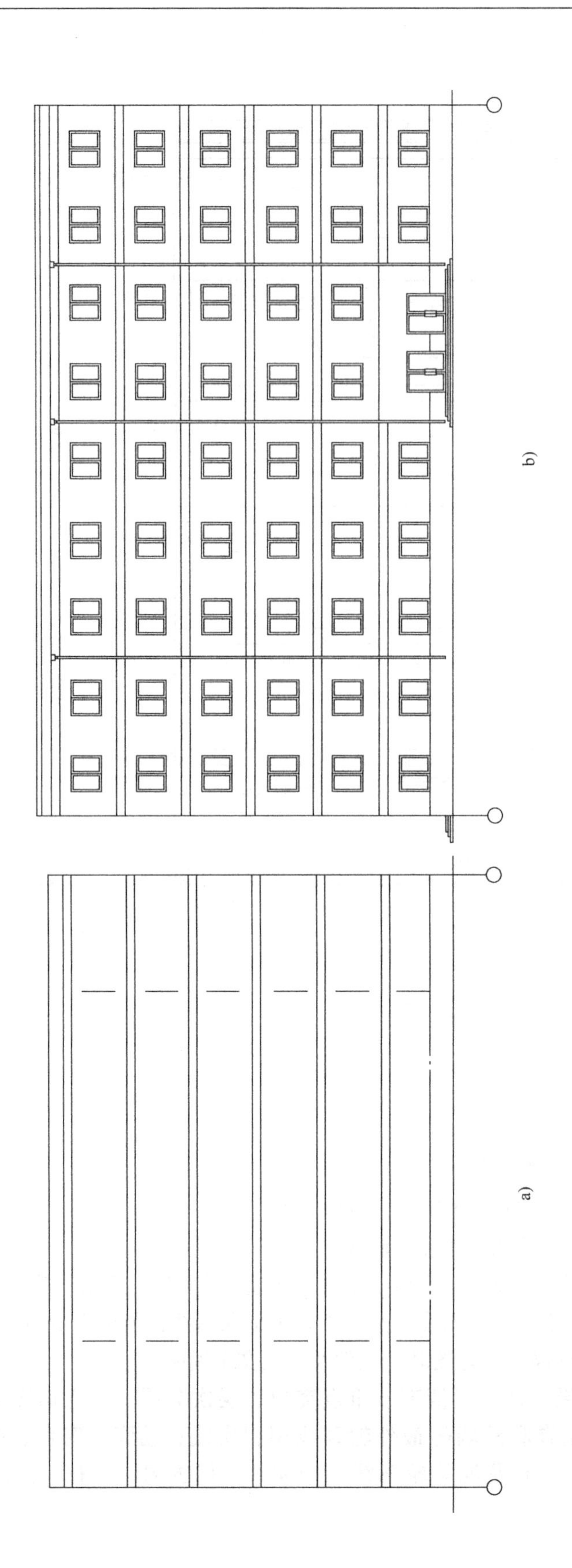

b)
a)

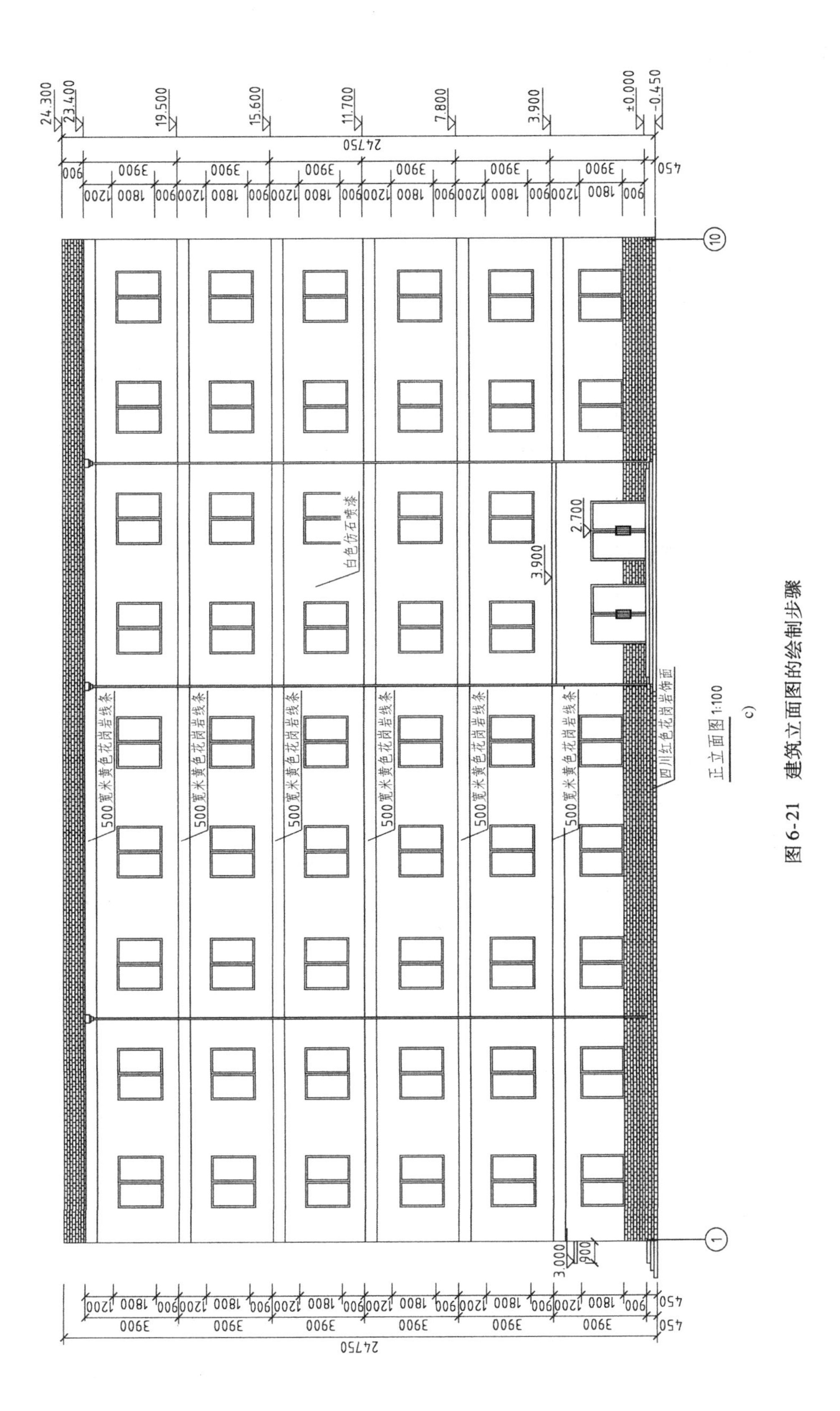

图 6-21　建筑立面图的绘制步骤

6.4 建筑剖面图

6.4.1 概述

建筑剖面图是房屋的垂直剖面图，即用一个假想的平行于正立投影面或侧立投影面的竖直剖切面剖开房屋，移去剖切平面与观察者之间的房屋，将留下的部分按剖视方向向投影面作正投影所得到的图样。画建筑剖面图时，常用一个剖切平面剖切，需要时也可转折一次，用两个平行的剖切平面剖切，剖切符号绘制在首层平面图中，剖切部位应选在能反映房屋全貌、构造特征，以及有代表性的地方，例如在层高不同、层数不同、内外空间分隔或构造比较复杂处，并经常通过门窗洞和楼梯剖切。一幢房屋要画哪几个剖面图，应按房屋的复杂程度和施工中的实际需要而定。建筑剖面图以剖切符号的编号命名，如1—1剖面图、2—2剖面。

建筑剖面图应包括被剖切到的断面（有时用构配件的图例表达）和按投射方向可见的构配件，以及必要的尺寸、标高等。它主要用来表示房屋内部的分层、结构形式、构造方式、材料、做法、各部位间的联系及其高度等情况。在施工过程中，建筑剖面图是进行分层、砌筑内墙、铺设楼板、屋面板和楼梯、内部装修等工作的依据。建筑剖面图与建筑平面图、建筑立面图互相配合，表示房屋的全局，它们是房屋施工图中最基本的图样。

6.4.2 剖面图图示内容

1）如图6-22所示，将图名和轴线编号与平面图上的剖切位置和轴线对照，可知1—1剖面图是一个剖切面通过楼梯间，剖切后向左进行投影所得的横剖面图。由剖视方向线可知为向左剖视，即向西剖视。由此就可按剖切位置和剖视方向，对照各层平面图和屋顶平面图来识读1—1剖面图。在图名旁，注写了所采用的比例1:100。建筑剖面图的比例视房屋的大小和复杂程度选定，一般选用与建筑平面图相同的或较大一些的比例。

在建筑剖面图中，通常宜绘制出被剖切到的墙或柱的定位轴线及其间距尺寸，如图6-22所示。在绘图和读图时应注意：建筑剖面图中定位轴线的左右相对位置，应与按平面图中剖视方向投射后所得的投影相一致。绘制定位轴线后，便于与建筑平面图对照识读。

2）由图中房屋地面至屋顶的结构形式和构造内容，可知此房屋的竖直方向承重构件及水平方向承重构件（梁和板）是用钢筋混凝土构成的，它们是钢筋混凝土框架结构。由地面的材料图例可知为普通的混凝土地面。由楼层和屋面的构造说明，可知它们的详细构造情况。

3）图中的标高都表示为与±0.000的相对尺寸。如三层楼面标高是从首层地面算起的，为7.8m，而与二层楼面的高差（层高）仍为3.9m。图中只标注了门窗洞口的高度尺寸。楼梯因另有详图，其尺寸可不标注。

4）图中屋面坡度（2%）表示该处为单向排水，数值表示坡度的大小（其他倾斜的地方，如散水、排水沟、坡道等，也可用此方式表示其坡度）。

5）在需要绘制详图的部位，应画出索引符号。地面、楼面、屋顶的构造与材料、做法，可在建筑剖面图中用指引线从所指的部位引出，按其多层构造的层次顺序，逐层用文字说明，也可用文字说明内墙的材料和做法。若另有详图，或者在施工总说明中已阐述清楚，则在建筑剖面图中，可以不必注出。

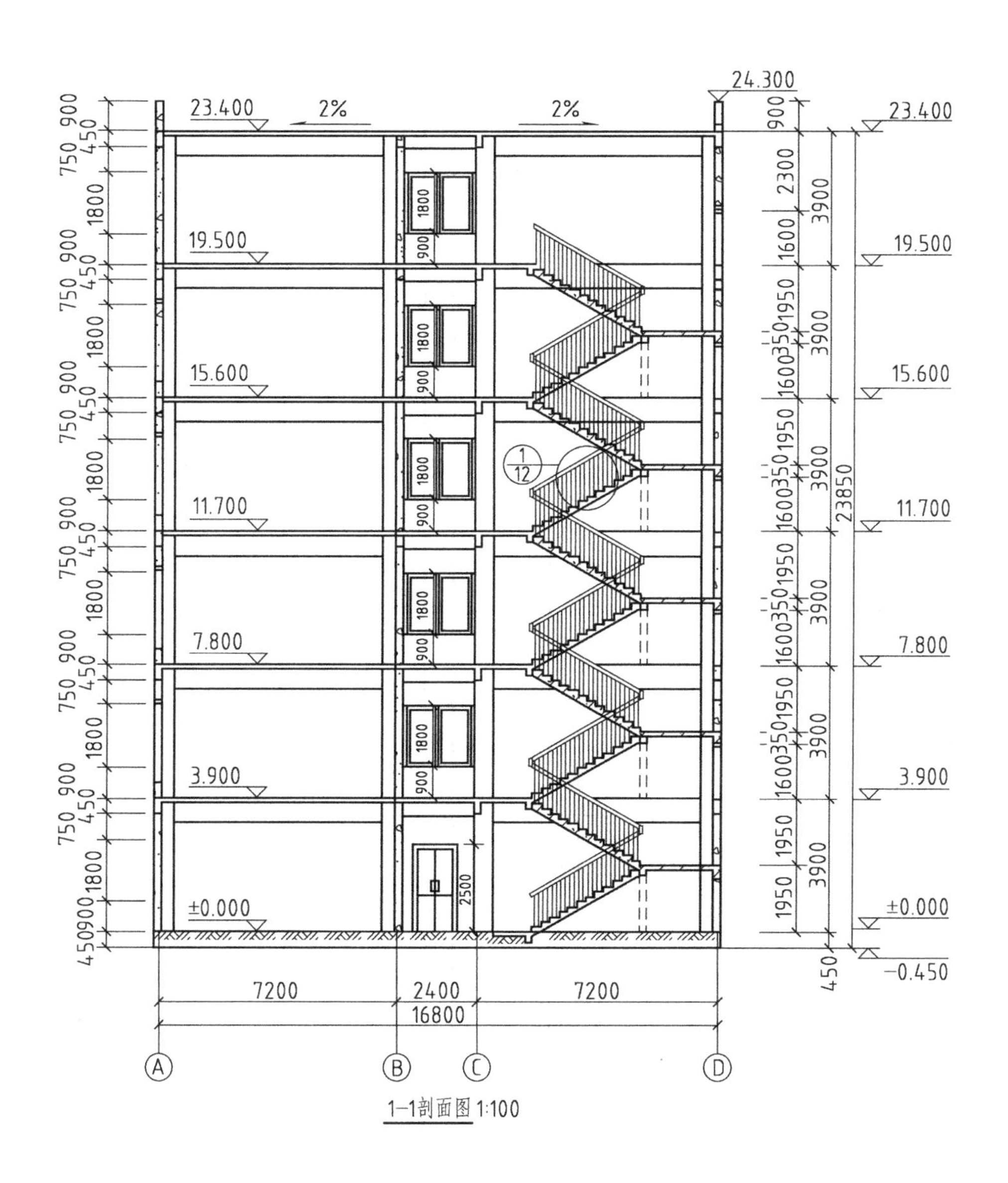

图 6-22　建筑剖面图

6.4.3　建筑剖面图的绘制步骤

建筑剖面图的绘制步骤如图 6-23 所示，具体如下：

1）绘制轴线、室内外地坪线、楼面线和顶棚线，并画墙身。

2）绘制门窗洞口、楼梯、梁板、雨篷、檐口、屋面、台阶等。

3）按施工图要求加深图线，画材料图例，注写标高、尺寸、图名、比例及有关文字说明。

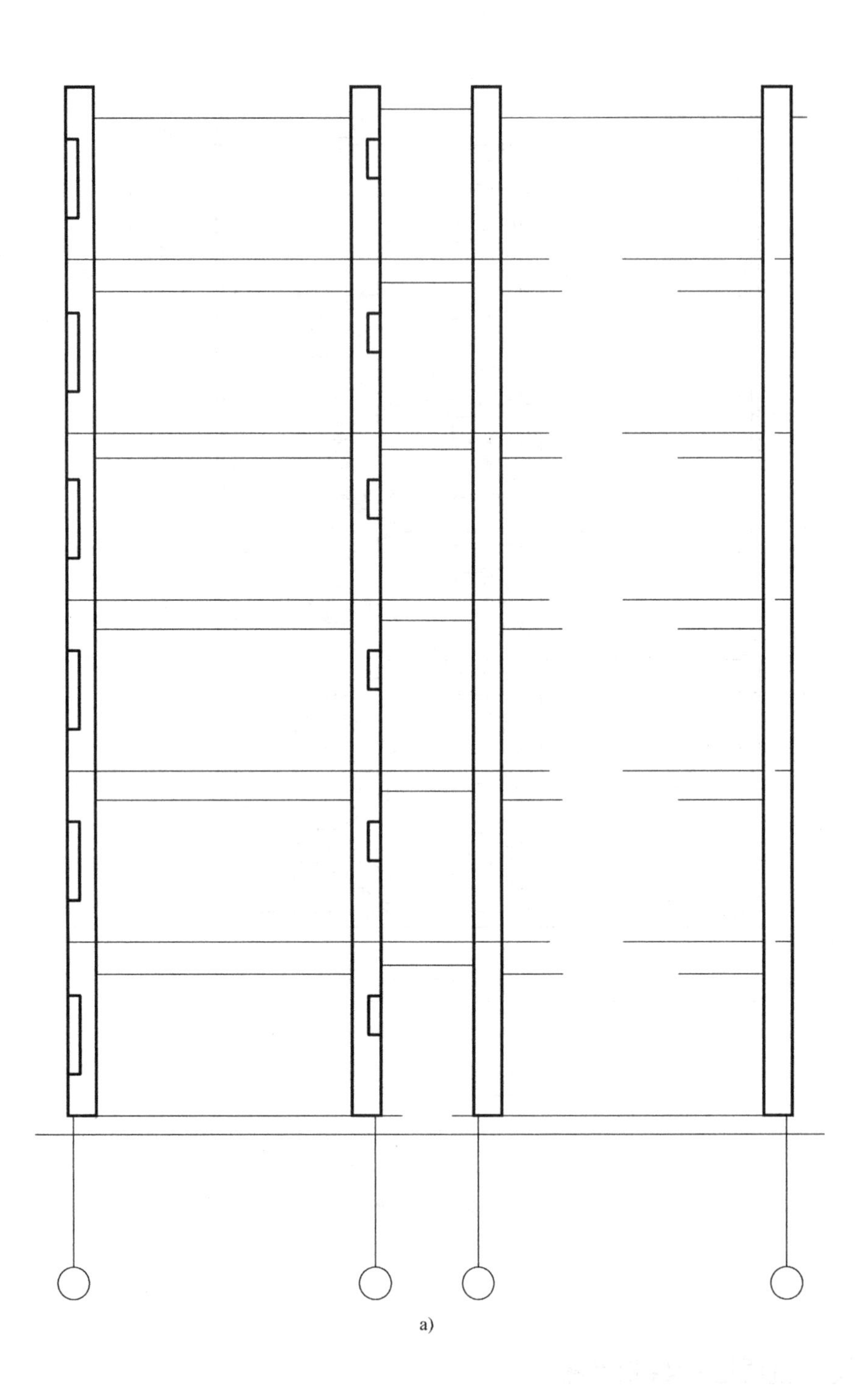

图 6-23　建筑剖面

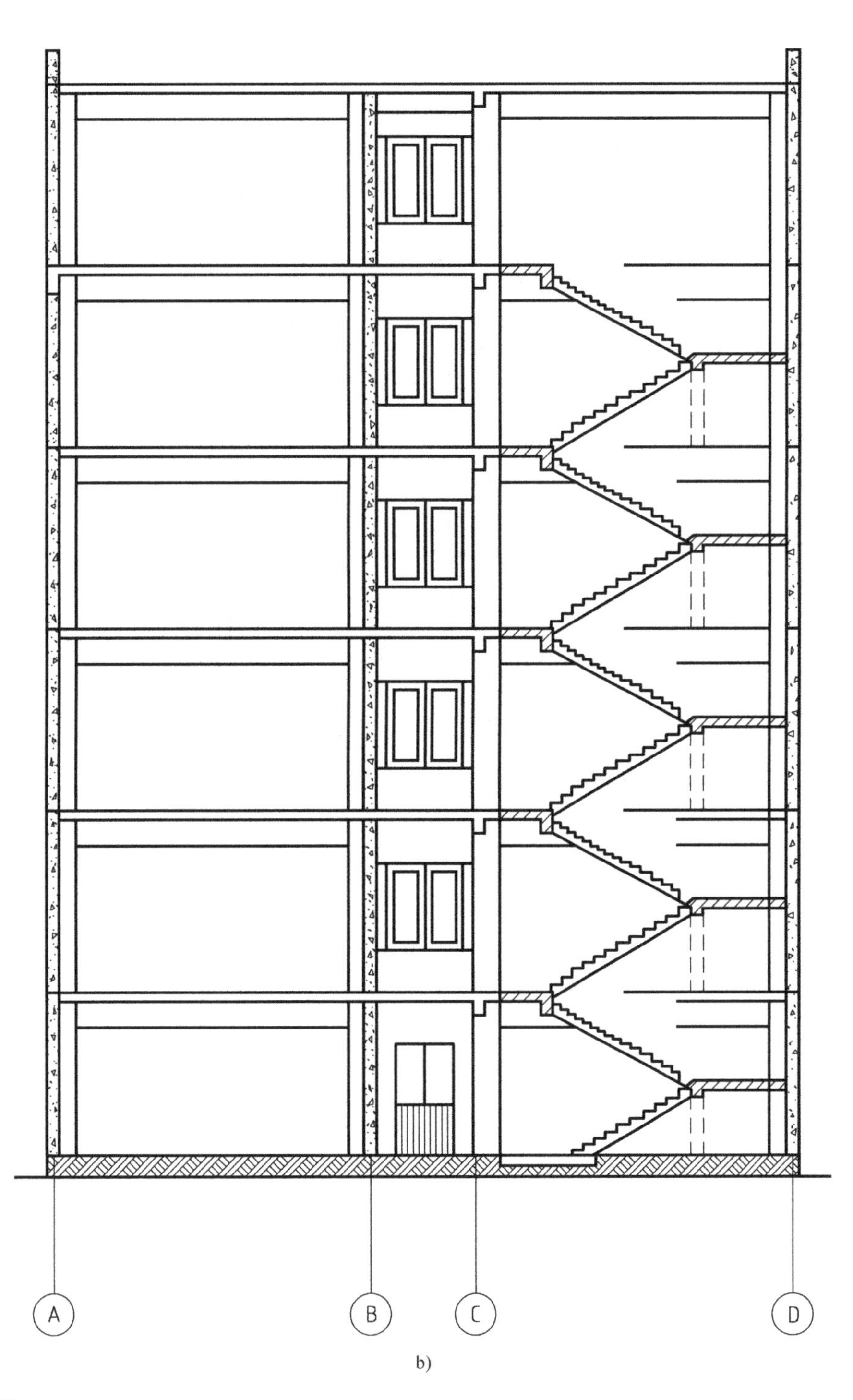

b)

图的绘制步骤

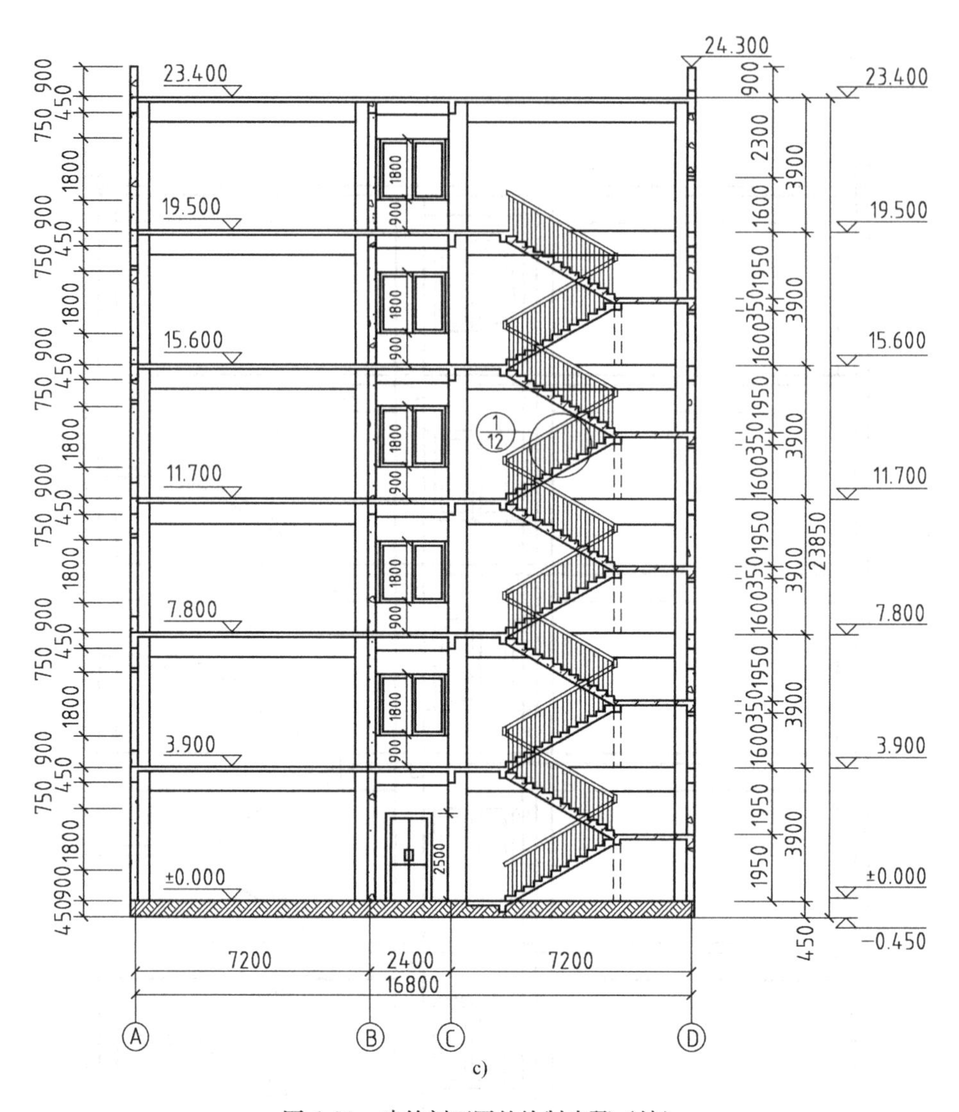

c)

图 6-23 建筑剖面图的绘制步骤（续）

6.5 建筑详图

6.5.1 概述

在建筑施工图中，对房屋的一些细部（又称节点）的详细构造，如形状、层次、尺寸、材料和做法等，由于建筑平、立、剖面图通常采用 1:100、1:200 等较小的比例绘制，无法完全表达清楚。因此，除了可以按表 6-2 采用较大比例 1:10、1:20 或 1:50 绘制房屋某一部分的局部放大图外，在施工图设计过程中，常常按照实际需要，在建筑平、立、剖面图中需要另外绘图来表达清楚建筑构造和构配件的部位，引出索引符号，选用表 6-2 中指出的适当比例，在索引符号所指出的图纸上，画出建筑详图。建筑详图简称详图，又称大样图或节点图。

建筑详图的画法与绘图步骤，与建筑平、立、剖面图的画法基本相同，仅是它们的一个局部而已。在图稿上墨或用铅笔描深时，可参考图 6-24 所示的图线线宽示例。当绘制较简单的详图时，可采用线宽比为 b∶0.25b 的两种线宽的线宽组，用线宽为 0.25b 的图线代替图中线宽为 0.5b 的图线，用线宽为 b 的图线代替图中以括号表明线宽为 1.4b 的图线。

详图数量的选择，与房屋的复杂程度及平、立、剖面图的内容及比例有关。

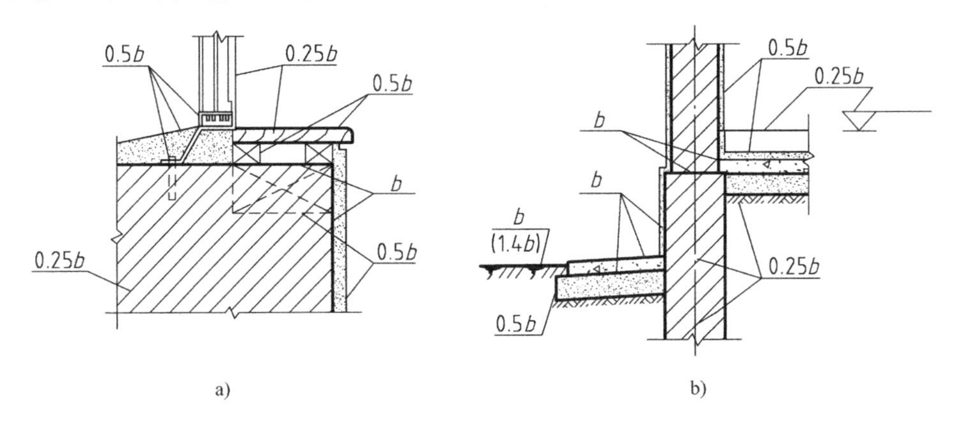

图 6-24　图线线宽示例

6.5.2　外墙身详图

墙身剖面详图，实际上是墙身的局部放大图，详尽地表明墙身从基础墙到屋顶的各主要节点的构造和做法。画图时，常将各节点剖面图连在一起，中间用折断线断开，各个节点详图都分别注明详图符号和比例。下面以图 6-25 所示的外墙剖面详图为例，做一些简要的介绍。图 6-25 画出了檐口、窗台、窗顶、勒脚和明沟四个节点的剖面详图。

1. 檐口节点剖面详图

檐口节点剖面详图主要表达顶层窗过梁，遮阳或雨篷、屋顶（根据实际情况画出它的构造与构配件，如屋架或屋面梁、屋面板、室内顶棚、天沟、雨水口、雨水管和雨水斗、架空隔热层、女儿墙及其压顶）等的构造和做法。

编号为$\frac{1}{20}$的檐口节点详图，在折断线以上，画出了在窗顶以上的各部分构造。屋面承重层是 120mm 厚的现浇钢筋混凝土板，屋面铺放成 2% 的排水坡度，板上铺 50mm 厚的水泥珍珠岩板保温层，再在其上做 40mm 厚度的 C20 细石混凝土整浇层，并在其上再做二毡三油，上面洒一层绿豆砂（即颗粒很小的石子）。然后，用三块标准砖砌筑成砖墩，支承 35mm 厚混凝土板，形成高度为 180mm 左右的架空层，能起到通风隔热的作用。油毡在檐口女儿墙上的收头用干硬砂浆嵌密压实，雨水由屋面流入天沟，最后排向墙外的雨水管。砖砌女儿墙上端是钢筋混凝土压顶，粉刷时，除顶面保持向内的斜面外，内侧底面粉刷出滴水斜口，以免雨水沿墙面垂直下流。屋面板的底面用纸筋灰浆粉平后，再刷白二度。图中还反映了窗过梁和窗顶处的做法，窗过梁与屋面板合浇在一起，并带有遮阳板，粉刷后用白马赛克贴面，底面也留有滴水槽。在折断线之上还画出了窗顶部的图例（包括窗框和窗扇的断面简图、窗洞的可见侧墙面等），以及窗洞顶部和内墙面的粉刷情况。

2. 窗台节点剖面详图

窗台节点剖面详图主要表达窗台的构造，以及外墙面的做法。编号为$\frac{2}{20}$的窗台节点剖面详图，画在两条折断线之间。砖砌窗台的做法是外窗台面向外粉刷成一定的排水坡度，表面贴白马赛克，底面做出滴水槽，以便排除从窗台面流下的雨水；里窗台为了可以放置物品，又便于擦洗，所以用黑灰水磨石面层。在窗台之上和折断线以下，也画出了窗的底部图例（包括

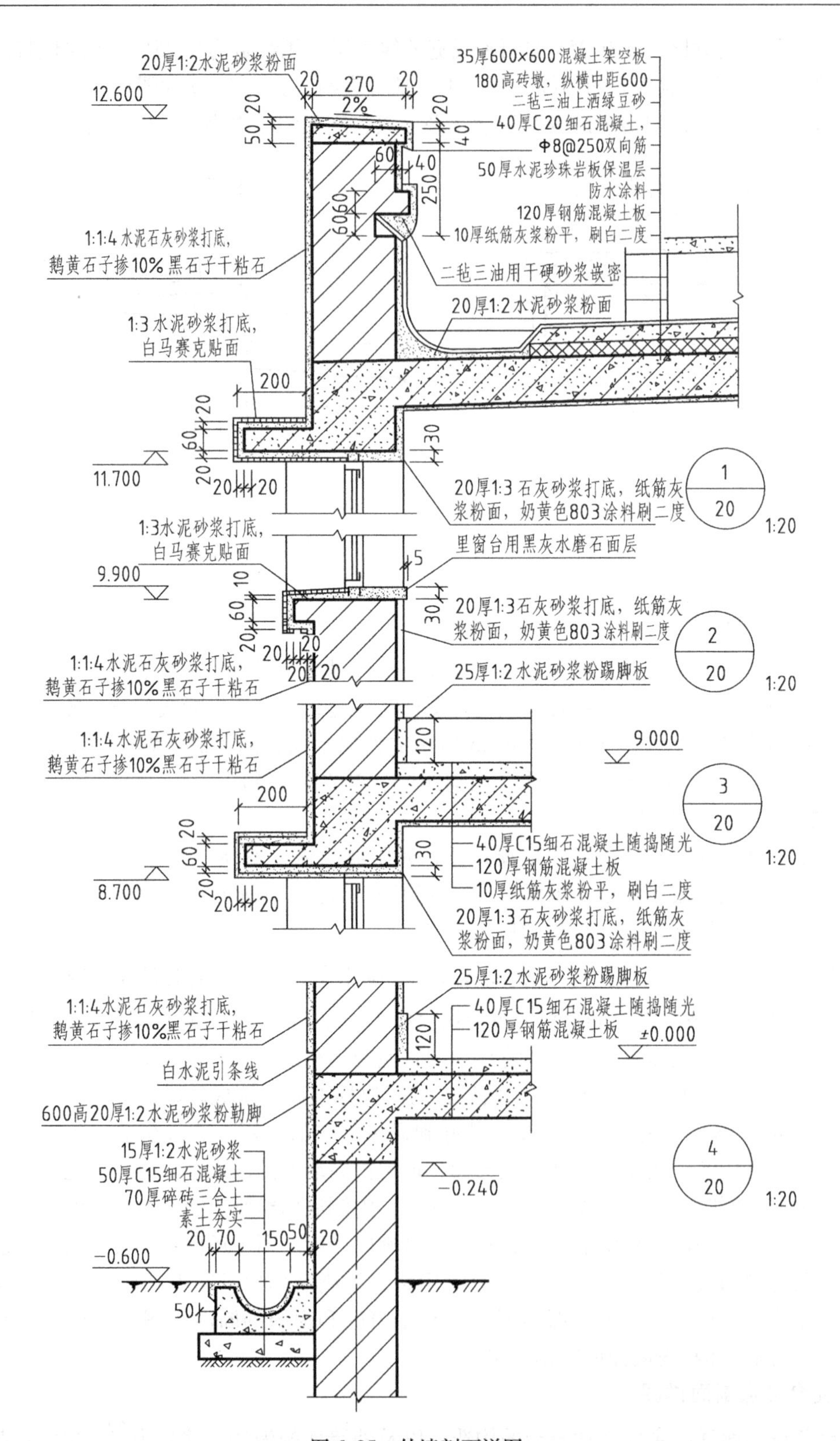

图6-25 外墙剖面详图

窗框和窗扇的断面简图和窗洞的可见侧墙面）等，同时还画出并注明了内外墙面的粉刷情况。

3. 窗顶节点剖面详图

窗顶节点剖面详图主要表达在窗顶过梁处的构造，内外墙面的做法，以及楼面层的构造情况。编号为$\left(\frac{3}{20}\right)$的窗顶节点剖面详图，画在两条折断线之间。图中画出了窗的顶部图例，带有遮阳板，且与圈梁连通的窗过梁，画出并注明了内外墙面、窗顶和遮阳板的粉刷与贴面情况，而且也画出并注明了楼面的楼板（钢筋混凝土板）的横断面及其面层和板底粉刷情况。图中还画出并注明了为保护室内墙脚的踢脚板。

4. 勒脚和明沟节点剖面详图

勒脚和明沟节点剖面详图主要表达外墙脚处的勒脚和明沟的做法，以及室内底层地面的构造情况。

编号为$\left(\frac{4}{20}\right)$的勒脚和明沟节点详图，画在两条折断线之间。从图中可以看出：在外墙面的墙脚处，用比较坚硬的防水材料做成从室外地面开始高 600mm 的勒脚，以较好地保护外墙室外地面处的墙脚；为了避免墙脚处的室外地面积水，在勒脚处宜做明沟或散水，以利于排水，图中已详细地画出并注明了明沟的具体尺寸和做法。从图中还可以看出：室内底层地面是架空的钢筋混凝土板，以及在其上铺设 40mm 厚的 C15 细石混凝土的情况；室内墙脚处的踢脚板及其做法；架空的钢筋混凝土板下的墙身中设有钢筋混凝土圈梁（若在室内底层地面之下的墙身内没有用混凝土或钢筋混凝土构件全部隔开，则应设置防潮层，用来防止土壤中的水分渗入墙体，侵蚀上面的墙身，一般的做法是设 60mm 厚的细石钢筋混凝土防潮层，也可仅在墙身中铺设一层 20mm 厚掺防水剂的 1∶2 水泥砂浆，或者铺一层油毡的简便做法）。

6.5.3　楼梯详图

楼梯是多层房屋上下交通的主要设施。楼梯是由楼梯段（简称梯段，包括踏步或斜梁）、平台（包括平台板和梁）和栏板（或栏杆）等组成的。

楼梯详图主要表示楼梯的类型、结构形式、各部位的尺寸及装修做法。楼梯详图包括平面图、剖面图及踏步、栏板详图等，并尽可能画在同一张图纸内。平、剖面图比例要一致，以便对照阅读。踏步、栏板详图比例要大些，以便表达清楚该部分的构造情况。

1. 楼梯平面图

一般每一层楼都要画一楼梯平面图。三层以上的房屋，若中间各层的楼梯位置及其梯段数、踏步数和大小都相同时（图 6-26），通常只画出首层、标准层和顶层三个平面图。三个平面图画在同一张图纸内，并互相对齐，以便于阅读。楼梯平面图的剖切位置，是在该层往上走的第一梯段（休息平台下）的任一位置处。各层被剖切到的梯段，按国家标准规定，均在平面图中用一条 45°折断线表示。在每一梯段处画有一长箭头，并注写“上”或“下”字和步级数，表明从该层楼（地）面往上或往下走多少步级可达到上（或下）一层的楼（地）面。各层平面图中应标出该楼梯间的轴线。在首层平面图应标注楼梯剖面图的剖切符号。

图 6-26 所示首层平面图中有一个被剖切的梯段及栏板，并注有“上”字箭头。标出楼梯间的轴线、开间和进深尺寸、楼地面标高。此外，图中还注明楼梯剖面图的剖切符号“1—1”。

楼梯标准层（或中间层）平面图中有两个被剖切的梯段及栏板，注有“上”字箭头的一端，表示从该梯段往上走 26 步级可到达第三层楼面。另一梯段注有“下”字箭头，表示往下走 26 步级可到达首层地面。图中标出楼面及休息平台标高、楼梯踏面及步级尺寸、栏板尺寸等。其中“12 × 270 = 3240”尺寸表示该梯段有 12 个踏面，每个踏面宽 270mm，梯段长 3240mm。

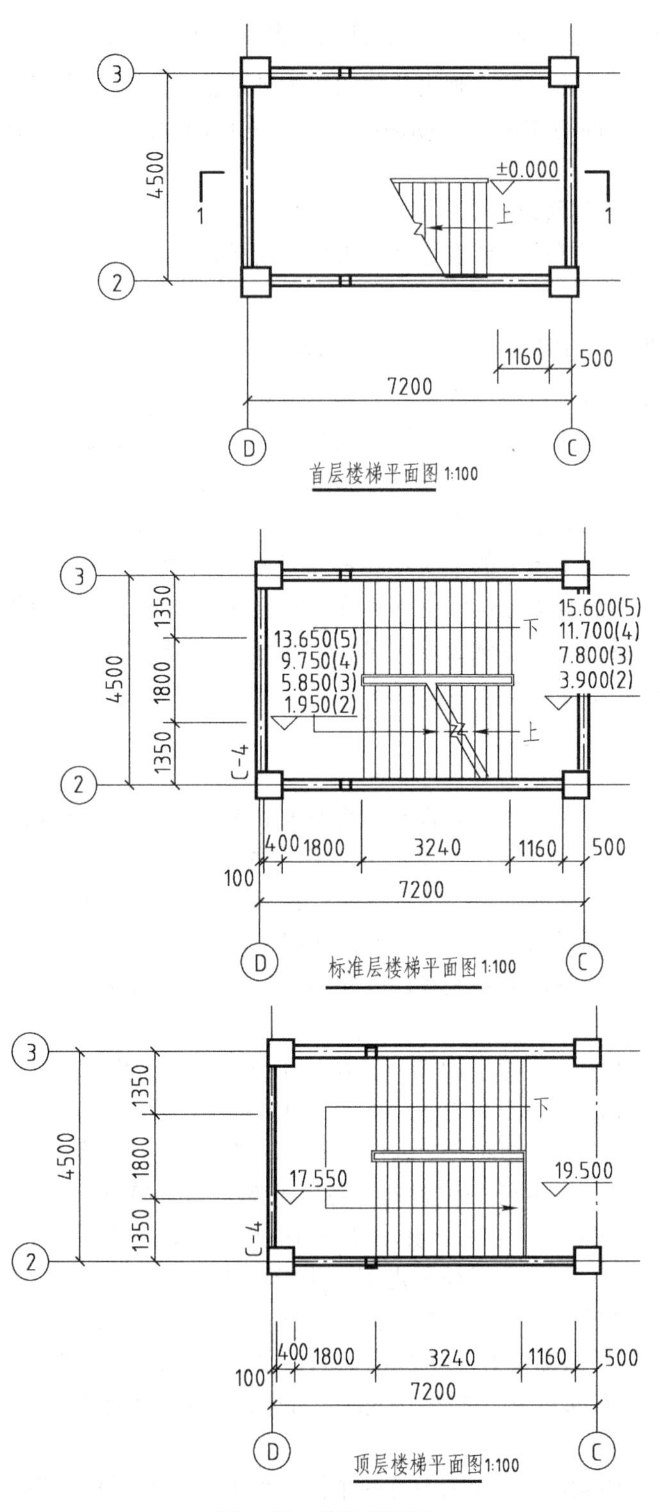

图 6-26 楼梯平面图

由于楼梯顶层平面图的剖切平面在安全栏板上方，在图中画有两段完整的梯段和楼梯平台，在梯口处只有一个注写“下”字的长箭头。图上所画的每一分格表示梯段的一级踏面。因梯段最高一级踏面与平台面或楼面重合，因此图中画出的踏面数比步级数少一格。往下走的第一梯段共有 13 级，但在图中只画 12 格，梯段长度为 12×270mm = 3240mm。

2. 楼梯剖面图

假想用一铅垂面（1—1）通过各层的一个梯段和门窗洞口，将楼梯剖开，向另一未剖到的梯段方向投影，所作的剖面图，即为楼梯剖面图。

本例楼梯，每层只有两个梯段，称为双跑式楼梯。由图 6-27 中可知，这是一个现浇钢筋混凝土板式楼梯。被剖梯段的步级数可直接看出，未剖梯段的步级，因被遮挡而看不见，但可在其高度尺寸上标出该段步级的数目。如第一梯段的尺寸为 13×150mm = 1950mm，表示该梯段为 13 级。习惯上，若楼梯间的屋面没有特殊之处，一般可不画出。在多层房屋中，当中间

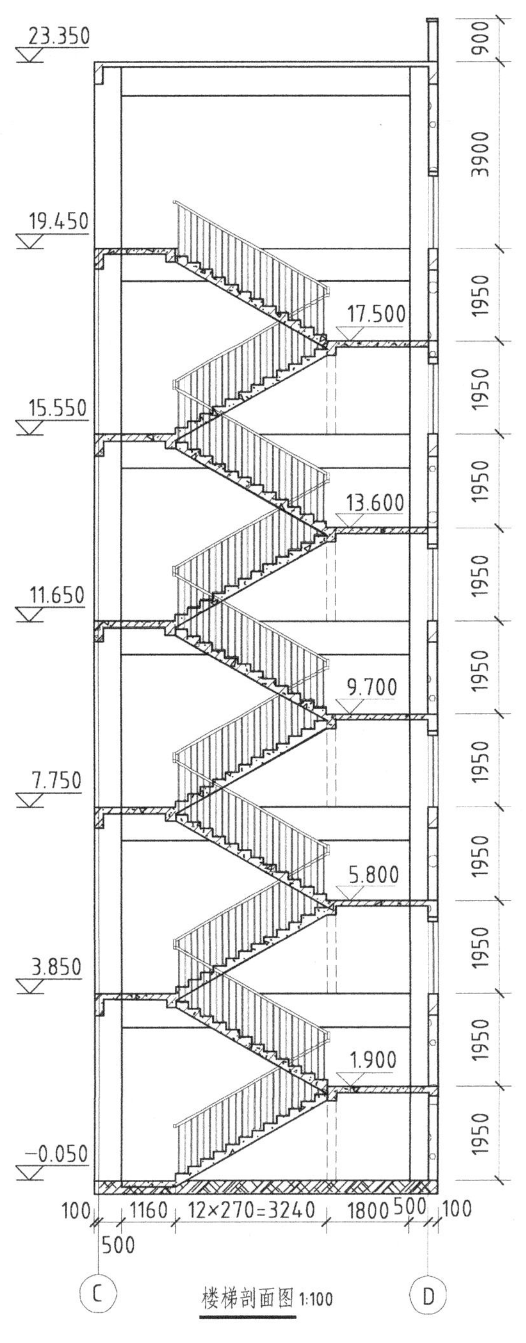

图 6-27　楼梯剖面图

各层的楼梯构造相同时，剖面图可只画出首层、中间层和顶层剖面，中间用折断线分开。

剖面图中应注明地面、平台面、楼面等的标高和梯段、栏板的高度尺寸。梯段高度尺寸注法与平面图中梯段长度尺寸注法相同，在高度尺寸中注的是步级数，而不是踏面数（两者相差为 1）。栏杆高度尺寸是从踏面中间算至扶手顶面，一般为 900mm，扶手坡度应与梯段坡度一至。

3. 楼梯平面图的绘制步骤

根据楼梯间的开间、进深和楼层高度，确定：s——平台深度；a——梯段宽度；b——踏面宽度；l——梯段长度；k——梯井宽度；n——级数。

根据 l、b、n 可用等分两平行线间距的方法画出踏面投影，踏面数等于 $n-1$。

画栏板、箭头，加深各种图线，注写标高、尺寸、图名、比例等，如图 6-28 所示。

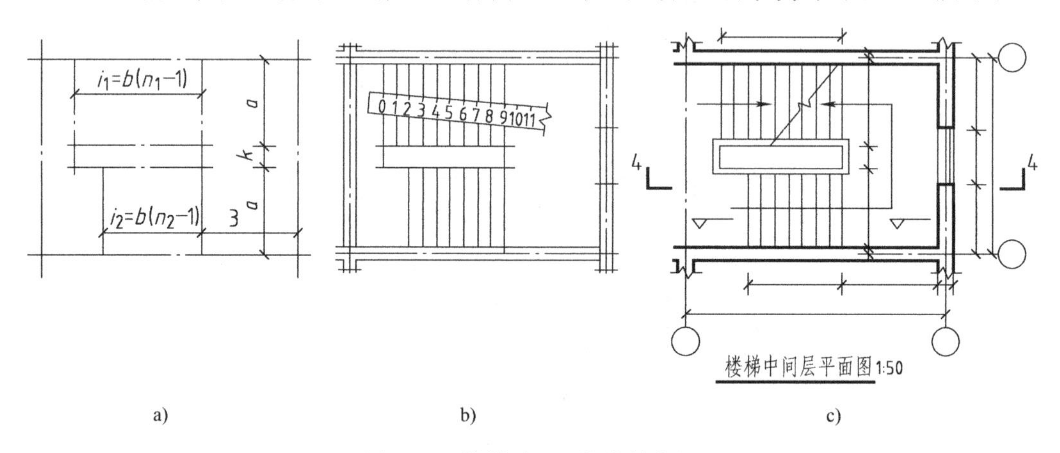

图 6-28 楼梯平面图的绘制步骤

4. 楼梯剖面图的绘制步骤

根据楼梯平面图所示的剖切位置 4—4，画出楼梯的 4—4 剖面图。绘制时要注意：图形比例和尺寸应与楼梯平面图一致；踏步位置宜用等分平行线间距的方法来确定；画栏板（栏杆）时，其坡度应与梯段一致。具体如下（图 6-29）：

1）画轴线，定楼地面、平台与梯段的位置。

2）画墙身，定踏步位置。

3）画细部，如窗、梁、板及栏杆。

4）加深各种图线，标注标高、尺寸等，完成全图。

6.5.4 其他建筑详图示例

1. 室外台阶节点剖面详图

图 6-30 所示为室外台阶节点剖面详图。由图中可以看出，它是在首层东边住户进门的台阶处剖切后，向左投射所得的剖面图，在图中清晰地表明了进门台阶和平台的构造、尺寸与做法。

2. 阳台详图

阳台详图通常包括立面图、平面图、剖面图、栏杆与扶手栏板的连接图和晒衣架构件图等。绘制这些详图时，立面图与平面图可用稍小的相同比例，剖面图用稍大的比例，而栏杆与扶手栏板的连接图和晒衣架构件图则宜用更大的比例，本例教学楼没有阳台，所以这里不做详细介绍。

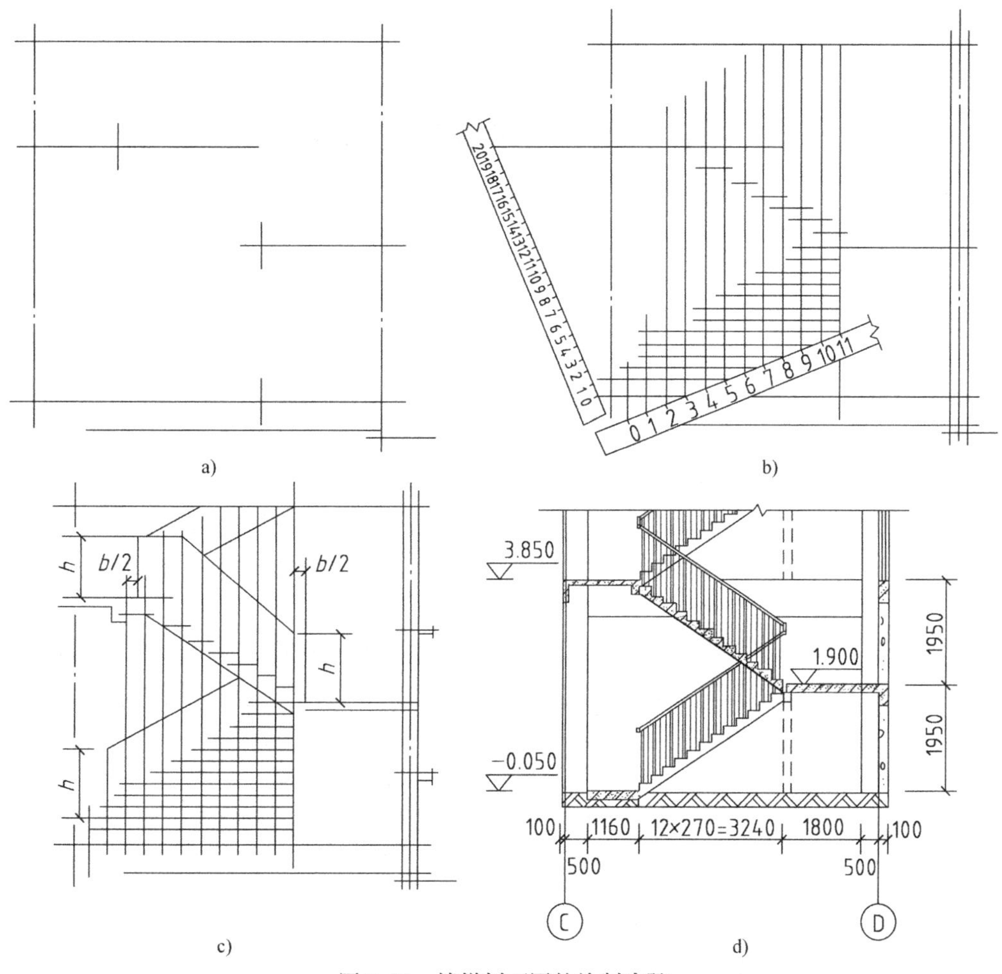

图6-29　楼梯剖面图的绘制步骤

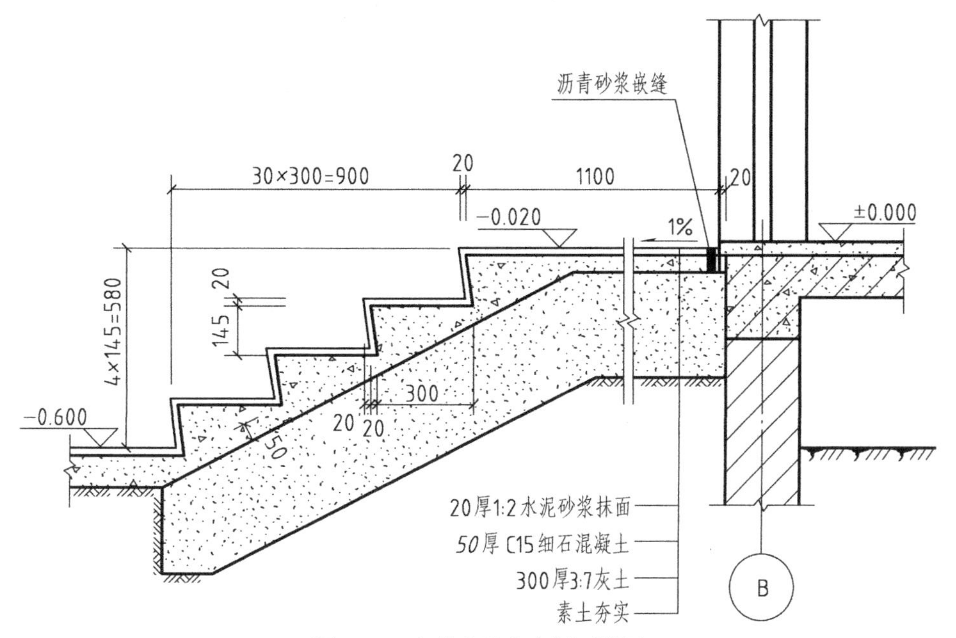

图6-30　室外台阶节点剖面详图

第7章　结构施工图

7.1　概述

在房屋建筑中，结构的作用是承受重力和传递荷载。一般情况下，外力作用在楼板上，由楼板将荷载传递给墙或梁，由梁传给柱，再由柱或墙传递给基础，最后由基础传递给地基。而房屋的结构施工图是根据房屋建筑中的承重构件进行结构设计后画出的图样。结构设计时要根据建筑要求选择结构类型，并进行合理布置，再通过力学计算确定构件的断面形状、大小、材料及构造等。结构施工图必须密切与建筑施工图互相配合，这两个工种的施工图之间不能有矛盾。

结构施工图与建筑施工图一样，是施工的依据，主要用于放灰线、挖基槽、安装模板、配钢筋、浇筑混凝土等施工过程，也是计算工程量、编制预算和施工进度计划的依据。

建筑结构按照主要承重构件所采用的材料不同，一般可分为钢结构、木结构、砖混结构和钢筋混凝土结构四大类。我国现在最常用的是砖混结构和钢筋混凝土结构。

目前我国建造的住宅、办公楼、学校的教学楼和集体宿舍等民用建筑，都广泛采用混合结构。混合结构房屋的结构形式一般是条形基础，墙体、柱由砖砌筑而成，楼板、屋面板、过梁、雨篷、楼梯等由钢筋混凝土制成。

7.1.1　结构施工图内容

（1）结构设计说明　根据工程的复杂程度，结构设计说明的内容有多有少，但一般均包括以下五个方面的内容：

1）主要设计依据：阐明上级机关（政府）的批文，国家有关的标准、规范等。

2）自然条件：包括地质勘探资料，地震设防裂度，风、雪荷载等。

3）施工要求和施工注意事项。

4）对材料的质量要求。

5）合理使用年限。

（2）结构布置平面图及构造详图　结构布置平面图同建筑平面图一样，属于全局性的图样，主要内容包括：

1）基础平面布置图及基础详图。

2）楼面结构平面布置图及节点详图。

3）屋顶结构平面布置图及节点详图。

（3）构件详图　构件详图属于局部性的图样，表示构件的形状、大小、所用材料的强度等级和制作安装等。其主要内容有：

1）梁、板、柱等构件详图。

2）楼梯结构详图。

3）其他构件详图。

7.1.2　结构施工图的图示特点及识读方法

1. 图示特点

结构施工图与建筑施工图一样，均是采用直接正投影方法绘制并配合剖面图和断面图的几种基本表达方式之一，但由于它们反映的侧重点不同，故在比例、线型及尺寸标注等方面有所区别。

2. 比例

根据结构施工图所表达的内容及深度的不同，其绘制比例可根据表7-1所给数据选择。

表7-1　结构施工图绘制比例

图名	常用比例	可用比例
结构平面图	1:50、1:100	1:60
基础平面图	1:150,、1:200	1:60
详图	1:10、1:20	1:4、1:5、1:25
圈梁平面图，总图的管沟等	1:200、1:500	1:300

3. 常用构件代号

房屋结构中的基本构件较多，为了图面清晰，并把不同的构件表示清楚，规定将构件的名称用代号表示，表示方法用构件名称的汉语拼音字母中的第一个字母作为代号，见表7-2。

表7-2　常用构件代号

序号	名称	代号	序号	名称	代号	序号	名称	代号
1	板	B	19	圈梁	QL	37	承台	CT
2	屋面板	WB	20	过梁	GL	38	设备基础	SJ
3	空心板	KB	21	连系梁	LL	39	桩	ZH
4	槽形板	CB	22	基础梁	JL	40	挡土墙	DQ
5	折板	ZB	23	楼梯梁	TL	41	地沟	DG
6	密肋板	MB	24	框架梁	KL	42	柱间支撑	ZC
7	楼梯板	TB	25	框支梁	KZL	43	垂直支撑	CC
8	盖板或沟盖板	GB	26	屋面框架梁	WKL	44	水平支撑	SC
9	挡雨板檐口板	YB	27	檩条	LT	45	梯	T
10	起重机安全走道板	DB	28	屋架	WJ	46	雨篷	YP
11	墙板	QB	29	托架	TJ	47	阳台	YT
12	天沟板	TGB	30	天窗架	CJ	48	梁垫	LD
13	梁	L	31	框架	KJ	49	预埋件	M
14	屋面梁	WL	32	刚架	GJ	50	天窗端壁	TD
15	起重机梁	DL	33	支架	ZJ	51	钢筋网	W
16	单轨起重机梁	DDL	34	柱	Z	52	钢筋骨架	G
17	轨道连接	DGL	35	框架柱	KZ	53	基础	J
18	车挡	CD	36	构造柱	GZ	54	暗柱	AZ

注：预应力钢筋混凝土构件代号，应在构件代号前加注“Y－”，例如Y－KB表示预应力钢筋混凝土空心板。

4. 识读方法

结构施工图的一般识读顺序是结构总说明→结构平面布置图→结构详图。在阅读时还应做到：结构施工图与建筑施工图对照，详图与结构平面布置图对照，结构施工图与设备施工图（简称设施图）对照。

7.1.3 结构设计说明

结构设计说明主要说明结构施工图的设计依据、合理使用年限、施工要求。阅读结构施工图前必须认真阅读结构设计说明。

7.2 钢筋混凝土结构施工图

7.2.1 钢筋混凝土的基本知识

钢筋混凝土结构是目前建筑工程中应用广泛的承重结构，由钢筋和混凝土两种材料组成。为了提高混凝土构件的抗拉能力，常在混凝土构件受拉区域或相应部位加入一定数量的钢筋，如图7-1所示。钢筋不但具有良好的抗拉强度，而且与混凝土有良好的黏结力，其热膨胀系数与混凝土也相近。因此，钢筋与混凝土可以结合成一个整体，共同承受外力。这种配有钢筋的混凝土，称为钢筋混凝土；配有钢筋的混凝土构件，称为钢筋混凝土构件。钢筋混凝土构件按施工方式不同，可分为现浇整体式、预制装配式及部分装配部分现浇的装配整浇式三类。下面主要介绍有关钢筋和混凝土的基本知识。

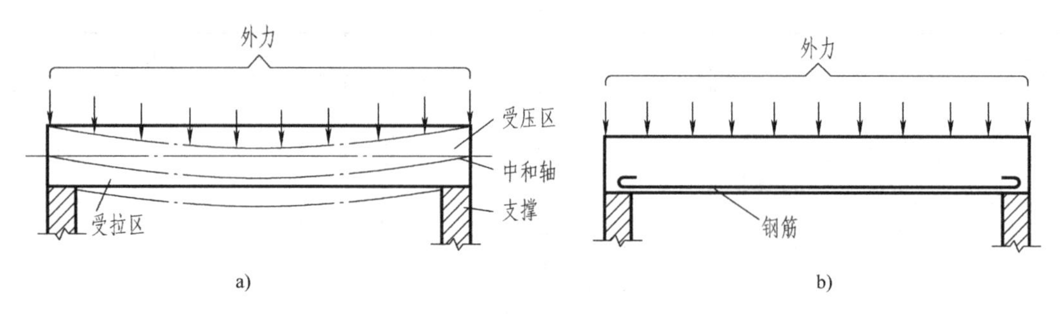

图7-1 钢筋混凝土受力示意图

1. 混凝土

混凝土是由水泥、砂（细集料）、石子（粗集料）和水按一定比例配合、拌制、浇筑、养护后硬化而成的。混凝土的特点是抗压强度高，但抗拉强度低，一般仅为抗压强度的1/20～1/100。因此，混凝土构件容易在受拉或受弯时断裂。混凝土的强度等级应按立方体抗压强度标准值确定，规范规定的混凝土强度等级有C15、C20、C25、C30、C35、C40、C45、C50、C55、C60、C65、C70、C75、C80共14个等级。符号C后面的数字表示以N/mm^2为单位的立方体抗压强度标准值。例如C25表示混凝土立方体抗压强度的标准值为$25N/mm^2$。数字越大，表示混凝土的抗压强度越高。

2. 钢筋的作用和分类

钢筋混凝土中的钢筋，有的是因为受力需要而配制的，有的则是因为构造需要而配制的，这些钢筋的形状及作用各不相同，一般分为以下几种：

1）受力钢筋（主筋）。在构件中承受拉应力和压应力为主的钢筋称为受力钢筋，简称受力筋。受力筋用于梁、板、柱等各种钢筋混凝土构件中。在梁、板中的受力筋按形状分，一般可分为直筋和弯起筋，按是承受拉应力还是承受压应力分为正筋（拉应力）和负筋（压应力）

两种。

2）箍筋。承受一部分斜拉应力（剪应力），并固定受力筋、架立筋的位置所设置的钢筋称为箍筋。箍筋一般用于梁和柱中。

3）架立钢筋。架立钢筋又称架立筋。用以固定梁内钢筋的位置，把纵向的受力钢筋和箍筋绑扎成骨架。

4）分布钢筋。分布钢筋简称分布筋，用于各种板内。分布筋与板的受力钢筋垂直设置，其作用是将承受的荷载均匀地传递给受力筋，并固定受力筋的位置以及抵抗热胀冷缩所引起的温度变形。

5）其他钢筋。除以上常用的四种类型的钢筋外，还会因构造要求或施工安装需要而配制构造钢筋。例如，腰筋用于高断面的梁中；预埋锚固筋用于钢筋混凝土柱上与砖墙砌在一起，起拉结作用，又称拉接筋；吊环用于预制构件吊装。

各种钢筋的形式及在梁、板、柱中的位置及形状如图7-2所示。

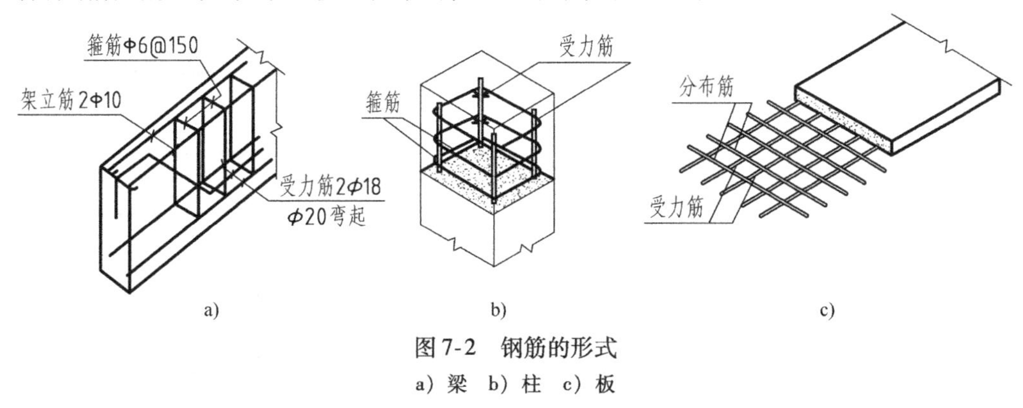

图7-2　钢筋的形式

a）梁　b）柱　c）板

3. 钢筋的保护层

为了使钢筋在构件中不被锈蚀，加强钢筋与混凝土的黏结力，在各种构件中的受力筋外面，必须要有一定厚度的混凝土，这层混凝土称为主筋保护层，简称保护层。保护层的厚度因构件不同而异，一般情况下，梁和柱的保护层厚度为25mm，板的保护层厚度为10～15mm，剪力墙的保护层厚度为15mm。

4. 钢筋的弯钩

螺纹钢与混凝土黏结良好，末端不需要做弯钩。光圆钢筋两端需要做弯钩，以加强混凝土与钢筋的黏结力，避免钢筋在受拉区滑动。弯钩的形式如下：

1）标准的半圆弯钩。标准弯钩的大小由钢筋直径而定，为62.5d。故一个弯钩需增加的长度如下：例如，直径为20mm的钢筋弯钩长度为6.25×20mm＝125mm，一般取130mm。其他弯钩长度如图7-3所示。

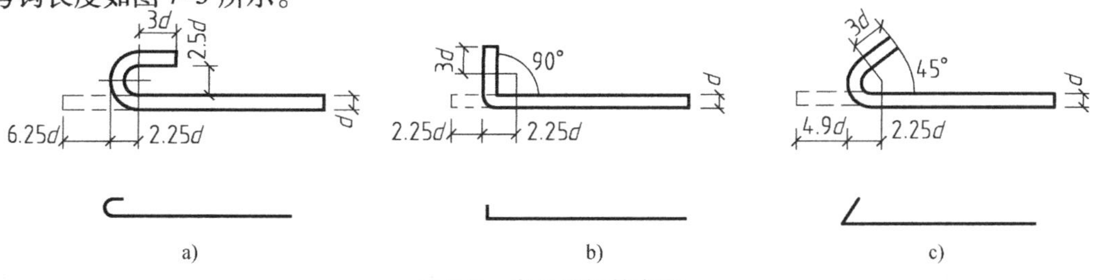

图7-3　常见的钢筋弯钩

a）半圆弯钩　b）直角弯钩　c）斜弯钩

2）箍筋弯钩。根据箍筋在构件中的作用不同，箍筋分为开口式和封闭式两种。开口式箍筋弯钩的平直部分长度为 $3d$。封闭式箍筋弯钩的平直部分长度为“$10d$，75mm 较大值”，意思是根据箍筋直径的大小来确定平直部分的长度。例如 $\phi6$ 箍筋的 10 倍为 60mm 时，平直部分的长度取 75mm；$\phi8$ 箍筋的 10 倍为 80mm 时，平直部分的长度取 80mm。

5. 钢筋的表示方法

根据《建筑结构制图标准》（GB/T 50105—2010）的规定，钢筋在图中的表示方法应符合表 7-3 的规定画法。

表 7-3 钢筋的表示方法

序号	名称	图 例
1	钢筋横断面	
2	无弯钩的钢筋端部	
3	半圆弯钩的钢筋端部	
4	带直钩的钢筋端部	
5	带螺纹的钢筋端部	
6	无弯钩的钢筋搭接	
7	带半圆弯钩的钢筋搭接	
8	带直钩的钢筋搭接	
9	花篮螺纹钢筋接头	

6. 常用钢筋

我国目前钢筋混凝土和预应力钢筋混凝土中常用的钢筋和钢丝主要有热轧钢筋、冷拉钢筋、热处理钢筋、钢丝四大类。其中热轧钢筋和冷拉钢筋又按其强度由低到高分为 HPB300、HRB335、HRB400 或 RRB400、HRB500 或 RRB500 四级。

7.2.2 混凝土结构施工图绘制的具体内容

1. 基本内容

（1）图纸目录 全部图纸都应在“图纸目录”上列出，“图纸目录”的图号是“G－0”。

结构施工图的“图别”为“结施”。“图号”排列的原则是：从整体到局部，按施工顺序从下到上。例如，“结构总说明”的图号为“G－1”（G 表示“结施”），以后依次为桩基础统一说明及大样图、基础及基础梁平面图、由下而上的各层结构平面图、各种大样图。

（2）结构总说明 “结构总说明”是统一描述该项工程有关结构方面共性问题的图纸，其编制原则是提示性的。设计者仅需打“√”，表明为本工程设计采用的项目，并在说明的空格中用0.3mm的绘图笔填上需要的内容。

必要时，对某些说明可以修改或增添。例如支承在钢筋混凝土梁上的构造柱，钢筋锚入梁内长度及钢筋搭接长度均可按实际设计修改；单向板的分布筋，可根据实际需要加大直径或减少间距等；图中通过说明可用K表示Φ6@200、G表示Φ8@200。也可用“K6”“K8”“K10”“K12”依次表示直径为6mm、8mm、10mm、12mm而间距均为200mm的配筋。

有剪力墙的高层建筑宜采用“（高层）结构说明”。

（3）桩基础统一说明及大样图　人工挖孔（冲、钻孔）灌注桩或预应力钢筋混凝土管桩一般都有统一说明及大样图。与结构总说明不同的是，图中用“×”表示不适用于本设计的内容，对采用的内容不必打“√”，同时应在空格处填上需要的内容。

桩表中的“单桩承载力设计值”是桩基础验收时单桩承载力试验的依据，宜取100kN的倍数。

确定“设计桩顶标高”时，应考虑桩台（桩帽）的厚度、地基梁的截面高度和梁顶标高、地基梁与桩台面间的预留空间、桩顶嵌入桩台的深度等因素。

图中的“不另设桩台的桩顶大样图”，其“设计桩顶标高”应在施工缝处，大样图上段可看作截面不扩大的桩台，应增加端部环向加劲箍及构造钢筋网，注明配筋量等。

（4）基础及基础梁平面图　具体绘制步骤参见7.5节内容。

（5）各层结构平面图　结构平面图有两种划分方法：按“梁柱表法”绘图时，各层结构平面图可分为模板图和板配筋图（当结构平面不太复杂时可合并为一图）；按“平法”绘图时，各层结构平面图需分为墙柱定位图、各类结构构件的平法施工图（模板图、板配筋图以及梁、柱、剪力墙、地下室侧壁配筋图等）。

板配筋图绘制内容如下：

① 尺寸线标注。通常分为结构平面总尺寸线、柱网尺寸线、构件定位尺寸线及细部尺寸线等。标注要求同前所述。

② 平面图中梁、柱、剪力墙等构件的画法。原则是从板面以上剖开往下看，看得见的构件边线用细实线，看不见的用虚线。剖到的承重结构断面应涂黑色。凡与梁板整体连接的钢筋混凝土构件如窗顶装饰线、花池、水沟、屋面女儿墙等，必须在结构图中表示。构件大样图应加索引。对平面中凹下去的部分（如凹厕、孔洞等），要用阴影方法表示，并在图纸背面用红色铅笔在阴影部分轻涂。如有凹板，应标出其相对标高及板号。楼梯间在楼层处的平台梁板应归入楼层结构平面之内。对梯段板及层间平台，应用交叉细实线表示，并写上“梯间”字样。

③ 绘图顺序。一般按底筋、面筋、配筋量、负筋长度、板号标志、板号、框架梁号、次梁号、剪力墙号、柱号的顺序进行。板底、面筋均用粗实线表示，宜画在板的1/3处。文字用绘图针管笔书写，字体大小要均匀（可用数字模板），当受到位置限制时，可跨越梁线书写，以能看清为准。所有直线段都不应徒手绘制。双向板及单向板应采用表示传力方向的符号加板号表示。在板号下中应标出板厚。当大部分板厚度相同时，可只标出特殊的板厚，其余在本图内用文字说明。

④ 底筋的画法。结构平面图中，同一板号的板可只画一块板的底筋（应尽量注于图面左下角首先出现的板块），其余的应标出板号。底筋一般不需注明长度。绘图时应注意弯钩方向，且弯钩应伸入支座。对常用的配筋如Φ6@200、Φ8@200、Φ10@200等可用简记法表示，

与结构总说明配合使用。分布筋只在结构总说明中注明，图中不画出。

⑤ 负筋的画法。同一种板号组合的支座负筋只需画一次。如某块板的支座另一边是两块小板时，则只按其中较大的板配置负筋。

板的跨中不出现负弯矩时，负筋从支座边可伸至板的 $L_0/3$（活荷载大于三倍恒荷载）、$L_0/4$（活荷载不大于三倍恒荷载）或 $L_0/5$（端支座）。L_0 为相邻两跨中较大的净跨度。双向板两个受力方向支座负筋的长度均取短向跨度的 1/4。钢筋长度应加上梁宽并取 50mm 的倍数。板的跨中有可能出现负弯矩时，板面负筋宜采用直通钢筋。

负筋对称布置时，可采用无尺寸线标注，负筋的总长度直接注写在钢筋下面；负筋非对称布置时，可在梁两边分别标注负筋的长度（长度从梁中计起）；端跨的负筋无尺寸线时直接标注的是总长度；以上钢筋长度均不包括直弯钩长。

板厚较大的悬臂板筋和直通负钢筋，均应加设支撑钢筋，并在图中注明。

⑥ 其他。对平面图中难以画清楚的内容，如凹厕部分楼板、局部飘出、孔洞构造等，可用引出线标注，或加剖面索引，用大样图表示。板面标高有变化时，应标出其相对标高。砌体隔墙下的板内加筋用粗直线表示（钢筋端部不必示出弯钩），并且注明定位尺寸。

2. 详图法施工图

（1）框架梁、柱配筋图

1）框架大样图可用 1∶40 比例绘制。各柱中、悬臂梁根部、框架梁两端及跨中各作一个剖面，均用 1∶20 比例绘制。

2）完整标出框架的构件尺寸及定位尺寸，并用一度尺寸线标明层高、柱高、梁顶标高。

3）柱的纵向钢筋。纵向钢筋用粗实线表示。HPB300 级钢筋的切断点要画弯钩；HRB335 级钢筋的切断点用短斜线标出，并斜向钢筋一方；钢筋如采用机械连接或等强度对接焊，接点或焊点用圆点表示。箍筋可用中粗实线表示。

柱的纵筋采用机械连接或等强度对接焊时，应标出接点位置；当采用搭接连接时，要标出搭接位置及搭接长度（取 50mm 的倍数，以下同）；柱纵筋需要分批接驳时，应标出每次接驳的位置。

柱中插筋及切断钢筋的锚固长度 L_{aE}，可采用文字说明的方法注明。

顶层柱顶柱筋及梁筋的锚固做法，应在图上有所表示。

柱的剖面大样图中各类纵筋和箍筋要分别标注，并标明剖面尺寸。

4）柱的箍筋。柱箍筋加密区范围以及加密区、非加密区、节点核心区的箍筋做法应在图上注明。

箍筋按规定需采用复合箍筋时，应在柱剖面旁边用示意图表示复合箍筋的做法，并注意箍筋末端弯钩的画法。

5）梁的纵向钢筋。悬臂梁负筋应与框架梁边跨的负筋一起考虑，绘图时可根据需要进行调配，以免支座钢筋过密。

梁纵筋由于构造原因不能伸入邻跨时，可将部分钢筋向下或向上锚入柱内，绘图时可根据需要调整配筋。

梁的支座负筋分批切断时，在图中应分批标明切断点位置。为便于区分钢筋，详图中宜加上钢筋编号。

抗震设计时框架梁的贯通钢筋，当采用机械连接或等强度对接焊接长时，应标出接点位置；当采用两端与支座负筋搭接的方式或在跨中一次搭接的方式接长时，应在图上注明搭接位置及长度。

除贯通筋外，有时尚需增加架立筋以满足箍筋肢距的需要，此时应将贯通筋与架立筋分别标出。

梁端底筋及面筋锚入柱内的锚固长度 L_{aE}，可采用文字说明的方法。

6）梁的吊筋。梁侧有集中荷载（次梁）作用时，应标出吊筋及附加箍筋的位置，并画出吊筋的大样图。

7）梁的箍筋。梁端箍筋加密区的范围、加密区及非加密区的箍筋做法应在图上注明。

8）梁的腰筋。梁的腰筋为按构造配置时，长度伸至梁端即可；按计算（抗扭或侧向抗弯）而设置的腰筋，其锚入柱内的长度为 L_{aE}，绘图时须注意其区别。

9）梁剖面大样图。梁剖面大样图中各类纵筋和箍筋要分别标注，并标明剖面尺寸。

采用复合箍筋时，应在剖面旁边用示意图表示复合箍筋的做法。抗扭箍筋应注意箍筋末端弯钩的画法。

（2）剪力墙配筋图

1）剪力墙配筋平面图及剖面图的比例可与框架大样图相同。连梁因为钢筋通长配置，故截面及配筋相同的连梁可只作一个剖面，比例可用1∶20或1∶30。

2）用一度尺寸线标明层高及连梁高，注上连梁顶的标高。标明剪力墙的定位轴线、开口尺寸、各片墙的厚度、宽度及端部暗柱或明柱的尺寸。

对平面或剖面中的孔洞（如电梯井、门洞等），要用阴影方法表示，并在图纸背面用红色铅笔在阴影部分轻涂。

3）剪力墙的钢筋。剪力墙各种钢筋的用量应在平面图及剖面图中适当表示。当竖向钢筋沿高度减少时，要标出考虑锚固长度后纵筋的切断位置。

连梁的底筋、面筋、腰筋、箍筋以及拉结筋的数量及构造要求，应在图上表达清楚。

钢筋均用粗实线表示。HPB300级钢筋的切断点画弯钩，HRB335级钢筋画短斜线。

4）剪力墙的水平钢筋与竖向钢筋的关系、拉结筋的做法、钢筋的搭接做法、水平钢筋转角构造、顶层竖筋与屋面板的锚固、墙与柱的连接等构造做法，应在施工图中或在（高层）结构说明中表达清楚。

（3）楼梯配筋图　楼梯结构平面图和楼层结构平面图一样，表示楼梯板和楼梯梁的平面布置、代号、编号、尺寸及结构标高。多层房屋应画出底层结构平面图、中间层结构平面图和顶层结构平面图。

楼梯结构平面图中的轴线编号应和建筑施工图一致，剖切符号一般只在首层楼梯结构平面图中表示，钢筋混凝土楼梯的不可见轮廓线用细虚线表示，可见轮廓线用细实线表示，剖到的砖墙轮廓线用中实线表示。楼梯结构平面图一般用1∶50的比例画出，也可用1∶40、1∶30的比例画出。

7.2.3 混凝土结构施工图平面整体表示方法简介

1. 平法施工图的表达方式与特点

混凝土结构施工图平面整体表示方法简称为平法，其表达形式，概括来讲，是把结构构件的尺寸和配筋等，按照平面整体表示方法制图规则，整体直接表达在各类构件的结构平面布置图上，再与相应的“结构设计总说明”和梁、柱、墙等构件的“标准构造详图”相配合，构成一套完整的结构设计。改变了传统的那种将构件从结构平面图中索引出来，再逐个绘制配筋详图的烦琐方法。

平法的优点是图面简洁、清楚、直观性强，图纸数量少，设计和施工人员都倾向采用此方法。

为了保证按平法设计的结构施工图实现全国统一，已将平法的制图规则纳入国家建筑标准设计图集——《混凝土结构施工图平面整体表示方法制图规则和构造详图》（GJBT—518 03G101 -1）。

2. 《平法图集》的内容组成

《平法图集》由平面整体表示方法制图规则和标准构造详图两大部分内容组成。各章内容如下：

第一部分　建筑结构施工图平面整体表示方法制图规则

第一章　总则

第二章　柱平法施工图制图规则

第三章　剪力墙平法施工图制图规则

第四章　梁平法施工图制图规则

第二部分　标准构造详图

《平法图集》适用于非抗震和抗震设防烈度为6、7、8、9度地区一至四级抗震等级的现浇混凝土框架、剪力墙、框架-剪力墙和框支剪力墙主体结构施工图的设计。所包含的内容为常用的墙、柱、梁三种构件。（也可以说，平法制图规则适用于各种现浇混凝土结构的柱、剪力墙、梁等构件的结构施工图设计。）

3. 平法施工图的一般规定

按平法设计绘制的施工图，一般是由各类结构构件的平法施工图和标准详图两个部分构成的，但对复杂的建筑物，尚需增加模板、开洞和预埋件等平面图。

现浇板的配筋图仍采用传统表达方法绘制。

按平法设计绘制结构施工图时，应将所有梁、柱、墙等构件按规定编号，同时必须按规定在结构平面布置图上直接表示各构件的尺寸、配筋和所选用的标准构造详图。

出图时，宜按基础、柱、剪力墙、梁、板、楼梯及其他构件的顺序排列。

如图7-4所示，应用表格或其他方式注明各层（包括地下和地上）的结构层楼地面标高、结构层高及相应的结构层号。结构层楼面标高是指将建筑图中的各层地面和楼面标高值扣除建筑面层及垫层厚度后的标高，结构层号应与建筑楼层号对应一致。

屋面	23.350	
6	19.450	3.850
5	15.550	3.850
4	11.650	3.850
3	7.750	3.850
2	3.850	3.850
1	-1.300	5.150
层号	标高/m	层高/m

结构层楼地面标高
结构层高

图7-4　结构层楼地面标高、结构层高及相应的结构层号标注

在平面布置图上表示各构件尺寸和配筋的方式，分为平面注写方式、列表注写方式和断面注写方式三种。

结构设计说明中应写明以下内容：本设计图采用的是平面整体表示方法，并注明所选用平法标准图的图集号；混凝土结构的使用年限；抗震设防烈度及结构抗震等级；各类构件在其所在部位所选用的混凝土强度等级与钢筋种类；构件贯通钢筋需接长时采用的接头形式及有关要求；对混凝土保护层厚度有特殊要求时，写明不同部位构件所处的环境条件；当标准详图有多种做法可选择时，应写明在何部位采用何种做法；当具体工程需要对平法图集的标准构造详图做某些变更时，应写明变更的内容；其他特殊要求。

4. 柱平法施工图制图规则

柱平法施工图有列表注写和断面注写两种方式。柱在不同标准层截面多次变化时，可用列表注写方式，否则宜用断面注写方式。

（1）断面注写方式　在分标准层绘制的柱平面布置图的柱截面上，分别在同一编号的柱中选择一个截面，直接注写截面尺寸和配筋数值。下面以图7-5为例说明其表达方法：

1）在柱定位图中，按一定比例放大绘制柱截面配筋图，在其编号后再注写截面尺寸（按不同形状标注所需数值）、角筋、中部纵筋及箍筋。

2）柱的竖筋数量及箍筋形式直接画在大样图上，并集中标注在大样图旁边。

3）当柱纵筋采用同一直径时，可标注全部钢筋；当纵筋采用两种直径时，需将角筋和各边中部筋的具体数值分开标注；当柱采用对称配筋时，可仅在一侧注写腹筋。

4）必要时，可在一个柱平面布置图上用小括号“( )”和尖括号“< >”区分和表达各不同标准层的注写数值。

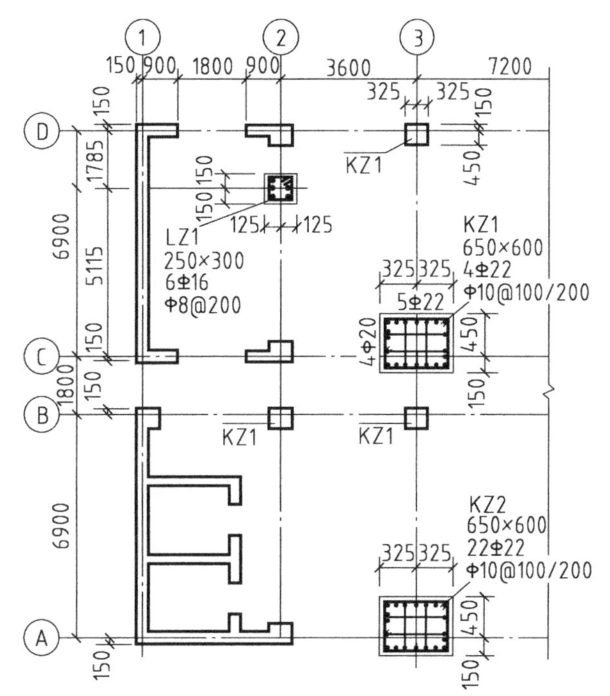

图7-5　柱平法施工图示例

（2）列表注写方式　在柱平面布置图上，分别在同一编号的柱中选择一个或几个截面标注几何参数代号（反映截面对轴线的偏心情况），用简明的柱表注写柱号、柱段起止标高、几何尺寸（含截面对轴线的偏心情况）与配筋数值，并配以各种柱截面形状及箍筋类型图。

柱表中自柱根部（基础顶面标高）往上以变截面位置或配筋改变处为界分段注写。

5. 梁平法施工图制图规则

梁平法施工图同样有断面注写和平面注写两种方式。当梁为异型截面时，可用断面注写方式，否则宜用平面注写方式。

梁平面布置图应分标准层按适当比例绘制，其中包括全部梁和与其相关的柱、墙、板。对于轴线未居中的梁，应标注其定位尺寸（贴柱边的梁除外）。当局部梁的布置过密时，可将过密区用虚线框出，适当放大比例后再表示，或者将纵横梁分开画在两张图上。

同样，在梁平法施工图中，应采用表格或其他方式注明各结构层的顶面标高及相应的结构层号。

（1）平面注写方式　平面注写方式是在梁平面布置图上，对不同编号的梁各选一根并在其上注写截面尺寸和配筋数值。梁平法施工图（平面注写方式）示例如图7-6所示。

平面注写包括集中标注与原位标注。集中标注的梁编号及截面尺寸、配筋等代表许多跨，原位标注的要素仅代表本跨。具体表示方法如下：

1）梁编号及多跨通用的梁截面尺寸、箍筋、跨中面筋基本值采用集中标注，可从该梁任意一跨引出注写；梁底筋和支座面筋均采用原位标注。对与集中标注不同的某跨梁截面尺寸、箍筋、跨中面筋、腰筋等，可将其值原位标注。

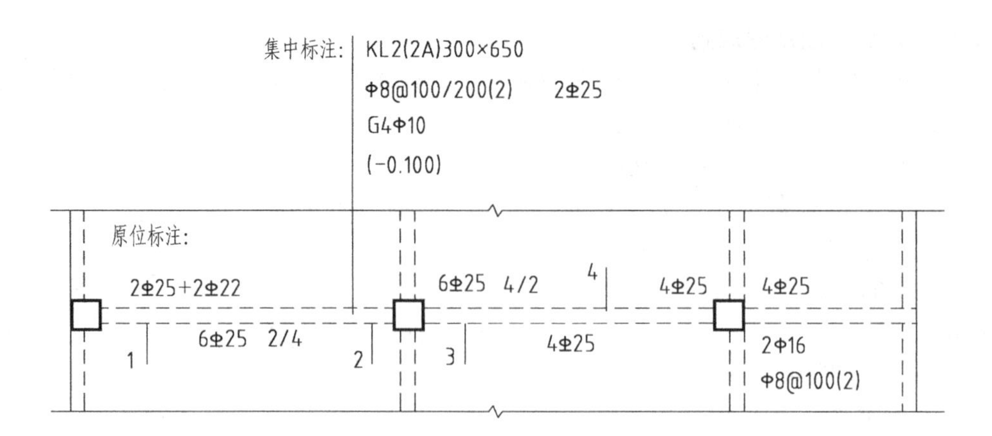

图 7-6 梁平法施工图（平面注写方式）示例

2）梁编号由梁类型代号、序号、跨数及有无悬挑代号几项组成，应符合表 7-4 的规定。

表 7-4 梁编号的组成

梁类型	代号	序号	跨数
楼层	KL	XX	(XX)
屋面	WKL	XX	(XX)
框	KZL	XX	(XX)
非	L	XX	(XX)
悬	XL	XX	—

注：（XXA）为一端有悬挑，（XXB）为两端有悬挑，悬挑不计入跨数。例如，KL7（5A）表示第 7 号框架梁，5 跨，一端有悬挑。

3）等截面梁的截面尺寸用 $b \times h$ 表示；加腋梁用 $b \times hYL_t \times h_t$ 表示，其中 L_t 为腋长，h_t 为腋高；悬挑梁根部和端部的高度不同时，用斜线"/"分隔根部与端部的高度值。例如，300×700 Y500×250 表示加腋梁跨中截面为 300mm×700mm，腋长为 500mm，腋高为 250mm；200×500/300 表示悬挑梁的宽度为 200mm，根部高度为 500mm，端部高度为 300mm。

4）箍筋加密区与非加密区的间距用斜线"/"分开，当梁箍筋为同一种间距时，则不需用斜线；箍筋肢数用括号括住的数字表示。例如，Φ8@100/200（4）表示箍筋加密区间距为 100mm，非加密区间距为 200mm，均为四肢箍。

5）梁上部或下部纵向钢筋多于一排时，各排筋按从上往下的顺序用斜线"/"分开；同一排纵筋有两种直径时，则用加号"+"将两种直径的纵筋相连，注写时角部纵筋写在前面。例如，6Φ25 4/2 表示上一排纵筋为 4Φ25，下一排纵筋为 2Φ25；2Φ25+2Φ22 表示有四根纵筋，2Φ25 放在角部，2Φ22 放在中部。

6）梁中间支座两边的上部纵筋不同时，须在支座两边分别标注；支座两边的上部纵筋相同时，可仅在支座的一边标注。

7）梁跨中面筋（贯通筋、架立筋）的根数，应根据结构受力要求及箍筋肢数等构造要求而定，注写时，架立筋须写入括号内，以示与贯通筋的区别。例如，2Φ22+(2Φ12)用于四肢箍，其中 2Φ22 为贯通筋，2Φ12 为架立筋。

8）当梁的上下部纵筋均为贯通筋时，可用"；"号将上部与下部的配筋值分隔开来标注。

例如，3Φ22；3Φ20 表示梁采用贯通筋，上部为3Φ22，下部为3Φ20。

9）梁某跨侧面布有抗扭腰筋时，须在该跨适当位置标注抗扭腰筋的总配筋值，并在其前面加“∗”号。例如，在梁下部纵筋处另注写有 ∗6ϕ18 时，则表示该跨梁两侧各有3ϕ18 的抗扭腰筋。

10）附加箍筋（密箍）或吊筋直接画在平面图中的主梁上，配筋值原位标注。多数梁的顶面标高相同时，可在图面统一注明，个别特殊的标高可在原位加注。

（2）断面注写方式　断面注写方式是在分标准层绘制的梁平面布置图上，从不同编号的梁中各选择一根梁用剖面符号引出配筋图并在其上注写截面尺寸和配筋数值。断面注写方式既可单独使用，也可与平面注写方式结合使用。

6. 剪力墙平法施工图制图规则

剪力墙平法施工图也有列表注写和断面注写两种方式。剪力墙在不同标准层截面多次变化时，可用列表注写方式，否则宜用断面注写方式。

剪力墙平面布置图可采取适当比例单独绘制，也可与柱或梁平面图合并绘制。当剪力墙较复杂或采用截面注写方式时，应按标准层分别绘制。

在剪力墙平法施工图中，也应采用表格或其他方式注明各结构层的楼面标高、结构层标高及相应的结构层号。

对于轴线未居中的剪力墙（包括端柱），应标注其偏心定位尺寸。

（1）列表注写方式　把剪力墙视为由墙柱、墙身和墙梁三类构件组成，对应于剪力墙平面布置图上的编号，分别在剪力墙柱表、剪力墙墙身表和剪力墙梁表中注写几何尺寸与配筋数值，并配以各种构件的截面图。在各种构件的表格中，应自构件根部（基础顶面标高）往上以变截面位置或配筋改变处为界分段注写。

（2）断面注写方式　在分标准层绘制的剪力墙平面布置图上，直接在墙柱、墙身、墙梁上注写截面尺寸和配筋数值。下面以图7-7为例说明其表达方法：

1）选用适当比例原位放大绘制剪力墙平面布置图。对各墙柱、墙身、墙梁分别编号。

2）从相同编号的墙柱中选择一个截面，标注截面尺寸、全部纵筋及箍筋的具体数值（注写要求与平法柱相同）。

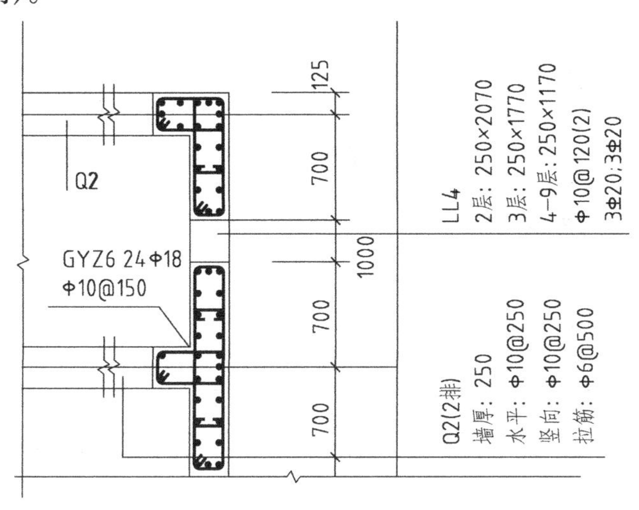

图7-7　剪力墙平法施工图示例

3）从相同编号的墙身中选择一道墙身，按墙身编号、墙厚尺寸，水平分布筋、竖向分布筋和拉筋的顺序注写具体数值。

4）从相同编号的墙梁中选择一根墙梁，依次引注墙梁编号、截面尺寸 、箍筋、上部纵筋、下部纵筋和墙梁顶面标高高差。墙梁顶面标高高差，是指相对于墙梁所在结构层楼面标高的高差值，高者为正值，低者为负值，无高差时不标注。

5）必要时，可在一个剪力墙平面布置图上用小括号“（ ）”和尖括号“ < > ”区分和表达各不同标准层的注写数值。

6）当若干墙柱（或墙身）的截面尺寸与配筋均相同，仅截面与轴线的关系不同时，可将其编为同一墙柱（或墙身）号。

7）当在连梁中配交叉斜筋时，应绘制交叉斜筋的构造详图，并注明设置交叉斜筋的连梁编号。

7. 构造详图

如前所述，一套完整的平法施工图通常由各类构件的平法施工图和标准详图两个部分组成。构造详图是根据《混凝土结构设计规范》（GB 50010—2010）、《高层建筑混凝土结构技术规程》（JGJ 3—2010）、《建筑抗震设计规范》（GB 50011—2010）等有关规定，对各类构件的混凝土保护层厚度、钢筋锚固长度、钢筋接头做法、纵筋切断点位置、连接节点构造及其他细部构造进行适当的简化和归并后给出的标准做法，供设计人员根据具体工程情况选用。设计人员也可根据工程实际情况，按国家有关规范对其做出必要的修改，并在结构施工图说明中加以阐述。

7.3 钢结构施工图

钢结构（简称“s”结构）是由各种型钢（如角钢、工字钢、槽钢等）和钢板等通过用铆钉、螺栓连接或焊接的方法加工组装起来的承重构件。由于钢材具有强度高、自重轻、抗震性能好、施工速度快、地基费用省、外形美观等一系列优点，在发达国家，钢结构建筑已经成为城市的主要建筑。在我国，目前钢结构常被用于大跨度的、有起重机的工业厂房、高层建筑、地下建筑、桥梁等建筑物中，作为建筑物的骨架，制成钢柱、钢梁、钢屋架等。一些公用建筑由于室内空间要求大（如体育馆、剧场等），有时也要求采用钢屋架作为屋顶支承结构。

指导钢结构施工的图样称为钢结构图。钢结构的系统布置图，与钢筋混凝土结构布置图相仿；钢结构的构件图，则主要表达型钢的种类、形状、尺寸及连接方式。这些内容的表达，除了图形外，多数还要标注各种符号、代号、图例等。

7.3.1 型钢的图例和连接方法

1. 型钢的图例和标注方法

常用型钢的图例和标注方法见表7-5。

表7-5 常用型钢的图例和标注方法

序号	名称	截面	标注	说明
1	等边角钢	∟	∟bXt	*b* 为肢宽 *t* 为肢厚
2	不等边角钢	B ∟	∟BXbXt	*B* 为长肢宽 *b* 为短肢宽 *t* 为肢厚

（续）

序号	名称	截面	标注	说明
3	工字钢	I	IN　QIN	N 为工字钢型号 轻型工字钢加注 Q 字
4	槽钢	[	[N　Q[N	N 为槽钢型号 轻型槽钢加注 Q 字
5	方钢	b ▨	□b	
6	扁钢	b	—b×t	
7	钢板	—	—b×t / l	宽×厚 / 板长
8	圆钢	◍	Φd	
9	钢管	○	ΦdXt	d 为外径 t 为壁厚
10	薄壁方钢管	□	B□b×t	薄壁型钢加注 B 字 t 为壁厚
11	T 型钢	T	TW　XX TM　XX TN　XX	TW　为宽异缘 T 型钢 TM　为中异缘 T 型钢 TN　为窄异缘 T 型钢
12	H 型钢	H	HW　XX HM　XX HN　XX	TW　为宽异缘 H 型钢 HM　为中异缘 H 型钢 HN　为窄异缘 H 型钢

2. 连接方式

型钢的连接方式有焊接、铆接（在房屋建筑中较少采用）、螺栓连接。

其中焊接不削弱杆件截面，构造简单且施工方便，是目前钢结构施工中主要的连接方法。钢结构构件的连接形式可以分为对接连接、搭接连接和成角连接三种。而电焊连接的主要焊缝形式有对接焊缝和贴角焊缝两种。

在钢结构图上，必须把焊缝的位置、形式和尺寸标注清楚。焊缝采用“焊缝代号”标注，焊缝代号由图形符号、补充符号和引出线等组成，如图 7-8 所示。图形符号表示焊缝断面的基本形式，补充符号表示焊缝的特征要求，引出线表示焊缝的位置。

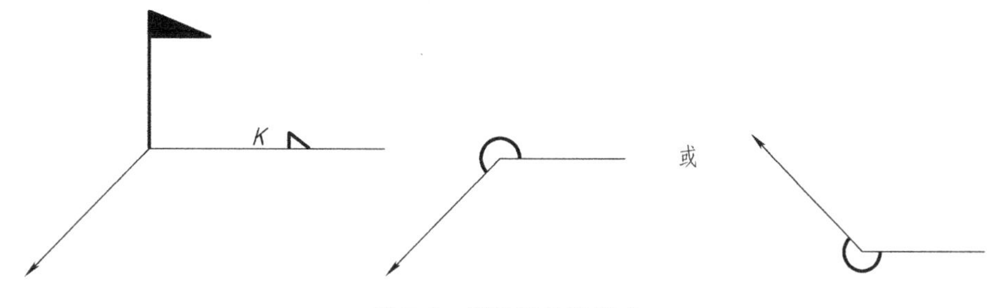

图 7-8　焊缝代号的组成

（1）焊缝的图形符号和补充符号　引出线由箭头线和基准线组成，箭头线指向焊缝，可画在基准线的左端或右端，必要时箭头线允许转折一次。基准线一般画成横线，基准线的上侧和下侧用来标注符号与尺寸，有时在基准线的末端加一尾部符号，用做其他说明。焊缝的图形符号和补充符号见表7-6。

在同一图形上，当焊缝形式、断面尺寸和辅助要求均相同时，可只选择一处标注焊缝的符号和尺寸，并加注“相同焊缝符号”，相同焊缝符号为3/4圆弧，绘制在引出线的转折处。在同一图形上，当有数种相同的焊缝时，可将焊缝分类编号标注。在同一类焊缝中可选择一处标注焊缝符号和尺寸。分类编号采用大写的拉丁字母A、B、C等，写在引出线尾部符号内。

表7-6 焊缝的图形符号和补充符号

名称	辅助符号	形式及标注示例	说明
平面符号	—	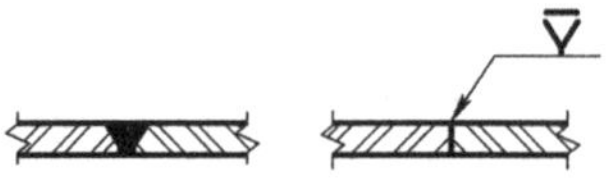	表示（带钝边）V形焊缝表面齐平（一般通过加工）
凹面符号	⌣	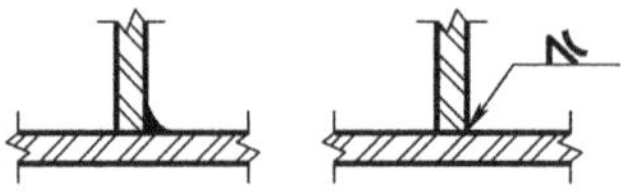	表示焊缝表面凹陷
凸面符号	⌢	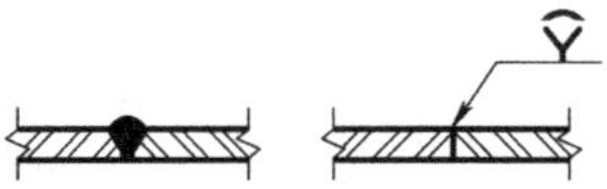	表示焊缝表面凸起
三面焊缝符号	⊏	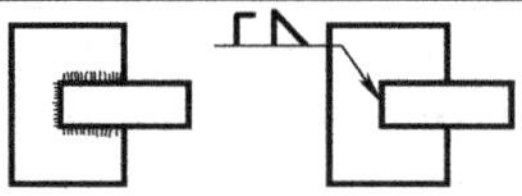	工件三面施焊，开口方向与实际方向一致
周围焊缝符号	○	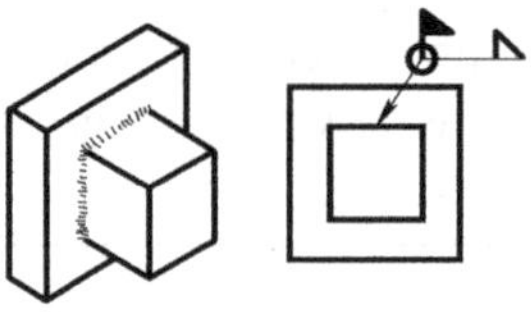	表示现场沿工件周围施焊
现场施焊符号	▶		

（2）焊缝的标注方式　表7-7为焊缝的标注方式。单面焊缝的标注方法，当箭头指向焊缝所在的一面时，应将图形符号和尺寸标注在横线的上方；当箭头指向焊缝所在另一面（相对应的那面）时，应将图形符号和尺寸标注在横线的下方；表示环绕工件周围的焊缝时，其围焊焊缝符号为圆圈，绘制在引出线的转折处，并标注焊角尺寸K；三个和三个以上的焊件相互焊接的焊缝，不得作为双面焊缝标注，其焊缝符号和尺寸应分别标注。双面焊缝的标注，应在横线的上下都标注符号和尺寸，上方表示箭头一面的符号和尺寸，下方表示另一面的符号和尺寸，当两面的焊缝尺寸相同时，只需在横线上方标注焊缝的符号和尺寸。

表7-7 焊缝的标注方式

焊缝名称	焊缝形式	标注法
I形焊缝	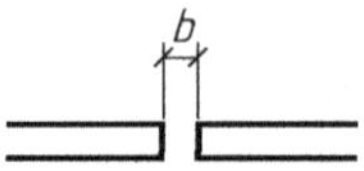 b	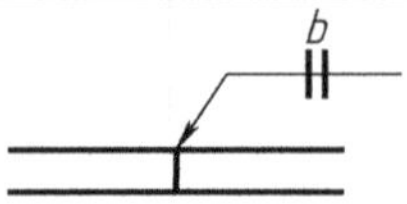 b
V形焊缝		
单边V形焊缝	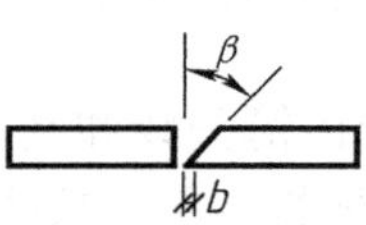 β b	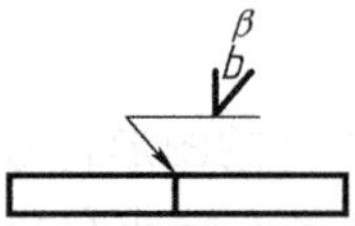 β b 注：箭头指向剖口

（续）

焊缝名称	焊缝形式	标注法
带钝边单边 V 形焊缝	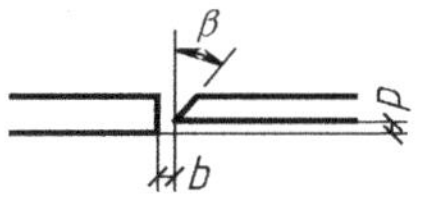 β p b	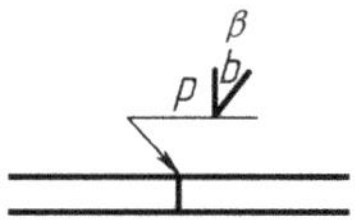 β p b
带垫板带钝边单边 V 形焊缝	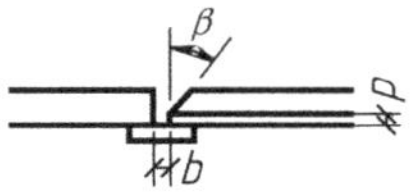 β p b	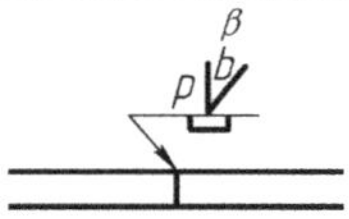 β p b 注：箭头指向剖口
带垫板 V 形焊缝	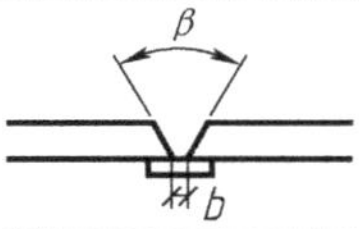 β b	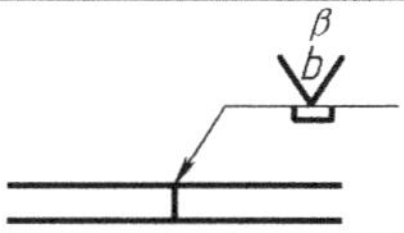 β b
角焊缝	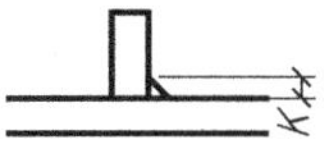 K	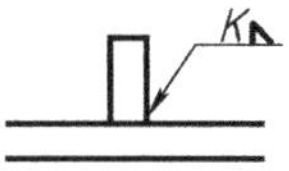 K
双面角焊缝	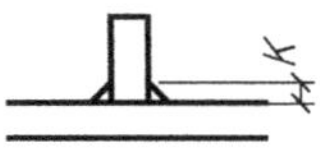 K	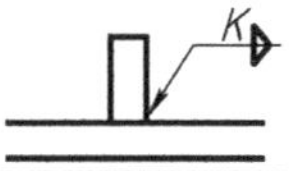 K

（3）螺栓、螺栓孔、电焊铆钉的表示方法　螺栓、螺栓孔、电焊铆钉的表示方法见表 7-8。

表 7-8　螺栓、螺栓孔、电焊铆钉的表示方法

序号	名称	图　例	说　明
1	永久螺栓	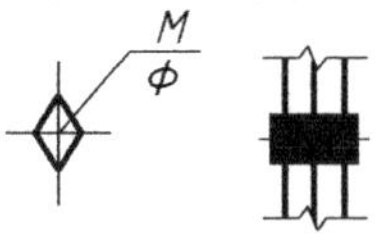 M φ	1. 细“+”线表示定位线 2. M 表示螺栓型号 3. ϕ 表示螺栓孔直径 4. d 表示膨胀螺栓、电焊铆钉直径 5. 采用引出线标注螺栓时，横线上标注螺栓规格，横线下标注螺栓孔直径
2	高强度螺栓	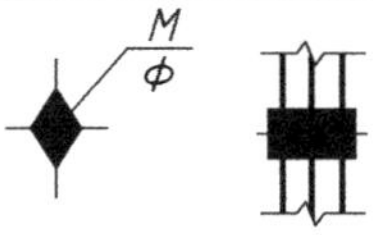 M φ	
3	安装螺栓	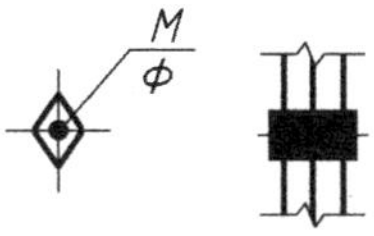 M φ	
4	膨胀螺栓	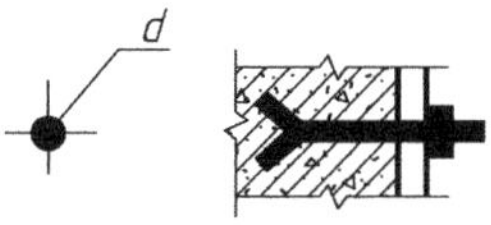 d	
5	圆形螺栓孔	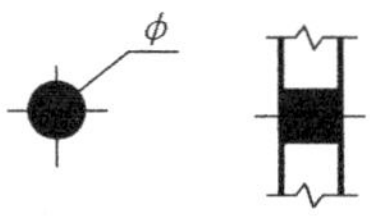 φ	
6	长圆形螺栓孔	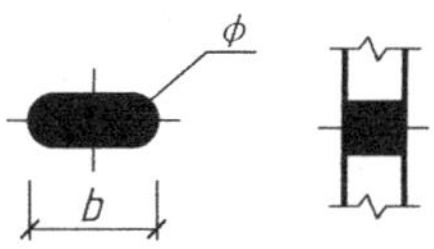 φ b	
7	电焊铆钉	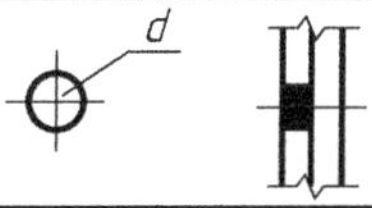 d	

3. 连接尺寸标注

如图7-9所示，钢结构连接尺寸标注如下：

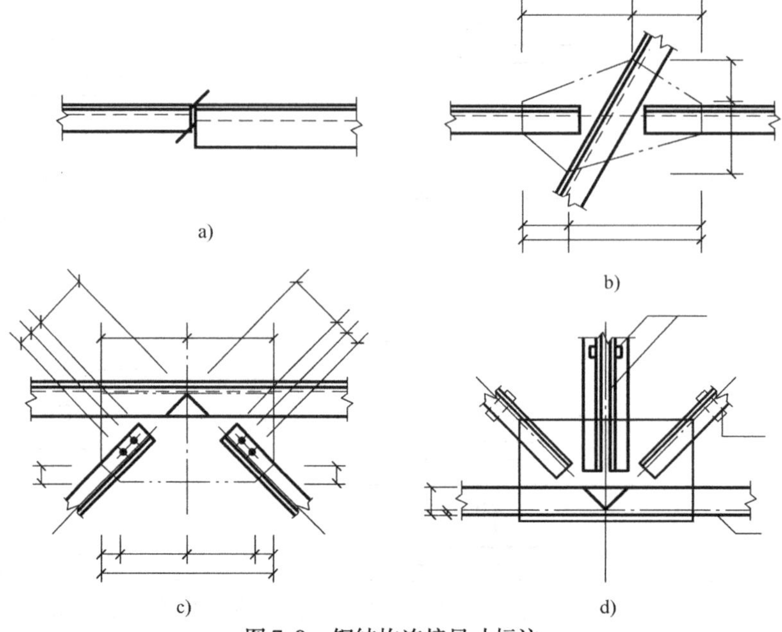

图7-9 钢结构连接尺寸标注

1）两构件的两条很近的重心线，应在交汇处将其各自向外错开。

2）切割的板材，应标注各线段的长度及位置。

3）应注明节点板的尺寸和各杆件螺栓孔中心或中心距，以及杆件端部至几何中心线交点的距离。

4）双型钢组合截画的构件，应注明缀板的数量及尺寸。引出横线上方标注缀板的数量及缀板的宽度、厚度，引出横线下方标注缀板的长度尺寸。

7.3.2 钢屋架施工图

钢屋架结构详图是表示钢屋架的形式、大小、型钢的规格、杆件的组合和连接情况的图样。其主要内容包括屋架简图、屋架详图（包括节点详图）、杆件详图、连接板详图、预埋件详图以及钢材用量表等。

1. 图示内容

1）屋架简图（屋架示意图）。钢屋架简图是用较小比例（如1∶200）画出杆件轴线的单线图，用来表示屋架的结构形式、跨度、高度和各杆件的几何轴线长度，是屋架设计时杆件内力分析和制作时放样的依据。当屋架对称时，可采用对称画法，如图7-10所示。

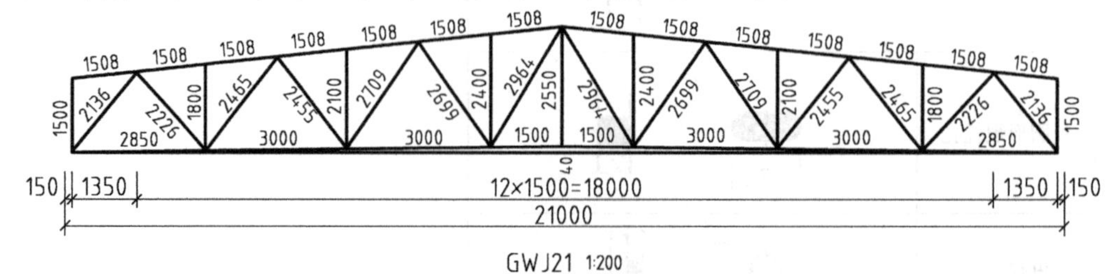

图7-10 钢屋架简图

2）屋架详图。以立面图为主，围绕立面图分别画出屋架端部侧面的局部视图、屋架跨中侧面的局部视图、屋架上弦的斜视图、假想拆卸后的下弦平面图以及必要的剖面图等。此外，还要画出节点板、支撑连接板、加劲肋板、垫板等的形状和大小，如图 7-11 ~图 7-13 所示。

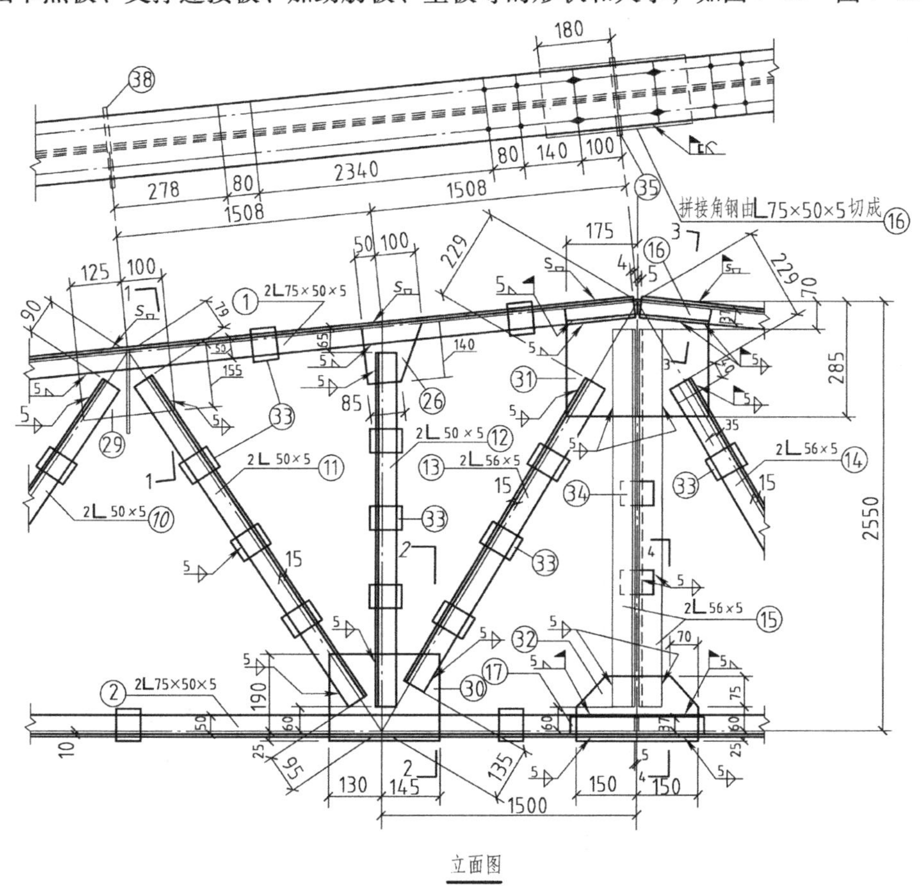

图 7-11　钢屋架结构详图

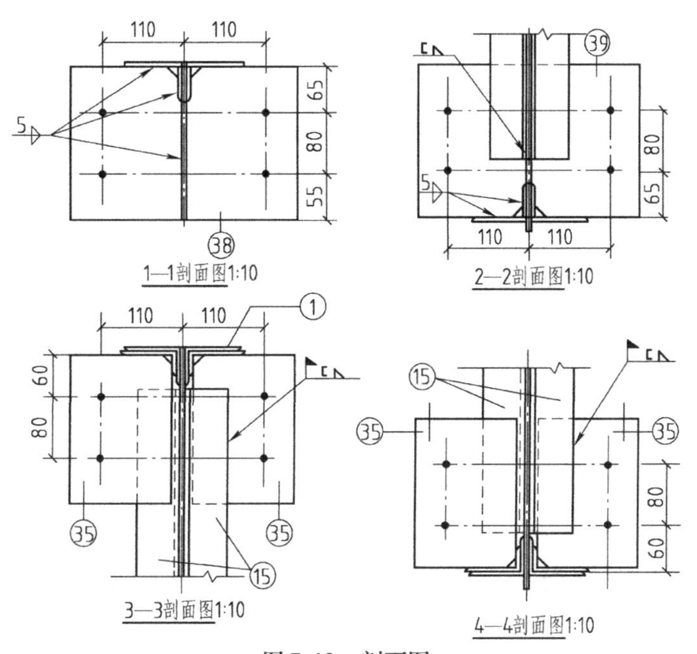

图 7-12　剖面图

对于构造复杂的上弦杆，还要补充画出各杆件截面实形的辅助投影图。

2. 规定与要求

1）图线。钢屋架简图用单线图表示，一般用粗（或中粗）实线绘制。钢屋架立面图中杆件或节点板轮廓用粗（或中粗）实线绘制，其余为细线。

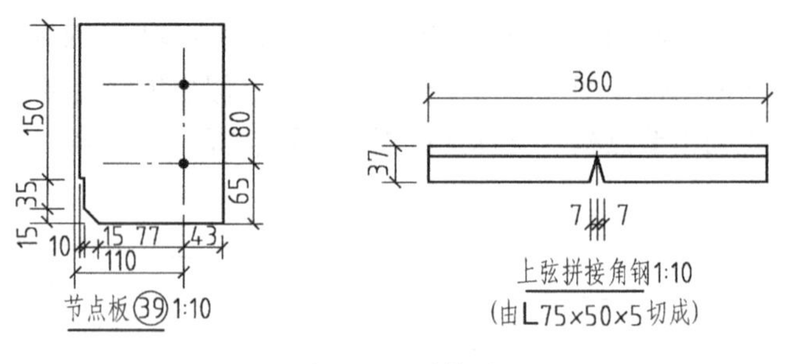

图 7-13　零件图

2）比例。钢屋架简图采用较小比例（如 1∶200），屋架的立面图及上下弦投影图采用 1∶50，杆件和节点采用 1∶20。钢屋架的跨度和高度尺寸较大，而杆件（型钢）的断面尺寸较小，若采用同一比例必然会出现杆件和节点的图形过小而表达不清楚。因此，通常在同一个图中采用两种不同的比例，即屋架杆件轴线方向采用较小的比例（如 1∶50），杆件和节点则采用较大的比例（如 1∶20）。

3）定位轴线。定位轴线表明屋架在建筑物中的位置，其编号应与结构布置平面图一致，以便查阅。

4）图例符号。各种不同的焊接、螺栓连接形式应采用表 7-7、表 7-8 的规定形式。

5）尺寸标注。钢屋架简图除需标注屋架的跨度尺寸外，一般还应标出杆件的几何轴线长度。钢屋架立面图上则需要标注杆件的规格、节点板、孔洞等详细尺寸。

钢屋架的各个零件按一定顺序编号，在钢屋架图中一般应附上材料表（略）。材料表按零件号编制，并注明零件的截面规格尺寸、长度、数量和重量等内容，它是制作钢屋架时备料的依据。因而，在钢屋架图中一般只要注明各零件号。可以不必标注各零件的截面和长度尺寸。钢屋架图中要详细注明各零件和螺栓孔的定位尺寸以及连接焊缝代号。单独画出的节点板、连接板等的零件图，必须详细标注出定形尺寸。

7.4　砌体结构施工图

混合结构房屋的结构形式一般是条形基础，墙体、柱由砖砌筑而成，楼板、屋面板、过梁、雨篷、楼梯等由钢筋混凝土制成。图 7-14 所示为混合结构示意图。

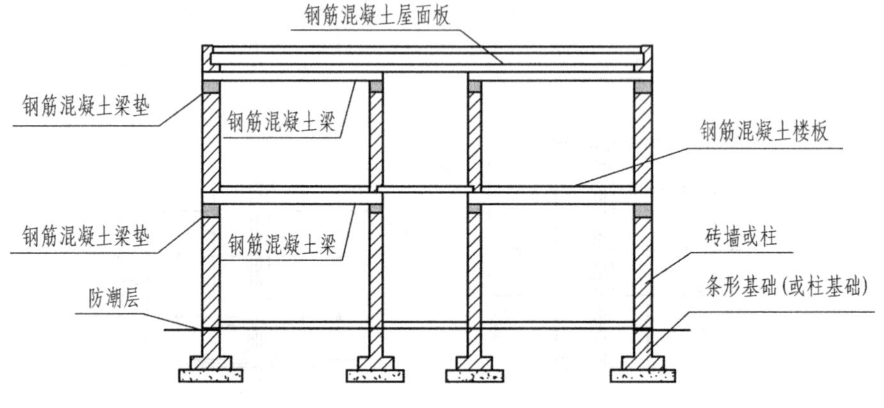

图 7-14　混合结构示意图

7.4.1 基础图

混合结构中墙下基础为条形基础，详见 7.5 节内容介绍。

7.4.2 结构布置平面图

在砖混结构中，楼层和屋面一般都采用钢筋混凝土结构。由于楼层和屋面的结构布置及表示方法基本相同，因此仅以楼层为例介绍结构平面布置图的阅读方法。钢筋混凝土楼层按照施工方法可以分为预制装配式和现浇整体式两大类，分述如下。

1. 预制装配式楼层结构布置图

楼层又称为楼盖，是由许多预制构件组成的，这些构件预先在预制厂（场）成批生产，然后在施工现场安装就位，组成楼盖。预制装配式楼盖具有施工速度快，节省劳动力和建筑材料，造价低，便于工业化生产和机械化施工等优点。但是这种结构的整体性不如现浇楼盖好，因此在我国大中城市中限制使用。

装配式楼盖结构图主要表示预制梁、板及其他构件的位置、数量及搭接方法。其内容一般包括结构布置平面图、节点详图、构件统计表及文字说明等。

（1）结构布置平面图的画法　结构布置平面图目前采用直接正投影法绘制。当绘制楼层结构布置平面图时，假设沿楼板面将房屋水平剖切开后所作出的楼层水平投影，用以表示楼盖中梁、板和下层楼盖以上的门窗过梁、圈梁、雨篷等构件的布置情况。在施工图中，常常是用一种示意性的简化画法来表示，如图 7-15 所示。这种投影法的特点是楼板压住墙，被压部分墙身轮廓线画中虚线，门窗过梁上的墙遮住过梁，门窗洞口的位置用虚线绘制，过梁代号标注在门窗洞口旁。

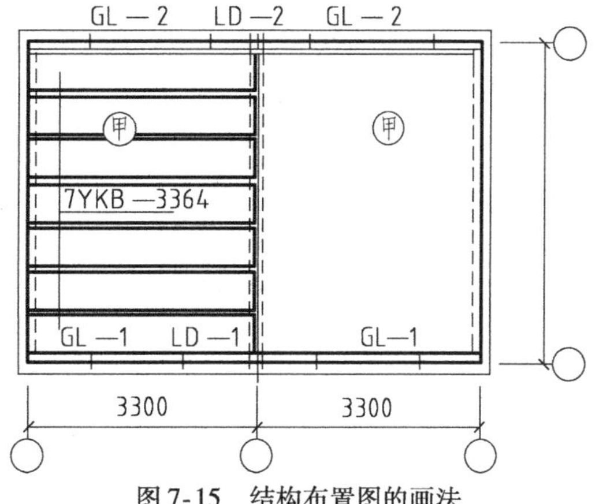

图 7-15　结构布置图的画法

（2）结构布置图的用途　结构布置图主要为安装梁、板等各种楼层构件使用，其次作为制作圈梁和局部现浇梁、板使用。

（3）结构布置图的主要内容

1）轴线。为了便于确定梁、板及其他构件的安装位置，画有与建筑平面图完全一致的定位轴线，并标注编号及轴线间的尺寸、轴线总尺寸。

2）墙、柱。墙、柱的平面位置在建筑图中已经表示清楚了，但在结构平面布置图中仍然需要画出它的平面轮廓线。

3）梁及梁垫。梁在结构平面布置图上用梁的轮廓线表示。梁的形状及配筋图另用详图表示。

梁在标准图中的标注方法是：L－×（…×…），如图中标为 L－1（240×350），则说明梁的编号为 1，即 1 号梁，240 为梁的宽度，350 为梁的高度。当梁搁置在砖墙或砖柱上时，为了避免墙或柱被压坏，需要设置一个钢筋混凝土梁垫，如图 7-16 所示。在结构平面布置图中，“LD”代表梁垫。

4）预制楼板。我国现在常用的预制楼板有平板、槽形板和空心板三种，如图 7-17 所示。平板制作简单，适用于走道、楼梯平台等小跨度的短板。槽形板重量轻、板面开洞自由，但顶棚不平整，隔声隔热效果差，使用较少。空心板上下板面平整，构件刚度大，隔音隔热效果较好，因此是一种用得较为广泛的楼板，缺点是不能任意开洞。上述预制楼板可以做成预应力楼板或非预应力的楼板。由于预制楼板大多数是选用标准图集，因此楼板在施工图中应标明代号、跨度、宽度及所能承受的荷载等级。如图 7-15 所示，图中的房间中标注有 7YKB－3364，该代号各字母、数字的含义如下：7YKB 代表 7 块预制空心板，3364 代表板长 3300mm、板宽 600mm、荷载等级为 2。

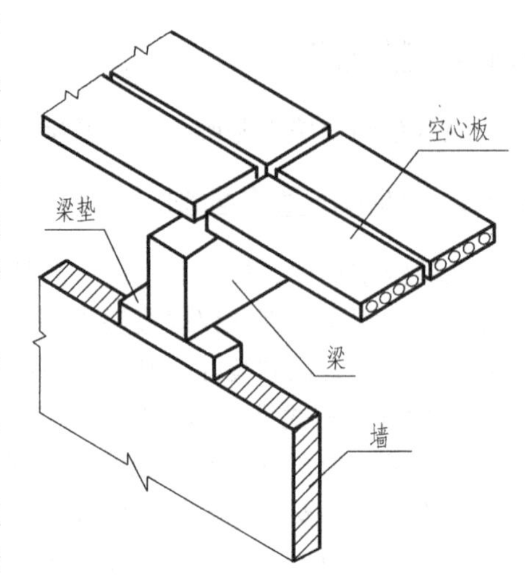

图 7-16　梁垫示意图

5）过梁及雨篷。为了支撑门窗洞口上面墙体的重量，并将它传递给两旁的墙体，在门窗洞口顶上沿墙放一根梁，这根梁称为过梁。过梁在结构布置图中用粗实线表示，也可以直接标注在门窗洞口旁，过梁的代号为 GL。在结构布置图中，雨篷轮廓线用细实线绘制，代号用“YP”。

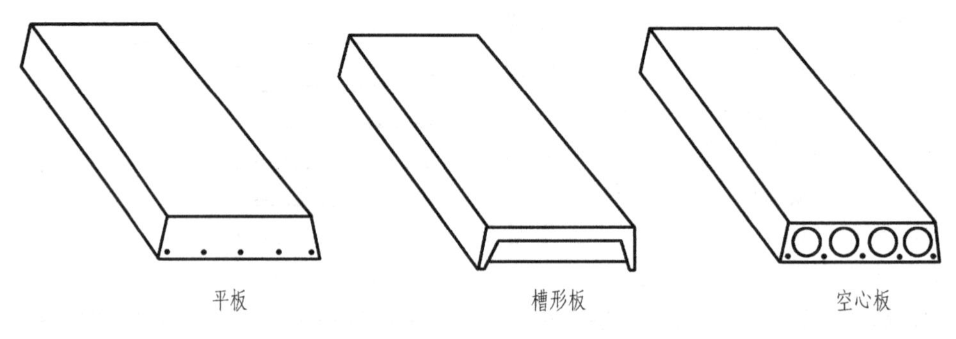

图 7-17　常见的楼板形式

6）圈梁。为了增强建筑物的整体稳定性，提高建筑物的抗风、抗震和抵抗温度变化的能力，防止地基不均匀沉降等对建筑物的不利影响，常常在基础顶面、门窗洞口顶部，楼板和檐口等部位的墙内设置连续而封闭的水平梁，这种梁称为圈梁。设在基础顶面的圈梁称为基础圈梁，设在门窗洞口顶部的圈梁常代替过梁。圈梁平面布置图可以用粗实线单独绘制，也可以用粗虚线直接绘制在结构布置图上。圈梁断面比较简单，一般有矩形和 L 形两种，圈梁位于内墙上为矩形，位于门窗洞口上部一般需要做成 L 形。常用的 L 形挑出长度有 60mm、300mm、400mm、500mm 几种。

圈梁在一般位置时配筋比较简单，但它在转角处的配筋则需要加强，加强方式主要有转角配筋和 T 字接头配筋两种，如图 7-18 所示。圈梁转角加强配筋的规格、数量，一般同圈梁主筋。圈梁位于门窗洞口之上时，起着过梁的作用，一般称为圈梁代过梁。这时圈梁按过梁配筋。

（4）读图方法及步骤

1）弄清各种文字、字母和符号的含义。要弄清各种符号的含义，首先要了解常用构件代号，结合图和文字说明阅读。

2）弄清各种构件的空间位置。例如楼面在第几层，哪个房间布置几个品种构件，各个品种构件的数量是多少等。

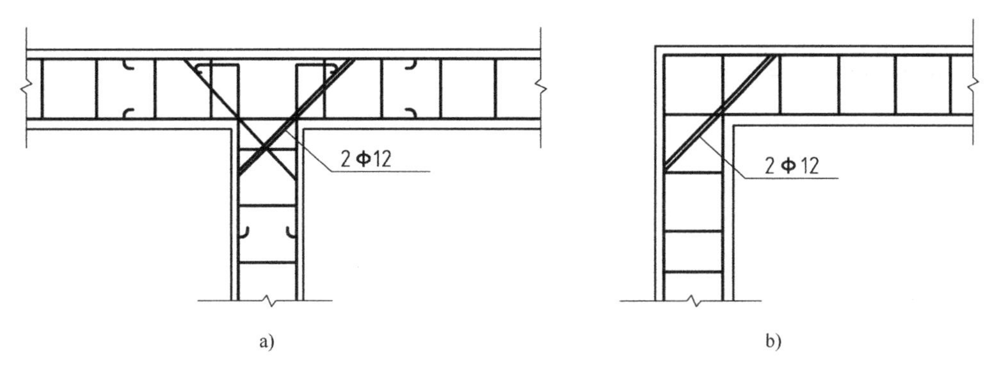

图7-18 T字接头加强配筋和转角加强配筋
a）T字接头加强配筋 b）转角加强配筋

3）平面布置图结合构件统计表阅读，弄清该建筑中各种构件的数量，采用图集及详图的位置。

4）弄清各种构件的相互连接关系和构造做法。为了加强预制装配式楼盖的整体性，提高抗震能力，需要在预制板缝内放置钢筋，用C20细石混凝土灌板缝。

5）阅读文字说明，弄清设计意图和施工要求。文字说明有的放在结构布置图中，有的放在结构设计总说明中。

2. 现浇整体式楼层结构布置图

整体式钢筋混凝土楼盖由板、次梁和主梁构成，三者整体现浇在一起，如图7-19所示。整体式楼盖的优点是整体刚度好，适应性强；缺点是模板用量较多，现场浇筑工作量大，施工工期较长，造价比装配式高。为此一般用在高层建筑和中小型民用建筑中的公共建筑门厅、雨篷部分，或建筑平面不规则的楼面，以及厨房、卫生间等处。

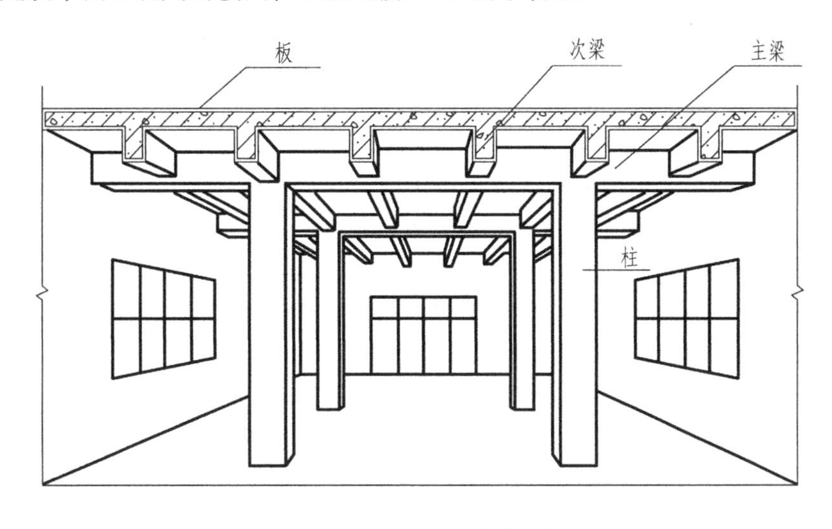

图7-19 整体式钢筋混凝土楼盖

随着国民经济的好转和对建筑质量要求的提高，现浇整体楼盖应用越来越广泛。特别是在高层建筑中，一般都采用现浇整体楼盖。画图时直接画出构件的轮廓线来表示主梁、次梁和板的平面布置以及它们与墙柱的关系。表示方法以平法为主，详见本章7.2节内容。

7.5 基础施工图

7.5.1 概述

通常把建筑物地面 ±0.000（除地下室）以下，承受房屋全部荷载的结构称为基础，基础以下称为地基。基础的作用就是将上部荷载均匀地传递给地基。

基础的形式很多，常采用的有条形基础、独立基础和桩基础。条形基础多用于混合结构中；独立基础又称柱基础，多用于钢筋混凝土结构中；桩基础既可做成条形基础，用于混合结构之中作为墙，又可做成独立基础用于柱基础，如图 7-20 所示。

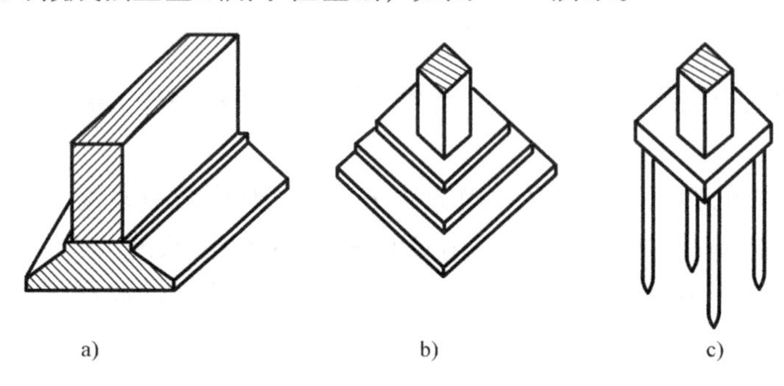

图 7-20 基础的形式

a）墙下条形基础 b）柱下独立基础 c）桩基础

下面以条形基础为例，介绍与基础有关的术语，如图 7-21 所示：

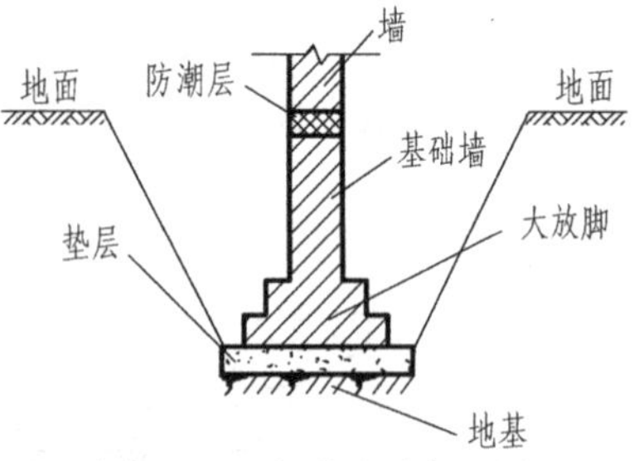

图 7-21 条形基础断面图

1）地基：承受建筑物荷载的天然土壤或经过加固的土壤。

2）垫层：用来把基础传来的荷载均匀地传递给地基的结合层。

3）大放脚：把上部结构传来的荷载分散传递给垫层的基础扩大部分，目的是使地基上单位面积的压力减小。

4）基础墙：建筑中把 ±0.000（除地下室）以下的墙称为基础墙。

5）防潮层：为了防止地下水对墙体的浸蚀，在地面稍低约 -0.060m（除地下室）处设置一层能防水的建筑材料来隔潮，这一层称为防潮层。

基础施工图主要用来表示基础的平面布置及基础的做法，包括基础平面图、基础详图和文字说明三部分，主要用于放灰线、挖基槽、施工基础等，是结构施工图的重要组成部分之一。

7.5.2 基础平面图

1. 基础平面图的产生

假设用一水平剖切面，沿建筑物底层室内地面把整栋建筑物剖切开，移去截面以上的建筑物和基础回填土后，作水平投影，所得到的图称为基础平面图。基础平面图主要表示基础的平面布置以及墙、柱与轴线的关系。

2. 画法

在基础平面图中绘图的比例、轴线编号及轴线间的尺寸必须同建筑平面图一样。线型的选用惯例是基础墙、柱用粗实线绘制，基础底宽度用细实线绘制。

3. 主要内容

1）基础底边线。每一条基础最外边的两条细实线表示基础底的宽度。

2）基础墙、柱线。每一条基础最里边两条粗实线表示基础与上部结构墙体、柱交接处的宽度，一般同墙体或柱宽度一致。

3）轴线位置。轴线位置很重要，弄错了就要出大事故。从图7-22可以看出，该建筑物的轴线位于墙、柱的中心线上，其基础称为对称基础。在工程中要注意的是，轴线不在墙的中心线上的基础称为不对称基础，哪边窄，哪边宽，一定要搞清楚。

4）基础放阶。由于地基的土质情况不一致，或建筑物上部的荷载不一致，为此基础的埋置深度也不一样。当基础底的标高不一样高时，基底不允许做成斜坡，而必须做成阶梯形，故称为踏步基础。

5）剖切符号。在不同的位置，基础的形状、尺寸、埋置深度及与轴线的相对位置不同时，需要分别画出它们的断面图。在基础平面图中要相应地画出剖切符号，并注明断面图的编号。

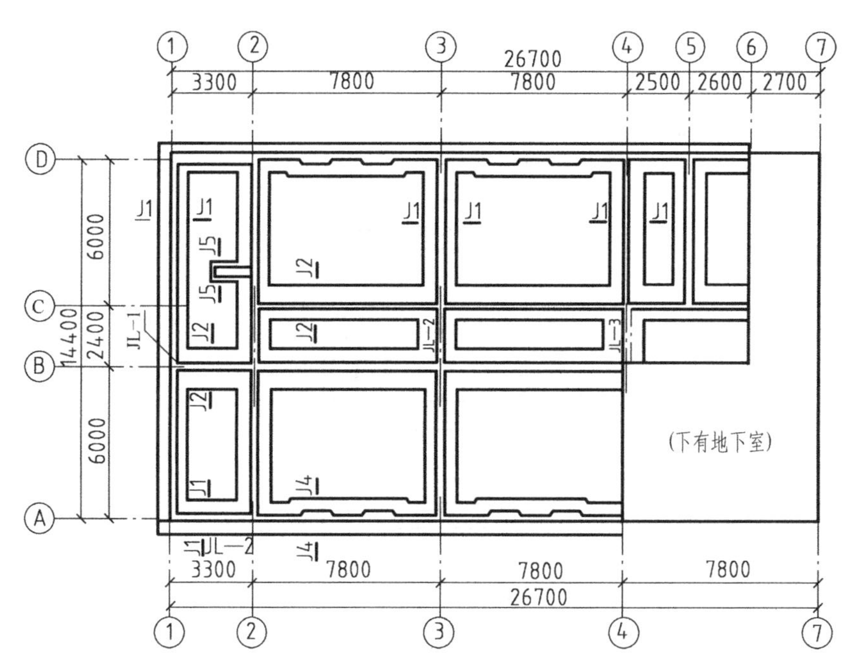

图7-22　基础平面图

7.5.3　基础详图

基础详图以断面图的图示方法绘制。基础断面图一般用较大的比例（1:20）绘制，能详细表示出基础的断面形状、尺寸、与轴线的关系、基础底标高、材料及其他构造做法，为此又称为基础详图。图7-23所示为墙下条形基础详图，图7-24为柱下独立基础详图。

1. 轴线

表明轴线与基础各部位的相对位置，标注出大放脚、基础墙、基础梁与轴线的关系。

2. 基础材料

从下至上分别为垫层、基础大放脚、基础暗梁和上部结构。垫层的断面图在图中未画出材料图例，其做法一般标注在说明中。

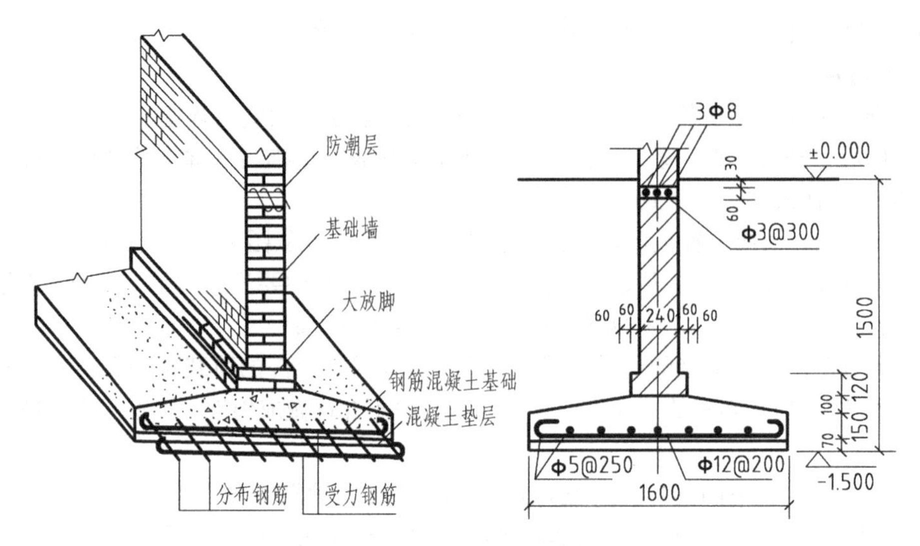

图 7-23 墙下条形基础详图

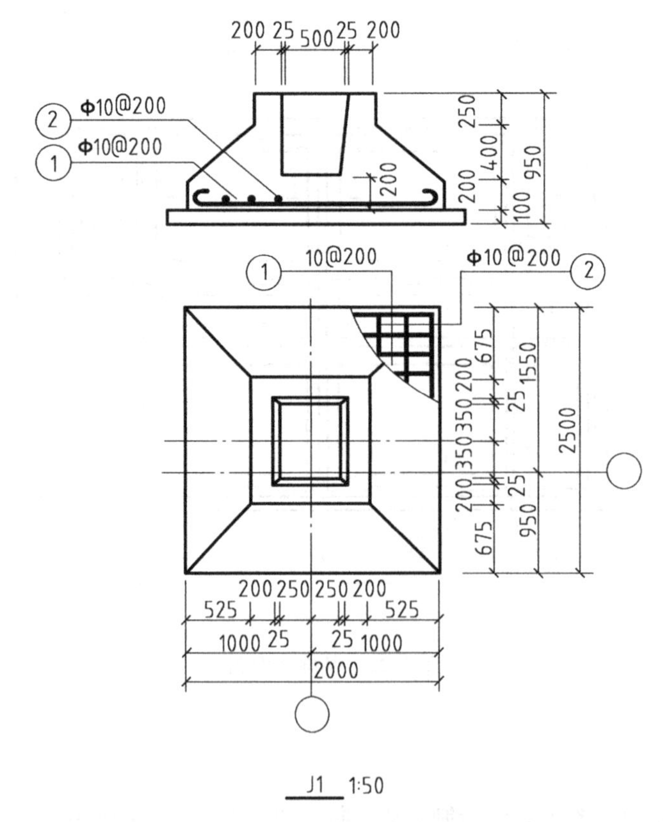

图 7-24 柱下独立基础详图

3. 防潮层

防潮层可以在基础断面图中表明其位置及做法，但是一般以建筑施工图为主表明其位置及做法。

4. 各部位的标高及尺寸

基础施工图中应标注基础（梁）顶面标高和基础底标高。基础底标高表示基础最浅时的标高。基础最浅时要满足 -2.000m 的要求。当基础底槽土质软弱时，基础需要做得更深一些，其基础底的深度就会超过2.000m。基础详图中的尺寸用来表示基础底的宽度及与轴线的关系，同时反映基础的深度及大放脚的尺寸。

7.5.4　基础施工图的阅读

阅读基础施工图时，一般应注意以下几点：

1）查明基础墙、柱的平面布置与建筑施工图中的首层平面图是否一致。

2）结合基础平面布置图和基础详图阅读，弄清轴线的位置，查明是对称基础还是偏轴线基础。若为偏轴线基础，则需注意基础哪边宽，哪边窄，尺寸是多大。

3）在基础详图中查明各部位的尺寸及主要部位的标高。

4）认真阅读有关基础的结构设计说明，查明所用的各种材料及对材料的质量要求和施工中的注意事项。

第8章　建筑给水排水施工图

本章介绍建筑给水排水专业识图的有关内容，包括：给水排水施工图识图图例、建筑给水排水施工图内容以及怎样快速识读给水排水施工图。

8.1　给水排水施工图概述

给水排水工程是满足城镇居民和工业生产等用水需要的工程设施，是现代工业建筑与民用建筑的一个重要组成部分。整个工程与房屋建筑、水利机械、水工结构等工程密切联系，在设计过程中，应该注意与建筑工程和结构工程的紧密配合、协调一致。只有这样，建筑物的各种功能才能得到充分发挥。

给水排水工程是由各种管道及配件、水的处理、储存设备等组成的。整个工程可分为给水工程、排水工程、室内给水排水工程（又称建筑给水排水工程）。给水工程是指水源取水、水质净化、净水输送、配水使用等工程；排水工程是指污水（生活污水、生产污水及雨水）排除、污水处理、处理后的污水排入江河湖泊等工程。室内给水排水工程是指室内给水、室内排水、热水供应、消防用水及屋面排水等工程。

1. 图示特点

1）给水排水施工图的图样一般采用正投影绘制，系统图采用轴测投影图绘制，工艺流程图采用示意法绘制。

2）图示的管道、器材和设备一般采用国家有关制图标准规定的图例表示。管道与墙的距离示意性绘出，安装时按有关施工规范确定，即使暗装管道也与明装管道一样画在墙外，但应附加说明。

3）图线。新设计的各种给水、排水管线分别采用粗实线、粗虚线表示。独立画出的排水系统图排水管线也可以采用粗实线表示。

原有的各种给水排水管线分别采用中实线表示，当其轮廓线不可见时分别采用中虚线表示。给水排水设备、零（附）件的可见轮廓线采用中实线表示，其不可见轮廓线采用中虚线表示。总图中建筑物和构筑物的可见轮廓线、制图中的各种标注线采用细实线表示，建筑的不可见轮廓线采用细虚线表示。

4）比例。给水排水专业制图常用的比例与建筑专业图一致，必要时可采用较大的比例。在系统图中，当局部表达有困难时，该处可不按比例绘制。

2. 管道画法及标注的一般规定

（1）管道画法　给水排水施工图是民用建筑中常见的管道施工图的一种。管道施工图从图形上可分成单线图和双线图。

管道一般为圆柱管，若完全按投影绘制，应画出内外圆柱面的投影，如图8-1a所示。在实际施工中，要安装的管线往往很长而且很多，把这些管线画在图纸上时，线条往往纵横交错，密集繁多。为了在图纸上完整地显示这些代表管道的线条，图形中用两根线条表示管道的形状。这种不用线条表示管道壁厚的方法通常称为双线表示法，用它画出的图样称为双线图，如图8-1b所示。由于管道的截面尺寸比管子的长度尺寸要小得多，所以在小比例的施工图中，往往把管道的壁厚和空心的管腔全部看成是一条线的投影。这种在图形中用一根粗实线表示管道的方法称为单线表示法，由它画成的图样称为单线图，如图8-1c所示。

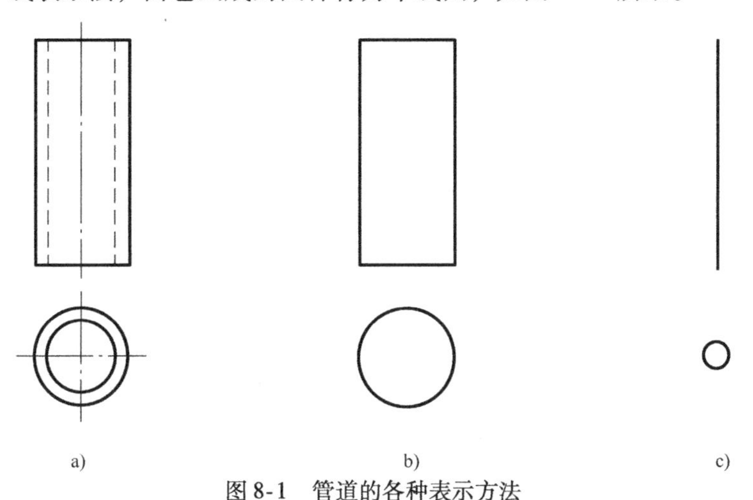

图8-1　管道的各种表示方法
a）完全按投影方法表示的管道　b）用双线图形表示　c）用单线图形表示

（2）管径　管径应以mm为单位。不同的管材，管径的表示方式不同。镀锌钢管或不镀锌钢管、铸铁管等管材，管径以公称尺寸表示，如*DN*15、*DN*20；钢筋混凝土（或混凝土）管、陶瓷管、耐酸陶瓷管、缸瓦管等管材，管径以内径d表示，如d230、d380等。无缝钢管、焊接钢管（直缝或螺旋缝）、不锈钢管等管材以外径$D\times$壁厚表示（如$D120\times4$、$D159\times4.5$等）。塑料管材管径按产品标准的方法表示。

单管及多管管径的标注方法如图8-2所示。

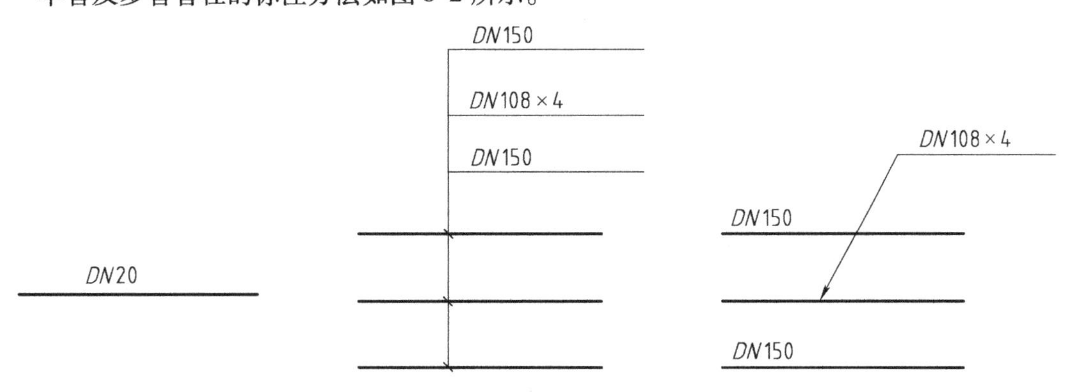

图8-2　单管及多管管径的标注方法

（3）编号　当建筑物的给水排水进出口数量多于一个时，要进行编号以进行索引，索引符号如图8-3所示。建筑物内穿过楼层的立管，数量多于一个时，也要进行编号以进行索引，索引符号如图8-4所示。

与平面布置图索引符号相对应的系统图中，详图符号与索引符号类似，只是圆圈为粗实线，直径为14mm。

给水排水附属构筑物（阀门井、检查井、水表井、化粪池等）多于一个时应编号。构筑物的编号方法为：构筑物代号－编号。给水阀门井的编号顺序，应从水源到用户，从干管到支管再到用户；排水检查井的编号顺序，应从上游到下游，先支管后干管。

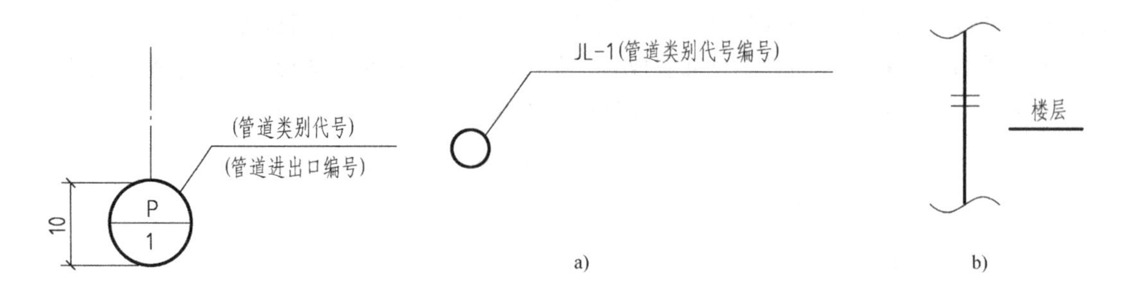

图 8-3 给水排水进出口编号方法

图 8-4 给水排水立管编号方法
a) 平面图 b) 系统图

（4）标高 标高符号及一般标注方法应符合《房屋建筑制图统一标准》（GB/T 50001—2010）中的规定。室内工程应标注相对标高；室外工程宜标注绝对标高，当无绝对标高资料时，可标注相对标高，但应与总图专业一致。压力管道应标注管中心标高；沟渠和重力流管道宜标注沟（管）内底标高。标高的标注方法如图 8-5 所示。

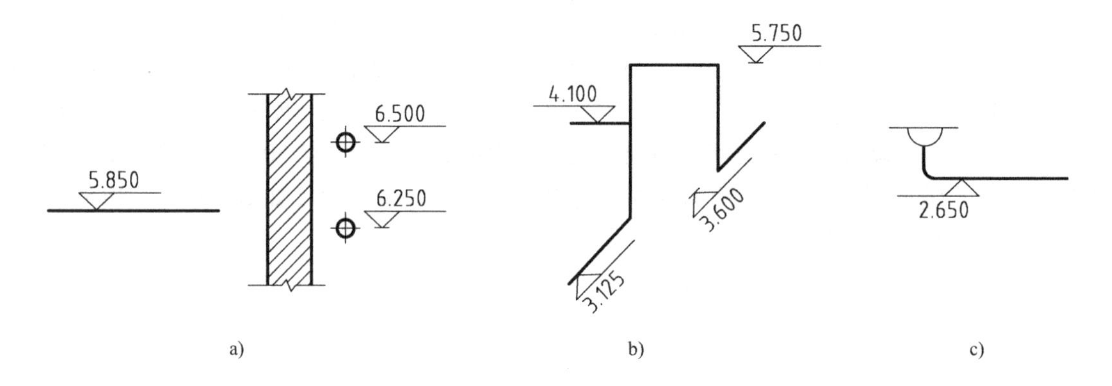

图 8-5 管道标高的标注方法
a) 在平面图中的标注 b) 在剖面图中的标注 c) 在轴测图中的标注

在下列部位应标注标高：

1）沟渠和重力流管道的起讫点、转角点、连接点、变坡点、变坡尺寸（管径）点及交叉点。

2）压力流管道中的标高控制点。

3）管道穿外墙、剪力墙和构筑物的壁及底板等处。

4）不同水位线处。

5）构筑物和土建部分的相关标高。

8.2 建筑给水排水施工图的内容

建筑给水排水施工图包括设计总说明、给水排水平面图、给水排水系统图、给水排水施工详图等几部分。给水排水工程图中的常用图例见表 8-1 ~ 表 8-3。

表8-1　卫生器具图例

序号	图　　例	名　　称
1	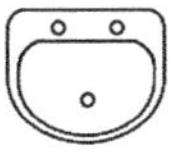	洗脸盆
2	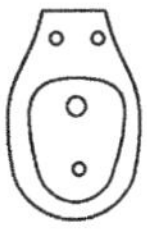	净身器
3	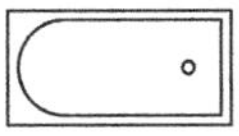	浴盆
4	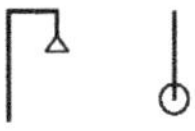	淋浴器喷头
5	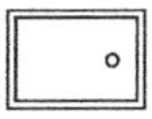	洗涤盆
6		拖布池
7	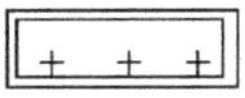	盥洗槽
8		洗衣机
9		坐便器
10	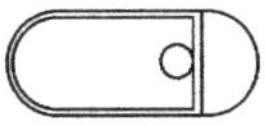	蹲便器
11	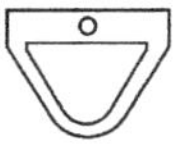	挂式小便斗
12		立式小便斗
13	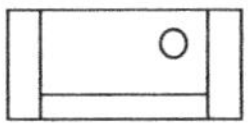	小便槽

表8-2　管道图例

序号	图　　例	名　　称
1	—— J ——	给水管
2	—— P ——	排水管
3	—— Y ——	雨水管
4	—— X ——	消防管

（续）

序号	图　例	名　称
5	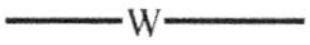 ——W——	污水管
6	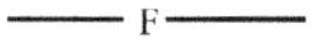 ——F——	废水管
7	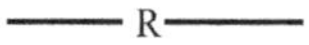 ——R——	热水管
8	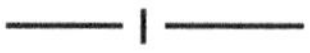	交叉管
9		流向
10		坡向
11	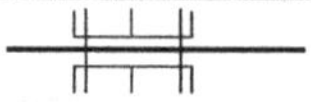	防水套管
12		保温管
13		多孔管
14		地沟管
15	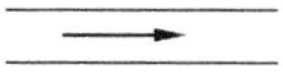	排水明沟
16	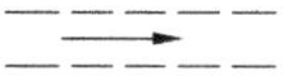	排水暗沟
17	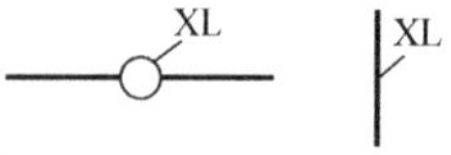 XL　XL	管道立管 （X 为管道类别代号，L 表示立管）

表 8-3　管道附件图例

序号	图　例	名　称
1		存水弯
2		检查口
3		清扫口 （左图用于平面图，右图用于系统图）
4		通气帽
5	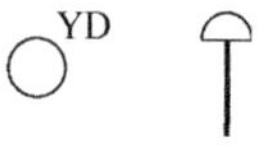 YD	雨水斗 （左图用于平面图，右图用于系统图）
6		排水漏斗 （左图用于平面图，右图用于系统图）
7		圆形地漏 （左图用于平面图，右图用于系统图）
8		方形地漏 （左图用于平面图，右图用于系统图）

（续）

序号	图　例	名　称
9		方形地漏 （左图用于平面图，右图用于系统图）
10		阀门套筒
11		挡墩

8.2.1　建筑给水排水施工图的设计总说明

建筑给水排水施工图的总说明就是用文字而非图形的形式表达有关必须交代的技术内容。对说明提及的相关问题，如引用的标准图集、有关施工验收规范、操作规程、要求等内容，要收集查阅与熟悉掌握，主要内容如下。

1. 尺寸单位及标高标准

交代图中尺寸及管径单位。如图中尺寸及管径单位以 mm 计，标高以 m 计，所注标高，给水管道以管中心线计，排水管道以管内底计。

2. 管材连接方式

交代图中管材及其连接方式。如给水管道采用镀锌钢管，螺纹连接；给水塑料管，采用热熔连接；排水管采用硬聚氯乙烯管，胶粘连接；室内排水管道采用混凝土管，水泥砂浆接口；消火栓消防管道采用热镀锌钢管，法兰连接。

3. 消火栓安装

交代消火栓及消火栓箱的安装方法，所用材料以及箱内配置设备。如消火栓箱采用钢板制作，铝合金门框，蓝色镜面玻璃门，箱内设有 *DN*65 消火栓、*DN*19 水枪、*DN*65 水龙带各一套。

4. 管道的安装坡度

交代管道的安装坡度。凡是图中没有说明的生活排水管道均按标准坡度安装；或者直接给出相应管径的坡度，如 *DN*50，$i=0.035$；*DN*100，$i=0.02$ 等。

5. 检查口及伸缩节安装要求

如排水立管检查口离楼地面 1.0m，底层、顶层及隔层立管均设检查口。若排水立管为塑料给水管，则每层立管设伸缩节一个，离楼地面 2.0m。

6. 立管与排出管的连接

交代横管与立管及立管与排出管的连接方式。如排水横支管与立管相接时采用 45°或 90°斜三通连接；排水立管转弯处采用两个 45°弯管与水平管相接，以加大转弯半径，减少管道堵塞。

7. 卫生器具的安装标准

交代卫生器具的安装标准。如卫生器具安装见标准图集 99S304，卫生器具的具体选型在图纸中说明，或由建设方选定。

8. 管线图中代号的含义

交代管线图中代号的含义。如 J 表示平面给水管，JL 表示给水立管等。

9. 阀门选用

如图中阀门小于 *DN*50 用截止阀，大于或等于 *DN*50 用蝶阀。

10. 管道防腐保温

交代管道防腐保温措施。

11. 试压

给水管道安装完毕应做水压试验，试验压力按施工规范或设计要求确定。设计应给出给水管道的工作压力，如管道、阀门、配件除消防系统工作压力为1.0MPa外，其他均为0.6MPa。

12. 未尽事宜

未尽事宜按《建筑给水排水及采暖工程施工质量验收规范》（GB 50242—2002）执行。

8.2.2 给水排水平面图

给水排水平面图是在建筑平面图的基础上，根据给水排水工程图制图的规定绘制出的用于反映给水排水设备、管线的平面位置关系的图样。给水排水平面图的重点是反映给水排水管道、设备等内容。因此，建筑的平面轮廓线用细实线绘出，而有关管线、设备则用较粗的图线绘出，以示突出；图中的设备、管道等均用图例的形式示意其平面位置；标注给水排水设备、管道等规格、型号、代号等内容。

1. 首层给水排水平面图

通常情况下，建筑的首层既是给水引入处，又是污水的排出处。首层给水排水平面图的具体内容如下：

1）房屋建筑的首层平面形式。室内给水排水设施所有的布置尺寸都依赖房屋建筑。

2）有关给水排水设施在房屋首层平面中处在什么位置。这是给水排水设施定位的重要依据。

3）卫生设备、立管等首层平面布置位置、尺寸关系。通过首层平面图，可以知道卫生设备、立管等前后、左右关系及相距尺寸。

4）给水排水管道的首层平面走向，管道支架的平面位置。

5）给水与排水立管的编号。

6）管道的敷设坡度及坡向。

7）与室内给水相关的室外引入管、水表节点、加压设备等平面位置。

8）与室内排水相关的室外检查井、化粪池、排出管等平面位置。

2. 标准层给水排水平面图

当楼上若干层给水排水平面布置相同时，可以用一个标准层平面图来示意。因此，标准层平面图并不仅仅反映某一楼层的平面式样，而是若干相同平面布置的楼层给水排水平面图。标准层给水排水平面图与首层平面不同的是看不到室外水源的引入点，水直接由给水立管引至本层各用水点，排水则直接排至本层排水立管。

3. 屋顶给水排水平面图

采用下行上给式给水的建筑，如果屋面上没有用水设备，则给水管道送至顶层后就结束，而污水管道的通气管还要继续伸出屋面，但一般不再绘制屋面给水排水平面图（雨水排水平面图除外）。屋面上设有水箱或其他用水设备，则应绘制出屋顶给水排水平面图，图中应该反映屋顶水箱容量、平面位置、进出水箱的各种管道的平面位置、管道支架、保温等内容。雨水排水平面图，既要反映屋面雨水排水管道的平面位置、雨水排水口的平面布置、水流的组织、管道安装敷设方式，又要反映与雨水管相关联的阳台、雨篷、走廊的排水设施。

8.2.3 给水排水系统图

室内给水排水系统图又称轴测图，它是采用轴测投影原理绘制的能够反映管道、设备三维空间关系的图样，图中用单线表示管道，用图例表示卫生设备，用轴测投影的方法（一般采用45°三等正面斜轴测）绘制出，能反映某一给水排水系统或整个给水排水系统的空间关系。

给水排水系统图反映下列内容。

1. 系统编号

该系统编号与给水排水平面图中的编号一致。

2. 管径

系统图中要标注出管道的管径。

3. 标高

标高包括建筑标高、给水排水管道的标高、卫生设备的标高、管件的标高、管径变化处的标高，管道的埋深等内容。管道埋地深度，可以用负标高加以标注。

4. 管道及设备与建筑的关系

管道穿墙、穿地下室、穿水箱、穿基础的位置、卫生设备与管道接口的位置等。

5. 管道的坡向及坡度

管道的坡向应在系统图中注明。

6. 重要管件的位置

平面图无法示意的重要管件，如给水管道中的阀门、污水管道中的检查口、通气帽等应在系统图中明确标注，以防遗漏。

7. 与管道相关的有关给水排水设施的空间位置

屋顶水箱、室外储水池、水泵、室外阀门井、水表井等与给水相关的设施空间位置，以及室外排水检查井、管道等与排水相关的设施的空间位置等内容。

8. 分区供水、分质供水情况

采用分区供水的建筑物，系统图要反映分区供水区域；对采用分质供水的建筑，应按不同水质，独立绘制各系统的供水系统图。

8.2.4 给水排水施工详图

给水排水施工详图是将给水排水平面图或给水排水系统图中的某一位置放大或剖切再放大而得到的图样。给水排水施工图上的详图有两类：一类是由设计人员在图纸上绘出的；另一类则是引自有关安装图集。设计人员一般不专门绘制详图，更多的是引用标准图集上的有关做法。有关标准图集的代号，可参见说明中的有关内容或图纸上的索引号。所以一套给水排水施工图，不仅仅是设计图，同时还包括有关标准图集及施工验收规范。

8.3 给水排水施工图的识读

8.3.1 给水排水平面图的识读

下面以图8-6所示的学校宿舍楼首层给水排水平面图为例介绍平面图的识读方法。

图8-6右下方管线注明本栋建筑的给水来自校园管网，通过阀门分水，分别引到南北两面的宿舍引入管，直接给北面给水立管GL－1～GL－8和南面给水立管GL－9～GL－15供水，同时通过GL－0立管为设置于屋顶的消防水箱供水。所有室外给水管道均为PP－R管埋地敷设，每根立管引入管在室外地坪均设有阀门井，内设阀门。

图8-6所示室外排水管道均采用*DN*200混凝土排水管。南北面分别从东边第一个检查井

按顺序和标准坡度将污水排至西面化粪池。检查井底部的标高越来越低，化粪池的标高最低，排至化粪池的污水最终排至校园排水管网。

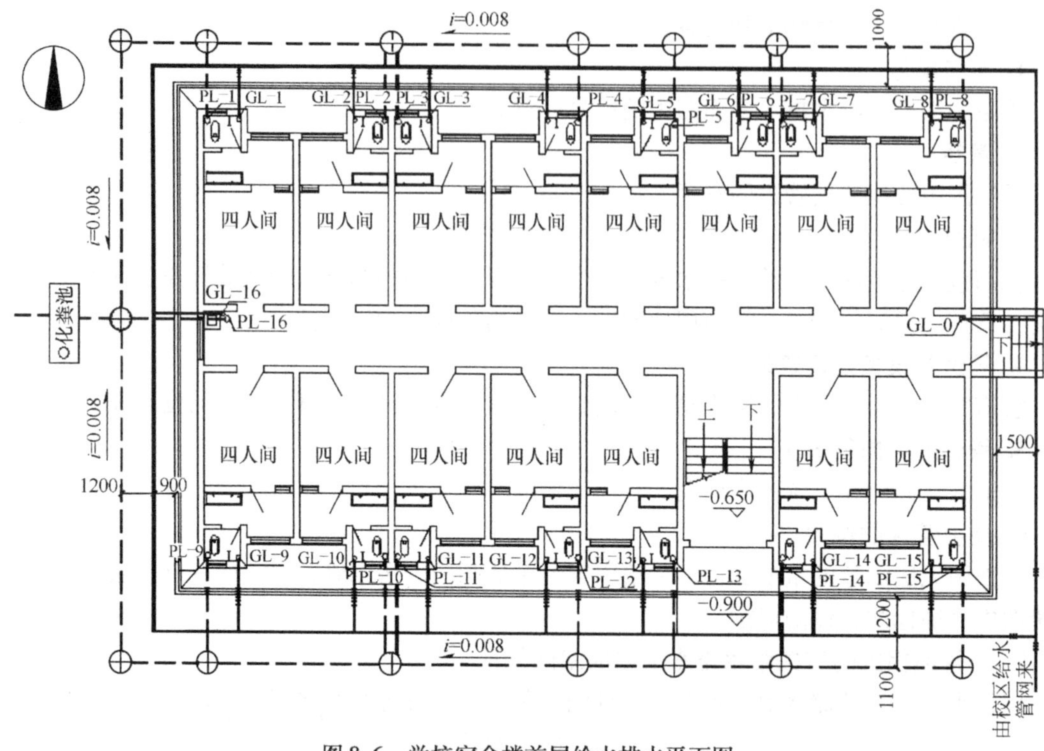

图 8-6 学校宿舍楼首层给水排水平面图

从图 8-7 可以看出，由 GL（给水立管）向东接出水平支管，设有截止阀一只、水表一只，分别向淋浴器、大便器供水，然后沿墙向南穿过隔墙，再沿内墙面向西拐，接出盥洗水嘴两只，完成整个卫生间的给水任务。同时，从图中也可以看出卫生设备承接污水的排出情况。卫生间平面图中东南角为排水的起端，盥洗池的洗涤污水经池内地漏接入排水支管，然后是盥洗间的地漏接入口及大便器存水弯接入口，最后支管接到东北角的排水立管 PL。

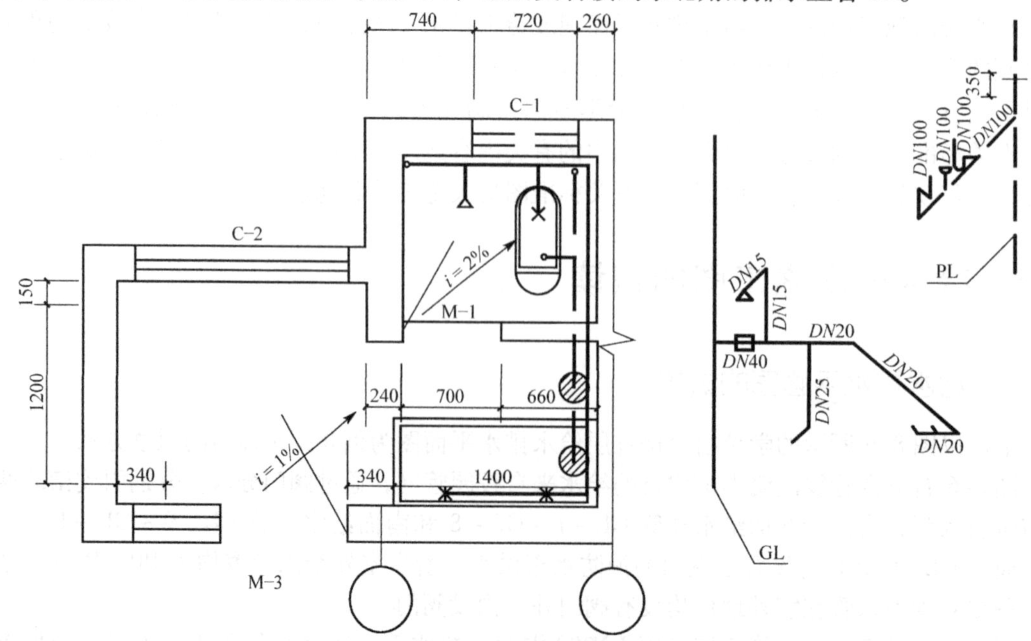

图 8-7 学校宿舍楼卫生间给水排水放大图

图 8-8 所示为标准层给水排水平面图。标准层给水排水平面图与首层给水排水平面图相似，除了无须反映与室内相关的室外给水排水部分外，标准层给水排水平面图主要反映室内卫生设施的布置和室内给水排水管道的布置。标准层平面图的卫生设备布置与底层平面样式完全一样，只是标高不同而已。

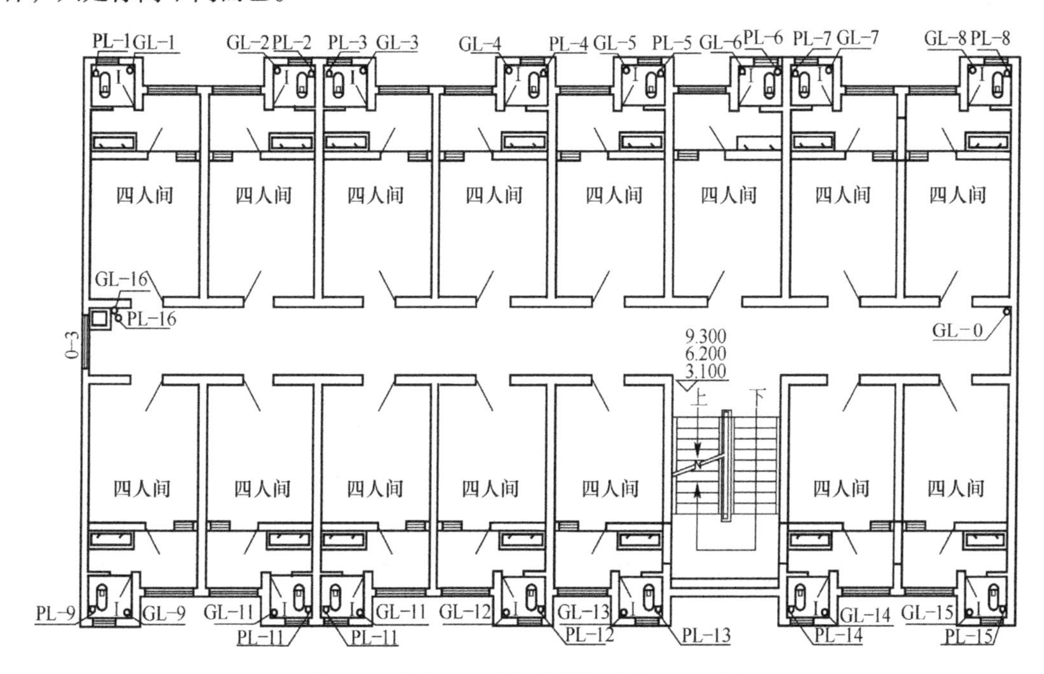

图 8-8　学校宿舍楼标准层给水排水平面图

图 8-9 所示为屋顶层给水排水平面图。从图中可以看出，屋顶层设有 5m×2.5m×1m 的消防水箱，水箱的进水由 GL－0 供给，管端设有浮球阀。水箱出水管与室内消防管网相接，管端设有闸阀和单向阀各一个；水箱上还接有溢流管、泄水管等管道，以及人孔、通气孔等附属设备。屋面北面有排水立管 PL－1～PL－8，南面有排水立管 PL－9～PL－15，中间过道上还有排水立管 PL－16，分别由室内引出。屋面雨水管的布置由建筑设计确定，本宿舍楼采用组织排水形式，屋面沿正中设置分水线，设置 2% 的排水坡度，坡向南北两面的檐沟，檐沟内设雨水斗，南面设 3 个，北面设 4 个，檐沟内的雨水按 0.5% 的坡度排向雨水斗，雨水斗收集的雨水再通过挂在外墙的雨水管引到地面散水，最后排至室外排水管网。

图 8-10 标明了给水系统的编号 GL－1、GL－9、GL－16 和 GL－0，该编号与给水排水平面图中的系统编号相对应，分别代表宿舍楼北面给水立管、南面给水立管、过道拖布池给水立管以及进消防水箱的进水管。立管管径分别为 *DN*50、*DN*50、*DN*32 和 *DN*70。图中给出了各楼地面的标高线，示意了屋顶水箱与给水管道的关系，屋顶水箱只是消防水箱，生活给水还是直接由校园管网以下行上给的方式供水。

图 8-11 所示为学校宿舍楼排水系统图。室内排水系统从污水收集口开始，经由排水支管、排水干管、排水立管、排出管排出。排水系统图按照不同的排水系统单独绘制，图中标明排水系统的编号 PL－1、PL－9 和 PL－16，与给水排水平面图的系统编号相对应，立管的管径为 *DN*100。可看出本宿舍楼首层污水单独排出，可以解决由于排水量较大而容易堵塞的问题。从图中可知各楼层的标高线。

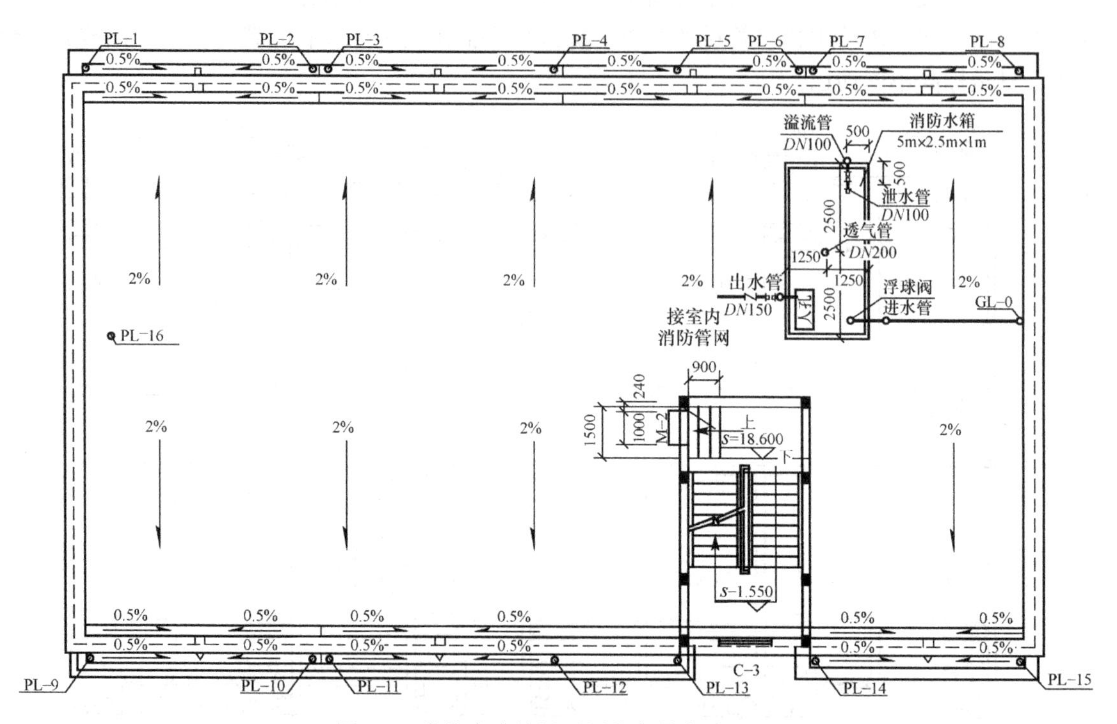

图 8-9 学校宿舍楼屋顶层给水排水平面图

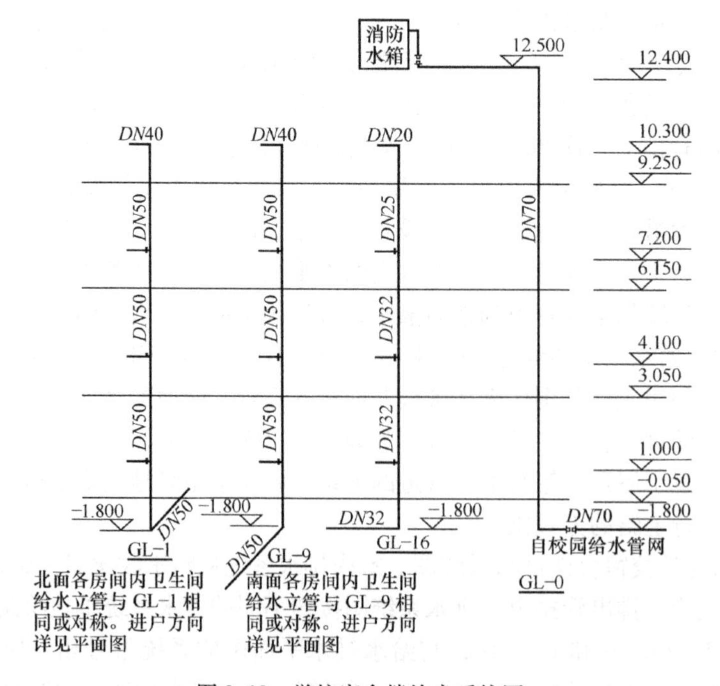

图 8-10 学校宿舍楼给水系统图

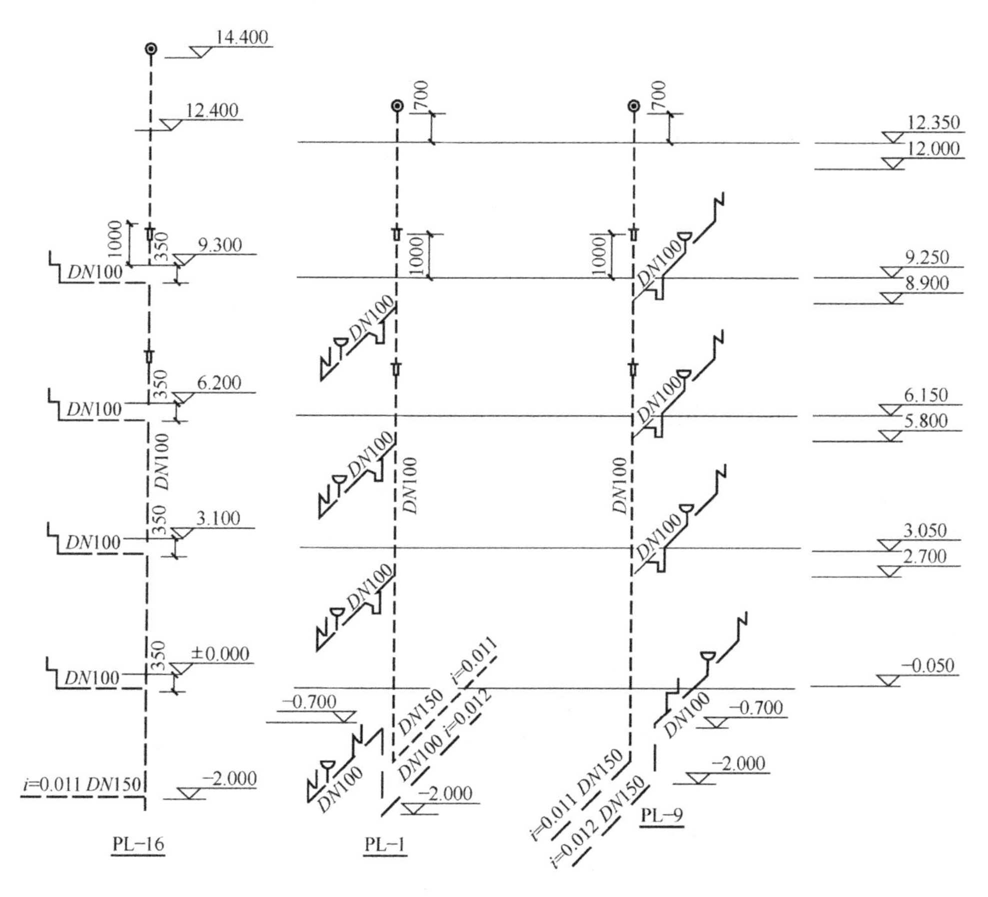

图 8-11　学校宿舍楼排水系统图

第9章　暖通施工图

本章介绍建筑设备中暖通空调专业识图的有关内容，包括：暖通空调施工图识图图例、暖通空调施工图内容以及怎样快速识读暖通施工图。

9.1　暖通施工图概述

暖通空调工程是为解决建筑内部热湿环境、空气品质问题而设置的建筑设备系统。设备众多、系统复杂是暖通空调工程的特点，在识图中应了解建筑功能、识别暖通空调系统、提取有用的信息。

暖通空调中常用的空调工程，一般都包含冷冻水系统、冷却水系统和风路系统等，其中风路系统为空调工程所独有，冷冻水系统、冷却水系统识图方面的内容，基本等同于给水排水工程的识图内容，管线的绘制方法也与给水排水系统相同，故而对于冷冻水系统、冷却水系统的识图内容不再另做赘述。下面着重介绍风路系统和暖通空调设备、部件方面的识图内容。

识读暖通施工图，必须具备以下几点要求。

1. 具备建筑构造识图制图的相应基本知识

1）具备建筑构造识图制图基本知识：掌握建筑平、立、剖面图的概念及基本画法。

2）具备建筑识图的投影关系的概念。

2. 具备画法几何的相应基本知识

1）具备画法几何中轴测图的基本概念。

2）具备将平面图转换绘制轴测图的基本能力。

3. 具备空间想象能力

1）具备将平面图、原理图或者系统图中所表现出来的管道系统在脑海中形成立体架构的形象思维能力。

2）具备通过文字注释和说明将简单线条、图块所表达的暖通空调的图例等同认识为本不同形态、不同参数的管道和设备。

4. 具备基本专业知识

1）具备理解图中所出现的专业术语、名词的含义。

2）具备了解设计选用设备的基本工作原理、工作流程。

3）具备了解设计选用材料的基本性能和物理化学性质。

9.2　暖通施工图内容

暖通空调系统涵盖的范围比较广泛，供暖、通风、空调、冷热源系统均属于暖通空调系统。暖通空调系统为建筑内部空间提供舒适的工作条件、生活条件，可以说建筑的外在美要看建筑造型和立面，内在美则要看暖通空调系统运行的效果，所以暖通空调系统在建筑中占有很重要的地位。

1. 供暖系统简介

供暖系统由热源或供热装置、散热设备和管道组成，可以使室内获得热量并保持一定温度，以达到适宜的生活条件或工作条件。供暖系统按热媒类型分为低温热水供暖、高温热水供暖、低压蒸汽供暖和高压蒸汽供暖，按散热设备形式分为散热器供暖、辐射供暖和热风机供暖。

在民用建筑中，供暖系统以低温热水供暖最为常见，散热设备形式也以各种各样的对流式散热器和辐射供暖为主。热源方面，在北方严寒和寒冷地区由城市集中供热热网提供热源，在没有集中供热热网时则设置独立的锅炉房为系统提供热源。

长江中下游地区单独设置供暖系统的建筑并不多见，大部分建筑在空调系统的设置中利用空调系统向建筑提供热量，保证室内舒适性。随着人民生活水平的提高，部分高档次住宅设置了分户的供暖系统，热源采用燃气壁挂炉，散射设备采用散热器方式或地板辐射供暖方式。

2. 通风系统简介

广义的通风系统包括机械通风和自然通风，自然通风利用空气的温度差通过建筑的门窗洞口进行流动，达到通风换气的目的；机械通风则以风机为动力，通过管道实现空气的定向流动。

在民用建筑中，通风系统根据使用功能区分主要有排风系统、送风系统、防排烟通风系统，也有在燃气锅炉房等使用易燃易爆物质或其他有毒有害物质的房间设置事故通风系统、厨房含油烟气的通风净化处理系统等。通风系统的设置需要了解建筑功能需求，其过程不仅有空气的流动，往往还伴随着热、湿变化。

3. 空调系统简介

空调系统是以空气调节为目的而对空气进行处理、输送、分配，并控制其参数的所有设备、管道及附件、仪器仪表的总和。

在空调系统的分类上有许多方法，较多的是以负担室内热湿负荷所用的介质分为全空气系统、全水系统、空气－水系统和冷剂系统。

在工程设计中，建筑通风空调设备图内容有图纸目录、选用图集（样）目录、设计施工说明、图例、设备及主要材料标准、总图、工艺图、系统图、平面图、剖面图和详图等，且依次表示。根据以上内容顺序识读并对应对比相互查阅，就能看懂全部图样。

暖通施工图的常用图例有风道代号，风道、阀门及附件，暖通空调设备，分别见表9-1～表9-3。

表9-1 风道代号

序号	代号	管道名称	备　注
1	SF	送风管	—
2	HF	回风管	一、二次回风可附加 1、2区别
3	PF	排风管	—
4	XF	新风管	—
5	PY	消防排烟风管	—
6	ZY	加压送风管	—
7	P（Y）	排风排烟兼用风管	—
8	XB	消防补风风管	—
9	S（B）	送风兼消防补风风管	—

表 9-2 风道、阀门及附件图例

序号	名称	图例	备注
1	矩形风管	*** × ***	宽×高/(mm×mm)
2	圆形风管	φ***	直径/mm
3	风管向上		—
4	风管向下		—
5	风管上升摇手弯		—
6	风管下降摇手弯		—
7	天圆地方		左接矩形风管，右接圆形风管
8	软风管		—
9	圆弧形弯头		—
10	带导流片的矩形弯头		—
11	消声器		
12	消声弯头		—
13	消声静压箱		—
14	风管软接头		—
15	对开多叶调节风阀		—
16	蝶阀		—
17	插板阀		—
18	止回风阀		—
19	余压阀	DPV DPV	—

表 9-3　暖通空调设备图例

序号	名称	图　例	备　注
1	散热器及手动放气阀	15　15　15	左为平面图画法，中为剖面图画法，右为系统图（Y 轴侧）画法
2	散热器及温控阀	15　15	—
3	轴流风机		—
4	轴（混）流式管道风机		—
5	离心式管道风机		—
6	吊顶式排气扇		—
7	水泵		—
8	手摇泵		—
9	变风量末端		—
10	空调机组加热、冷却盘管		从左到右分别为加热、冷却及双功能盘管
11	空气过滤器		从左至右分别为粗效、中效及高效
12	挡水板		—
13	加湿器		—
14	电加热器		—
15	板式换热器		—
16	立式明装风机盘管		—
17	立式暗装风机盘管		—
18	卧式明装风机盘管		—

9.3 暖通施工图识读

暖通施工图的供暖系统、冷却水系统、冷冻水系统均为供回水系统，与给水排水系统类似，本节不再重复，重点介绍暖通施工图中的通风系统。

通风系统的平面图表示通风管道和设备的平面布置，主要内容有：

1）通风管道、风口和调节阀等设备和构件的位置。

2）各段通风管道的详细尺寸，如管道的断面尺寸，送风口和回风口的定位尺寸及风管的位置、尺寸等。

3）系统的编号。

4）风机、电机等设备的形状轮廓及设备型号。

通风系统剖面图表示通风管道竖直方向的布置，送风管道、回风管道、排风管道间的交叉关系，也可表达风机箱、空调器、过滤器的安装、布置。

地下室车库设置排烟系统，受风机机房面积限制，风机不能并列布置，故选择吊装和立式风机来满足车库功能需要，风机风管上下错落敷设。

地下室合用前室设置机械加压送风系统，当有火灾事故发生时向上述区域加压送风，使其处于正压状态（合用前室为25Pa），阻止烟气渗入，以便建筑内人能安全离开。加压送风机将安排在适当位置，经垂直风管道及送风口将空气送到各层楼梯间和前室使其加压。失火时打开失火层及其上下层多叶送风口，多叶送风口通过消防控制中心打开和就地打开均能连锁加压风机运行。

排烟管道所设防火阀均为280℃排烟专用防火调节阀，控制风机的启停。

地下室排烟管道采用镀锌钢板风道，管壁厚度见表9-4。表9-5为通风系统的主要设备性能参数。

表9-4 管壁厚度 （单位：mm）

圆形风管直径或矩形风管长边长	钢板厚度
80~630	0.75
670~1250	1.00
1320~4000	1.20

表9-5 通风系统的主要设备性能参数

设备名称	风量/(m^3/h)	全压/Pa	功率/kW	转速/(r/min)	噪声/dB(A)	全压效率	单位风量耗功率/[W/(m^3/h)]	数量/台	备注
高温低噪声离心式风机箱	28000	600	15.5	700	72	—	—	3	电动机外置 高速排烟
	19000	266	5.5	463	62	67%	0.11		低速排风

从表9-5中可以看出车库的三台风机均选用双速离心式风机，离心式风机箱的使用能有效地保护电动机，减小风机运转时的噪声。三台风机风量参数一致，高速运转时排烟，低速运转时排风，有利于延长电动机的使用寿命，同时起到节能的作用。

图9-1所示为车库通风机房平面图，从图中可以看出风机PFY－1和PFY－2在上下空间错落布置，能大大节省机房面积。风机PFY－1贴梁底吊装，风机PFY－2立式安装于机房地

面基础上，由于离心风机的进风位置和出风位置可以不在一个平面上，故离心式风机 PFY－2 能巧妙连接风管，使出风风管方向能满足功能需要。

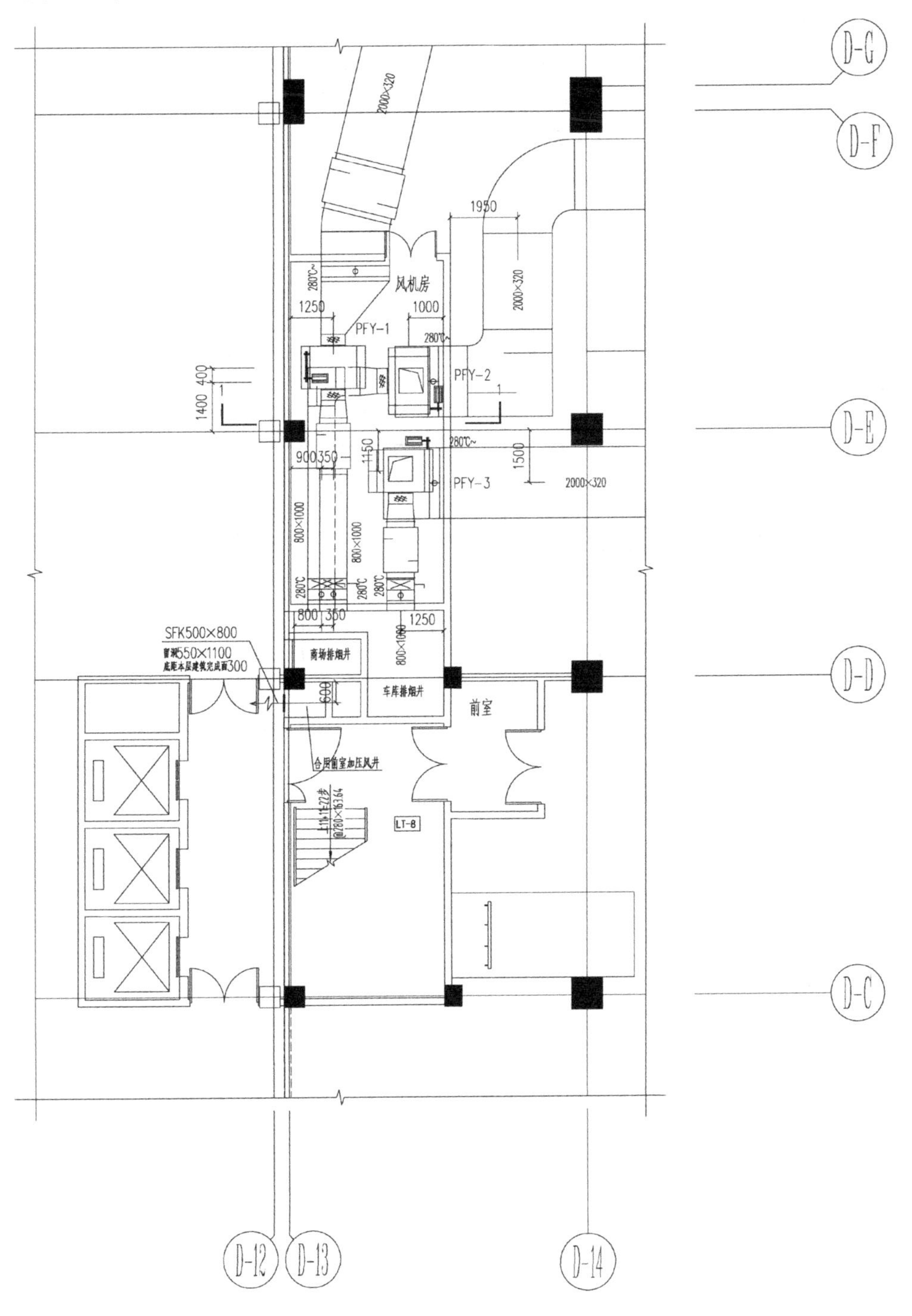

图 9-1　车库通风机房平面图

从图中可以看出风管从风井接出后连至风机的管道上，依次连接 280℃ 常开排烟阀和止回阀，排烟阀是为了火灾发生时关闭阀门，防止烟气窜入风井，影响其他楼层，止回阀的安装能有效地避免三台风机运转时烟气的逃窜。三台风机进出风口与风管用软管连接，避免风机运转引起连接金属风管的振动。风管出机房部分需要设置 280℃ 常开排烟阀，防止火灾发生时感应温度启停风机，有效地保护风机。不同管径风管连接时需用到变径接头，圆形风管与矩形风管连接需用天圆地方附件。

图9-2所示为通风机房1—1剖面图，从图中能够清晰地看出风机PFY－1和风机PFY－2的空间布置位置及相应的安装尺寸。通风机房的层高3.6m，梁高0.5m，风机PFY－1的安装风管底距地面1.8m。风机PFY－2进风风管中心线距左墙0.9m，风机PFY－1和风机PFY－2的进风风管间距0.35m，风机PFY－2的地面基础高0.1m，风机中心线距右墙1m，风机出机房风管底距地面2.55m。通风机房的剖面图能够清晰有效地反映风机的布置，能够避免平面图上管线间的碰撞问题。

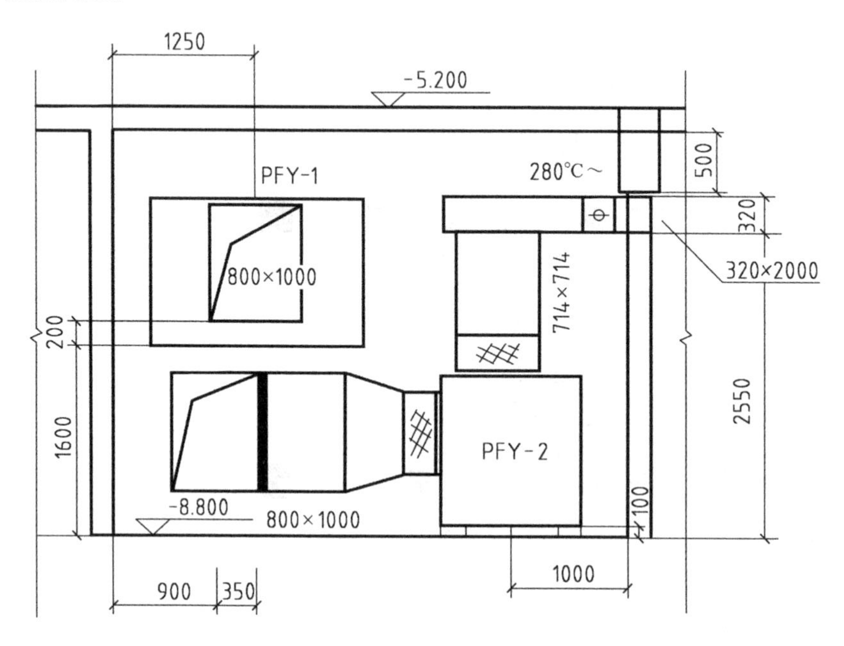

图9-2　1—1剖面图

第10章　道路、桥梁、涵洞、隧道施工图

10.1　道路、桥梁、涵洞、隧道工程图概述

道路是一种主要承受移动荷载（车辆、行人）反复作用的带状工程结构物，其基本组成部分包括路基、路面，以及桥梁、涵洞、隧道、防护工程、排水设施等构造物。处于城市内的道路称为城市道路，处于城市以外的道路称为公路，跨越江河、峡谷等障碍的道路称为桥梁，而埋在路基内横穿路基用以宣泄小量水流的构筑物称为涵洞，穿入山岭或地下的道路称为隧道。

桥梁、涵洞、隧道是道路、水利工程中的建筑物，大量出现在铁路、公路上。绘制这些建筑物的图样时，除要遵守技术制图标准外，还要遵守《铁路工程制图标准》（TB/T 10058—2015）、《道路工程制图标准》（GB 50162—1992）的规定，图上一些地方还沿用了本行业的习惯画法。桥梁、涵洞、隧道工程图上的尺寸单位，标高为m，钢结构为mm，圬工结构通常则为cm，并且常在附注中加以注明。桥梁的结构形式繁多，但一般来说，桥梁主要由桥跨（梁）、桥墩和桥台组成。其中墩、台是桥梁两端和中间的支柱，梁的自重及梁上所承受的荷载，通过桥墩和桥台传给了地基。涵洞是设于路基下的排水孔道，通常有洞身、洞口建筑两大部分组成。隧道相对而言构造种类较多些。

10.2　道路路线工程图

10.2.1　道路路线工程图的表达方法

道路路线工程图是一组工程图，包含了道路整体状况的路线工程图以及各部分构造物的工程图。

道路的路线工程图主要由路线平面图、路线纵断面图和路基横断面图所组成，用来表达道路路线的平面位置，线型状况，沿线的地形、地物，纵断面标高与坡度，土壤地质情况，路基宽度和边坡，路面结构，以及路线上的附属建筑物（如桥梁、隧道等）的位置及其与路线的相互关系。

道路路线是指道路沿长度方向的行车道中心线。道路是一条空间曲线，在平面图上由直线和曲线组成，在纵面上由上坡下坡竖曲线构成。

道路路线设计的最后结果是以平面图、纵向展开断面图和横断面图三种工程图来表达道路空间位置、线型和尺寸的。

10.2.2　公路路线工程图

1. 公路路线平面图基础

公路路线平面图是表达路线的方向和线型状况（直线或弯道）以及沿线两侧一定范围内的地形、地物（河流、房屋、桥涵等）情况的图。实际上是在地形图的基础上表达路线的平

面情况，因此通常用等高线或标高来表示地形，用符号表示地物。

常用比例为：山岭区 1∶2000，丘陵和平原 1∶5000，城市道路平面图通常采用 1∶500。常见图例如表 10-1 和图 10-1 所示。

表 10-1　常见图例

项目	名称	图　例	项目	名称	图　例
平面	涵洞		平面	隧道	
	通道			养护机构	
	分离式立交桥	主线上跨　主线下穿		管理机构	
	桥梁			防护网	
	互通式立交桥			防护栏	
				隔离墩	
纵断面	箱涵		纵断面	分离式立交桥	主线上跨　主线下穿
	管涵				
	盖板涵				
	拱涵			互通式立交桥	主线上跨　主线下穿
	箱型通道				
	桥梁				

（1）地形部分

1）指北针：为了表示地区的方位和道路的走向，地形图上需表达坐标网或指北针。因为道路狭长，很难在一张图上表达完整的路线，要分成几张图来表达，指北针和坐标网可以作为拼接图纸和校对的参考。

2）地形和地物：一般用等高线或测绘点来表示地形的起伏，等高线越密，地势越陡峭；等高线越疏，地势越平缓。

（2）路线部分

1）线型：粗实线，其中心为道路中心；如有比较线路，则用粗虚线来表示。

2）路线长度：用里程桩号来表示，应在道路中线上从路线的起点至终点，按从小到大、从左到右按顺序排列。

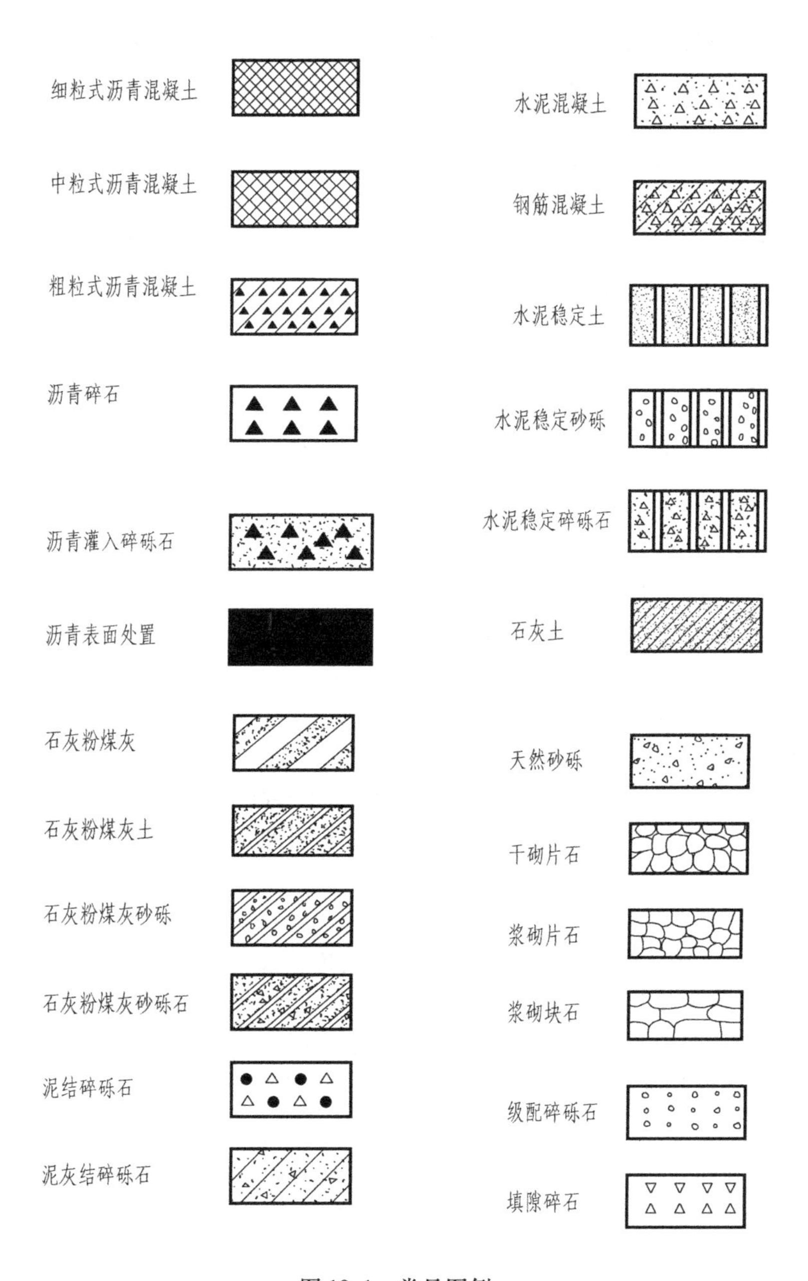

图10-1　常见图例

3）公里桩：标注在路线前进方向的右侧，用◑表示，在符号上面注写×K，即距起点×km。

4）百米桩：标注在路线前进方向的右侧，用垂直于路线的短线表示。也可以在路线的同一侧，均采用垂直于路线的短线表示公里桩和百米桩。

5）水准点：测定附近路线上线路桩的高差，在线路上每隔一定的距离设置。

6）平曲线表：路线的平面线型有直线型和曲线型，在图的适当位置，应列表标注平曲线要素。

7）平曲线要素：交点编号JD、交点位置、偏角α、圆曲线半径R、缓和曲线长度l、切线长度T、曲线总长度L、外距E等。

路线平面图中通常要对曲线标注出曲线的起点 ZY（直圆）、中点 QZ（曲中）、曲线的终点 YZ（圆直）的位置，对带有缓和曲线的路线则需要标注出 ZH（直缓）、HY（缓圆）、YH（圆缓）、HZ（缓直）的位置，如图 10-2 所示。

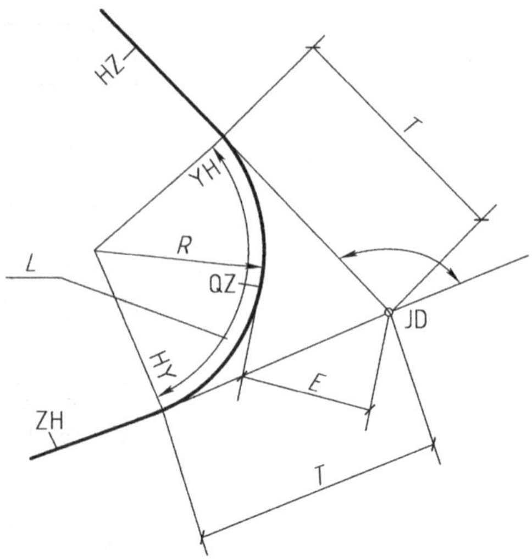

图 10-2 曲线标注

2. 路线平面图画法

1）画地形图。等高线应徒手画出，线型应光滑、流畅。

2）画出路线中心线。用绘图仪按先曲后直的顺序画出，为了使路线中心线与等高线有显著区别，路线中心线一般以计曲线（粗等高线）的两倍粗度画出。

3）进行标注，一般从左到右，桩号左小右大。字体的方向根据图标的位置来决定。

4）平面图中的植物图例应朝上或向北绘制。图纸右上角应用角标或用表格来注明图纸序号及总张数。

3. 路线纵断面图画法

（1）路线纵断面图的形成　路线是一条空间曲线，路线纵断面图是用假想的铅垂面通过公路的中心线剖切展开成平面而成的。因此，纵断面图实际上是路线与一个铅垂平面的交线。

（2）纵断面图的内容　纵断面图包括图样和资料表两部分内容，图样在图纸的上方，资料表放在图纸的下方。

（3）图样部分

1）图样的比例。图样的长度方向表示路线的长度，高度方向表示高程。由于路线的高程差与路线的长度相比要小得多，因此，为了清晰表示垂直方向的高程差，规定线路的纵断面图中，高度方向比例比长度方向比例大十倍。一般山岭区长度方向采用1∶2000，高度方向采用1∶200；丘陵和平原区长度方向采用1∶5000，高度方向采用1∶500。

2）图样的内容。

① 图样中不规则的细折线表示设计路线中心线处的原地面线，反映了沿线原地面的地形，它是由一系列中心桩的地面高程连接而成的。图样中的粗实线为公路的纵向设计线，简称设计线，它表示了路基边缘的设计高程。比较地面线和设计线的相对位置，可以确定填挖地段和填挖高度。

② 在设计线纵坡变更处，应按《公路工程技术标准》（JTG B01—2014）的规定设置竖曲线，以利于汽车的行驶。竖曲线有凹凸之分，分别用 ┬ 和 ┬ 来表示，并在上面标注竖曲线的半径 *R*、切线长 *T* 和外矢距 *E*（纵坡交点到曲线的距离）等。

③ 在图样中还应用图例在所在里程处标注出桥梁、涵洞、立体交叉和通道等人工构筑物的名称、规格和中心里程。

3）路线纵断面图的画法。

① 路线纵断面图画在透明的方格纸上，为了避免将方格线擦掉，通常使用方格纸的反面。

② 画图顺序与路线平面图一样，从左至右按里程顺序绘制。先画出资料表及左侧竖标尺，按作图比例确定纵向、横向高程，里程位置。在资料表中填入地质说明栏、桩号、地面标高以及平曲线资料数据。

③ 根据各桩号的地面标高画出地面线；根据纵坡、坡长及设计标高画出设计线。

④ 根据设计标高、地面标高计算各桩号的填挖数据，标出水准点、竖曲线、桥涵构筑物等。

⑤ 纵断面图的标题栏绘制在最后一张图或每张图的右下角，注明路线名称、图样纵横比例等。每张图的右上角应有角标，注明图纸序号及总张数。

4. 路线横断面图画法

路线横断面图是在路线中心桩处用一假想的剖切面垂直剖切路线的中心线，而得到的一个断面图。它是计算土石方和路基施工的重要依据。

路线横断面图的形式有填方路基、挖方路基、半填半挖路基三种，如图10-3所示。地面线一律采用细实线，设计线一律采用粗实线。其中，H_T 表示填方高度，H_W 表示挖方高度，A_T 表示填方面积，A_W 表示挖方面积。

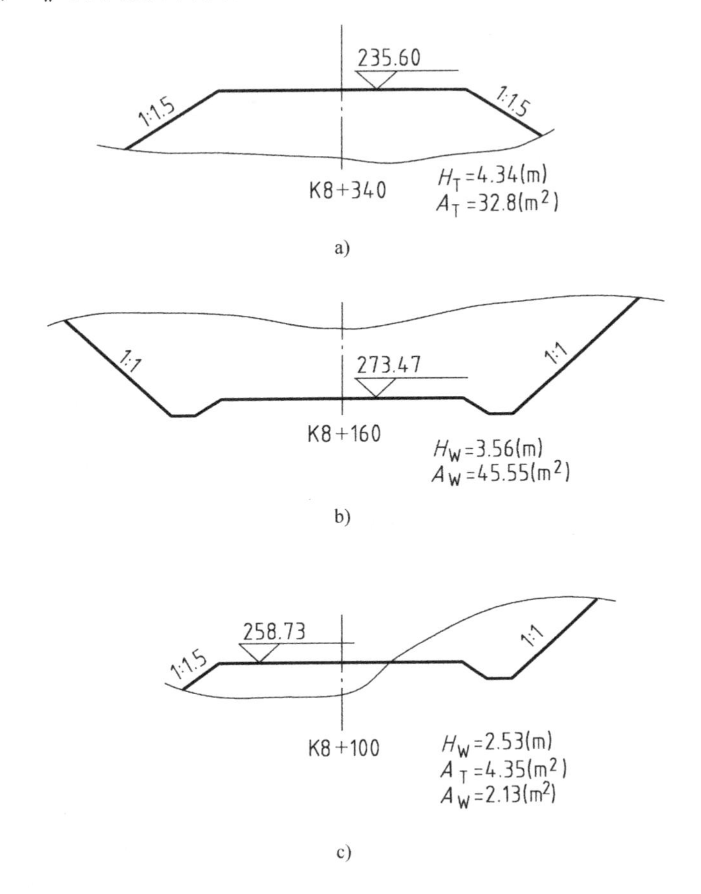

图10-3 路线横断面图的三种形式

a）填方路基 b）挖方路基 c）半填半挖路基

10.2.3 城市道路路线工程图

在城市中，沿街两侧建筑红线之间的空间范围称为城市道路用地。城市道路主要包括：机动车道、非机动车道、人行道、分隔带、绿带、交叉口、交通广场等以及各种设施。城市道路路线工程图包括横断面图、平面图、纵断面图，图示方法与公路路线工程图完全相同。但因城市交通性质和组成部分比公路复杂，因此横断面图比公路复杂。

1. 横断面图

城市道路横断面图是道路中心线法线方向的断面图，主要由车行道、人行道、绿带和分离带等部分组成。

城市道路横断面布置的基本形式如图10-4所示：

1）“一块板”断面：所有车辆都组织在同一车道上，规定机动车在中间，非机动车在两侧。

2）“两块板”断面：用一条分隔带或分隔墩从道路中央分开，往返交通分离，但同向交通仍在一起混合。

3）“三块板”断面：用两条分隔带或分隔墩把机动车和非机动车交通分离，把车行道分为三块，中间为双向行驶的机动车道，两侧为方向彼此相反的单向行驶非机动车道。

4）“四块板”断面：在“三块板”断面基础上增设一条中央分离带，使机动车分向行驶。

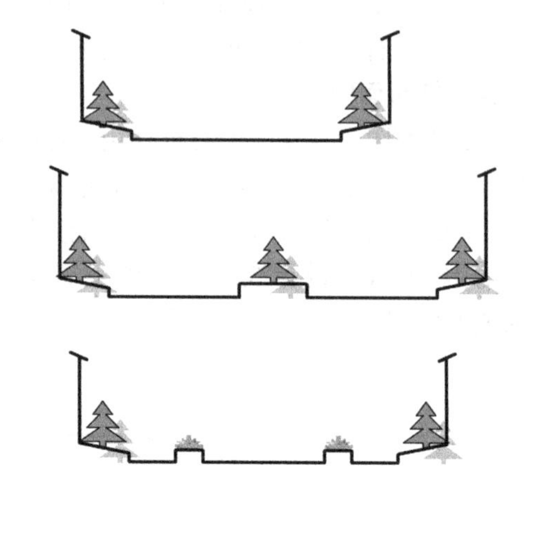

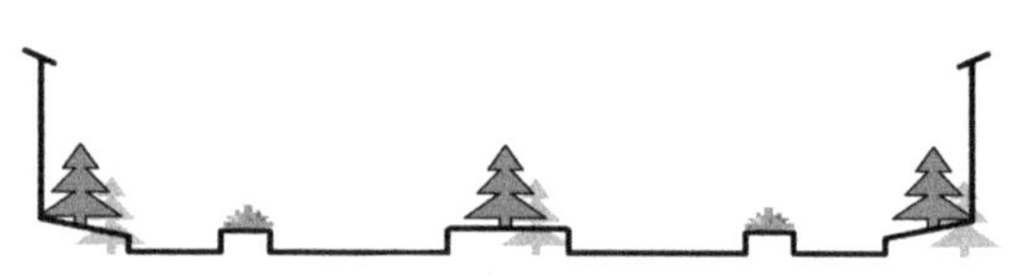

图10-4　横断面布置基本形式

2. 平面图

平面图用来表示城市道路的方向、平面线型和车行道布置以及沿路两侧一定范围内的地形和地物情况。

（1）道路情况　道路中心用点画线表示，在道路中心线上标有里程；道路走向可以用坐标网来表示，也可以用指北针来表示；城市道路平面图所采用的绘图比例较公路路线平面图大，一般为1∶500，因此车道、人行道的分布及宽度可以按比例画出，如图10-5a、b所示。

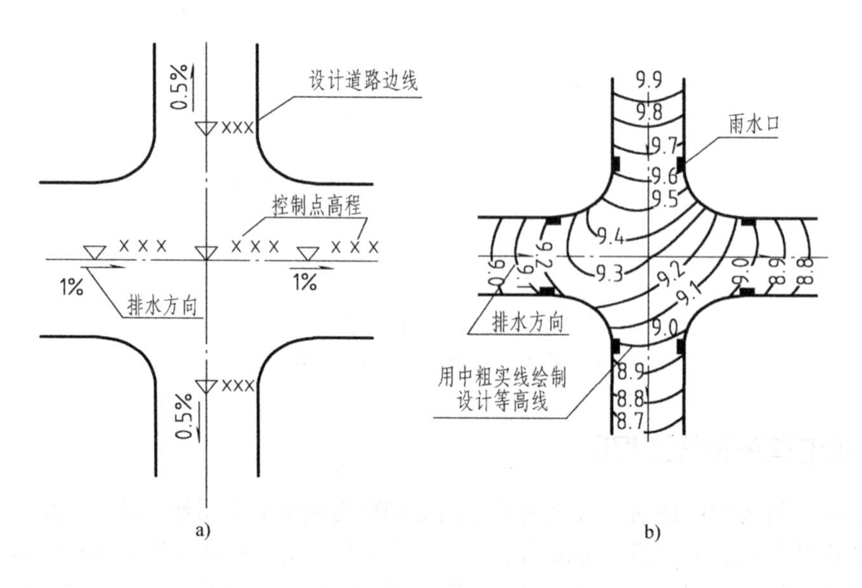

图10-5　道路平面图

（2）地形地物情况　除了可以用等高线表示外，还可以用大量的地形点表示高程，用一些符号表示地物。常见图例符号如图 10-6 所示。

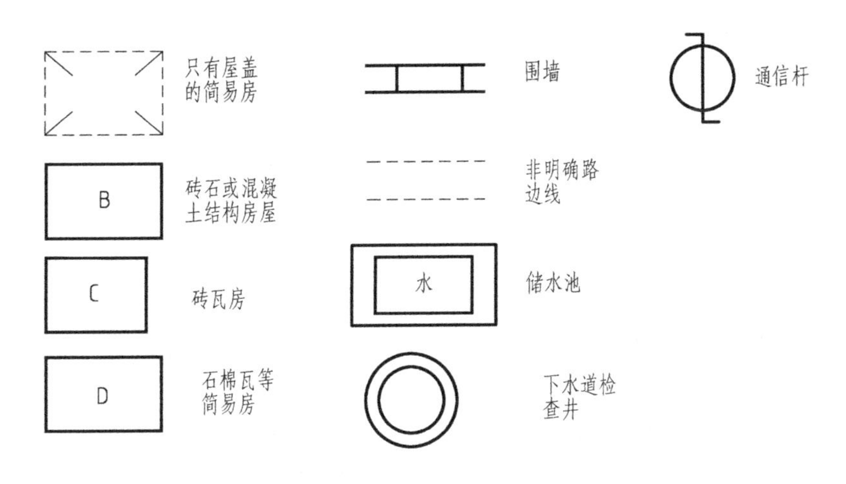

图 10-6　图例符号

3. 纵断面图

与公路路线纵断面图一样，城市道路纵断面图仍是沿道路中心线的展开断面图。分为以下两部分：

1）图样部分：竖直方向的比例比水平方向大 10 倍，如图 10-7 所示。

2）资料部分：基本与公路路线纵断面图相同。当纵向排水有困难时，需作出街沟纵断面图，排水系统既可以在纵断面图中表示，也可以单独绘图设计。

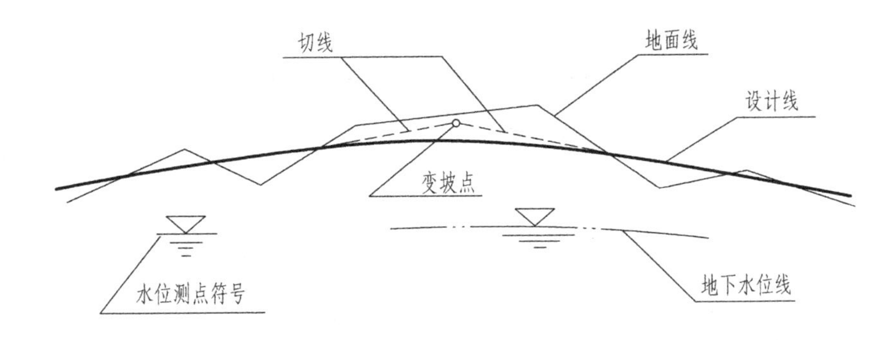

图 10-7　城市道路路线纵断面图

10.3　桥梁工程图

10.3.1　桥梁的组成

桥梁按传递荷载功能分为以下几部分：

1）桥跨结构（上部结构）：直接承担使用荷载。

2）桥墩、桥台、支座（下部结构）：将上部结构的荷载传递到基础中去，挡住路堤的土，保证桥梁的温差伸缩。

3）基础：将桥梁结构的反力传递到地基。相关内容如图 10-8 所示。

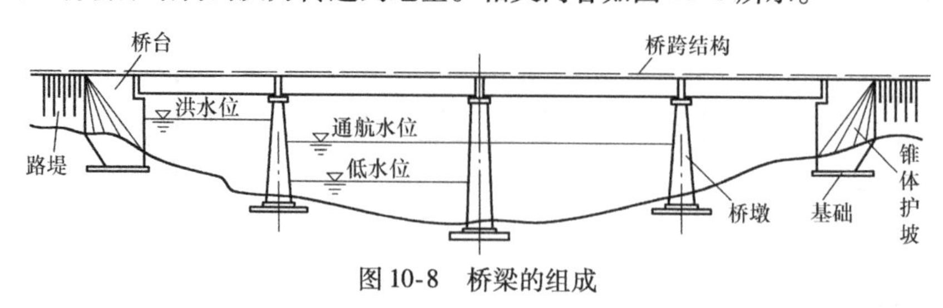

图 10-8 桥梁的组成

桥梁工程中的常用名词有：

1）计算跨径：一般用 l 表示，它是桥梁结构受力分析时的重要参数。对于设支座的桥梁，为相邻支座中心间的水平距离；对于不设支座的桥梁，则为上下部结构相交面中心间的水平距离。

2）跨径：是指结构或构件支承间的水平距离。

3）建筑高度：是指屋面最高檐口底部到室外地坪的高度。

4）桥下净空：是指为满足桥下通航（行车、行人）的需要，对上部结构底缘以下规定的空间限界。

桥梁附属设施包括桥面铺装（又称行车道铺装）、排水防水系统、栏杆（或防撞栏杆）、伸缩缝、灯光照明。

10.3.2 桥梁的分类

1. 按跨径大小分类

桥梁按跨径大小分类见表 10-2。

表 10-2 桥梁分类 （单位：m）

桥梁分类	多孔跨径总长 L	单孔跨径 L_0
特大桥	$L \geqslant 1000$	$L_0 \geqslant 150$
大桥	$100 \leqslant L \leqslant 1000$	$40 \leqslant L_0 \leqslant 150$
中桥	$30 < L < 100$	$20 \leqslant L_0 < 40$
小桥	$8 \leqslant L \leqslant 30$	$5 \leqslant L_0 < 20$

2. 按桥面的位置分类

1）上承式：视野好、建筑高度大。

2）下承式：建筑高度小、视野差。

3）中承式：兼有以上两者的特点。

3. 按桥梁用途分类

桥梁按用途不同可分为公路桥、铁路桥、公路铁路两用桥、农桥、人行桥、运水桥（渡槽）、其他专用桥梁（如通过管路、电缆等）。

4. 按材料分类

按材料不同分为木桥、钢桥、圬工桥（包括砖、石、混凝土桥）、钢筋混凝土桥、预应力钢筋混凝土桥、混合桥。

5. 按结构体系分类

按结构体系分为梁式桥（主梁受弯）、拱桥（主拱受压）、刚架桥（构件受弯压）、缆索承重（缆索受拉）、组合体系（几种受力的组合）。

6. 按跨越方式分类

按跨越方式分为固定式的桥梁、开启桥、浮桥、漫水桥。

7. 按施工方法分类

按施工方法分为整体施工桥梁（上部结构一次浇筑而成）、节段施工桥梁（上部结构分节段组拼而成）。

10.4　涵洞工程图

10.4.1　涵洞的构造

1）洞口：包括入口和出口，由基础、雉墙和帽石组成。

2）洞身：靠近出入口的一节称为端节，中间的称为洞身节。端节和洞身节均由基础、边墙和拱圈组成。

3）附属工程：包括沟床铺砌和锥体护坡等。

10.4.2　涵洞的表达

涵洞总图如图10-9所示。

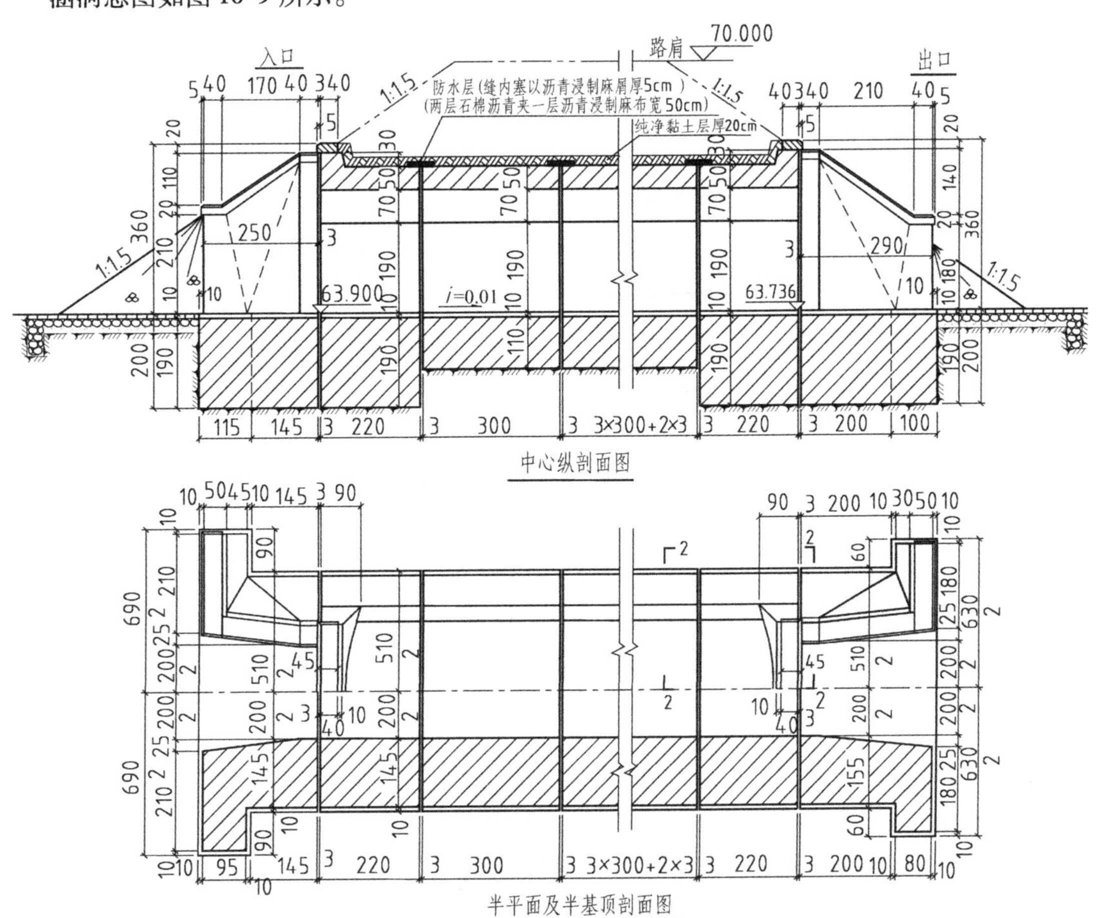

图10-9　涵洞总图

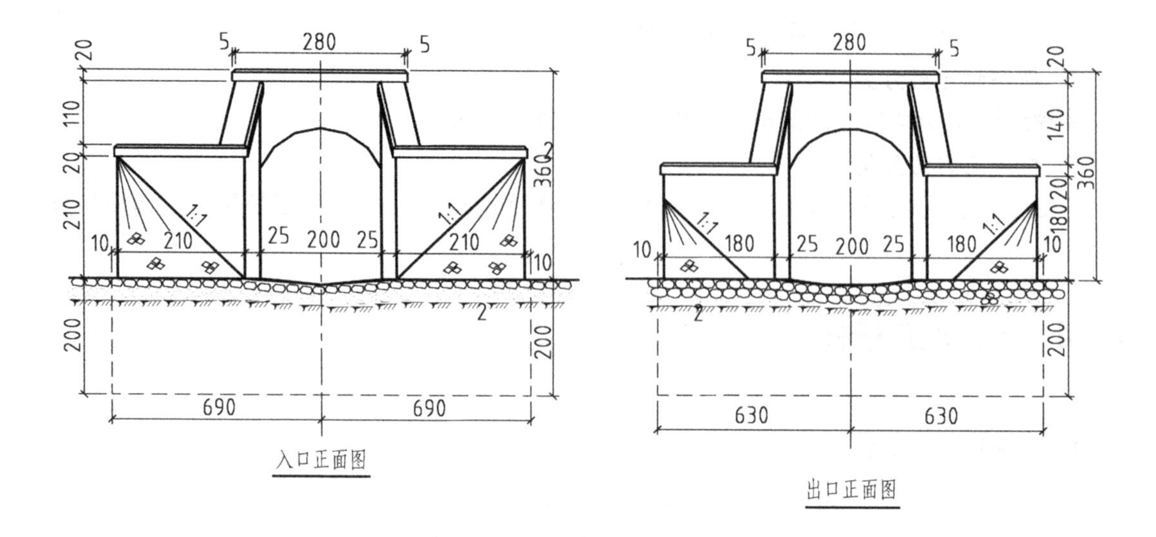

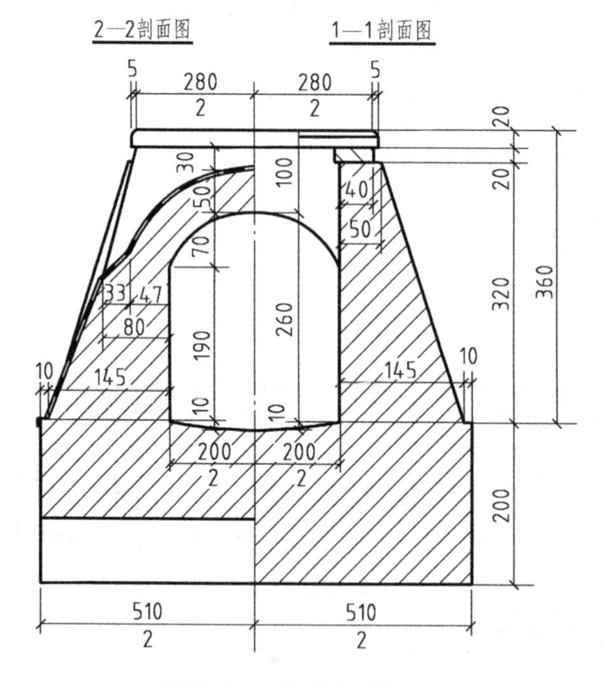

图 10-9 涵洞总图（续）

涵洞图的阅读步骤如下：

1）阅读标题栏和说明，了解涵洞的类型、孔径、比例、尺寸单位、材料等。

2）看清所采用的视图及其相互关系。

3）按照涵洞的各组成部分，看懂它们的结构形式，明确其尺寸大小。

4）通过上述分析，想象出涵洞的整体形状和各部分尺寸大小。

5）参阅样例，如图 10-10 所示。

涵洞图的阅读内容有：

1）涵洞的类型、孔径。

2）涵洞的总长度、节数、每节长度、沉降缝宽度。

3）路堤与涵洞的关系、回填纯净黏土层厚度。

4）洞身节的形状和尺寸，包括基础、边墙、拱圈。

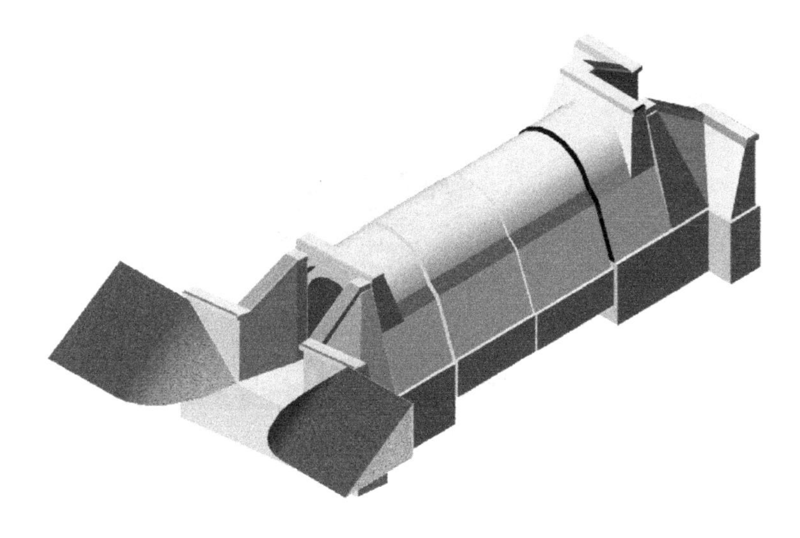

图10-10　涵洞图样例

5）端墙的形状和尺寸，包括端墙、帽石。

6）出入口的形状和尺寸，包括基础、翼墙、雉墙、帽石。

7）锥体护坡和沟床铺砌。

10.5　隧道工程图

10.5.1　隧道的组成

1）洞身：隧道结构的主体部分，是列车通行的通道。包括直墙式和曲墙式，其中直墙式施工简单，山体较稳定时采用此形式；曲墙式施工复杂，受力效果好（像鸡蛋），山体破碎不稳定时采用此形式。

2）洞门：位于隧道出入口处，用来保护洞口山体和边坡稳定，防止洞口塌方落石，排除仰坡流下的水。它由洞门墙（端墙、翼墙）衬砌、帽石及端墙背部的排水系统所组成。

3）洞门墙：用来挡住山体和边坡，防止洞口塌方落石，端墙和翼墙都是向后倾斜的，不易被推倒。

4）附属建筑物：包括为工作人员、行人及运料小车避让列车而修建的避人洞和避车洞；为防止和排除隧道漏水或结冰而设置的排水沟和盲沟；为机车排出有害气体的通风设备；电气化铁道的接触网、电缆槽等（通风照明、防水排水、安全设备等的作用是确保行车安全、舒适）。

隧道如图10-11所示。

10.5.2　隧道工程图的内容

隧道工程图包括洞身衬砌断面图、洞门图及大小避车洞的构造图等。

10.5.3　隧道洞门的类型及构造

因洞口地段的地形、地质条件不同，洞门有许多结构形式。

图 10-11　隧道

1. 洞口环框

当洞口石质坚硬稳定，可仅设洞口环框，如图 10-12 所示。

图 10-12　洞口环框

2. 端墙式洞门

端墙式洞门适用于地形开阔、石质基本稳定的地区，如图 10-13 所示。

图 10-13　端墙式洞门

3. 翼墙式洞门

当洞口地质条件较差时，在端墙式洞门的一侧或两侧加设挡墙，构成翼墙式洞门，如图 10-14 所示。

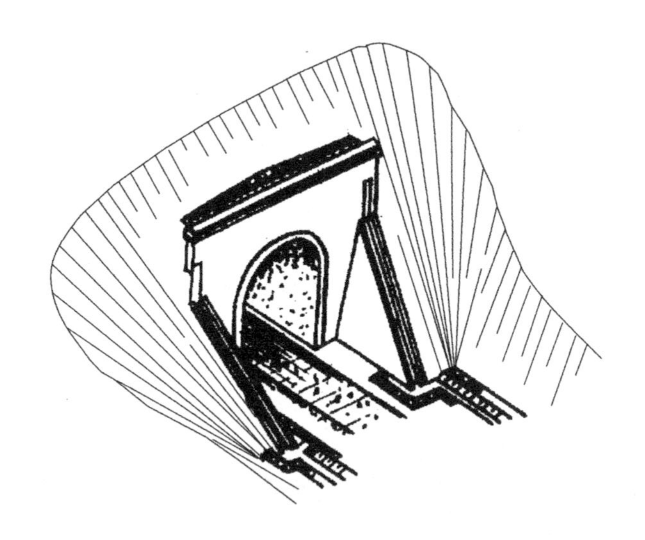

图 10-14　翼墙式洞门

4. 柱式洞门

当地形较陡，地质条件较差，仰坡下滑可能性较大，而修筑翼墙又受地形、地质条件限制时，可采用柱式洞门。柱式洞门比较美观，适用于城市要道、风景区或长大隧道的洞口，如图 10-15 所示。

图 10-15　柱式洞门

5. 台阶式洞门

在山坡隧道中，因地表面倾斜，故开挖路堑后一侧边坡过高，极易丧失稳定，此时可采用台阶式洞门，如下图 10-16 所示。

6. 削竹式洞门

突出式新型洞门，这类洞门是将洞内衬砌延伸至洞外，一般突出山体数米，如图 10-17 所示。它适用于各种地质条件，构筑时可不破坏原有边坡的稳定性，减少土石方的开挖工作量，降低造价，而且能更好地与周边环境相协调。

图 10-16 台阶式洞门

图 10-17 削竹式洞门

10.5.4 洞身衬砌断面图

1. 衬砌的类型

当隧道被开挖成洞体以后，一般都要用混凝土进行衬砌。表达衬砌结构的图称为隧道衬砌断面图。它包括两边的边墙，顶上的拱圈。边墙是直线型的称为直墙式衬砌，边墙是曲线型的称为曲墙式衬砌。无论直墙式还是曲墙式，其拱圈一般都是由三段圆弧构成，故称为三心拱。衬砌下部两侧分别设有洞内水沟和电缆槽，如图 10-18 所示。

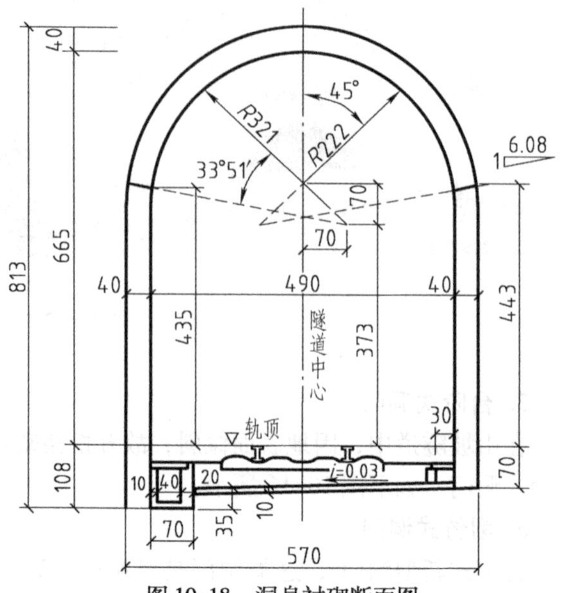

图 10-18 洞身衬砌断面图

衬砌是承受围岩和地岩风化、崩塌和洞内的放水，阻止坑道周围地层变形的永久性支撑物。

2. 衬砌断面图表达的内容

衬砌断面图表达的内容包括边墙的形状、尺寸，拱圈各段圆拱的中心及半径大小、厚度，洞内排水沟及电缆沟的位置及尺寸，混凝土垫层的厚度及坡度。

10.5.5 隧道洞门图

1. 翼墙式洞门的构造

表示隧道洞门各部分的结构形状和尺寸的图样称为隧道洞门图。翼墙式洞门主要由洞门端墙、翼墙和排水系统组成。

1）端墙：洞门端墙由墙体、洞口环节衬砌及帽石等组成。它一般以一定坡度倾向山体，以保持仰坡稳定。端墙还可以阻挡仰坡雨水及土、石落入洞门前的轨道上，以保证洞口的行车安全。

2）翼墙：位于洞口两边，呈三角形，顶面坡度与仰坡一致，后端紧贴端墙，并以一定坡度倾向路堑边坡，同时起着稳定端墙和路堑边坡的作用。顶部还设有排水沟和贯通墙体的泄水孔，用来排除墙后的积水，如图10-19所示。

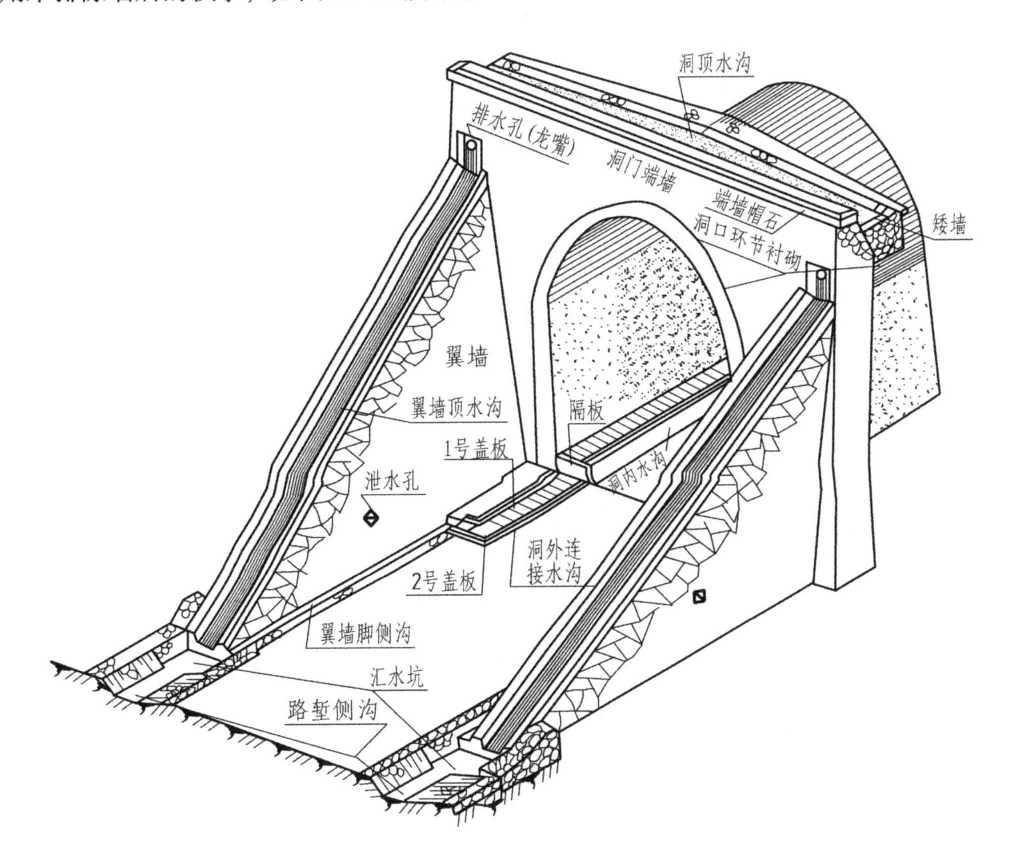

图10-19 翼墙式洞门的构造

3）洞门排水系统：该系统主要包括洞顶水沟、翼墙顶水沟、洞内外连接水沟、翼墙脚侧沟、汇水坑及路堑侧沟等。其中洞顶水沟位于洞门端墙顶与仰坡之间，沟底由中间向两侧倾斜，并保持底宽一致。沟底两侧最低处设有泄水孔，它穿过端墙，把洞顶水沟的水引向翼墙顶水沟。

2. 隧道洞门图的组成

隧道洞门图主要由以下各图组成：

1）正面图：顺着线路的方向对隧道洞门进行投影形成，如图10-20所示。它可表明：洞门衬砌的形状和主要尺寸，端墙的高度和长度，端墙与衬砌的相对位置，端墙顶水沟的坡度，翼墙的倾斜度，端墙顶水沟与翼墙顶水沟的连接情况等。

2）平面图：表达洞口平面的形状，端墙顶帽石的形状尺寸和位置，洞顶及洞前排水的布设及连接情况。

3）1—1 剖面图：沿隧道中心剖切，表达端墙的厚度、倾斜度，洞顶水沟的断面形状、尺寸，翼墙顶水沟及仰坡的坡度，连接洞顶及翼墙顶水沟的排水孔设置。

4）2—2 断面图和 3—3 断面图：表达顶水沟的断面形状和尺寸，翼墙脚构造上有无水沟的区别。

5）排水系统详图。

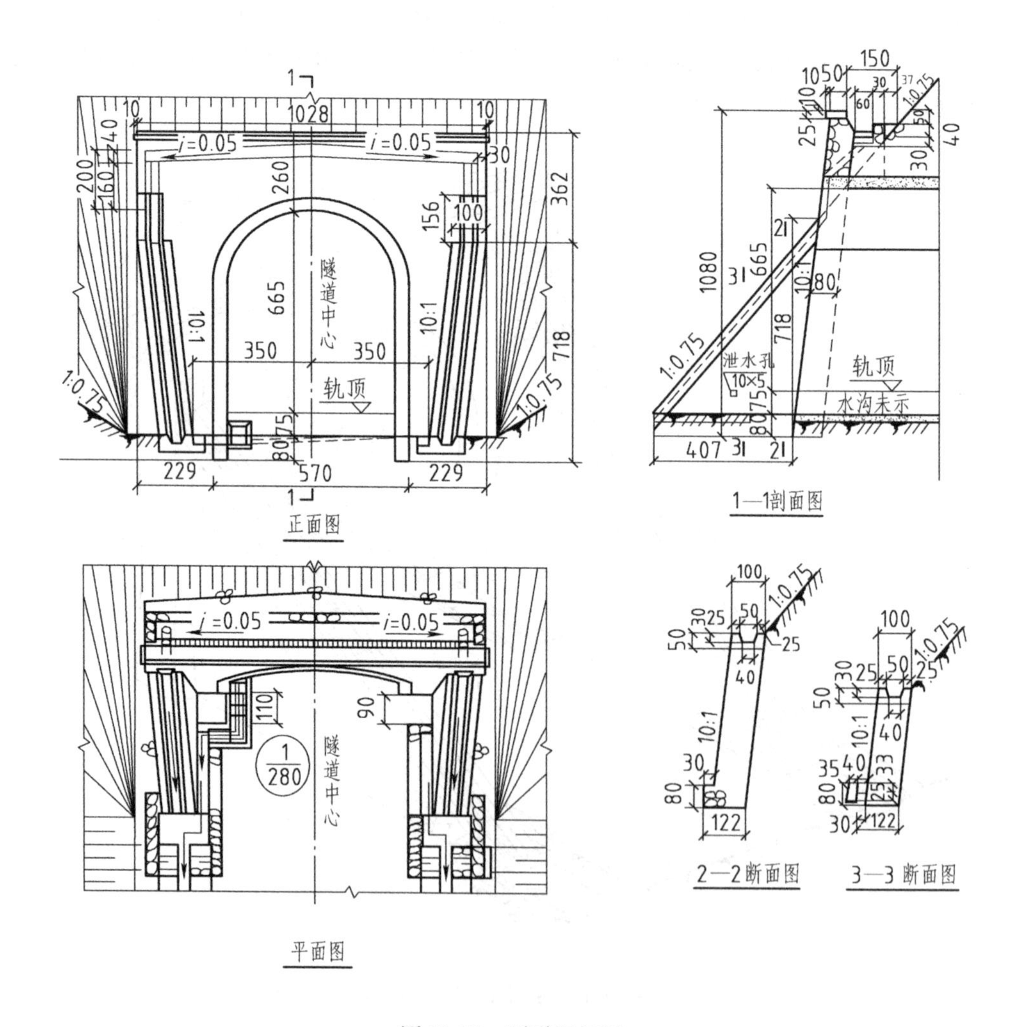

图 10-20 隧道洞门图

3. 隧道洞门图的阅读步骤

1）阅读标题栏、附注。

2）弄清各视图的来源。

3）弄清各组成部分的形状、尺寸及材料，如端墙及其顶上的排水沟、翼墙及其顶部的排水沟、墙脚排水沟、泄水孔、洞内外连接水沟、汇水池、路堑侧沟等。

10.5.6　避车洞图

避车洞有大、小两种，是供行人和隧道维修人员及维修小车避让来往车辆而设置的，它们沿路线方向交错设置在隧道两侧的边墙上。通常小避车洞每隔 30m 设置一个，大避车洞则每隔 150m 设置一个，为了表示大、小避车洞的相互位置，采用位置布置图来表示，如图 10-21 所示。

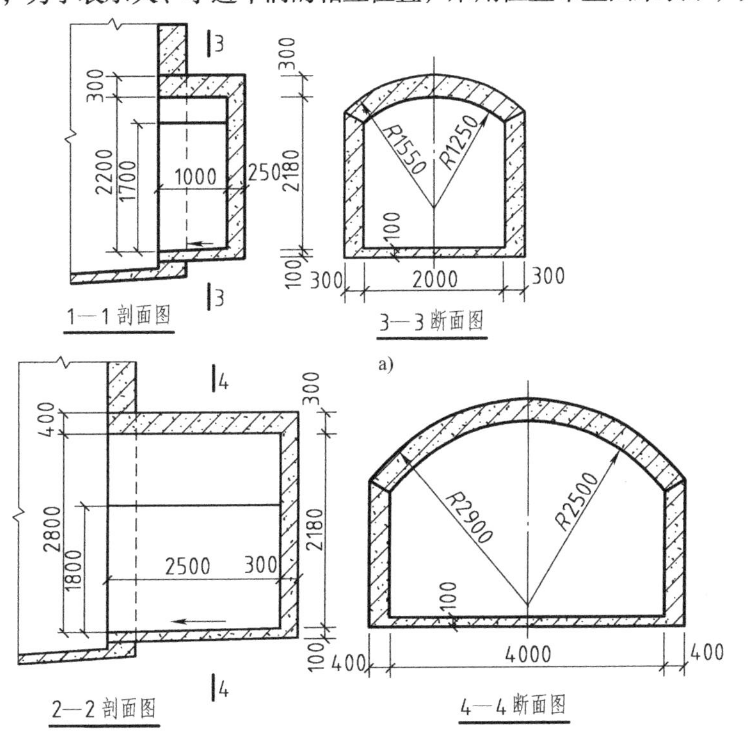

b)

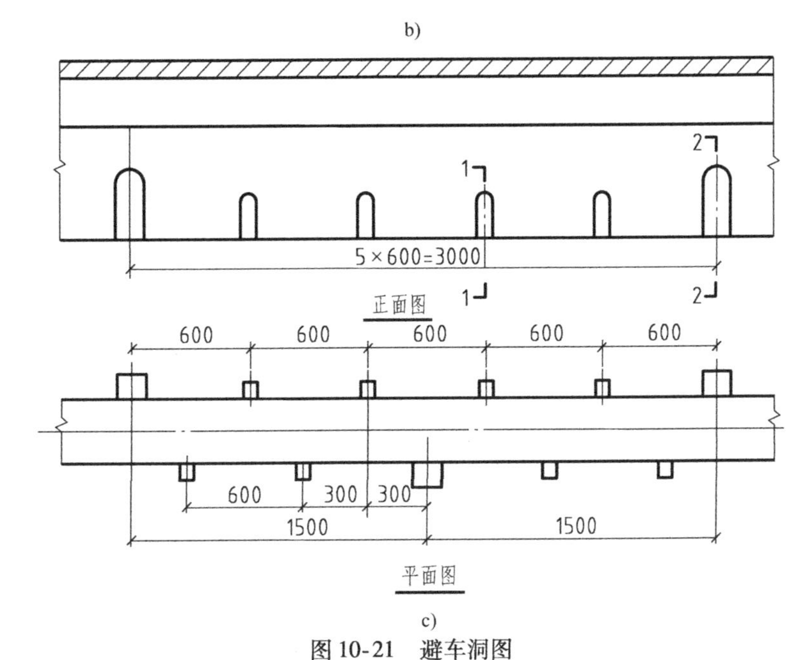

图 10-21　避车洞图

a）小避车洞构造图　b）大避车洞构造图　c）避车洞正面图、平面图

参考文献

[1] 高丽燕，赵景伟．土木工程制图［M］．北京：中国建材工业出版社，2009.

[2] 中华人民共和国住房和城乡建设部．房屋建筑制图统一标准：GB/T 50001—2010［S］．北京：中国计划出版社，2011.

[3] 中华人民共和国住房和城乡建设部．总图制图标准：GB/T 50103—2010［S］．北京：中国计划出版社，2010.

[4] 中华人民共和国住房和城乡建设部．建筑制图标准：GB/T 50104—2010［S］．北京：中国计划出版社，2010.

[5] 中华人民共和国住房和城乡建设部．建筑结构制图标准：GB/T 50105—2010［S］．北京：中国建筑工业出版社，2010.

[6] 中华人民共和国住房和城乡建设部．给水排水制图标准：GB/T 50106—2010［S］．北京：中国建筑工业出版社，2010.

[7] 中华人民共和国建设部．道路工程制图标准：GB/T 50162—1992［S］．北京：中国标准出版社，1992.

[8] 何铭新，等．建筑工程制图［M］．2版．北京：高等教育出版社，2001.

[9] 朱育万，等．画法几何及土木工程制图［M］．合订修订版．北京：高等教育出版社，2001.

[10] 何铭新，等．画法几何及土木工程制图［M］．2版．武汉：武汉理工大学出版社，2003.

[11] 何斌，等．建筑制图［M］．4版．北京：高等教育出版社，2001.

[12] 卢传贤，等．土木工程制图［M］．北京：中国建筑工业出版社，2002.

[13] 许良乾，等．画法几何及水利工程制图［M］．4版．北京：高等教育出版社，2001.

[14] 宋安平，等．土木工程制图［M］．北京：高等教育出版社，1999.

[15] 同济大学，等．机械制图［M］．5版．北京：高等教育出版社，2004.

教材使用调查问卷

尊敬的老师：

您好！欢迎您使用机械工业出版社出版的“应用型本科土木工程系列教材”，为了进一步提高我社教材的出版质量，更好地为我国教育发展服务，欢迎您对我社的教材多提宝贵的意见和建议。敬请留下您的联系方式，我们将向您提供周到的服务，向您赠阅我们最新出版的教学用书、电子教案及相关图书资料。

本调查问卷复印有效，请您通过以下方式返回：

邮寄：北京市西城区百万庄大街22号机械工业出版社建筑分社（100037）
李宣敏（收）

传真：010－68994437（李宣敏收）　　Email：824396435@qq.com

一、基本信息

姓名：______ 职称：______ 职务：______

所在单位：______

任教课程：______

邮编：______ 地址：______

电话：______ 电子邮件：______

二、关于教材

1. 贵校开设土建类哪些专业方向？

□土木工程　□建筑学　□安全工程　□轨道工程

□铁道工程　□桥梁工程　□隧道工程　□工程造价

□工程管理　□建筑环境与设备工程　□建筑环境与能源应用工程

2. 您使用的教授方式：□传统板书　□多媒体教学　□网络教学

3. 您认为还应开发哪些教材或教辅用书？______

4. 您是否愿意参与教材编写？希望参与哪些教材的编写？

课程名称：______

形式：□纸质教材　□实训教材（习题集）　□多媒体课件

5. 您选用教材比较看重以下哪些内容？

□作者背景　□教材内容及形式　□有案例教学　□配有多媒体课件

□其他______

三、您对本书的意见和建议（欢迎您指出本书的疏误之处）______

四、您对我们的其他意见和建议______

请与我们联系：

100037　北京市西城区百万庄大街22号

机械工业出版社·建筑分社　李宣敏　收

Tel：010－88379776（O），68994437（Fax）

E－mail：824396435@qq.com

http：//www.cmpedu.com（机械工业出版社·教材服务网）

hhp：//www.cmpbook.com（机械工业出版社·门户网）

http：//www.golden－book.com（中国科技金书网·机械工业出版社旗下网站）